U0270508

微 积 分

主　编　郑红芬
副主编　张　明　王志高

上海交通大学出版社

内容提要

本书内容包含了微积分的经典理论和方法，涵盖函数与极限、导数与微分、导数的应用、不定积分、定积分及其应用、多元函数微积分、无穷级数和微分方程简介等。

本书的编写从认知规律入手，重新编排教学内容；针对培养应用型人才的要求，构建课程体系；融合多种媒体方式，方便学生自主学习。同时，适当精简计算和推导中较繁难的部分，增加具有现实背景的实例，注重对解决实际问题能力的培养，力争让使用者在有限的学习时间内对基础数学有较全面的理解和掌握。

本书适合于高等职业教育和应用型本科教育中微积分课程的教学。

图书在版编目(CIP)数据

微积分/郑红芬主编. —上海：上海交通大学出版社，2015(2020 重印)
ISBN 978 - 7 - 313 - 13532 - 2

Ⅰ.①微…　Ⅱ.①郑…　Ⅲ.①微积分—高等学校—教材
Ⅳ.①O172

中国版本图书馆 CIP 数据核字(2015)第 179791 号

微积分

主　　编：郑红芬			
出版发行：上海交通大学出版社	地　　址：上海市番禺路 951 号		
邮政编码：200030	电　　话：021 - 64071208		
印　　制：上海天地海设计印刷有限公司	经　　销：全国新华书店		
开　　本：787mm×960mm　1/16	印　　张：17.5		
字　　数：338 千字			
版　　次：2015 年 12 月第 1 版	印　　次：2020 年 6 月第 4 次印刷		
书　　号：ISBN 978 - 7 - 313 - 13532 - 2			
定　　价：45.00 元			

前　言

　　微积分是人类智慧最伟大的成就之一,它不仅在阐明和解决数学、物理学、生物科学、工程科学、经济学、管理科学甚至社会学等各领域问题中发挥着强大的威力,同时也是培养逻辑思维能力、提高数学素养的重要课程。因此,在我国高校的绝大部分理科、工科专业以及经济管理类专业都把微积分列为必修课程,而且正逐步成为所有专业的大学生的必修或选修课程。随着使用面的扩大,微积分教材也应该针对不同对象、不同层次、不同水平的使用者,呈现出不同风格。

　　本书主要面向以培养应用型人才为主的普通高校,在内容的取舍和编排上作了一些改动。在全书的开头部分增加了微积分概述这一章,让使用者在开始就对微积分有一个整体的把握和初步认识。在核心概念的引入中加入了对其产生的背景和实际问题的介绍,力求使读者对这些基本的概念有一个清晰的直觉。对于理论推理方面则根据不同的对象确定其必要的程度。比如像几个微分中值定理,微积分基本定理这类直观性比较强的定理,本书尽可能地加以证明,以带领读者完成一个从直观到理性的认识过程;而对一些属于数学分析范畴的定理则只给出了直观的描述而不加以证明,比如闭区间上连续函数的性质等;还有一些直观性不强,但很有用的内容,比如洛必达法则,也给出了必要的推理证明。另外,本书还加入了大量的图表,使一些重要的概念和定理更加形象、直观。

　　当对微积分的知识有所理解和认识后,更进一步的就是在使用中使其得到巩固和深化。因此计算和应用也是必不可少的内容。为此本书在例题和习题的编配上精心选择,不仅题目数量众多,类型丰富,同时具备一定的层次,方便读者由浅入深,循序渐进地掌握相关知识。同时书中还增加了一些对典型题目的分析和常用方法的总结,书末附有各章习题的答案,方便读者进行自学。

　　本书的部分内容打上了※号,仅供读者自学,一般可以不讲授。另外本书在编排上充分考虑到能适应不同层次的需要,有较大的灵活性,学时较少的可以只选择一元函数微积分及多元函数微积分,大约需 96 学时,要使用全部内容,则需 128 学时。教师也可根据本校实际情况对学时作一定的增减,最好能配置适当学时的习题课。

本书的编写分工如下:第 1,6,7 章由郑红芬执笔;第 4,5 章由王志高执笔;第 8,9 章由张明执笔;第 2 章由张奎执笔;第 3 章由贾屹峰执笔;第 10 章由李静执笔,最后由郑红芬统稿、定稿。吴亚凤对本书的初稿进行了认真地审阅,并提出了许多宝贵的意见。

上海交大出版社对本教材的编写和出版给予了很多的支持和帮助,在此一并表示衷心的感谢。

尽管作者都有着良好的愿望,但书中的不当和错漏之处仍在所难免,敬请各位同行和读者批评指正!

编　者
2015 年 6 月

目　　录

※ 1　微积分概述 ·· 1
　　1.1　微积分学的建立 ·· 1
　　1.2　微积分学的基本内容 ··· 3
　　1.3　学习微积分学要注意的问题 ······························ 3

2　函数 ·· 4
　　2.1　预备知识 ·· 4
　　2.2　函数 ·· 6

3　极限与连续 ·· 17
　　3.1　数列的极限 ··· 17
　　3.2　函数的极限 ··· 19
　　3.3　无穷小量与无穷大量 ··· 22
　　3.4　极限的运算法则 ··· 24
　　3.5　两个重要极限 ·· 30
　　3.6　无穷小量的比较 ··· 34
　　3.7　函数的连续性 ·· 36

4　导数与微分 ·· 45
　　4.1　导数 ··· 45
　　4.2　导数的基本公式与运算法则 ······························· 50
　　4.3　高阶导数 ·· 61
　　4.4　微分 ··· 63

5 **导数的应用** ·················· 71
　5.1 中值定理 ·················· 71
　5.2 未定式的定值法——洛必达法则 ·················· 77
　5.3 函数的单调性和极值 ·················· 81
　5.4 最大值与最小值，极值的应用问题 ·················· 86
　5.5 曲线的凹向与拐点 ·················· 88
　5.6 函数图像的画法 ·················· 90

6 **不定积分及其方法** ·················· 96
　6.1 不定积分 ·················· 96
　6.2 换元积分法 ·················· 101
　6.3 分部积分法 ·················· 109
※6.4 几种特殊类型函数的积分 ·················· 112

7 **定积分及其应用** ·················· 119
　7.1 定积分的概念 ·················· 119
　7.2 定积分的性质 ·················· 124
　7.3 微积分基本定理 ·················· 127
　7.4 定积分的换元积分法 ·················· 131
　7.5 定积分的分部积分法 ·················· 135
　7.6 广义积分 ·················· 138
　7.7 微元法和定积分的应用 ·················· 142

8 **多元函数微积分** ·················· 153
　8.1 多元函数的基本概念 ·················· 153
　8.2 偏导数 ·················· 160
　8.3 全微分及其应用 ·················· 165
　8.4 多元复合函数的求导法则 ·················· 168
　8.5 隐函数的求导法则 ·················· 173
　8.6 多元函数的极值及其求法 ·················· 178
　8.7 二重积分的概念和性质 ·················· 184
　8.8 二重积分的计算法 ·················· 188

9　微分方程 ·············· 196

9.1　微分方程的基本概念 ·············· 196

9.2　可分离变量的微分方程 ·············· 198

9.3　齐次微分方程 ·············· 201

9.4　线性微分方程 ·············· 204

9.5　全微分方程 ·············· 208

9.6　可降阶的高阶微分方程 ·············· 211

9.7　高阶线性微分方程 ·············· 213

9.8　二阶常系数齐次线性微分方程 ·············· 217

9.9　二阶常系数非齐次线性微分方程 ·············· 221

10　无穷级数 ·············· 228

10.1　常数项级数的概念和性质 ·············· 228

10.2　正项级数的判别法 ·············· 232

10.3　一般常数项级数 ·············· 238

10.4　幂级数 ·············· 241

10.5　函数的幂级数展开 ·············· 249

习题参考答案 ·············· 260

微积分概述

1.1 微积分学的建立

从微积分成为一门学科来说，是在 17 世纪，但是，微分和积分的思想在古代就已经产生了。

公元前 3 世纪，古希腊的阿基米德在研究解决抛物弓形的面积、球和球冠面积、螺线下面积和旋转双曲体的体积的问题中，就隐含着近代积分学的思想。作为微分学基础的极限理论来说，早在古代已有比较清楚的论述。如我国的庄周所著《庄子》一书的"天下篇"中，记有"一尺之棰，日取其半，万世不竭"。三国时期的刘徽在他的割圆术中提到"割之弥细，所失弥小，割之又割，以至于不可割，则与圆周合体而无所失矣。"这些都是朴素的、也是很典型的极限概念。

到了 17 世纪，有许多科学问题需要解决，这些问题也就成了促使微积分产生的因素。归结起来，大约有 4 种主要类型的问题：一是研究运动的时候直接出现的，也就是求即时速度的问题；二是求曲线的切线的问题；三是求函数的最大值和最小值问题；四是求曲线长、曲线围成的面积、曲面围成的体积、物体的重心、一个体积相当大的物体作用于另一物体上的引力等。

第一、第二类问题的解决引出了微积分的两大分支之一——微分学，而第四类问题则是另一分支——积分学的核心问题。17 世纪的许多著名的数学家、天文学家、物理学家都为解决上述几类问题作了大量的研究工作，如法国的费马、笛卡尔、罗伯瓦、笛沙格；英国的巴罗、瓦里士；德国的开普勒；意大利的卡瓦列利等人都提出许多很有建树的理论。为微积分的创立做出了贡献。然而在很长时间内，微分和积分一直被当作两类独立的问题来分别对待，直到 17 世纪下半叶，在前人工作的基础上，英国大科学家牛顿和德国数学家莱布尼茨分别在自己的国度里独自研究和完成了微积分的创立工作，虽然只是十分初步的工作，他们的最大功绩是把两个貌似毫不相关的问题联系在一起，一个是切线问题（微分学的中心问题），一个是求面积问题（积分学的中心问题）。他们建立了微积分基本定理，指出微分和积分是两个互逆的运算，把微分学和积分学有机地结合在了一起，使之成为了一门系统的学科。

牛顿和莱布尼茨建立微积分的出发点是直观的无穷小量，因此这门学科早期也称为无穷小分析，这正是现在数学中分析学这一大分支名称的来源。牛顿研究微积分着重于从运动学来考虑,莱布尼茨却是侧重于几何学来考虑的。

牛顿在 1671 年写了《流数法和无穷级数》,这本书直到 1736 年才出版,它在这本书里指出,变量是由点、线、面的连续运动产生的,否定了以前自己认为的变量是无穷小元素的静止集合。他把连续变量叫做流动量,把这些流动量的导数叫做流数。牛顿在流数术中所提出的中心问题是:已知连续运动的路径,求给定时刻的速度(微分法);已知运动的速度求给定时间内经过的路程(积分法)。

德国的莱布尼茨是一个博学多才的学者,1684 年,他发表了现在世界上认为是最早的微积分文献,这篇文章有一个很长而且很古怪的名字《一种求极大极小和切线的新方法,它也适用于分式和无理量,以及这种新方法的奇妙类型的计算》。就是这样一篇说理也颇含糊的文章,却有划时代的意义。它已含有现代的微分符号和基本微分法则。1686 年,莱布尼茨发表了第一篇积分学的文献。他是历史上最伟大的符号学者之一,他所创设的微积分符号,远远优于牛顿的符号,这对微积分的发展有极大的影响。现在我们使用的微积分通用符号就是当时莱布尼茨精心选用的。

微积分学的创立,极大地推动了数学的发展,过去很多初等数学束手无策的问题,运用微积分,往往迎刃而解,显示出微积分学的非凡威力。

前面已经提到,一门科学的创立决不是某一个人的业绩,他必定是经过多少人的努力后,在积累了大量成果的基础上,最后由某个人或几个人总结完成的。微积分也是这样。

不幸的是,由于人们在欣赏微积分的宏伟功效之余,在提出谁是这门学科的创立者的时候,竟然引起了一场轩然大波,造成了欧洲大陆的数学家和英国数学家的长期对立。英国数学在一个时期里闭关锁国,囿于民族偏见,过于拘泥在牛顿的"流数术"中停步不前,因而数学发展整整落后了一百年。

其实,牛顿和莱布尼茨分别是自己独立研究,在大体上相近的时间里先后完成的。比较特殊的是牛顿创立微积分要比莱布尼茨早 10 年左右,但是正式公开发表微积分这一理论,莱布尼茨却要比牛顿发表早三年。他们的研究各有长处,也都各有短处。那时候,由于民族偏见,关于发明优先权的争论竟从 1699 年始延续了一百多年。

应该指出,这是和历史上任何一项重大理论的完成都要经历一段时间一样,牛顿和莱布尼茨的工作也都是很不完善的。他们在无穷和无穷小量这个问题上,其说不一,十分含糊。牛顿的无穷小量,有时候是零,有时候不是零而是有限的小量;莱布尼茨的也不能自圆其说。这些基础方面的缺陷,最终导致了第二次数学危机的产生。

直到 19 世纪初,法国科学院的科学家以柯西为首,对微积分的理论进行了认真研究,建立了极限理论,后来又经过德国数学家魏尔斯特拉斯进一步的严格化,使极限理论成为了微积分的坚定基础。才使微积分进一步的发展开来。

1.2　微积分学的基本内容

欧氏几何也好,上古和中世纪的代数学也好,都是一种常量数学,微积分才是真正的变量数学,是数学中的大革命。微积分是一种数学思想,简单说,微分就是"无限细分",积分就是"无限求和"。微积分研究的主要对象是函数,采用的方法是极限。通常用以直代曲,以不变代变等方式把要求的量定义为另一个更容易计算的量的极限,这是微积分理论的精髓所在。

微积分的基本概念和内容包括微分学和积分学。

微分学的主要内容包括:极限理论、导数、微分等。

积分学的主要内容包括:定积分、不定积分等。

1.3　学习微积分学要注意的问题

首要的一步就是要理解"极限"引入的必要性:因为,代数是人们已经熟悉的概念,但是,代数无法处理"无限"的概念。所以,必须要利用代数处理代表无限的量,这时就精心构造了"极限"的概念。在"极限"的定义中,我们可以知道,这个概念绕过了用一个数除以 0 的麻烦,相反引入了一个过程任意小量。就是说,除的数不是零,所以有意义,同时,这个小量可以取任意小,只要满足在德尔塔区间,都小于该任意小量,我们就说他的极限为该数——你可以认为这是投机取巧,但是,他的实用性证明,这样的定义还算比较完善,给出了正确推论的可能性。这个概念是成功的。

其次,要了解微积分中的一系列核心概念,如函数连续性、导数、微分、定积分,都是用某种结构的极限来定义的。而在核心概念的引入上,基本都遵循下述模式:实际问题引出概念,定义证明某些基本初等函数的情况,寻找运算法则,利用运算法则和某些基本初等函数的情况推出初等函数的情况。

最后,微积分是与实际应用联系着发展起来的,它在天文学、力学、化学、生物学、工程学、经济学等自然科学、社会科学的多个分支中,有越来越广泛的应用。特别是计算机的发明更有助于这些应用的不断发展。

函 数 **2**

函数描述了变量之间的依赖关系,是微积分最基本的研究对象。本章讨论了函数的基本思想、一般特性、函数图像及函数的变换与组合的方法,同时考察了微积分中出现的主要函数类型,为深入学习微积分打下基础。

2.1 预备知识

2.1.1 集合

具有某种共同属性的对象汇集成的总体称为**集合**。集合中的对象称为这个集合的**元素**。例如,某班全体学生构成的集合,这个班的每一个学生就是这个集合的元素。如全体实数构成的集合,称为**实数集**,每一个实数就是实数集中的元素。

通常用大写字母 A,B,C,…表示集合,用小写字母 a,b,c,…表示集合中的元素。习惯上用 **N** 表示自然数集,用 **Z** 表示整数集,用 **Q** 表示有理数集,用 **R** 表示实数集,用 **C** 表示复数集。

如果 a 是集合 A 中的元素,就说 a 属于 A,记作:$a \in A$,否则就说 a 不属于集合 A,记作:$a \notin A$。

如果集合 A 中的元素可以一一列举出来,如喜、怒、哀、乐同属于人的情绪,构成一个集合,并以 A 来表示,则 $A = \{喜,怒,哀,乐\}$。再如自然数集 $N = \{0, 1, 2, 3, \cdots\}$。这种在"{}"内把元素一一列举出来的表示集合的方法,称为**列举法**。当集合 A 中的元素不能一一列出时,则可以采用**描述法**,以 x 表示 A 的元素,将集合 A 记作 $A = \{x \mid x$ 所具有的性质$\}$。

【例 2-1】 $A = \{x \mid 1 < x < 3\}$ 表示大于 1 且小于 3 的全体实数构成的集合。

【例 2-2】 $B = \{x \mid x^2 - 5x + 6 = 0\}$ 表示方程的根的集合。由于这个二元方程只有两个根,所以也可以用列举法将此集合表示为 $B = \{2, 3\}$。

不含任何元素的集合叫做**空集**。记作 $\varnothing$。例如,$\{x \mid x^2 + 1 = 0\}$ 是空集。

$A = \{x \mid x \in B\}$ 表示集合 A 的每一个元素都是集合 B 中的元素,称 A 是 B 的**子集**,记作 $A \subset B$,或 $B \supset A$,称为 A 包含于 B,或 B 包含 A。例如,$N \subset Z \subset Q \subset R \subset C$。

如果 $A \subset B$ 且 $B \supset A$,则称 A 和 B **相等**,记作 $A = B$。表示 A 和 B 中的元素完全相同。

关于子集有以下结论：

（1）$A \subset A$，即任何一个集合是其自身的子集。

（2）对任意集合 A，有 $\varnothing \subset A$，即空集是任意集合的子集。

（3）若 $A \subset B$，$B \subset C$，则 $A \subset C$，即集合的包含关系具有传递性。

$A \bigcup B = \{x \mid x \in A \text{ 或 } x \in B\}$ 表示所有属于 A 或属于 B 的元素共同构成的一个新的集合，称为 A 和 B 的**并集**，简称**并**。

$A \bigcap B = \{x \mid x \in A \text{ 且 } x \in B\}$ 表示 A 和 B 共同的元素构成的一个新的集合，称为 A 和 B 的**交集**，简称**交**。

【例 2 - 3】 设 $A = \{1, 2, 3, 4\}$，$B = \{3, 4, 5, 6, 7\}$，则

$$A \bigcup B = \{1, 2, 3, 4, 5, 6, 7\}, \ A \bigcap B = \{3, 4\}。$$

【例 2 - 4】 设 $A = \{x \mid 0 \leqslant x \leqslant +\infty\}$，$B = \{x \mid 2 \leqslant x \leqslant 3\}$，则

$$A \bigcap B = B, \ A \bigcup B = A, \ B \subset A。$$

2.1.2 绝对值

定义 2.1.1 设 $x \in \mathbf{R}$，符号 $|x|$ 表示 x 的绝对值，定义为

$$|x| = \begin{cases} x, & x \geqslant 0 \\ -x, & x < 0 \end{cases}$$

绝对值的几何意义：$|x|$ 表示数轴上的点 x 到原点的距离。

绝对值具有下述性质：

（1）$\sqrt{x^2} = |x|$

（2）$|x| \geqslant 0$

（3）$|-x| = |x|$

（4）$-|x| \leqslant x \leqslant |x|$

（5）当 $a > 0$ 时，$|x| < a \Leftrightarrow -a < x < a$，$|x| > a \Leftrightarrow x < -a \text{ 或 } x > a$

（6）$|xy| = |x| \cdot |y|$，$\left|\dfrac{x}{y}\right| = \dfrac{|x|}{|y|}$，$y \neq 0$

（7）$|x + y| \leqslant |x| + |y|$，$|x - y| \geqslant |x| - |y|$

2.1.3 常量与变量

在观察某一现象的过程时，常常会遇到各种不同的量。有的量在过程中不起变化，保持定值，称之为**常量**，例如健康人的体温；有的量在过程中是变化的，也就是可以取不同的数值，则称之为**变量**，例如气温。常量可以看作是变量的特例。

2.1.4 区间与邻域

集合 $\{x \mid a < x < b\}$ 简记为 (a, b)，称为**开区间**；

集合 $\{x \mid a \leqslant x \leqslant b\}$ 简记为 $[a, b]$，称为**闭区间**；

集合 $\{x \mid a \leqslant x < b\}$ 简记为 $[a, b)$，$\{x \mid a < x \leqslant b\}$ 简记为 $(a, b]$，称为**半开区间**。

此三类区间称为**有限区间**，其长度为 $b-a$。此外，还有下面几类**无限区间**：

$(a, +\infty) = \{x \mid x > a\}$

$[a, +\infty) = \{x \mid x \geqslant a\}$

$(-\infty, b) = \{x \mid x < b\}$

$(-\infty, b] = \{x \mid x \leqslant b\}$

$(-\infty, +\infty) = \mathbf{R}$，即全体实数的集合。

其中 $-\infty$ 和 $+\infty$，分别读作"负无穷大"和"正无穷大"，它们不是数，仅仅是记号。

当变量的变化连续时，其变化范围常用区间来表示。在数轴上来说，**区间**是指介于某两点之间的线段上点的全体。

集合 $\{x \mid \mid x - x_0 \mid < \delta, \delta > 0\}$ 可以用区间 $(x_0 - \delta, x_0 + \delta)$ 或不等式 $x_0 - \delta < x < x_0 + \delta$ 表示，称为点 x_0 的 δ **邻域**，简记为 $\boldsymbol{U}(x_0, \delta)$。在数轴上，$U(x_0, \delta)$ 表示以点 x_0 为对称中心，δ 为半径画出的开区间。在微积分中还常常用到集合 $\{x \mid 0 < \mid x - x_0 \mid < \delta, \delta > 0\}$，将点 x_0 排除在外，简记为 $\dot{U}(x_0, \delta)$，称作**去心邻域**。

2.2　函　数

2.2.1　函数关系

在微积分学中，要处理的最基本对象就是函数。那么什么是函数呢？事实上，只要一个变量的取值依赖于另一个变量的值，函数通常就产生了。

【例 2-5】　圆的面积 S 依赖于它的半径 r，对应规则由一个代数式子 $S = \pi r^2$ 给出，对于每一个正数 r，在规则之下有唯一确定的面积 S 的值，我们说 S 是 r 的函数。

【例 2-6】　做自由落体运动的物体经过的路程 s 依赖于时间 t，对于 t 的每一个值，根据对应规则 $s = \dfrac{1}{2} g t^2$ 可以唯一确定 s 的值，同样称 s 为 t 的函数。

【例 2-7】　世界人口数量 P 依赖于时间 t。表 2.2.1 给出了某些年份时世界人口的粗略统计，从表中可以看到，对于每一个时间 t 的取值，确实存在一个确定的人口数 P 与之对应。例如，

$$P(1988) = 5\ 111\ 000\ 000$$

所以说 P 是 t 的函数。

表 2.2.1 世界人口

年份	1986	1987	1988	1989	1990	1991
人口数（百万）	4 936	5 023	5 111	5 201	5 329	5 422

【例 2-8】 在自动记录气压计中，有一个匀速转动的圆柱形记录鼓。印有坐标方格的记录纸就裹在这鼓上。记录鼓每 24 小时转动一周。气压计指针的端点装有一支墨水笔，笔尖接触着记录纸。这样，经过 24 小时之后，取下的记录纸上就描画了一条曲线。给定一个时间 t 的值，图形中就能给出一个确定的气压 p 的值。这条曲线就表示了气压 p 随时间 t 变化的函数关系。

以上的每一个例子都描述了一种规则。通过它，只要给定一个变量的值，另一个变量就被赋予一个确定的值。在这种情形中，称第二个变量是第一个变量的函数。现在，给出函数关系的定义。

定义 2.2.1 设 x 和 y 是两个变量，D 是一个非空实数集，如果在对应法则 f 之下，对于每一个 $x \in D$，都有一个确定的实数 y 与之对应，则称这个对应法则 f 为定义在 D 上的函数关系。或称变量 y 是 x 的函数，记作 $y = f(x)$。

数集 D 称为函数的定义域，也可以记作 $D(f)$。

x 称为自变量，y 称为因变量。

若 $x_0 \in D(f)$，则称函数 $f(x)$ 在点 $x = x_0$ 处有定义。

x_0 所对应的 y 值，记作 y_0 或 $f(x_0)$ 或 $y|_{x=x_0}$，称为当 $x = x_0$ 时，函数 $y = f(x)$ 的函数值。

当 x 取遍整个定义域 D 时，全体函数值的集合 $\{y \mid y = f(x), x \in D\}$，称为函数的值域，记作 Z 或 $Z(f)$。

在这个定义内存在着两个要素：①函数的定义域 D，它给出了自变量 x 的取值范围；②对给定的 x，用以确定函数值 y 的对应法则 f。至于值域，已经由定义域和对应法则所共同确定了。所以，两个函数相同，只有在定义域和对应法则都相同的情况下才成立。例如，函数 $f(x) = 2\ln x$ 和 $g(x) = \ln x^2$ 是不同的函数，因为前者的定义域为 $\{x \mid x > 0\}$，后者的定义域为 $\{x \mid x \neq 0\}$，二者并不相同；$f(x) = x\sqrt{1-x}$ 和 $g(x) = \sqrt{x^2(1-x)}$ 也是不同的函数，因为后者 $\sqrt{x^2(1-x)} = |x|\sqrt{1-x}$ 与 $x\sqrt{1-x}$ 是不同的对应法则；而函数 $f(x) = 2\ln|x|$ 和 $g(x) = \ln x^2$，定义域都是 $\{x \mid x \neq 0\}$，又根据对数性质知 $2\ln|x| = \ln x^2$，即对应法则一致，所以这两个函数相同。

将函数想象成一个机器，有助于理解这一概念。如果 $x \in D$，则 x 能够作为一个输入进入到机器当中，并通过对应法则 f 产生一个输出 $f(x)$，定义域是所有输入的集合,值域则是所有输出的集合。

【例2-9】 设 $f(x)=x^2-3x+2$,求 $f(0)$,$f(1)$,$f(x-1)$,$f\left(\dfrac{1}{x}\right)$,$f[f(x)]$。

解: $f(0)=0^2-3\times0+2=2$

$f(1)=1^2-3\times1+2=0$

$f(x-1)=(x-1)^2-3(x-1)+2=x^2-5x+6$

$f\left(\dfrac{1}{x}\right)=\left(\dfrac{1}{x}\right)^2-3\dfrac{1}{x}+2=\dfrac{1}{x^2}-\dfrac{3}{x}+2$

$f[f(x)]=[f(x)]^2-3f(x)+2=(x^2-3x+2)^2-3(x^2-3x+2)+2$

$\qquad\qquad=x^4-6x^3+10x^2-3x$

这里将“()”中的输入对象直接代入到函数“机器”的输入——x 的位置上去,进行运算。可以看出对应法则是函数本身固有的,不随输入的变化而改变。

【例2-10】 已知 $f(x+1)=\dfrac{1}{x}+1$,求 $f(x)$,$f(x-1)$。

解: 令 $x+1=u$,则 $x=u-1$,代入原式,得

$$f(u)=\frac{1}{u-1}+1$$

所以

$$f(x)=\frac{1}{x-1}+1$$

$$f(x-1)=\frac{1}{(x-1)-1}+1=\frac{1}{x-2}+1$$

在未指定的情况下考虑函数定义域的时候,如果是实际问题,函数定义域由实际意义确定。如在例2-5中 $D=(0,+\infty)$;例2-6中,$D=[0,t_0]$,t_0 是物体着地的时刻;例2-7中,$D=\{1986,1987,1988,1989,1990,1991\}$;例2-8中,$D=[0,24]$。

如果函数是以抽象的解析式的形式表示,定义域是使得解析式有意义的自变量取值的全体,称为函数的**自然定义域**,一般来说遵循以下规则:分式的分母不能为零,偶次方根的被开方数非负,对数的真数必须大于零,以及某些三角函数与反三角函数有其特定的变化范围,等等。

【例2-11】 求函数 $y=\dfrac{\sqrt{9-x^2}}{\ln(x+2)}+\arcsin\dfrac{x-1}{5}$ 的定义域。

解: 给定函数的表达式要有意义,定义域需要满足:

$9-x^2\geqslant0$,即 $-3\leqslant x\leqslant3$

$x+2>0$,即 $x>-2$

$\ln(x+2)\neq0$,即 $x\neq-1$

$$-1 \leqslant \frac{x-1}{5} \leqslant 1,即 -4 \leqslant x \leqslant 6$$

取上述变化范围的交集,即得到所求函数定义域:$D = (-2, -1) \bigcup (-1, 3]$。

函数概念的定义也可以建立在更普遍的观点之上,就是当自变量 x 每取定一个数值,对应的 y 的数值不只一个,而是几个甚至是无穷多,则称此函数为**多值函数**,以区别于前面定义的**单值函数**。例如 $y^2 = 1 - x^2$ 就是一个多值函数,其图形是以原点为圆心的单位圆。这个多值函数也可以写做 $y = \pm \sqrt{1-x^2}$,分成两个**单值分支** $y = \sqrt{1-x^2}$ 和 $y = -\sqrt{1-x^2}$,其图形分别是上半圆和下半圆。在微积分教程中,通常都避免讨论多值函数,如果不作特别声明,本书中提到函数均指单值函数。

2.2.2 函数的表示法

有三种方法来表示一个函数:

列表法:用数据的对应列表来表示函数。如例 2-7 中所示的函数,又如大家中学时常用的对数表、三角函数表均是以表格的形式来表示函数。

图形法:直接用图像来表示函数关系。如例 2-8 中自动记录气压计在记录纸上画出的曲线就直接给出了气压 p 随时间 t 变化的函数关系。图形法有着直观、一目了然的优点,常在函数研究中作为重要的辅助工具。

公式法:用数学解析式来表示函数。如例 2-5 和例 2-6 均是用公式法表示的函数。函数的公式表示法在数学研究和分析中担任着极其重要的角色,往后我们将主要研究采用公式法表示的函数。

在公式法中,若因变量 y 直接用 x 的解析式表示出来,即 $y = f(x)$,这样的函数称为**显函数**。如 $y = x^2$,$y = \sin x + 1$ 都是**显函数**。若两个变量之间的函数关系是用方程 $F(x, y) = 0$ 来表示,则称为**隐函数**。例如 $3x + 2y = 1$,$xy - e^{x+y} = 0$ 都是隐函数。

有的隐函数,可以从方程 $F(x, y) = 0$ 中解出 y 来,表示为显函数,此一过程称为隐函数的显化。如由 $3x + 2y = 1$ 中解出 y,得显函数 $y = \frac{1-3x}{2}$。但多数情况下是不能从方程中解出 y 的,也就是隐函数无法显化,例如 $xy - e^{x+y} = 0$ 就是如此。

如果两个变量之间的函数关系要用两个或两个以上的数学解析式来表示,则称此为**分段函数**。例如 $y = \begin{cases} x^2, & -2 \leqslant x < 0 \\ 2, & x = 0 \\ 1+x, & 0 < x \leqslant 3 \end{cases}$,就是分段函数,在定义域的不同范围内使用不同的数学式子来表达函数关系。

2.2.3 函数的几种简单性质

1) 有界性

定义 2.2.2 设函数 $f(x)$ 定义域为 D,区间 $I \subset D$,如果对 $\forall x \in I$,总有 $\exists M > 0$,

使函数 $f(x)$ 在区间 I 上恒有 $|f(x)| \leqslant M$，则称 $f(x)$ 在区间 I 上是有界函数。否则，称 $f(x)$ 在区间 I 上是无界函数。

定义 2.2.2 也可以等价地表述为：

设函数 $f(x)$ 定义域为 D，区间 $I \subset D$，如果对 $\forall x \in I$，总有 $\exists a \leqslant b$，使函数 $f(x)$ 在区间 I 上恒有 $a \leqslant f(x) \leqslant b$，则称 $f(x)$ 在区间 I 上是有界函数。常数 a 称为 $f(x)$ 在区间 I 的**下界**，b 称为 $f(x)$ 在区间 I 的**上界**。对于任意的正数 $l > 0$，显然有 $a - l \leqslant f(x) \leqslant b + l$，这说明 $a - l$ 和 $b + l$ 也是函数 $f(x)$ 在区间 I 的下界和上界，即界不是唯一存在的。

【例 2 - 12】 函数 $f(x) = \sin x$ 的定义域为 $D = (-\infty, +\infty)$，$\forall x \in D$，都有 $|f(x)| \leqslant 1$，所以它在整个实数域上有界。

【例 2 - 13】 函数 $y = x^2$ 在定义域 $D = (-\infty, +\infty)$ 内无界，这是因为函数值可以无限增大。但在任意一个有限区间 $I = [a, b]$ 内，它就是有界函数，这是因为，$\forall x \in I$，都有 $a^2 \leqslant y \leqslant b^2$。

由此可见，函数的有界性是相对于指定区间而言的。

2）单调性

定义 2.2.3 设函数 $f(x)$ 定义域为 D，区间 $I \subset D$，$\forall x_1 < x_2 \in I$

如果 $f(x_1) < f(x_2)$，则称 $y = f(x)$ 在区间 I 内单调增加；

如果 $f(x_1) > f(x_2)$，则称 $y = f(x)$ 在区间 I 内单调减少。

单调增加和单调减少的函数统称为单调函数。

例如，函数 $y = x^2$ 在区间 $(-\infty, 0)$ 内是单调减少的；在区间 $(0, +\infty)$ 内是单调增加的。

沿 x 轴正向看，单调增加函数的图形是一条上升的曲线，单调减少函数的图像是一条下降的曲线。

3）奇偶性

定义 2.2.4 设函数 $f(x)$ 的定义域 D 关于原点对称，$\forall x \in D$，

若 $f(-x) = f(x)$，则称 $f(x)$ 为偶函数；

若 $f(-x) = -f(x)$，则称 $f(x)$ 为奇函数。

偶函数的图像是关于 y 轴对称的；奇函数的图像是关于原点对称的。

例如，$f(x) = x^2$，$g(x) = x\sin x$ 在定义区间上都是偶函数。而 $F(x) = x$，$G(x) = x\cos x$ 在定义区间上都是奇函数。

4）周期性

定义 2.2.5 设函数 $f(x)$ 的定义域为 D，$\forall x \in D$，若 $\exists T > 0$，$x + T \in D$，有 $f(x + T) = f(x)$，则称函数 $f(x)$ 为周期函数。并把 T 称为 $f(x)$ 的周期。应当指出的是，$2T$，$3T$，$4T$，$\cdots$ 显然也都是函数的周期，所以通常讲的周期函数的周期是指最小的正周期。

例如，在三角函数中，$y = \sin x$，$y = \cos x$ 都是以 2π 为周期的周期函数，而 $y = \tan x$，$y = \cot x$ 则是以 π 为周期的周期函数。

2.2.4 反函数和复合函数

1）反函数

定义 2.2.6 设函数 $y = f(x)$ 的定义域为 D_f，值域为 Z_f。对每一个 $x \in D_f$，都会有一个确定的数值 $y \in Z_f$。把这个过程倒过来看，对任意的数 $y \in Z_f$，在 D_f 上必然可以确定数值 x 与 y 对应，且满足 $y = f(x)$。如果把 y 看作自变量，x 看作因变量，就可以得到一个新的函数：$x = f^{-1}(y)$。称这个新的函数 $x = f^{-1}(y)$ 为 $y = f(x)$ 的反函数，而把 $y = f(x)$ 称为直接函数。

一个函数若有反函数，则有恒等式 $f^{-1}[f(x)] \equiv x$，$x \in D_f$，$f[f^{-1}(y)] \equiv y$，$y \in Z_f$。

例如，函数 $y = f(x) = \dfrac{3}{4}x + 3$ 的反函数为 $x = f^{-1}(y) = \dfrac{4}{3}(y - 3)$，容易验证：$f^{-1}[f(x)] = \dfrac{4}{3}\left[\left(\dfrac{3}{4}x + 3\right) - 3\right] \equiv x$，$f[f^{-1}(y)] = \dfrac{3}{4}\left[\dfrac{4}{3}(y - 3)\right] + 3 \equiv y$。

一般来说，我们习惯于用 x 表示自变量，y 表示因变量，于是常常交换两者的记号，约定 $y = f^{-1}(x)$ 也是直接函数 $y = f(x)$ 的反函数。

$x = f^{-1}(y)$ 与 $y = f^{-1}(x)$，这两种形式的反函数常常都会用到。两者的区别除了变量记号的交换之外，还体现在随之产生的图形变化上：函数 $y = f(x)$ 与它的反函数 $x = f^{-1}(y)$ 具有相同的图像，而与反函数 $y = f^{-1}(x)$ 的图像是关于直线 $y = x$ 对称的。

【例 2 – 14】 求 $y = \dfrac{x}{2} - 3$ 的反函数。

解： 从表达式中解出 x，得

$$x = 2y + 6$$

交换 x，y 的记号，得反函数

$$y = 2x + 6$$

需要说明的是，虽然直接函数 $y = f(x)$ 是单值函数，但是其反函数 $x = f^{-1}(y)$ 却不一定是单值的。例如，$y = f(x) = x^2$ 的定义域为 $D_f = (-\infty, +\infty)$，值域 $Z_f = [0, +\infty)$。任取非零的 $y \in Z_f$，则适合 $y = x^2$ 的 x 的数值有两个：$x_1 = \sqrt{y}$，$x_2 = -\sqrt{y}$。所以，直接函数 $y = x^2$ 的反函数 $x = f^{-1}(y)$ 是多值函数：$x = \pm\sqrt{y}$。对于这种多值反函数，我们通常分别考察它的单值分支 $x = \sqrt{y}$ 和 $x = -\sqrt{y}$，只需要将 x 的变化范围分别限制在区间 $[0, +\infty)$ 及 $(-\infty, 0]$ 上，则它们都可以看作函数

$y = x^2$ 的反函数。

与此相仿,正弦函数 $y = \sin x$ 的定义域是 $(-\infty, +\infty)$,值域是 $[-1, 1]$。显然对每一个数值 $y \in [-1, 1]$,在 $(-\infty, +\infty)$ 内有无穷多个数值 x 与之对应,因此,其反函数是(无穷)多值的。同样只对它的单值分支进行考察,一般选择 x 限制在区间 $\left[-\dfrac{\pi}{2}, \dfrac{\pi}{2}\right]$ 上的单值反函数,记为 $x = \arcsin y$,称为反正弦函数的主值。通常所说的反正弦函数,指的就是这个主值分支。反余弦函数、反正切函数、反余切函数也都指的是对应三角函数反函数的主值分支。

2)复合函数

一般地,已知两个函数 $y = f(u)$ 和 $u = g(x)$,对任意数值 $x \in D(g)$,在对应法则 g 作用下可以得到一个确定的数值 $g(x)$;如果有 $g(x) \in D(f)$,则在对应法则 f 的作用下可以得到一个确定的数值 $f[g(x)]$。结果就是,对数值 x,在对应法则 g,f 的先后作用下,得到唯一确定的数值 $f[g(x)]$,如此一来就得到了一个新的函数关系 $f[g(x)]$,它是通过将 $u = g(x)$ 代入到 $y = f(u)$ 中得到的,称为是这两个函数的复合。

定义 2.2.7 设函数 $y = f(u)$ 的定义域为 $D(f)$,若函数 $u = g(x)$ 的值域为 $Z(g)$,$Z(g) \cap D(f) \neq \varnothing$,则称 $y = f[g(x)]$ 为复合函数,x 为自变量,y 为因变量,u 称为中间变量。

【例 2-15】 已知函数 $y = f(u) = \ln u$ 和 $u = g(x) = a - x^2$,分别讨论当 $a = 1$,和 $a = -1$ 时这两个函数能否构成复合函数。

解: (1) 当 $a = 1$ 时,$y = \ln u$ 的定义域 $D(f) = (0, +\infty)$,$u = 1 - x^2$ 的值域 $Z(g) = (-\infty, 1]$,$Z(g) \cap D(f) \neq \varnothing$,这两个函数可以构成复合函数 $y = f[g(x)] = \ln(1 - x^2)$,复合函数的定义域为 $\{x \mid 1 - x^2 > 0\} = \{x \mid -1 < x < 1\}$。

(2) 当 $a = -1$ 时,$y = \ln u$ 的定义域 $D(f) = (0, +\infty)$,$u = -1 - x^2$ 的值域 $Z(g) = (-\infty, -1]$,$Z(g) \cap D(f) = \varnothing$,所以,这两个函数不构成复合函数。

利用复合的方法,可以将一些简单的函数结合成复合函数。但在微积分中,将一个复合函数分解成简单函数也是十分必要的。

【例 2-16】 函数 $y = \cos^2(x + 9)$ 可以看作是由三个函数 $y = u^2$,$u = \cos v$,$v = x + 9$ 复合而成。

2.2.5 初等函数

1)基本初等函数

幂函数、指数函数、对数函数、三角函数、反三角函数和常数这 6 类函数叫做基本初等函数。这些函数在中学的数学课程里已经学过。

(1) 幂函数 $y = x^a (a \in \mathbf{R})$。

它的定义域和值域依 a 的取值不同而不同,但是无论 a 取何值,幂函数在 $x \in$

$(0, +\infty)$ 内总有定义。当 $a \in \mathbf{N}$ 或 $a = \dfrac{1}{2n-1}$，$n \in \mathbf{N}$ 时，定义域为 $\mathbf{R}$。常见的幂函数的图像如图 2.2.1 所示。

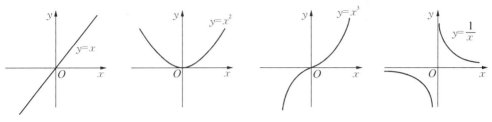

图 2.2.1

(2) 指数函数　$y = a^x (a > 0, a \neq 1)$。

它的定义域为 $(-\infty, +\infty)$，值域为 $(0, +\infty)$。指数函数的图像如图 2.2.2 所示。

指数运算律：若 a, b 为正数，x, y 为实数，则

$$a^x a^y = a^{x+y}, \frac{a^x}{a^y} = a^{x-y}$$

$$(a^x)^y = a^{xy}, (ab)^x = a^x b^x。$$

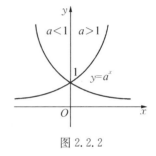

图 2.2.2

(3) 对数函数　$y = \log_a x (a > 0, a \neq 1)$。

定义域为 $(0, +\infty)$，值域为 $(-\infty, +\infty)$。对数函数 $y = \log_a x$ 是指数函数 $y = a^x$ 的反函数。其图像如图 2.2.3 所示。

在工程中，常以无理数 $e = 2.718\,281\,828\cdots$ 作为指数函数和对数函数的底，并且记 $e^x = \exp x$，$\log_e x = \ln x$，而后者称为自然对数。

对数运算律：设 x, y 为正数，则

$$\log_a(xy) = \log_a x + \log_a y$$

$$\log_a\left(\frac{x}{y}\right) = \log_a x - \log_a y$$

$$\log_a(x^k) = k \log_a x，其中 k 为任意常数。$$

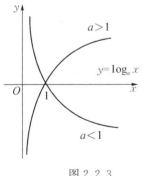

图 2.2.3

(4) 三角函数。

三角函数有正弦函数 $y = \sin x$，余弦函数 $y = \cos x$，正切函数 $y = \tan x = \dfrac{\sin x}{\cos x}$，余切函数 $y = \cot x = \dfrac{\cos x}{\sin x}$，正割函数 $y = \sec x = \dfrac{1}{\cos x}$，余割函数 $y = \csc x = $

$\dfrac{1}{\sin x}$，其中正弦、余弦、正切和余切函数的图像如图 2.2.4 所示。

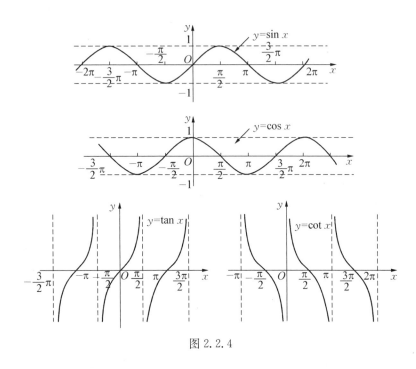

图 2.2.4

（5）反三角函数。

反三角函数主要包括反正弦函数 $y = \arcsin x$，它是正弦函数 $y = \sin x$ 当自变量 x 限定在 $\left[-\dfrac{\pi}{2}, \dfrac{\pi}{2}\right]$ 上的反函数。同理，反余弦函数 $y = \arccos x$、反正切函数 $y = \arctan x$ 和反余切函数 $y = \operatorname{arccot} x$ 等，分别是对应三角函数当自变量 x 限定在 $[0, \pi]$，$\left(-\dfrac{\pi}{2}, \dfrac{\pi}{2}\right)$，$(0, \pi)$ 上的反函数。它们的图像如图 2.2.5 所示。

（6）常量函数为常数　$y = c$（c 为常数）。

定义域为 $(-\infty, +\infty)$，函数的图像是一条水平的直线，如图 2.2.6 所示。

2）初等函数

通常把由基本初等函数经过有限次的四则运算和有限次的复合步骤所构成的能用一个解析式表达的函数，称为**初等函数**。

例如，$y = \ln(\sin x + 4)$，$y = \mathrm{e}^{2x}\sin(3x+1)$，$y = \sqrt[3]{\sin x}$，… 都是初等函数。初等函数虽然是微积分中最常见的重要函数，但是在工程技术中，非初等函数也会

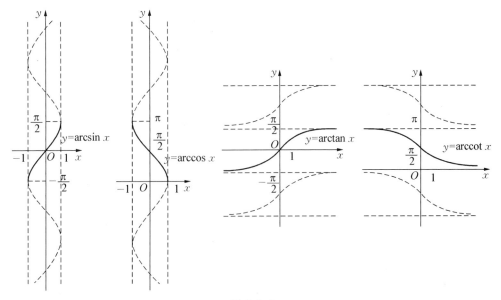

图 2.2.5

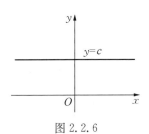

图 2.2.6

经常遇到。如符号函数 $\operatorname{sgn} x = \begin{cases} -1, & x < 0 \\ 0, & x = 0 \\ 1, & x > 0 \end{cases}$,取整函数 $y = [x]$ 等分段函数就是

非初等函数。

习　题　1

1. 判断下列给出的各对函数是否是相同的函数

(1) $y = \ln[x(x-1)]$ 和 $y = \ln x + \ln(x-1)$

(2) $y = \ln\dfrac{1-x}{x}$ 和 $y = \ln(1-x) - \ln x$

(3) $y = \cos x$ 和 $y = \sqrt{1 - \sin^2 x}$

2. 求下列函数的定义域

(1) $y = \sqrt{2-x} + \dfrac{1}{x^2-1}$

(2) $y = \dfrac{1}{\ln(x-2)}$

(3) $y = \arccos \dfrac{x+1}{3}$

(4) $y = \dfrac{\arcsin \dfrac{2x-1}{5}}{\sqrt{\mid x \mid - 1}}$

3. 设 $f(x) = \dfrac{1-x}{1+x}$，求 $f(1)$，$f\left(\dfrac{1}{x}\right)$，$f[f(x)]$

4. 设 $f(x) = \begin{cases} 1, & x \neq 0 \\ 0, & x = 0 \end{cases}$，求 $f(x+1)$，$f(x^2-1)$

5. 设 $f(x+1) = x^2 + 3x + 5$，求 $f(x)$

6. 求下列函数的反函数

(1) $y = \dfrac{1-x}{1+x}$

(2) $y = 2 + \ln(x+1)$

7. 判断下列函数的奇偶性

(1) $f(x) = \ln(x + \sqrt{x^2+1})$

(2) $f(x) = \dfrac{x(e^x-1)}{e^x+1}$

(3) $f(x) = \dfrac{1}{1+x}$

8. 试证明下列结论

(1) 奇函数＋奇函数仍为奇函数。

(2) 偶函数＋偶函数仍为偶函数。

(3) 奇函数×奇函数为偶函数。

(4) 偶函数×偶函数为偶函数。

(5) 奇函数×偶函数(或偶函数×奇函数)为奇函数。

9. 已知 $f(x)$ 的定义域为 $(0, 3)$，求 $f(x-1) + f(x+1)$ 的定义域

10. 分解下列复合函数

(1) $y = \ln \cos e^x$

(2) $y = \sin \sqrt{2x+1}$

(3) $y = e^{\frac{1}{x}}$

(4) $y = \sqrt{\sin \dfrac{x}{2}}$

极限与连续

3

变量和运动进入数学之后,很多的问题用常量的数学方法无法解决,极限法就是针对这种情况,经过漫长的探索和完善而得到的方法。极限法是微积分中研究函数的最基本的方法。有关函数的一个重要概念——连续性,就是用极限来定义的,此外微积分的很多基本概念,例如函数的导数、定积分等也都是利用极限来描述的。

这一章中,我们将讨论如何定义和计算极限,并介绍函数的连续性。

3.1 数列的极限

早在变量数学出现之前,极限的思想就已经出现了。

实例1:战国庄周在其著作《庄子·天下篇》中写道:"一尺之棰,日取其半,万世不竭。"每天剩下的棒的长度为 $L_n = \dfrac{1}{2^n}$,将每天剩下的棒的长度按天数依次增大的顺序排列可得到一个数列:$\dfrac{1}{2}$,$\dfrac{1}{2^2}$,$\cdots$,$\dfrac{1}{2^n}$,$\cdots$。不难注意到这样一个现象:

当 n 无限增大时,L_n 无限接近于常数 0。

实例2:汉朝刘徽采用"割圆术"求圆周率。"割之弥细,所失弥小,割之又割,以至于不可割,则与圆合体而无所失矣。"圆的内接正 n 边形的面积 $S_n = f(n)$,将其按边数依次增大的顺序排列也可以得到一个数列:S_3,S_4,$\cdots$,S_n,$\cdots$同样有:

当 n 无限增大时,S_n 无限接近于常数 S,即圆的面积。

从这两个例子中,我们可以得到关于极限的朴素概念。

3.1.1 数列的极限

定义 3.1.1 数列极限的朴素概念:设 $\{x_n\}$ 是一个数列,若随着项数 n 的无限增大,数列的项 x_n 无限接近于某个常数 A,则称这个常数 A 为数列 $\{x_n\}$ 的极限。

【例 3 - 1】 观察下列数列的变化,并判断是否有极限? 有的话,极限是多少?

(1) 1,$\dfrac{1}{2}$,$\dfrac{1}{3}$,$\dfrac{1}{4}$,$\dfrac{1}{5}$,$\dfrac{1}{6}$,$\cdots$,$\dfrac{1}{n}$,$\cdots$

(2) 1,1,1,1,1,1,1,1,$\cdots$,1,$\cdots$

(3) 0,$\dfrac{3}{2}$,$\dfrac{2}{3}$,$\dfrac{5}{4}$,$\dfrac{4}{5}$,$\dfrac{7}{6}$,$\dfrac{6}{7}$,$\dfrac{9}{8}$,$\dfrac{8}{9}$,$\cdots$,$1+\dfrac{(-1)^n}{n}$,$\cdots$

(4) 1,2,3,4,5,6,7,8,$\cdots$,n,$\cdots$

(5) $-1, 1, -1, 1, -1, 1, \cdots, (-1)^n, \cdots$

解：观察数列的每一项的值的变化,不难发现在(1)、(2)、(3)中,随着项数 n 增大,数列的项越来越接近于常数 0,1,1,所以这三个数列都是有极限的,极限分别为 0,1,1。在(4)中,随着项数 n 增大,数列的项 $x_n = n$ 越来越大,不接近于任何常数,因此这个数列没有极限。在(5)中,随着项数 n 增大,数列的项 $x_n = (-1)^n$ 始终在 -1 和 1 之间来回跳跃,没有稳定的变化趋势,所以也没有极限。

有极限的数列就称为**收敛数列**,没有极限的数列就称为**发散数列**。

数列极限反映出了数列的项在变化过程中逐渐趋于稳定的值的变化趋势。

数列极限的这个朴素概念直观、容易理解,但是要用它来解决极限问题是不够的。因为像"无限增大"和"无限接近"这些说法都是不确切的,它们的含义有时依赖于不同的情况。例如对钟表制造的机械师来说,接近可能意味着在零点几甚至零点零几毫米以内,对于天文学家来说,接近可能意味着几光年之内。因此,极限概念还需要严格化。

为了引出极限的严格定义,以一个具体的收敛数列 $\left\{ x_n = 1 + \dfrac{(-1)^n}{n} \right\}$ 为例进行分析。直观地,当 n 无限增大时,x_n 无限接近于 1。由于 x_n 和 1 都对应着数轴上的点,两者之间的接近程度可以由它们之间的距离——$|x_n - 1|$ 来刻画,绝对值越小,二者越接近。这样一来"x_n 无限接近于 1"就等价地表述为"$|x_n - 1|$ 无限变小"。为了获得当 n 无限增大时,$|x_n - 1|$ 变化的详细信息,我们提出下面的问题：n 增大到什么程度,才能使 $|x_n - 1| < 0.1$?从 $|x_n - 1| = \left| 1 + \dfrac{(-1)^n}{n} - 1 \right| = \dfrac{1}{n}$,可以找到一个正整数 10,当 $n > 10$ 时,就有 $|x_n - 1| < 0.1$,即

如果 $n > 10$,$|x_n - 1| < 0.1$。

如果将问题中的数字 0.1 改为更小的 0.01,那么使用同样的方法,可以找到正整数 100,

如果 $n > 100$,$|x_n - 1| < 0.01$。

类似地,

如果 $n > 1\,000$,$|x_n - 1| < 0.001$。

但这还远远不够,$|x_n - 1|$ 不仅要小于 0.1,0.01,0.001,还必须小于任何一个小正数 ε! 基于和前面相同的理由,无论是多么小的正数 ε,都可以找到一个正整数 $N = \left[\dfrac{1}{\varepsilon} \right]$,

如果 $n > N = \left[\dfrac{1}{\varepsilon} \right]$,$|x_n - 1| < \varepsilon$。

这就严格地描述了"n 无限增大时,$|x_n - 1|$ 无限小"。以此为蓝本,可以给出极限的严格定义。

3.1.2 数列极限的 ε-N 语言定义

定义 3.1.2 $\forall \varepsilon > 0$,如果 $\exists N \in Z^+$,使得当 $n > N$ 时,恒有 $|x_n - A| < \varepsilon$ 成立,则称当 n 趋于无穷大时,数列 $\{x_n\}$ 以常数 A 为极限,记作

$$\lim_{n \to \infty} x_n = A,\text{或} \ x_n \to A(n \to \infty)。$$

【例 3 - 2】 利用定义证明 $\lim\limits_{n \to \infty} \dfrac{2n+1}{3n} = \dfrac{2}{3}$。

证明: $\forall \varepsilon > 0$,要使 $\left| \dfrac{2n+1}{3n} - \dfrac{2}{3} \right| = \dfrac{1}{3n} < \varepsilon$,

$$n > \frac{1}{3\varepsilon}$$

只要取 $N = \left[\dfrac{1}{3\varepsilon} \right]$,则当 $n > N$ 时,恒有 $\left| \dfrac{2n+1}{3n} - \dfrac{2}{3} \right| < \varepsilon$ 成立,

$$\text{即} \lim_{n \to \infty} \frac{2n+1}{3n} = \frac{2}{3}。$$

3.1.3 数列极限的几何解释

对于 $\varepsilon > 0$,当 $n > N$ 时,极限定义中的不等式 $|x_n - A| < \varepsilon$ 可以写成 $A - \varepsilon < x < A + \varepsilon$,即 $x \in (A - \varepsilon, A + \varepsilon)$。因此,采用几何的语言,数列的极限可以表述为:无论 A 的邻域多么小,总能找到正整数 N,数列 $\{x_n\}$ 从 $N+1$ 项之后的所有项都落在这个邻域中。

极限的几何解释可以帮助我们形象地理解极限的含义,并直观地揭示出极限的很多性质。

3.1.4 数列极限的性质

定理 3.1.1 如果数列 $\{x_n\}$ 有极限,那么极限一定是唯一的。

定理 3.1.2 如果数列 $\{x_n\}$ 有极限,那么 $\{x_n\}$ 一定是有界的。

3.2 函数的极限

3.2.1 函数的极限

上一节介绍了数列的极限概念,事实上,如果把数列看作是一个定义在正整数集合上的特殊函数(称为整标函数),n 为自变量,x_n 为因变量,则数列的极限可以认为是在自变量 $n \to +\infty$ 的变化过程中,因变量 x_n 的一个确定的变化趋势。那么,把这个问题放到一般的实函数 $y = f(x)$ 上来考虑行不行呢?结论自然是肯定的,但是从整标函数到实函数,问题的复杂度也增加了许多。首先在数列中,自变量 n 的

变化过程只有一种 $n \to +\infty$，但对实函数而言，自变量 x 变化过程共有 6 种：

(1) $|x|$ 无限增大，记作 $x \to \infty$。

(2) x 趋于正无穷大，记作 $x \to +\infty$。

(3) x 趋于负无穷大，记作 $x \to -\infty$。

(4) x 从定点 x_0 两侧无限接近于 x_0，记作 $x \to x_0$。

(5) x 从定点 x_0 右侧无限接近于 x_0，记作 $x \to x_0^+$。

(6) x 从定点 x_0 左侧无限接近于 x_0，记作 $x \to x_0^-$。

在上述自变量 x 的任何一种变化过程中，如果函数 $f(x)$ 无限接近于某一常数 A，则称 $f(x)$ 在此变化过程中以 A 为极限。

仿照数列极限的严格定义，可以给出函数极限的定义：

定义 3.2.1 设函数 $f(x)$ 在 $|x|$ 大于某个正数时有定义，$\forall \varepsilon > 0$，如果 $\exists M > 0$，使得当 $|x| > M$ 时，恒有 $|f(x) - A| < \varepsilon$ 成立，则称当 x 趋于无穷大时，函数 $f(x)$ 以常数 A 为极限，记作

$$\lim_{x \to \infty} f(x) = A，或 f(x) \to A (x \to \infty)。$$

定义 3.2.2 设函数 $f(x)$ 在 x_0 的某去心邻域内有定义，$\forall \varepsilon > 0$，如果 $\exists \delta > 0$，使得当 $0 < |x - x_0| < \delta$ 时，恒有 $|f(x) - A| < \varepsilon$ 成立，则称当 x 趋于 x_0 时，函数 $f(x)$ 以常数 A 为极限，记作

$$\lim_{x \to x_0} f(x) = A，或 f(x) \to A (x \to x_0)。$$

其余四个极限定义请读者自行给出。

在定义 3.2.2 中，我们不要求函数 $f(x)$ 在点 x_0 处有定义。这是因为极限描述的是在 x 不断靠近 x_0 的过程中，函数 $f(x)$ 的变化趋势，与 $f(x)$ 在 x_0 是否有定义无关。

以后，在我们讨论关于函数极限的问题时，如果使用记号 $\lim f(x)$，则表示得到的结论对所有的六种变化过程都是成立的。

【例 3-3】 证明 $\lim\limits_{x \to x_0} x = x_0$。

证明： $\forall \varepsilon > 0$，要使 $|x - x_0| < \varepsilon$，

只要取 $\delta = \varepsilon$，则当 $0 < |x - x_0| < \delta$ 时，恒有 $|x - x_0| < \varepsilon$ 成立，

$$即 \lim_{x \to x_0} x = x_0$$

【例 3-4】 证明 $\lim C = C$。（C 为常数）

证明： $\forall \varepsilon > 0$，$|C - C| = 0 < \varepsilon$ 恒成立。即在 x 的变化过程中，从任何一个时刻起，都有 $|C - C| < \varepsilon$ 恒成立，所以 $\lim C = C$。

3.2.2 左极限与右极限

如果 x 只从 x_0 的一侧趋近于 x_0,则称

$$\lim_{x \to x_0^-} f(x) = A$$

为左极限,记作 $f(x_0 - 0)$;

$$\lim_{x \to x_0^+} f(x) = A$$

为右极限,记作 $f(x_0 + 0)$。

由极限的定义显然有如下定理:

定理 3.2.1 $\lim\limits_{x \to x_0} f(x) = A \Leftrightarrow \lim\limits_{x \to x_0^-} f(x) = \lim\limits_{x \to x_0^+} f(x) = A$。

【例 3-5】 设 $f(x) = \begin{cases} 1, & x \geqslant 0 \\ x, & x < 0 \end{cases}$,试讨论在点 $x = 0$ 处,函数 $f(x)$ 是否有极限?

解:

$$\lim_{x \to x_0^-} f(x) = \lim_{x \to x_0^-} x = 0$$

$$\lim_{x \to x_0^+} f(x) = \lim_{x \to x_0^+} 1 = 1$$

$$\lim_{x \to x_0^-} f(x) \neq \lim_{x \to x_0^+} f(x)$$

所以,在点 $x = 0$ 处,函数 $f(x)$ 无极限。

3.2.3 函数极限的几何解释

$\forall \varepsilon > 0$,得到一个小邻域 $(A - \varepsilon, A + \varepsilon)$,无论它有多么小,在自变量 x 的变化过程中总能找到一个时刻,在这个时刻之后,所有的 $f(x)$ 都会落入这个邻域内。

3.2.4 函数极限的性质

定理 3.2.2(极限的局部有界性) 设 $\lim f(x) = A$,则当 x 变化至某一范围内,$f(x)$ 有界。

证明:因为 $\lim f(x) = A$,则对小正数 $\varepsilon = \dfrac{1}{2} > 0$,在 x 的变化过程中,一定能找到一个时刻,从这个时刻起,恒有 $\mid f(x) - A \mid < \dfrac{1}{2}$,

即 $$A - \frac{1}{2} < f(x) < A + \frac{1}{2}$$

这说明,当 x 变化至某一范围内,$f(x)$ 有界。

定理 3.2.3(极限的局部保号性) 设 $\lim f(x) = A$,且 $A > 0$(或 $A < 0$),则当

x 变化至某一范围内，$f(x)>0$(或 $f(x)<0$)。

定理 3.2.3′ 设 $\lim f(x)=A$，且当 x 变化至某一范围内，$f(x)\geqslant 0$(或 $f(x)\leqslant 0$)，则 $A\geqslant 0$(或 $A\leqslant 0$)。

3.3 无穷小量与无穷大量

3.3.1 无穷大量

直观来说,如果在 x 的某个变化过程中,$|f(x)|$ 无限增大,则称在此过程中 $f(x)$ 为**无穷大量**,简称无穷大。仿照极限的严格化过程,可以得出无穷大量的严格定义。此处以 $x\to x_0$ 为例。

定义 3.3.1 $\forall M>0$(无论多么大),$\exists\delta>0$,当 $0<|x-x_0|<\delta$ 时,恒有

$$|f(x)|>M$$

则称 $x\to x_0$ 时,$f(x)$ 为无穷大量,记作

$$\lim_{x\to x_0}f(x)=\infty$$

其余变化过程下的无穷大量定义请读者自行给出。

值得注意的是,虽然用了极限的记号来表示,但无穷大量是极限不存在的一种情形。无论多么大的一个常数都不是无穷大量。无穷大量只是对于某个变化过程而言。如 $\dfrac{1}{x}$ 当 $x\to 0$ 时是无穷大量,当 $x\to\infty$ 时就不是了。

3.3.2 无穷小量

无穷小量在微积分中有着非常重要的作用,因为很多重要的概念,如导数、微分、定积分等都与无穷小量有关。那么,什么是无穷小量呢? 直观来说,如果在 x 的某个变化过程中,$|f(x)|$ 无限变小,则称在此过程中 $f(x)$ 为**无穷小量**,简称无穷小。用极限来说,无穷小量就是以 0 为极限的变量。

定义 3.3.2 若 $\lim f(x)=0$,则称 $f(x)$ 是该变化过程中的无穷小量。

常数中,只有 0 是无穷小量。无穷小量同样只是相对于某个变化过程而言。例如 $\dfrac{1}{x}$ 当 $x\to\infty$ 时是无穷小量,当 $x\to 0$ 时却是无穷大量。

3.3.3 无穷小量与无穷大量的关系

定理 3.3.1 在 x 的某个变化过程中,

(1) 若 $f(x)$ 是无穷大量,则 $\dfrac{1}{f(x)}$ 是无穷小量。

(2) 若 $f(x)(\neq 0)$ 是无穷小量,则 $\dfrac{1}{f(x)}$ 是无穷大量。

无穷小量与无穷大量的这种关系是显然的,这里我们不作证明。例如 $x \to 0$ 时,x 是无穷小量,$\dfrac{1}{x}$ 是无穷大量。

3.3.4 无穷小量与函数极限的关系

定理 3.3.2 $\lim f(x) = A \Leftrightarrow f(x) = A + \alpha(x)$,其中 $\alpha(x)$ 为同一变化过程中的无穷小量。

证明:必要性:因为 $\lim f(x) = A$,表明在 x 的变化过程中,$f(x)$ 与 A 可以无限接近,即 $|f(x) - A|$ 可以无限小。由无穷小量的定义知,$f(x) - A$ 是这一变化过程中的无穷小量。所以,取 $\alpha(x) = f(x) - A$,即有 $f(x) = A + \alpha(x)$。

充分性:由于 $\alpha(x)$ 是变化过程中的无穷小量,所以 $|\alpha(x)| = |f(x) - A|$ 可以无限小,即 $f(x)$ 与 A 可以无限接近,由极限定义,$\lim f(x) = A$。

借助这条定理,我们可以将函数极限问题转化为无穷小量的问题来考虑。它和后面介绍的无穷小量的运算性质共同构成了极限运算的基础。

3.3.5 无穷小量的运算性质

定理 3.3.3 两个无穷小量的代数和仍是无穷小量。

下面以 $x \to x_0$ 的变化过程为例进行证明。

设 $\alpha(x)$ 和 $\beta(x)$ 是 $x \to x_0$ 时的无穷小量,证明 $\alpha(x) \pm \beta(x)$ 也是 $x \to x_0$ 时的无穷小量。

证明:$\forall \varepsilon > 0$,由已知,$\lim\limits_{x \to x_0} \alpha(x) = 0$,所以对小正数 $\varepsilon_1 = \dfrac{\varepsilon}{2} > 0$,$\exists \delta_1 > 0$,使得,

$$\text{当 } 0 < |x - x_0| < \delta_1 \text{ 时,恒有 } |\alpha(x)| < \varepsilon_1 = \frac{\varepsilon}{2} \text{ 成立;}$$

而 $\lim\limits_{x \to x_0} \beta(x) = 0$,所以对小正数 $\varepsilon_2 = \dfrac{\varepsilon}{2} > 0$,$\exists \delta_2 > 0$,使得,

$$\text{当 } 0 < |x - x_0| < \delta_2 \text{ 时,恒有 } |\beta(x)| < \varepsilon_2 = \frac{\varepsilon}{2} \text{ 成立。}$$

取 $\delta = \min\{\delta_1, \delta_2\} > 0$,则当 $0 < |x - x_0| < \delta$ 时,$|\alpha(x)| < \dfrac{\varepsilon}{2}$ 和 $|\beta(x)| < \dfrac{\varepsilon}{2}$ 同时成立,则

$$|\alpha(x) \pm \beta(x)| \leqslant |\alpha(x)| + |\beta(x)| < \frac{\varepsilon}{2} + \frac{\varepsilon}{2} = \varepsilon$$

于是,$\lim\limits_{x \to x_0} [\alpha(x) \pm \beta(x)] = 0$,即 $\alpha(x) \pm \beta(x)$ 在 $x \to x_0$ 时为无穷小量。

定理 3.3.4 无穷小量与有界变量的乘积仍是无穷小量。

（证明从略。）·

推论 1　无穷小量与常数的乘积仍是无穷小量。

推论 2　两个无穷小量的乘积仍是无穷小量。

定理 3.3.3 和推论 2 的结论都可以推广到有限个无穷小的情形。但若是无限多个无穷小，结论就未必成立了。

【例 3 - 6】　求 $\lim\limits_{x \to 0} x \sin \dfrac{1}{x}$。

解：因为 $\lim\limits_{x \to 0} x = 0$，又 $\left| \sin \dfrac{1}{x} \right| \leqslant 1$。

即 $x \to 0$ 时，x 为无穷小量，$\sin \dfrac{1}{x}$ 为有界变量。所以，

$$\lim_{x \to 0} x \sin \frac{1}{x} = 0$$

3.4　极限的运算法则

到现在为止，关于极限的计算仍然停留在先通过数值计算进行猜想，再利用极限定义进行严格验证的阶段。这常常是非常困难，甚至无法进行的。在这一节中，将给出一些计算极限的可靠方法，那就是使用极限的运算法则。

3.4.1　极限的四则运算法则

定理 3.4.1　设 $\lim f(x) = A$，$\lim g(x) = B$，则

（1）$\lim [f(x) \pm g(x)] = \lim f(x) \pm \lim g(x) = A \pm B$

（2）$\lim f(x) g(x) = \lim f(x) \cdot \lim g(x) = AB$

（3）$\lim \dfrac{f(x)}{g(x)} = \dfrac{\lim f(x)}{\lim g(x)} = \dfrac{A}{B} (\lim g(x) \neq 0)$

证明：我们只证明（2）

因为 $\lim f(x) = A$，$\lim g(x) = B$，根据函数极限与无穷小的关系，有

$$f(x) = A + \alpha(x), \ \lim \alpha(x) = 0,$$
$$g(x) = B + \beta(x), \ \lim \beta(x) = 0,$$

所以

$$f(x) g(x) = [A + \alpha(x)][B + \beta(x)]$$
$$= AB + B\alpha(x) + A\beta(x) + \alpha(x)\beta(x)$$

根据无穷小的运算性质，$B\alpha(x)$，$A\beta(x)$，$\alpha(x)\beta(x)$，都是无穷小量，其和 $B\alpha(x) + A\beta(x) + \alpha(x)\beta(x)$ 也是无穷小量，可记其为 $\gamma(x)$。也就是说 $f(x)g(x)$ 可表示为常

数 AB 与一个无穷小量 $\gamma(x)$ 之和：

$$f(x)g(x) = AB + \gamma(x)$$

同样根据函数极限与无穷小的关系,有

$$\lim f(x)g(x) = AB = \lim f(x) \cdot \lim g(x)$$

运算法则中(1)和(2)均能推广到有限个函数的情形,另外,应用(2)还可得到如下推论:

推论 1 $\lim Cf(x) = C\lim f(x) = CA$。

推论 2 $\lim[f(x)]^n = [\lim f(x)]^n = A^n$,其中 n 为正整数。

这些运算法则和推论可以口头表述为:

代数和的极限等于极限的代数和;

乘积的极限等于极限的乘积;

商的极限等于极限的商(分母极限不为 0);

常数因子可以提到极限符号之外;

乘方的极限等于极限的乘方。

使用这些运算法则,很多极限可以方便、直接地计算出来,但是也一定要注意是否符合使用的条件。

【例 3 - 7】 求 $\lim\limits_{x \to 1}(5x^2 - 9x + 3)$。

解: 利用极限的运算法则

$$\begin{aligned}\lim_{x \to 1}(5x^2 - 9x + 3) &= \lim_{x \to 1}5x^2 + \lim_{x \to 1}(-9x) + \lim_{x \to 1}3\\ &= 5[\lim_{x \to 1}x]^2 - 9\lim_{x \to 1}x + 3\\ &= 5 \cdot 1^2 - 9 \cdot 1 + 3 = -1\end{aligned}$$

一般地,对多项式函数 $P_n(x) = a_0x^n + a_1x^{n-1} + \cdots + a_{n-1}x + a_n$,可直接得

$$\lim_{x \to x_0}P_n(x) = P_n(x_0)$$

【例 3 - 8】 求 $\lim\limits_{x \to -1}\dfrac{3x^2 + 2x + 1}{x + 2}$。

解: $\lim\limits_{x \to -1}\dfrac{3x^2 + 2x + 1}{x + 2} = \dfrac{\lim\limits_{x \to -1}(3x^2 + 2x + 1)}{\lim\limits_{x \to -1}(x + 2)} = \dfrac{3(-1)^2 + 2(-1) + 1}{-1 + 2} = 2$

一般地,对于**有理函数** $R(x) = \dfrac{P_n(x)}{Q_m(x)} = \dfrac{a_0x^n + a_1x^{n-1} + \cdots + a_{n-1}x + a_n}{b_0x^m + b_1x^{m-1} + \cdots + b_{m-1}x + b_m}$

若分母极限 $Q_m(x_0) \neq 0$ 不为零,则直接有

$$\lim_{x \to x_0}R(x) = R(x_0)$$

后面可以证明,对于**代数函数**(从多项式出发,由加、减、乘、除、开方等代数运算构成的函数)$F(x)$,当 x_0 在定义域内时,可直接有

$$\lim_{x \to x_0} F(x) = F(x_0)$$

显然,所有的有理函数都是代数函数,此外,如 $\sqrt{x^2+1}$,$\dfrac{(x-2) \cdot \sqrt[3]{x+1}}{x+\sqrt{x}}$ 也都是代数函数。

【例 3 - 9】 $\lim\limits_{x \to 1} \dfrac{(x-2)\sqrt[3]{2x+6}}{x+\sqrt{x}}$。

解: $\lim\limits_{x \to 1} \dfrac{(x-2)\sqrt[3]{2x+6}}{x+\sqrt{x}} = \dfrac{(1-2)\sqrt[3]{2 \times 1+6}}{1+\sqrt{1}} = -1$。

【例 3 - 10】 求 $\lim\limits_{x \to 3} \dfrac{x+4}{x^2-2x-3}$。

解: 因为分母极限

$$\lim_{x \to 3}(x^2-2x-3) = 3^2 - 2 \cdot 3 - 3 = 0$$

不能用代入的方法直接计算这个有理函数的极限。但由于分子极限

$$\lim_{x \to 3}(x+4) = 3+4 = 7 \neq 0$$

用代入法可直接计算得

$$\lim_{x \to 3} \frac{x^2-2x-3}{x+4} = \frac{0}{7} = 0$$

这表明当 $x \to 3$ 时,$\dfrac{x^2-2x-3}{x+4}$ 是无穷小量,那它的倒数 $\dfrac{x+4}{x^2-2x-3}$ 就是无穷大量,所以

$$\lim_{x \to 3} \frac{x+4}{x^2-2x-3} = \infty$$

一般地,对于分式函数 $\dfrac{f(x)}{g(x)}$,如果分母极限 $\lim g(x) = 0$,而分子极限 $\lim f(x) \neq 0$,则整个分式的极限 $\lim \dfrac{f(x)}{g(x)} = \infty$。

【例 3 - 11】 求 $\lim\limits_{x \to 1} \dfrac{x^2+2x-3}{x^2-3x+2}$。

解: $\lim\limits_{x \to 1} \dfrac{x^2+2x-3}{x^2-3x+2} = \lim\limits_{x \to 1} \dfrac{(x+3)(x-1)}{(x-2)(x-1)} = \lim\limits_{x \to 1} \dfrac{x+3}{x-2} = \dfrac{1+3}{1-2} = -4$。

在这个问题中,将 $x=1$ 代入后,发现分子、分母的极限都为 0。这说明分子和分母这两个多项式都含有因式 $(x-1)$,正是这个因式使得 $x \to 1$ 时分子和分母的极限为 0,因此将其称为零因子。如果能把零因子分离出来,约分(由于 $x \to 1$ 表示 x 无限接近于 1,但不等于 1,即 $x-1 \neq 0$,故而可以约分),就有可能使分子或分母极限不再为 0,从而使问题能够得到解决。在这个例子中,就是采用了因式分解的方法将零因子分离出来,约分后再使用代入法使问题得到解决的。

一般地,对于分式函数 $\dfrac{f(x)}{g(x)}$,如果分母极限 $\lim g(x)=0$,且分子极限 $\lim f(x)=0$,则称这类变量为 $\dfrac{0}{0}$ 型未定式,是最基础的未定式类型之一。未定式求极限往往比较困难,需要格外关注。另外要注意的是,记号 $\dfrac{0}{0}$ 中的"0"并不是数字 0,而是代表的无穷小量。

对 $\dfrac{0}{0}$ 型未定式求极限问题,常采用分离零因子,约分,转化为其他定式进行计算的方法,称为**消零因子法**。

【**例 3 - 12**】 求 $\lim\limits_{h \to 0} \dfrac{(x+h)^2 - x^2}{h}$。

解:这是 $\dfrac{0}{0}$ 型未定式求极限。变量是 h,不是 x,

$$\lim_{h \to 0} \frac{(x+h)^2 - x^2}{h} = \lim_{h \to 0} \frac{(x+h-x)(x+h+x)}{h} = \lim_{h \to 0}(2x+h) = 2x。$$

【**例 3 - 13**】 求 $\lim\limits_{x \to 0} \dfrac{\sqrt{1+x}-1}{x}$。

解: $\lim\limits_{x \to 0} \dfrac{\sqrt{1+x}-1}{x} = \lim\limits_{x \to 0} \dfrac{1+x-1}{x(\sqrt{1+x}+1)} = \lim\limits_{x \to 0} \dfrac{1}{\sqrt{1+x}+1} = \dfrac{1}{\sqrt{1+0}+1}$

$= \dfrac{1}{2}$。

例 3 - 13 虽然也是 $\dfrac{0}{0}$ 未定式求极限的问题,但分子为无理式,零因子无法通过分解因式分离。对此,最常用方法是进行有理化,使零因子凸显后,消去零因子,再求极限。

下面,我们看在另一变化过程 $x \to \infty$ 中,有理分式的极限。

【**例 3 - 14**】 求 $\lim\limits_{x \to \infty} \dfrac{3x^2 + x - 7}{2x^2 - x + 4}$。

解:∞ 不是一个数,不能采用代入法,因此将分子分母同时除以 x^2,

$$\lim_{x \to \infty} \frac{3x^2 + x - 7}{2x^2 - x + 4} = \lim_{x \to \infty} \frac{3 + \dfrac{1}{x} - 7\dfrac{1}{x^2}}{2 - \dfrac{1}{x} + 4\dfrac{1}{x^2}} = \frac{3}{2} \text{。}$$

一般地，对于分式函数 $\dfrac{f(x)}{g(x)}$，如果分母极限 $\lim g(x) = \infty$，且分子极限 $\lim f(x) = \infty$，则称这类变量为 $\dfrac{\infty}{\infty}$ 型未定式，是另一个最基础的未定式类型。

对 $\dfrac{\infty}{\infty}$ 型未定式，常采用分子分母同时除以最大的那个无穷大量，然后利用无穷大和无穷小的关系，将问题转化为无穷小来考虑。这种方法称为**无穷小量分离法**。

【例 3 - 15】 求 $\lim\limits_{x \to \infty} \dfrac{x^3 + x - 7}{2x^2 + 1}$。

解： 将分子分母同时除以 x^3，

$$\lim_{x \to \infty} \frac{x^3 + x - 7}{2x^2 + 1} = \lim_{x \to \infty} \frac{1 + \dfrac{1}{x^2} - 7\dfrac{1}{x^3}}{2\dfrac{1}{x} + \dfrac{1}{x^3}} = \infty \text{。}$$

【例 3 - 16】 求 $\lim\limits_{x \to \infty} \dfrac{x - 9}{x^2 - x + 1}$。

解： 将分子分母同时除以 x^2，

$$\lim_{x \to \infty} \frac{x - 9}{x^2 - x + 1} = \lim_{x \to \infty} \frac{\dfrac{1}{x} - 9\dfrac{1}{x^2}}{1 - \dfrac{1}{x} + \dfrac{1}{x^2}} = 0 \text{。}$$

一般地，对于有理函数 $R(x) = \dfrac{P_n(x)}{Q_m(x)} = \dfrac{a_0 x^n + a_1 x^{n-1} + \cdots + a_{n-1}x + a_n}{b_0 x^m + b_1 x^{m-1} + \cdots + b_{m-1}x + b_m}$，

若分母极限 $x \to \infty$ 不为零，则有

$$\lim_{x \to \infty} R(x) = \lim_{x \to \infty} \frac{a_0 x^m + a_1 x^{m-1} + \cdots + a_m}{b_0 x^n + b_1 x^{n-1} + \cdots + b_n} = \begin{cases} \dfrac{a_0}{b_0}, & n = m \\ 0, & n > m \\ \infty, & n < m \end{cases}$$

【例 3 - 17】 求 $\lim\limits_{x \to +\infty} \dfrac{\sqrt{x + \sqrt{x}}}{\sqrt{x + 2}}$。

解： 分子分母同除以 $\sqrt{x}$，

$$\lim_{x \to +\infty} \frac{\sqrt{x + \sqrt{x}}}{\sqrt{x + 2}} = \lim_{x \to +\infty} \frac{\sqrt{1 + \sqrt{\frac{1}{x}}}}{\sqrt{1 + \frac{2}{x}}} = 1 。$$

【例 3 - 18】 求 $\lim\limits_{n \to \infty} \dfrac{2^n - 5^n}{3^n + 5^n}$。

解：分子分母同除 5^n，

$$\lim_{n \to \infty} \frac{2^n - 5^n}{3^n + 5^n} = \lim_{n \to \infty} \frac{\left(\frac{2}{5}\right)^n - 1}{\left(\frac{3}{5}\right)^n + 1} = -1 。$$

【例 3 - 19】 求 $\lim\limits_{n \to \infty} \left(\dfrac{1}{n^2} + \dfrac{2}{n^2} + \cdots + \dfrac{n-1}{n^2} + \dfrac{n}{n^2} \right)$。

解：$\lim\limits_{n \to \infty} \left(\dfrac{1}{n^2} + \dfrac{2}{n^2} + \cdots + \dfrac{n-1}{n^2} + \dfrac{n}{n^2} \right) = \lim\limits_{n \to \infty} \dfrac{1}{n^2} (1 + 2 + \cdots + n) =$

$\lim\limits_{n \to \infty} \dfrac{1}{n^2} \cdot \dfrac{n(n+1)}{2} = \dfrac{1}{2}$。

此例中，无限多个无穷小量之和的极限是 $\dfrac{1}{2}$，不再是无穷小量了。

【例 3 - 20】 求 $\lim\limits_{n \to 2} \left(\dfrac{1}{2-x} - \dfrac{4}{4-x^2} \right)$。

解：$\lim\limits_{n \to 2} \left(\dfrac{1}{2-x} - \dfrac{4}{4-x^2} \right) = \lim\limits_{x \to 2} \dfrac{x-2}{(2-x)(2+x)} = \lim\limits_{x \to 2} \dfrac{-1}{2+x} = \dfrac{-1}{4}$。

【例 3 - 21】 求 $\lim\limits_{x \to \infty} (\sqrt{x^4 + 1} - x^2)$。

解：$\lim\limits_{x \to \infty} (\sqrt{x^4 + 1} - x^2) = \lim\limits_{x \to \infty} \dfrac{x^4 + 1 - x^4}{\sqrt{x^4 + 1} + x^2} = \lim\limits_{x \to \infty} \dfrac{\frac{1}{x^2}}{\sqrt{1 + \frac{1}{x^4}} + 1} = 0$。

例 3 - 20 和例 3 - 21 中的两项都趋于无穷大，极限不存在。这种类型的极限被称之为 $\infty - \infty$ 型未定式，是常见的未定式类型之一。

$\infty - \infty$ 型未定式，通常先通分（或有理化），再求极限。

3.4.2　复合函数的极限运算法则

定理 3.4.2　设 $\lim\limits_{x \to x_0} \varphi(x) = a$，且在点 x_0 的某去心邻域内 $\varphi(x) \neq a$，又 $\lim\limits_{u \to a} f(u) = A$，则复合函数 $f[\varphi(x)]$ 当 $x \to x_0$ 时的极限存在，且

$$\lim_{x \to x_0} f[\varphi(x)] = \lim_{u \to a} f(u) = A$$

对此定理,不作证明,仅作一点解释:定理的实质就是变量替换法。

3.5 两个重要极限

这一节,首先介绍极限存在的两个准则,再介绍两个重要极限。

3.5.1 极限存在的准则

定理 3.5.1(准则 1) 如果在自变量的某个变化过程中,三个函数 $h(x)$,$f(x)$ 及 $g(x)$ 总有关系 $h(x) \leqslant f(x) \leqslant g(x)$,且 $\lim h(x) = a$,$\lim g(x) = a$,则 $f(x)$ 的极限存在,且 $\lim f(x) = a$。

定理 3.5.2(准则 2) 单调有界数列必有极限

如果数列 $\{x_n\}$ 满足条件 $x_1 \leqslant x_2 \leqslant x_3 \leqslant \cdots \leqslant x_n \leqslant x_{n+1} \leqslant \cdots$,就称数列 $\{x_n\}$ 是单调增加的;如果数列 $\{x_n\}$ 满足条件 $x_1 \geqslant x_2 \geqslant x_3 \geqslant \cdots \geqslant x_n \geqslant x_{n+1} \geqslant \cdots$,就称数列 $\{x_n\}$ 是单调减少的。单调增加和单调减少的数列统称为单调数列。

【例 3-22】 求 $\lim\limits_{n \to \infty} \left(\dfrac{1}{\sqrt{n^2+1}} + \dfrac{1}{\sqrt{n^2+2}} + \cdots + \dfrac{1}{\sqrt{n^2+n}} \right)$

解: $\dfrac{n}{\sqrt{n^2+n}} < \dfrac{1}{\sqrt{n^2+1}} + \cdots + \dfrac{1}{\sqrt{n^2+n}} < \dfrac{n}{\sqrt{n^2+1}}$

而 $\lim\limits_{n \to \infty} \dfrac{n}{\sqrt{n^2+n}} = \lim\limits_{n \to \infty} \dfrac{n}{\sqrt{n^2+1}} = 1$

所以原极限为 1。

3.5.2 两个重要极限

1) 第一个重要极限: $\lim\limits_{x \to 0} \dfrac{\sin x}{x} = 1$

证: 因为,$\dfrac{\sin x}{x}$ 是偶函数,图像关于 $x = 0$ 对称,所以可以只对 x 从右侧趋于零的情况进行讨论就可以了。

作单位圆,如图 3.5.1 所示

设圆心角 $\angle AOB = x \left(0 < x < \dfrac{\pi}{2} \right)$

AD 与圆相切于 A,AC 垂直于 OB

则 $S_{\triangle AOB} < S_{扇 AOB} < S_{\triangle AOD}$,因为

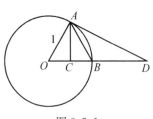

图 3.5.1

$$S_{\triangle AOB} = \frac{1}{2} OB \cdot AC = \frac{1}{2} \cdot 1 \cdot \sin x, \quad S_{扇 AOB} \left(= \frac{1}{2} R^2 \theta \right) = \frac{1}{2} \cdot 1^2 \cdot x,$$

$$S_{\triangle AOD} = \frac{1}{2}AO \cdot AD = \frac{1}{2} \cdot 1 \cdot \tan x$$

所以，$\dfrac{1}{2}\sin x < \dfrac{1}{2}x < \dfrac{1}{2}\tan x$

同除以 $\dfrac{\sin x}{2}(>0)$，得 $1 < \dfrac{x}{\sin x} < \dfrac{1}{\cos x}$

即　$\cos x < \dfrac{\sin x}{x} < 1$

由 $\lim\limits_{x \to 0}\cos x = \lim\limits_{x \to 0}1 = 1$，根据夹逼定理得 $\lim\limits_{x \to 0}\dfrac{\sin x}{x} = 1$。

本质上来说，第一个重要极限是 $\dfrac{0}{0}$ 型未定式极限。因此，$\dfrac{0}{0}$ 型、与三角函数有关的未定式，就可以用第一个重要极限。此外，在变量替换之下，第一个重要极限可以扩展为

$$\lim \frac{\sin \alpha(x)}{\alpha(x)} = 1$$

只要在给定的趋势下，两个 $\alpha(x)$ 是相同的无穷小量。

【例 3 - 23】　求 $\lim\limits_{x \to 0}\dfrac{\sin 3x}{x}$。

解：$\lim\limits_{x \to 0}\dfrac{\sin 3x}{x} = \lim\limits_{x \to 0}3 \cdot \dfrac{\sin 3x}{3x} = 3\lim\limits_{x \to 0}\dfrac{\sin 3x}{3x} = 3$。

【例 3 - 24】　求 $\lim\limits_{x \to 0}\dfrac{\tan x}{x}$。

解：$\lim\limits_{x \to 0}\dfrac{\tan x}{x} = \lim\limits_{x \to 0}\dfrac{\sin x}{x} \cdot \dfrac{1}{\cos x} = \lim\limits_{x \to 0}\dfrac{\sin x}{x} \cdot \dfrac{1}{\lim\limits_{x \to 0}\cos x} = 1$。

【例 3 - 25】　求 $\lim\limits_{x \to 0}\dfrac{1 - \cos x}{x^2}$。

解：$\lim\limits_{x \to 0}\dfrac{1 - \cos x}{x^2} = \lim\limits_{x \to 0}\dfrac{2\sin^2 \dfrac{x}{2}}{x^2} = \dfrac{1}{2}\lim\limits_{x \to 0}\left(\dfrac{\sin \dfrac{x}{2}}{\dfrac{x}{2}}\right)^2 = \dfrac{1}{2}$。

【例 3 - 26】　求 $\lim\limits_{x \to 0}\dfrac{\arcsin x}{x}$。

解：令 $\arcsin x = t$，则当 $x \to 0$ 时，$t \to 0$，$x = \sin t$。代入得

$$\lim\limits_{x \to 0}\frac{\arcsin x}{x} = \lim\limits_{t \to 0}\frac{t}{\sin t} = \lim\limits_{t \to 0}\frac{1}{\dfrac{\sin t}{t}} = \frac{1}{\lim\limits_{t \to 0}\dfrac{\sin t}{t}} = 1$$

2）第二个重要极限：$\lim\limits_{n \to \infty}\left(1 + \dfrac{1}{n}\right)^n = e$

$$\lim_{x \to 0}(1+x)^{\frac{1}{x}} = e$$

$$\lim_{x \to \infty}\left(1+\frac{1}{x}\right)^x = e$$

证明： $\lim\limits_{n \to \infty}\left(1+\dfrac{1}{n}\right)^n = e$

根据"单调数列必有极限"，如果我们能证明数列 $f(n) = \left(1+\dfrac{1}{n}\right)^n$ 是单调增加的、是有上界的，那么极限 $\lim\limits_{n \to \infty}\left(1+\dfrac{1}{n}\right)^n$ 必然存在。首先证明数列单调增加。根据二项式定理，有

$$
\begin{aligned}
f(n) &= \left(1+\frac{1}{n}\right)^n \\
&= 1 + \frac{n}{1!} \cdot \frac{1}{n} + \frac{n(n-1)}{2!} \cdot \frac{1}{n^2} + \frac{n(n-1)(n-2)}{3!} \cdot \frac{1}{n^3} + \cdots + \\
&\quad \frac{n(n-1)(n-2)\cdots(n-n+1)}{n!} \cdot \frac{1}{n^n} \\
&= 1 + \frac{1}{1!} + \frac{1}{2!}\left(1-\frac{1}{n}\right) + \frac{1}{3!} \cdot \left(1-\frac{1}{n}\right)\left(1-\frac{2}{n}\right) + \cdots + \\
&\quad \frac{1}{n!}\left(1-\frac{1}{n}\right)\left(1-\frac{2}{n}\right)\cdots\left(1-\frac{n-1}{n}\right)
\end{aligned}
$$

$$
\begin{aligned}
f(n+1) &= \left(1+\frac{1}{n+1}\right)^{n+1} \\
&= 1 + \frac{1}{1!} + \frac{1}{2!}\left(1-\frac{1}{n+1}\right) + \frac{1}{3!} \cdot \left(1-\frac{1}{n+1}\right)\left(1-\frac{2}{n+2}\right) + \cdots + \\
&\quad \frac{1}{n!}\left(1-\frac{1}{n+1}\right)\left(1-\frac{2}{n+1}\right)\cdots\left(1-\frac{n-1}{n+1}\right) + \\
&\quad \frac{1}{(n+1)!}\left(1-\frac{1}{n+1}\right)\left(1-\frac{2}{n+1}\right)\cdots\left(1-\frac{n}{n+1}\right)
\end{aligned}
$$

比较这两个展开式的各项，前两项相等，从第三项开始 $f(n+1)$ 的每一项都大于 $f(n)$ 的对应项，而且 $f(n+1)$ 还多了一个正的尾项。因而

$$f(n) < f(n+1)(n = 1, 2, 3, \cdots)$$

即 $f(n)$ 单调增加。接下来证明有界

$$f(n) < 1 + 1 + \frac{1}{2!} + \frac{1}{3!} + \cdots + \frac{1}{k!} + \cdots + \frac{1}{n!}$$

因为 $\dfrac{1}{k!} < \dfrac{1}{2^{k-1}}(k > 2)$，所以

$$f(n) < 1 + 1 + \frac{1}{2} + \frac{1}{2^2} + \cdots + \frac{1}{2^{k-1}} + \cdots + \frac{1}{2^{n-1}} = 1 + \frac{1 - \frac{1}{2^n}}{1 - \frac{1}{2}} = 3 - \frac{1}{2^{n-1}} < 3$$

$f(n)$有上界。

因此,根据极限存在的准则 2,极限 $\lim\limits_{n \to \infty} \left(1 + \frac{1}{n}\right)^n$ 存在,记为 e,即

$$\lim\limits_{n \to \infty} \left(1 + \frac{1}{n}\right)^n = e。$$

第二个重要极限在变化过程中,底数极限是 1,指数趋向于 ∞,称为 1^∞ 型未定式,是一个常见的未定式类型。因此,只要是 1^∞ 型未定式,就可以用第二个重要极限。使用变量替换法,可以将第二个重要极限推广为

$$\lim(1 + \alpha(x))^{\frac{1}{\alpha(x)}} = e$$

要求在给定趋势下,两个 $\alpha(x)$ 是相同的无穷小量。

【例 3 - 27】 求 $\lim\limits_{x \to 0}(1 + 2x)^{\frac{1}{x}}$。

解: $\lim\limits_{x \to 0}(1 + 2x)^{\frac{1}{x}} = \lim\limits_{x \to 0}\left[(1 + 2x)^{\frac{1}{2x}}\right]^2 = e^2$。

【例 3 - 28】 求 $\lim\limits_{x \to 0}\left(\frac{3 - x}{3}\right)^{\frac{3}{x}}$。

解: $\lim\limits_{x \to 0}\left(\frac{3 - x}{3}\right)^{\frac{3}{x}} = \lim\limits_{x \to 0}\left[\left(1 + \frac{-x}{3}\right)^{\frac{3}{-x}}\right]^{-1} = e^{-1}$。

【例 3 - 29】 求 $\lim\limits_{x \to 0}(\cos x)^{\frac{1}{x^2}}$。

解: $\lim\limits_{x \to 0}(\cos x)^{\frac{1}{x^2}} = \lim\limits_{x \to 0}\left\{\left[1 + (\cos x - 1)\right]^{\frac{1}{\cos x - 1}}\right\}^{\frac{\cos x - 1}{x^2}} = e^{-\frac{1}{2}}$。（由前知 $\lim\limits_{x \to 0}$ $\frac{\cos x - 1}{x^2} = \frac{-1}{2}$）

$\left(1 + \frac{1}{n}\right)^n (n \to \infty)$ 这类数学模型有着很强的现实意义。首先来看这样一个实际例子。我们知道在银行存入一笔钱的话,银行会按期支付利息。下面就来看一下利息是怎样计算的。设本金为 A_0,年利率为 r,存 t 年。如果每年结算一次,则 t 年终的本利和

$$A = A_0(1 + r)^t$$

如果每年结算 m 次,则 t 年终的本利和

$$A_m = A_0\left(1 + \frac{r}{m}\right)^{mt}$$

以上可以认为是按离散情况计算 t 年终的本利和的复利公式,如果以连续复利计算利息,即利息是立即产生立即结算的。也就是说每年结算的次数 $m \to \infty$。这时本利和的计算就需要应用到下面的极限

$$\lim_{m \to \infty} A_0 \left(1 + \frac{r}{m}\right)^{mt}$$

在现实生活中有许多事物都是属于这类模型的。例如物体的冷却、镭的衰变、细胞的繁殖、树木的生长等。这个极限反映了现实世界中一些事物生长或消失的数量规律,不仅在数学理论上,而且在实际应用中都十分有用。

$$\lim_{m \to \infty} A_0 \left(1 + \frac{r}{m}\right)^{mt} \overset{令 n = \frac{m}{r}}{=} A_0 \lim_{n \to \infty} \left(1 + \frac{1}{n}\right)^{nrt} = A_0 \left[\lim_{n \to \infty} \left(1 + \frac{1}{n}\right)^{n}\right]^{rt} = A_0 e^{rt}$$

3.6 无穷小量的比较

3.6.1 无穷小量的比较

两个无穷小量的和、差、积还是无穷小量,但是两个无穷小量的商,却是 $\frac{0}{0}$ 型未定式,结果会出现各种不同的情况。例如 $x \to 0$ 时,x,$2x$,x^2 都是无穷小量,但是它们趋向于 0 的速度却有很大差别,如表 3.6.1 所示。

表 3.6.1

x	1	0.1	0.01	0.001	0.000 1	$\cdots$	$\to$	0
$2x$	2	0.2	0.02	0.002	0.000 2	$\cdots$	$\to$	0
x^2	1	0.01	0.000 1	0.000 001	0.000 000 01	$\cdots$	$\to$	0

显然,x 和 $2x$ 趋于 0 的速度大体相当,x^2 趋于 0 的速度比 x 和 $2x$ 快得多得多。三者相互之间比值的极限分别为 $\lim_{x \to 0} \frac{2x}{x} = 2$,$\lim_{x \to 0} \frac{x^2}{x} = 0$,$\lim_{x \to 0} \frac{x}{x^2} = \infty$,正好对应着分子分母两个无穷小量趋向于 0 的速度快慢。

定义 3.6.1 设 α,β 是同一变化过程中的无穷小,$\beta \neq 0$。

(1) 如果 $\lim \frac{\alpha}{\beta} = 0$,则称 α 是 β 的高阶无穷小,记作 $\alpha = o(\beta)$。

(2) 如果 $\lim \frac{\alpha}{\beta} = c \neq 0$($c$ 为常数),则称 α 是 β 的同阶无穷小。特别地,当 $c = 1$ 时,即 $\lim \frac{\alpha}{\beta} = 1$,则称 α 与 β 是等价无穷小,记作 $\alpha \sim \beta$。

(3) 如果 $\lim \dfrac{\alpha}{\beta} = \infty$，则称 α 是 β 的低阶无穷小。

从前面的讨论可知，当 $x \to 0$ 时，x 与 $2x$ 是同阶无穷小，$x^2 = o(x)$ 是 x 的高阶无穷小，x 是 x^2 的低阶无穷小。另外，由第一个重要极限 $\lim\limits_{x \to 0} \dfrac{\sin x}{x} = 1$ 知，$\sin x$ 与 x 是等价无穷小，即 $\sin x \sim x (x \to 0)$。

无穷小量的等价关系是一种很重要的关系，下面是一些常用的等价无穷小：

$$\sin x \sim x (x \to 0), \ \tan x \sim x (x \to 0)$$
$$\arcsin x \sim x (x \to 0), \ \arctan x \sim x (x \to 0)$$
$$1 - \cos x \sim \frac{x^2}{2} (x \to 0), \ \sqrt[n]{1+x} - 1 \sim \frac{x}{n} (x \to 0)$$
$$\ln(1 + x) \sim x (x \to 0), \ e^x - 1 \sim x (x \to 0)$$

3.6.2　等价无穷小量代换

定理 3.6.1　设 $\alpha, \alpha', \beta, \beta'$ 是同一变化过程中的无穷小量，$\alpha \sim \alpha'$，$\beta \sim \beta'$。若 $\lim \dfrac{\alpha'}{\beta'}$ 存在，则 $\lim \dfrac{\alpha}{\beta}$ 存在，且 $\lim \dfrac{\alpha}{\beta} = \lim \dfrac{\alpha'}{\beta'}$。

证明：由已知 $\lim \dfrac{\alpha}{\alpha'} = 1$，$\lim \dfrac{\beta'}{\beta} = 1$，$\lim \dfrac{\alpha'}{\beta'}$ 存在，所以

$$\lim \frac{\alpha}{\beta} = \lim \frac{\alpha}{\alpha'} \cdot \frac{\alpha'}{\beta'} \cdot \frac{\beta'}{\beta} = \lim \frac{\alpha}{\alpha'} \cdot \lim \frac{\alpha'}{\beta'} \cdot \lim \frac{\beta'}{\beta} = \lim \frac{\alpha'}{\beta'}。$$

这个定理表明，在乘除关系中的无穷小量可以用其等价无穷小进行替换，这往往能极大地简化极限计算。

【例 3 - 30】　求 $\lim\limits_{x \to 0} \dfrac{\sin 3x}{\tan 2x}$。

解：当 $x \to 0$ 时，$\sin 3x \sim 3x$，$\tan 2x \sim 2x$，所以

$$\lim_{x \to 0} \frac{\sin 3x}{\tan 2x} = \lim_{x \to 0} \frac{3x}{2x} = \frac{3}{2}$$

【例 3 - 31】　求 $\lim\limits_{x \to 0} \dfrac{1 - \cos x}{x(\sqrt{1 + 2x} - 1)}$。

解：当 $x \to 0$ 时，$1 - \cos x \sim \dfrac{x^2}{2}$，$\sqrt{1 + 2x} - 1 \sim \dfrac{2x}{2}$，所以

$$\lim_{x \to 0} \frac{1 - \cos x}{x(\sqrt{1 + 2x} - 1)} = \lim_{x \to 0} \frac{\dfrac{x^2}{2}}{x \cdot \dfrac{2x}{2}} = \frac{1}{2}$$

【例 3 - 32】 求 $\lim\limits_{x \to 0} \dfrac{\ln\sqrt{1+x} + 2\arcsin x}{\tan x}$。

解: 当 $x \to 0$ 时,$\ln(1+x) \sim x$,$\tan x \sim x$,$\arcsin x \sim x$,所以

$$\lim_{x \to 0} \frac{\ln\sqrt{1+x} + 2\arcsin x}{\tan x} = \lim_{x \to 0} \frac{\frac{1}{2}\ln(1+x)}{\tan x} + \lim_{x \to 0} \frac{2\arcsin x}{\tan x}$$

$$= \frac{1}{2}\lim_{x \to 0} \frac{x}{x} + 2\lim_{x \to 0}\frac{x}{x} = \frac{5}{2}$$

进行等价无穷小的替换时,要注意使用的条件。一般在乘除关系时可以替换,和差或复合关系则不宜替换。

【例 3 - 33】 $\lim\limits_{x \to 0} \dfrac{\tan x - \sin x}{x^3}$。

错误解法: $\lim\limits_{x \to 0} \dfrac{\tan x - \sin x}{x^3} = \lim\limits_{x \to 0} \dfrac{x - x}{x^3} = 0$

正确解法: $\lim\limits_{x \to 0} \dfrac{\tan x - \sin x}{x^3} = \lim\limits_{x \to 0} \dfrac{\tan x(1 - \cos x)}{x^3} = \lim\limits_{x \to 0} \dfrac{x \cdot \frac{x^2}{2}}{x^3} = \dfrac{1}{2}$

从这个例子可以清楚地看到,在和差关系中使用等价无穷小的替换可能会产生错误。

3.7 函数的连续性

3.7.1 函数的连续性

现实世界中非常多的物理过程都是连续进行的行为,如物体运动的路程随时间连续增加;气温随时间连续上升或下降,金属丝在加热时长度随温度连续增加等。在这些过程中,我们直观地感受到变量的变化是连续进行的。确切地说,就是函数取值不可能发生间断,函数值也不可能从一个数值直接跳到另一个数值而没有中间的过渡。如果从数学的观点来看,就是当自变量的改变非常小的时候,函数的改变也非常小。首先,明确什么是函数的改变量。

1)函数的增量

定义 3.7.1 对函数 $y = f(x)$,当自变量从 x_0 变到 x,称自变量的改变量 $\Delta x = x - x_0$ 为自变量 x 的增量,而相应的函数改变量 $\Delta y = f(x) - f(x_0)$ 叫作函数 y 的增量。

函数增量虽然叫作"增量",但实际上可以是正的,也可以是负的。

2)函数的连续性

从"连续"产生的背景我们知道,这个概念是用来刻画某类函数所具有的如下特性:当自变量的改变非常小时,函数的改变也非常小。把这个特性用极限的语言表

达出来就是数学上对函数连续性的定义了。

定义 3.7.2 设函数 $y = f(x)$ 在点 x_0 的某一邻域内有定义,如果

$$\lim_{\Delta x \to 0} \Delta y = 0$$

则称函数 $y = f(x)$ 在点 x_0 连续。

由于 $\Delta x = x - x_0$,所以 $\Delta x \to 0$,等价于 $|x - x_0|$ 无限小,即 x 无限接近于 x_0;同理,$\Delta y = f(x) - f(x_0)$,所以 $\Delta y \to 0$,就等价于 $f(x)$ 无限接近于定值 $f(x_0)$。从而

$$\lim_{\Delta x \to 0} \Delta y = 0 \Longleftrightarrow \lim_{x \to x_0} f(x) = f(x_0)$$

于是,得到定义 3.7.2 的等价形式:

定义 3.7.2* 设函数 $y = f(x)$ 在点 x_0 的某一邻域内有定义,如果

$$\lim_{x \to x_0} f(x) = f(x_0)$$

则称函数 $y = f(x)$ 在点 x_0 连续。

由于连续这个概念是用极限引出的,因此连续性会承袭极限的一些特性。如由左右极限所引出的左右连续的概念。

定义 3.7.3 如果左极限 $f(x_0 - 0) = \lim\limits_{x \to x_0^-} f(x) = f(x_0)$,就说函数 $f(x)$ 在点 x_0 左连续;如果右极限 $f(x_0 + 0) = \lim\limits_{x \to x_0^+} f(x) = f(x_0)$,就说函数 $f(x)$ 在点 x_0 右连续。

定理 3.7.1 $f(x)$ 在点 x_0 连续,当且仅当 $f(x)$ 在点 x_0 左连续且右连续。

【例 3-34】 讨论函数 $f(x) = \begin{cases} x-1, & x \leqslant 0 \\ x+1, & 0 < x \leqslant 1 \\ \dfrac{x^2-1}{x^2-x}, & x > 1 \end{cases}$ 在点 $x = 0$,$x = 1$ 处的连续性。

解: $\lim\limits_{x \to 0^-} f(x) = \lim\limits_{x \to 0^-} (x - 1) = -1 = f(0)$,函数在 $x = 0$ 左连续;

$\lim\limits_{x \to 0^+} f(x) = \lim\limits_{x \to 0^+} (x + 1) = 1 \neq f(0)$,函数在 $x = 0$ 不右连续。

因此,$f(x)$ 在 $x = 0$ 不连续。

$\lim\limits_{x \to 1^-} f(x) = \lim\limits_{x \to 1^-} (x + 1) = 2 = f(1)$,函数在 $x = 1$ 左连续;

$\lim\limits_{x \to 1^+} f(x) = \lim\limits_{x \to 1^+} \dfrac{x^2 - 1}{x^2 - x} = \lim\limits_{x \to 1^+} \dfrac{(x+1)(x-1)}{x(x-1)} = 2 = f(1)$,函数在 $x = 1$ 右连续。

因此,$f(x)$ 在 $x = 1$ 连续。

定义 3.7.4 如果函数 $f(x)$ 在开区间 (a,b) 中的每一点处连续,则称 $f(x)$ 在 (a,b) 内连续;如果 $f(x)$ 在 (a,b) 内连续,且在区间左端点 a 处右连续,在区间右端点 b 处左连续,则称 $f(x)$ 在 $[a,b]$ 上连续。

连续函数的图形是一条连续而不间断的曲线。

3.7.2 函数的间断点

定义 3.7.5 若函数 $f(x)$ 在点 x_0 不满足连续的定义,就称点 x_0 是 $f(x)$ 的不连续点或间断点。

显然,若 x_0 是 $f(x)$ 的间断点,则 $f(x)$ 至少满足下列三种情形之一:

(1) 在 $x = x_0$ 没有定义。

(2) 虽在 $x = x_0$ 有定义,但 $\lim\limits_{x \to x_0} f(x)$ 不存在。

(3) 虽在 $x = x_0$ 有定义,且 $\lim\limits_{x \to x_0} f(x)$ 存在,但 $\lim\limits_{x \to x_0} f(x) \neq f(x_0)$。

下面通过观察下述几个函数的曲线在 $x = 1$ 点的情况,对间断点进行分类:

① $y = x + 1$

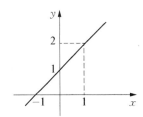

在 $x = 1$ 连续。

② $y = \dfrac{x^2 - 1}{x - 1}$

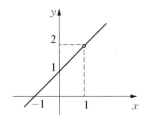

在 $x = 1$ 间断,$x \to 1$ 极限为 2。

③ $y = \begin{cases} x + 1, & x \neq 1 \\ 1, & x = 1 \end{cases}$

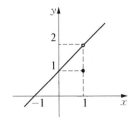

在 $x = 1$ 间断,$x \to 1$ 极限为 2。

④ $y = \begin{cases} x + 1, & x < 1 \\ x, & x \geqslant 1 \end{cases}$

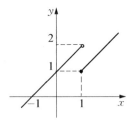

在 $x = 1$ 间断,$x \to 1$ 左极限为 2,右极限为 1。

⑤ $y = \dfrac{1}{x-1}$

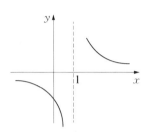

在 $x = 1$ 间断，$\lim\limits_{x \to 1} \dfrac{1}{x-1} = \infty$

⑥ $y = \sin \dfrac{1}{x}$

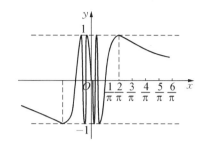

在 $x = 0$ 间断，$x \to 0$ 极限不存在。

像②③④这样在 x_0 点左右极限都存在的间断，称为第一类间断，其中极限存在的②③称为第一类间断的可去间断，此时只要补充或改变定义 $y(1) = 2$，则在 $x = 1$ 新函数就变成连续的了；④被称为第一类间断中的跳跃间断。⑤⑥被称为第二类间断，其中⑤也称为无穷间断，而⑥称作振荡间断。

就一般情况而言，通常把间断点分成两类：设 x_0 是函数 $f(x)$ 的间断点，如果左极限 $f(x_0 - 0)$ 及右极限 $f(x_0 + 0)$ 都存在，那么 x_0 称为第一类间断点。更进一步，如果 $f(x_0 - 0)$ 及 $f(x_0 + 0)$ 相等，那么 x_0 称为第一类间断点中的可去间断点；如果 $f(x_0 - 0)$ 及 $f(x_0 + 0)$ 存在但不相等，那么 x_0 称为第一类间断点中的跳跃间断点。

如果左极限 $f(x_0 - 0)$ 及右极限 $f(x_0 + 0)$ 中至少有一个不存在，那么 x_0 称为第二类间断点。根据极限的不存在的类型，又可分为无穷间断点和振荡间断点。

【例 3 - 35】 求函数 $f(x) = \dfrac{x^2 - 1}{x^2 - 3x + 2}$ 的间断点，并判断类型。

解：由前知，对有理函数而言，当分母不为 0 时，总有 $\lim\limits_{x \to x_0} R(x) = R(x_0)$，连续。因此，对本例中的有理函数，间断点只可能是分母 $x^2 - 3x + 2 = 0$ 的点，即 $x = 1$ 和 $x = 2$。而

$$\lim_{x \to 1} \frac{x^2 - 1}{x^2 - 3x + 2} = \lim_{x \to 1} \frac{(x-1)(x+1)}{(x-1)(x-2)} = -2$$

所以，$x = 1$ 是第一类间断点中的可去间断点。

$$\lim_{x \to 2} \frac{x^2 - 1}{x^2 - 3x + 2} = \infty$$

所以，$x = 2$ 是第二类间断点中的无穷间断点。

【例 3 - 36】 求函数 $f(x) = \begin{cases} x - 1, & x \leqslant 1 \\ 3 - x, & x > 1 \end{cases}$ 的间断点，并判断类型。

解： 当 $x<1$ 或 $x>1$ 时，函数都是多项式，在每一点处都连续。所以可能的间断点只有分段点 $x=1$。而

$$\lim_{x \to 1^-} f(x) = \lim_{x \to 1^-}(x-1) = 0$$

$$\lim_{x \to 1^+} f(x) = \lim_{x \to 1^+}(3-x) = 2$$

左右极限存在但不相等，所以 $x=1$ 是第一类间断点中的跳跃间断点。

3.7.3　连续函数的运算法则

由函数在某点连续的定义和极限的运算法则，立即可得出下列定理。

定理 3.7.2　设函数 $f(x)$ 和 $g(x)$ 都在点 x_0 连续，则这两个函数的和、差、积、商 $(g(x_0) \neq 0)$ 也在点 x_0 连续。

定理 3.7.3　设函数 $u = \varphi(x)$ 在点 x_0 连续，且 $\varphi(x_0) = u_0$。又函数 $y = f(u)$ 在点 u_0 连续，则复合函数 $f[\varphi(x)]$ 在点 x_0 连续，即

$$\lim_{x \to x_0} f[\varphi(x)] = f[\varphi(x_0)]$$

定理 3.7.3 中，$\lim\limits_{x \to x_0} f[\varphi(x)] = f[\varphi(x_0)] = f[\lim\limits_{x \to x_0} \varphi(x)]$ 表明"连续函数符号和极限符号可以交换顺序"。

定理 3.7.4　如果函数 $y = f(x)$ 在区间 I_x 单调增加（或单调减少）且连续，则它的反函数 $x = f^{-1}(y)$ 也在对应区间 $I_y = \{y \mid y = f(x), x \in I_x\}$ 上单调增加（或单调减少）且连续。

利用连续定义及运算法则，容易得到下列几个重要结论：

(1) 基本初等函数在其定义域内都是连续函数。

(2) 初等函数在其定义区间内都是连续的。

有了这些关于函数连续性的判断，就可以方便地利用函数的连续性来求解极限问题了。在求解的时候注意：

(1) 函数在其连续点处的极限等于函数在该点处的函数值。

(2) 连续函数求极限时，极限符号和函数符号可以交换。

【例 3-37】　求 $\lim\limits_{x \to 0}\left[\dfrac{\lg(100+x)}{a^x + \arcsin x}\right]^{\frac{1}{2}}$。

解： 这是一个初等函数，$x=0$ 是它有定义的点，连续。所以直接代入得

$$\lim_{x \to 0}\left[\frac{\lg(100+x)}{a^x + \arcsin x}\right]^{\frac{1}{2}} = \left[\frac{\lg(100+0)}{a^0 + \arcsin 0}\right]^{\frac{1}{2}} = \sqrt{2}。$$

【例 3-38】　求 $\lim\limits_{x \to 0} \dfrac{\ln(1+x)}{x}$。

解：$\lim\limits_{x \to 0} \dfrac{\ln(1+x)}{x} = \lim\limits_{x \to 0} \ln(1+x)^{\frac{1}{x}} = \ln\left[\lim\limits_{x \to 0}(1+x)^{\frac{1}{x}}\right] = \ln \mathrm{e} = 1$。

【例 3 - 39】 求 $\lim\limits_{x \to 0} \dfrac{\mathrm{e}^x - 1}{x}$。

解：令 $\mathrm{e}^x - 1 = t$，则 $x \to 0$ 时，$t \to 0$。所以

$$\lim_{x \to 0} \frac{\mathrm{e}^x - 1}{x} = \lim_{t \to 0} \frac{t}{\ln(1+t)} = \frac{1}{\lim\limits_{t \to 0} \dfrac{\ln(1+t)}{t}} = 1。$$

3.7.4 闭区间上连续函数性质

在闭区间上连续的函数有几条重要的性质，这些性质的几何意义十分明显，现将其叙述如下（证明都从略）：

定理 3.7.5(最大值和最小值定理) 在闭区间上连续的函数在该区间上一定有最大值和最小值。

定理 3.7.6(有界性定理) 在闭区间上连续的函数一定在该区间上有界。

定理 3.7.7(介值定理) 设函数 $f(x)$ 在闭区间 $[a, b]$ 上连续，m 和 M 分别为 $f(x)$ 在区间 $[a, b]$ 上的最小值和最大值，则对介于最小值和最大值之间的任一数 c：$m < c < M$，至少存在一点 $\xi \in (a, b)$，使得

$$f(\xi) = c$$

定理 3.7.8(零点定理) 设函数 $f(x)$ 在闭区间 $[a, b]$ 上连续，端点处函数值 $f(a)$ 和 $f(b)$ 异号，则至少存在一点 $\xi \in (a, b)$，使得

$$f(\xi) = 0$$

零点定理说明闭区间上的连续函数在该区间内至少有一个零点。"至少有一个零点"这个事实也可以表述为"函数曲线与 x 轴至少有一个交点"，或者"方程 $f(x) = 0$ 至少有一个根"。

【例 3 - 40】 证明方程 $x^3 - 3x + 1 = 0$ 在 $(0, 1)$ 内至少有一个根。

解：令 $f(x) = x^3 - 3x + 1$，显然初等函数 $f(x)$ 在其定义区间 $[0, 1]$ 上连续，且 $f(0) = 1 > 0$，$f(1) = -1 < 0$，二者异号。所以，由零点定理知，至少存在一点 $\xi \in (0, 1)$，使得

$$f(\xi) = \xi^3 - 3\xi + 1 = 0$$

问题得证。

习　题　2

1. 用数列极限的定义证明下列极限

(1) $\lim\limits_{n \to \infty} \left(1 - \dfrac{1}{2^n}\right) = 1$

(2) $\lim\limits_{n \to \infty} \dfrac{1}{n} \sin \dfrac{\pi}{n} = 0$

2. 用函数极限的定义证明下列极限

(1) $\lim\limits_{x \to 2} (1 - 2x) = -3$

(2) $\lim\limits_{x \to \infty} \dfrac{x+1}{x} = 1$

(3) $\lim\limits_{x \to -\infty} e^x = 0$

3. 观察下列函数在给定变化过程中,哪些是无穷大量? 哪些是无穷小量?

(1) $f(x) = \ln x,\ x \to 0^+$

(2) $f(x) = \ln x,\ x \to +\infty$

(3) $f(x) = \ln x,\ x \to 1$

(4) $f(x) = e^{\frac{1}{x}},\ x \to 0^+$

(5) $f(x) = e^{\frac{1}{x}},\ x \to 0^-$

(6) $f(x) = \tan x,\ x \to \dfrac{\pi}{2}$

4. 求下列极限

(1) $\lim\limits_{x \to 1} (x^3 + 4x^2 - 3)$

(2) $\lim\limits_{x \to 1} \dfrac{x^4 - 2x^2 + 10}{x^2 + 2}$

(3) $\lim\limits_{x \to -2} \sqrt{4x^2 - 7}$

(4) $\lim\limits_{x \to -1} \dfrac{3x^2 - 4x + 1}{x + 1}$

(5) $\lim\limits_{x \to 5} \dfrac{x - 5}{x^2 - 25}$

(6) $\lim\limits_{x \to 1} \dfrac{x^2 + x - 2}{x^2 - x}$

(7) $\lim\limits_{x \to -3} \dfrac{x^2 - 9}{x^2 + 4x + 3}$

(8) $\lim\limits_{x \to 1} \dfrac{x^n - 1}{x - 1}$, n 为正整数

(9) $\lim\limits_{x \to 1} \dfrac{\sqrt{x + 3} - 2}{x - 1}$

(10) $\lim\limits_{x \to -1} \dfrac{x^2 - x - 2}{\sqrt{x^2 + 8} - 3}$

(11) $\lim\limits_{x \to 0} \dfrac{\sqrt[n]{1 + x} - 1}{\dfrac{x}{n}}$

(12) $\lim\limits_{x \to -8} \dfrac{3 - \sqrt{1 - x}}{2 + \sqrt[3]{x}}$

(13) $\lim\limits_{x \to \infty} \dfrac{5x^2 + 8x - 2}{3x^2 + 2}$

(14) $\lim\limits_{x \to \infty} \dfrac{x^2 + 3x + 2}{x + 4}$

(15) $\lim\limits_{x \to \infty} \dfrac{x - 2}{\sqrt[5]{x^3 - x + 3}}$

(16) $\lim\limits_{x \to +\infty} \dfrac{(\sqrt{x^2 + 1} + 2x)^2}{3x^2 + 1}$

(17) $\lim\limits_{x \to \infty} \dfrac{(3x + 2)^{30} (2x + 1)^{20}}{(2x - 1)^{50}}$

(18) $\lim\limits_{x \to 1} \left(\dfrac{3}{1 - x^3} - \dfrac{1}{1 - x}\right)$

(19) $\lim\limits_{x \to \infty} \left(\dfrac{x^3}{2x^2 - 1} - \dfrac{x^2}{2x + 1}\right)$

(20) $\lim\limits_{x \to +\infty} (\sqrt{x + 2} - \sqrt{x + 1})$

(21) $\lim\limits_{n \to \infty} \left(1 + \dfrac{1}{2} + \dfrac{1}{2^2} + \cdots + \dfrac{1}{2^n}\right)$

(22) $\lim\limits_{x \to 0^+} \sqrt{x} \sin \dfrac{1}{x}$

(23) $\lim\limits_{x \to \infty} \dfrac{x}{x^2 - x} \arctan x$

5. 已知 $f(x) = \begin{cases} x-1, & x < 0 \\ \dfrac{x^2+3x-1}{x^3+1}, & x \geqslant 0 \end{cases}$，求 $\lim\limits_{x \to 0} f(x)$，$\lim\limits_{x \to +\infty} f(x)$，$\lim\limits_{x \to -\infty} f(x)$。

6. 已知 $f(x) = \begin{cases} 3x+2, & x \leqslant 0 \\ x^2+1, & 0 < x \leqslant 1 \\ \dfrac{2}{x}, & x > 1 \end{cases}$，分别讨论在 $x=0$ 和 $x=1$ 处，$f(x)$ 的极限是否

存在。

7. 设 $\lim\limits_{x \to 1} \dfrac{x^2+ax+b}{1-x} = 5$，求 a，b。

8. 已知 $\lim\limits_{x \to \infty} \left(\dfrac{x^2+1}{x+1} - ax - b \right) = 1$，求 a，b。

9. 求 $\lim\limits_{n \to \infty} \left(\dfrac{1}{n^2+1} + \dfrac{2}{n^2+2} + \cdots + \dfrac{n}{n^2+n} \right)$。

10. 求下列极限

(1) $\lim\limits_{x \to 0} \dfrac{\sin 3x}{\sin 5x}$

(2) $\lim\limits_{x \to 0} \dfrac{\tan 2x}{x}$

(3) $\lim\limits_{x \to \pi} \dfrac{\sin x}{x - \pi}$

(4) $\lim\limits_{x \to \infty} x \sin \dfrac{1}{x}$

(5) $\lim\limits_{x \to 0} \dfrac{2 \arctan x}{3x}$

(6) $\lim\limits_{x \to 0} \dfrac{x + \sin x}{x - 2\sin x}$

(7) $\lim\limits_{x \to 0} \dfrac{\sin 2x}{\sqrt{1+x} - 1}$

(8) $\lim\limits_{x \to a} \dfrac{\cos x - \cos a}{x - a}$

11. 求下列极限

(1) $\lim\limits_{x \to \infty} \left(1 + \dfrac{1}{x} \right)^{2x}$

(2) $\lim\limits_{x \to 0} (1 - 2x)^{\frac{1}{x}}$

(3) $\lim\limits_{x \to \infty} \left(\dfrac{x-4}{x+1} \right)^{\frac{2x-1}{5}}$

(4) $\lim\limits_{x \to 1} x^{\frac{1}{1-x}}$

(5) $\lim\limits_{x \to +\infty} \left(1 - \dfrac{1}{x} \right)^{\sqrt{x}}$

(6) $\lim\limits_{x \to 0} (\cos x)^{\cot^2 x}$

12. 当 $x \to 0$ 时，下列无穷小量与 x 相比较是什么阶的无穷小量？

(1) $\sqrt{x} + \sin x$

(2) $x^3 + 3x$

(3) $\tan x - \sin x$

(4) $\sqrt{1+x} - \sqrt{1-x}$

13. 利用等价无穷小量的代换求下列极限

(1) $\lim\limits_{x \to 0} \dfrac{\sqrt{1+x} - 1}{\tan x}$

(2) $\lim\limits_{x \to 0} \dfrac{\arcsin 3x}{e^{2x} - 1}$

(3) $\lim\limits_{x \to 0} \dfrac{\sin^2 x \cdot (1 - \cos \sqrt{x})}{\tan x - \sin x}$

(4) $\lim\limits_{x \to 0} \dfrac{(\sqrt[3]{1+xe^x} - 1)x}{1 - \sqrt{\cos x}}$

14. 讨论下列函数在点 x_0 处的连续性

(1) $f(x) = \begin{cases} \dfrac{\sin x}{|x|}, & x \neq 0 \\ 1, & x = 0 \end{cases}$，$x_0 = 0$

(2) $f(x) = \begin{cases} x^2 + 1, & x < 1 \\ 3x - 1, & x \geqslant 1 \end{cases}, x_0 = 1$

15. 求下列函数的间断点并判断其类型

(1) $f(x) = \dfrac{x - 2}{x^2 - 4}$ 　　　　　　　　(2) $f(x) = x\cos\dfrac{1}{x}$

(3) $f(x) = \begin{cases} \dfrac{x}{\sqrt{1 + 2x} - 1}, & x < 0 \\ x + 2, & x \geqslant 0 \end{cases}$

16. 讨论函数 $f(x) = \lim\limits_{n \to \infty} x\,\dfrac{1 - x^{2n}}{1 + x^{2n}}$ 的连续性,若有间断点,判断其类型。

17. 已知函数 $f(x) = \begin{cases} \dfrac{\ln(1 + 2x)}{x}, & x > 0 \\ k, & x = 0 \\ x\sin\dfrac{1}{x} + 2, & x < 0 \end{cases}$,试确定 k 的值,使 $f(x)$ 在其定义域内连续。

18. 已知函数 $f(x) = \dfrac{\sqrt{1 + x} - \sqrt{1 - x}}{x}$,补充定义 $f(0)$ 为何值,可使修改后的函数在点 $x = 0$ 处连续?

19. 证明方程 $x^6 + 3x - 1 = 0$ 在 0 和 1 之间至少有一个实根。

20. 证明曲线 $y = e^x - x - 2$ 在区间 $(0, 2)$ 内与 x 轴至少有一个交点。

导数与微分 **4**

4.1 导 数

4.1.1 引出导数概念的例题

上一章介绍了连续性的概念,它揭示了自变量的增量和函数的增量之间的一种重要的关系。但在现实生活中,处理连续变化的变量时,除了关注它的变化之外,有时我们更加关注它的变化率。

例如,当一颗子弹在空中飞行时,子弹飞行的时间和距离都是连续增加的,但是,在他击中一个人之前的那一瞬间,重要的却是子弹的速度,即子弹在即将到来的一个极短的时间段内移动的**距离**相对于**时间**的**变化率**,而不是子弹已经运行的时间和距离。如果此刻子弹速度是每小时一英里,那么那人将可以轻易地表演手指夹子弹这种都市小说里面的绝活,而如果速度是每小时一千英里,那么这个人将会被子弹亲密且迅猛的嵌入或穿透。明显地,在这个例子中,变量(距离相对于时间)的变化率,与他们正在变化这一事实有着同样重要的意义。

在变量的变化率中,必须将如下两类区别开来:平均变化率和瞬时变化率。如果驾驶汽车从北京到天津,两城相距 200 千米,花去 2.5 小时,那么他的平均速度,即距离相对于时间的平均变化率,是 $\frac{\Delta s}{\Delta t} = \frac{200}{2.5} = 80$ 千米。但明显地,由于汽车所作的是变速运动,这个数字并不一定代表在这段旅途中他在任何一个特定瞬间,比如说 10 点整时的速度。这个 10 点整时的速度就是一个瞬时速度,但是,他并不一定是在这以前或以后任何时刻的瞬时速度。应该清楚地认识到,用求平均速度的方法,我们得不到瞬时速度。因为在一瞬间,行驶的距离是 0,所花的时间也是 0,而 0 除以 0 是无意义的。这时,我们想通过考虑 10 点整前后一段较短时间内的平均速度,进而将时间段的长度压缩得不断地短,持续考察,得以解决这个问题。

例如,如果汽车在 10 点整前后 1 分钟的时间里行驶了 1.5 千米,那么在这 1 分钟内汽车的平均速度就是每小时 90 千米。可这是在 10 点整时的瞬时速度吗?尽管 1 分钟是一段相当短的时间间隔,但在这 1 分钟内的平均速度仍然可能与恰恰 10 点整这一刻的瞬时速度有很大的不同,因为汽车在这 1 分钟内仍可以加速或减速。让我们缩短在 10 点整前后的时间间隔,再计算出在这段时间内的平均速度。如 1 秒钟内的平均速度,或者 0.1 秒内、0.01 秒内等很小的时间间隔内的平均速度。所计算的时间间隔越短(汽车加速或减速越不容易),在这段时间内的平均速度将与 10 点整的瞬时速度越接近。所以很自然的,可以用极限的思想定义在 10 点整这个时刻的瞬时速度是:当时间间隔趋于 0 时,平均速度的极限。

该问题进一步的演化就是微积分中经典的变速直线运动的速度。设 $s = f(t)$,则

$$v\Big|_{t=t_0} = \lim_{\Delta t \to 0} \frac{\Delta s}{\Delta t} = \lim_{\Delta t \to 0} \frac{f(t_0 + \Delta t) - f(t_0)}{\Delta t}$$

定义和计算瞬时速度的方法,实际上具有更为广泛的用途。s 代表距离,t 代表时间,但仅就数学方面来说,对 s,t 并没有作特殊的要求。这些量可以有任意的实际意义,从而可以利用相同的数学程序(模型),去计算一个变量相对于另一个变量的变化率。例如,如果 s 表示速度而 t 表示时间,我们就可以计算出某一时刻的速度相对于时间的瞬时变化率,即瞬时加速度;又如 s 代表大气压强,t 表示地球表面的高度,可以计算出在任意给定的高度,压强相对于高度的变化率。或者,如果 s 代表商品的价格,t 代表时间,这样,又能够计算出在任何时刻价格相对于时间的变化率。这样,上述方法可以使我们能够定义、计算成千上万种具有重要意义、有用的**一个变量相对于另一个变量的瞬时变化率**,这就是导数概念。

4.1.2 导数的定义

定义 4.1.1(函数在点 x_0 处的导数) 设函数 $y = f(x)$ 在点 x_0 的某个邻域内有定义,当自变量在点 x_0 处取得改变量 $\Delta x(\neq 0)$ 时,函数 $f(x)$ 取得相应的改变量 $\Delta y = f(x_0 + \Delta x) - f(x_0)$,如果极限 $\lim_{\Delta x \to 0} \frac{\Delta y}{\Delta x} = \lim_{\Delta x \to 0} \frac{f(x_0 + \Delta x) - f(x_0)}{\Delta x}$ 存在,则称此极限值为函数 $f(x)$ 在点 x_0 处的导数(或微商),可记作 $f'(x_0)$,$y'\Big|_{x=x_0}$,$\frac{\mathrm{d}y}{\mathrm{d}x}\Big|_{x=x_0}$,或 $\frac{\mathrm{d}}{\mathrm{d}x}f(x)\Big|_{x=x_0}$

注意 1:$\frac{\Delta y}{\Delta x}$ 反映的是自变量从 x_0 变化到 $x_0 + \Delta x$ 时函数的平均变化率,而导数 $f'(x_0) = \lim_{\Delta x \to 0} \frac{\Delta y}{\Delta x}$ 反映的是函数在 x_0 点处的瞬时变化率。

关于记号 $\frac{\mathrm{d}y}{\mathrm{d}x} = \lim_{\Delta x \to 0} \frac{\Delta y}{\Delta x}$,可以结合后面微分的定义加深理解。

注意 2:导数还可以写成另外的形式:

例如,令 $\Delta x = h$,$f'(x_0) = \lim_{h \to 0} \frac{f(x_0 + h) - f(x_0)}{h}$

令 $\Delta x = x - x_0$，$f'(x_0) = \lim\limits_{x \to x_0} \dfrac{f(x) - f(x_0)}{x - x_0}$ 等。

对导数的定义应抓住其本质（$f'(x_0) = \lim\limits_{\Delta x \to 0} \dfrac{\Delta y}{\Delta x}$），不应死记其形式。

由于导数同样是用极限式子来定义的，根据之前所学，可以知道极限有左、右极限之分，于是这里就有了如下的定义：

定义 4.1.2 极限值 $\lim\limits_{\Delta x \to 0^+} \dfrac{\Delta y}{\Delta x}$ 称为函数在点 x_0 处的右导数，记作 $f'_+(x_0)$；

极限值 $\lim\limits_{\Delta x \to 0^-} \dfrac{\Delta y}{\Delta x}$ 称为函数在点 x_0 处的左导数，记作 $f'_-(x_0)$。

由极限存在的充要条件马上得到导数存在的充要条件是左、右导数都存在且相等。

如果函数 $f(x)$ 在点 x_0 点处有导数（即定义中的极限存在），则称其在点 x_0 点处可导，否则，称其在 x_0 点处不可导。这个导数的概念只是描述了函数的局部性质。将其扩展一下，就得到了函数在某区间内可导的定义：

定义 4.1.3 如果函数 $f(x)$ 在开区间 (a, b) 内每一点处都可导，则称 $f(x)$ 在区间 (a, b) 内可导。函数在闭区间 $[a, b]$ 上可导是指其在相应开区间 (a, b) 内处处可导，且在**左端点**存在**右导数**，在**右端点**存在**左导数**。

有了这个定义之后，可以发现，如果一个函数 $f(x)$ 在开区间 (a, b) 内可导，此时，对每一个 $x \in (a, b)$，都有一个导数值与之相对应，这样就构成了一个新的函数关系，因此就有了：

定义 4.1.4 函数 $f(x)$ 关于区间 (a, b) 内所有点 x 的导数所形成的新的函数称为函数 $f(x)$ 的**导函数**，简称为**导数**，记作 $f'(x)$，y'，$\dfrac{\mathrm{d}y}{\mathrm{d}x}$ 或 $\dfrac{\mathrm{d}}{\mathrm{d}x}f(x)$。

注意： 此时，$f'(x) = \lim\limits_{\Delta x \to 0} \dfrac{f(x + \Delta x) - f(x)}{\Delta x}$，这个极限值随 x 的变化而变化，所以，是 x 的函数，而 $f(x)$ 在点 x_0 处的导数就是其导函数 $f'(x)$ 在点 x_0 处的函数值。根据这一定义，前面所讲的引出导数概念的例题可另外叙述为：瞬时速度函数是路程 s 对时间 t 的导数。

4.1.3 导数的几何意义

关于导数的概念前面给出了严格而抽象的数学定义，下面再来考虑导数的几何意义，让导数的概念形象化起来。

设 $y = f(x)$ 的图像如图 4.1.1 所示。点 M (x_0, y_0) 为曲线上一定点，点 $M_1(x_0 + \Delta x, y_0 + \Delta y)$ 的位置取决于 Δx，是曲线上一动点。设割线

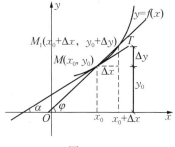

图 4.1.1

MM_1 的倾角为 φ，则 $\tan \varphi = \dfrac{\Delta y}{\Delta x} = \dfrac{f(x_0 + \Delta x) - f(x_0)}{\Delta x}$。当 $\Delta x \to 0$ 时，动点 M_1 将沿曲线趋于定点 M，从而割线 MM_1 也随之变动而趋于极限位置 MT（曲线在定点 M 处的切线），于是切线的斜率

$$\tan \alpha = \lim_{\Delta x \to 0} \tan \varphi = \lim_{\Delta x \to 0} \frac{\Delta y}{\Delta x} = \lim_{\Delta x \to 0} \frac{f(x_0 + \Delta x) - f(x_0)}{\Delta x}$$

根据导数的定义，即曲线在定点 $M(x_0，y_0)$ 处的切线斜率 $\tan \alpha = f'(x_0)$。反过来说，函数 $y = f(x)$ 在点 x_0 处的导数 $f'(x_0)$ 就是函数图形在点 $M(x_0，y_0)$ 处的切线斜率。这就是导数的几何意义。由导数的几何意义及直线的点斜式方程，可知函数曲线在点 $(x_0，y_0)$ 处的切线方程为 $y - y_0 = f'(x_0)(x - x_0)$。

4.1.4　可导与连续的关系

定理 4.1.1　如果函数 $y = f(x)$ 在点 x_0 处可导，则它在点 x_0 处连续。

证明：因为函数 $y = f(x)$ 在点 x_0 处可导，所以有

$\lim\limits_{\Delta x \to 0} \dfrac{\Delta y}{\Delta x} = f'(x_0)$，由 $\Delta y = \dfrac{\Delta y}{\Delta x} \Delta x$，可得

$$\lim_{\Delta x \to 0} \Delta y = \lim_{\Delta x \to 0} \frac{\Delta y}{\Delta x} \Delta x = \lim_{\Delta x \to 0} \frac{\Delta y}{\Delta x} \cdot \lim_{\Delta x \to 0} \Delta x$$
$$= f'(x_0) \cdot 0 = 0$$

由前面章节的定理可以知道函数 $y = f(x)$ 在点 x_0 处连续。

注意 1：连续是可导的必要条件而非充分条件，即：函数 $y = f(x)$ 在点 x_0 处连续，但它在点 x_0 处不一定可导。

注意 2：定理的逆否命题：不连续一定不可导是真命题。

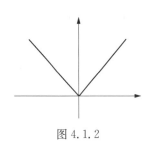

图 4.1.2

【例 4 - 1】　函数 $y = f(x) = |x| = \begin{cases} x, & x \geqslant 0 \\ -x, & x < 0 \end{cases}$，如图 4.1.2 所示。

函数 $y = f(x)$ 在点 $x = 0$ 处是连续的，因为 $\lim\limits_{x \to 0^+} |x| = \lim\limits_{x \to 0^+} x = 0$，$\lim\limits_{x \to 0^-} |x| = \lim\limits_{x \to 0^-} -x = 0$，所以 $\lim\limits_{x \to 0} |x| = f(0) = 0$。

但是，在点 $x = 0$ 处没有导数，因为

$$f'_+(0) = \lim_{\Delta x \to 0^+} \frac{\Delta y}{\Delta x} = \lim_{\Delta x \to 0^+} \frac{|\Delta x|}{\Delta x} = \lim_{\Delta x \to 0^+} \frac{\Delta x}{\Delta x} = 1$$

$$f'_-(0) = \lim_{\Delta x \to 0^-} \frac{\Delta y}{\Delta x} = \lim_{\Delta x \to 0^-} \frac{|\Delta x|}{\Delta x} = \lim_{\Delta x \to 0^-} \frac{-\Delta x}{\Delta x} = -1$$

易见 $f'_+(0) \neq f'_-(0)$，所以 $f'(0)$ 不存在。

【例 4 - 2】 用定义讨论函数 $f(x) = \begin{cases} x\sin\dfrac{1}{x}, & x \neq 0 \\ 0, & x = 0 \end{cases}$，在点 $x = 0$ 处的可导

性与连续性。

解： 函数 $y = f(x)$ 在点 $x = 0$ 处是连续的，因为 $\sin\dfrac{1}{x}$ 在 $x \to 0$ 过程中是有界

变量，所以有：$\lim\limits_{x \to 0} x\sin\dfrac{1}{x} = 0 = f(0)$，但是，在点 $x = 0$ 处没有导数，因为

$$f'(0) = \lim_{\Delta x \to 0} \frac{\Delta y}{\Delta x} = \lim_{\Delta x \to 0} \frac{\Delta x \cdot \sin\left(\dfrac{1}{\Delta x}\right)}{\Delta x} = \lim_{\Delta x \to 0} \sin\left(\frac{1}{\Delta x}\right)$$

是不存在的，函数曲线如图 4.1.3 所示。

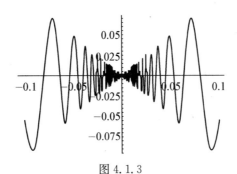

图 4.1.3

【例 4 - 3】 讨论函数 $f(x) = \begin{cases} x - 1, & x \leqslant 0 \\ 2x, & 0 < x \leqslant 1 \\ x^2 + 1, & 1 < x \leqslant 2，\text{在点 } x = 0, x = 1, x = 2 \\ \dfrac{1}{2}x + 4, & 2 < x \end{cases}$

处的连续性与可导性。

解：（1）在点 $x = 0$ 处

$$\lim_{x \to 0^-} f(x) = \lim_{x \to 0^-}(x - 1) = -1, \ \lim_{x \to 0^+} f(x) = \lim_{x \to 0^+} 2x = 0,$$

$\lim\limits_{x \to 0^+} f(x) \neq \lim\limits_{x \to 0^-} f(x)$，即 $\lim\limits_{x \to 0} f(x)$ 不存在，因此在点 $x = 0$ 处 $f(x)$ 不连续，从而在点 $x = 0$ 处 $f(x)$ 也不可导。

（2）在点 $x = 1$ 处

$$\lim_{x \to 1^-} f(x) = \lim_{x \to 1^-} 2x = 2, \ \lim_{x \to 1^+} f(x) = \lim_{x \to 1^+} (x^2 + 1) = 2, \ \text{且} \ f(1) = 2$$

$\lim\limits_{x \to 1} f(x) = 2 = f(1)$，因此在点 $x = 1$ 处 $f(x)$ 连续。

$$f_-'(1) = \lim_{\Delta x \to 0^-} \frac{f(1 + \Delta x) - f(1)}{\Delta x} = \lim_{\Delta x \to 0^-} \frac{2(1 + \Delta x) - 2}{\Delta x} = \lim_{x \to 0^-} \frac{2\Delta x}{\Delta x} = 2$$

$$f_+'(1) = \lim_{\Delta x \to 0^+} \frac{f(1 + \Delta x) - f(1)}{\Delta x} = \lim_{\Delta x \to 0^+} \frac{\left[(1 + \Delta x)^2 + 1\right] - 2}{\Delta x}$$
$$= \lim_{x \to 0^+} \frac{2\Delta x + (\Delta x)^2}{\Delta x} = 2$$

$f_-'(1) = f_+'(1)$ 在点 $x = 1$ 处 $f(x)$ 可导，且 $f'(1) = 2$。

(3) 在点 $x = 2$ 处

$$\lim_{x \to 2^-} f(x) = \lim_{x \to 2^-} (x^2 + 1) = 5, \ \lim_{x \to 2^+} f(x) = \lim_{x \to 2^+} \left(\frac{1}{2}x + 4\right) = 5, \ \text{且} \ f(2) = 5$$

$\lim\limits_{x \to 2} f(x) = 5 = f(2)$，因此在点 $x = 2$ 处 $f(x)$ 连续。

$$f_-'(2) = \lim_{\Delta x \to 0^-} \frac{f(2 + \Delta x) - f(2)}{\Delta x} = \lim_{\Delta x \to 0^-} \frac{\left[(2 + \Delta x)^2 + 1\right] - 5}{\Delta x}$$
$$= \lim_{x \to 0^-} \frac{4\Delta x + (\Delta x)^2}{\Delta x} = 4$$

$$f_+'(2) = \lim_{\Delta x \to 0^+} \frac{f(2 + \Delta x) - f(2)}{\Delta x} = \lim_{\Delta x \to 0^+} \frac{\left[\frac{1}{2}(2 + \Delta x) + 4\right] - 5}{\Delta x}$$
$$= \lim_{x \to 0^+} \frac{\frac{1}{2}\Delta x}{\Delta x} = \frac{1}{2}$$

$f_-'(2) \neq f_+'(2)$，即 $f'(2)$ 不存在，因此在点 $x = 2$ 处 $f(x)$ 不可导。

综上，可得结论：$f(x)$ 在点 $x = 0$ 处不连续，不可导；点 $x = 1$ 处连续，可导；点 $x = 2$ 处连续，不可导。

4.2 导数的基本公式与运算法则

在上一节中，不仅阐明了导数概念的实质，也给出了根据定义求函数的导数的方法，从原则上讲，计算函数导数的问题已经解决，因为由导数定义，只要计算极限

$$\lim_{\Delta x \to 0} \frac{f(x + \Delta x) - f(x)}{\Delta x}$$

即可。但是,如果对每一个函数都用定义,通过计算这个极限来得到函数的导数将是一件非常吃力而且困难的事。我们通过这样的程序建立计算初等函数导数的方法:

(1) 从定义出发计算一些基本初等函数的导数。

(2) 建立导数的运算法则。

(3) 利用(1)、(2)计算其余基本初等函数和一般初等函数的导数。

下面,从定义出发计算一些基本初等函数的导数。

4.2.1 用定义证明一些基本初等函数的导数

【例 4-4】 求常数函数 $y = f(x) = C$ 的导数

解: 容易知道,恒有 $\Delta y = 0$,于是恒有 $\dfrac{\Delta y}{\Delta x} = 0$,

因而 $y' = \lim\limits_{\Delta x \to 0} \dfrac{\Delta y}{\Delta x} = 0$,所以 $c' = 0$。

【例 4-5】 求幂函数 $y = f(x) = x^n (n \in \mathbf{N})$ 的导数

解: 容易知道,有 $\Delta y = (x + \Delta x)^n - x^n$ 由二项式定理知道

$$\Delta y = \left[x^n + nx^{n-1}\Delta x + \frac{n(n-1)}{2}x^{n-2}(\Delta x)^2 + \cdots + (\Delta x)^n \right] - x^n$$

$$= nx^{n-1}\Delta x + \frac{n(n-1)}{2}x^{n-2}(\Delta x)^2 + \cdots + (\Delta x)^n$$

于是有 $\dfrac{\Delta y}{\Delta x} = nx^{n-1} + \dfrac{n(n-1)}{2}x^{n-2}\Delta x + \cdots + (\Delta x)^{n-1}$

因而 $y' = \lim\limits_{\Delta x \to 0} \dfrac{\Delta y}{\Delta x} = nx^{n-1}$。

【例 4-6】 求正弦函数的导数 $y = f(x) = \sin x$ 的导数

解: 容易知道,有

$$\Delta y = \sin(x + \Delta x) - \sin x = 2\cos\left(\frac{x + \Delta x + x}{2} \right) \sin\left(\frac{x + \Delta x - x}{2} \right)$$

$$= 2\cos\left(\frac{2x + \Delta x}{2} \right) \sin\left(\frac{\Delta x}{2} \right)$$

于是有 $\dfrac{\Delta y}{\Delta x} = \dfrac{2\cos\left(\dfrac{2x + \Delta x}{2} \right) \sin\left(\dfrac{\Delta x}{2} \right)}{\Delta x}$,因而:

$$y' = \lim\limits_{\Delta x \to 0} \frac{\Delta y}{\Delta x} = \lim\limits_{\Delta x \to 0} \frac{2\cos\left(\dfrac{2x + \Delta x}{2} \right) \sin\left(\dfrac{\Delta x}{2} \right)}{\Delta x}$$

$$= \lim_{\Delta x \to 0} \cos\left(\frac{2x + \Delta x}{2}\right) \cdot \lim_{\Delta x \to 0} \frac{2\sin\left(\frac{\Delta x}{2}\right)}{\Delta x} = \cos x$$

同样地,可以证明,若 $y = \cos x$,则 $y' = -\sin x$。

【例 4 - 7】 求对数函数 $y = \log_a x (a > 0, a \neq 1)$ 的导数

解: 容易知道,有

$$\Delta y = \log_a(x + \Delta x) - \log_a x = \log_a \frac{x + \Delta x}{x} = \log_a\left(1 + \frac{\Delta x}{x}\right)$$

于是有 $\dfrac{\Delta y}{\Delta x} = \dfrac{\log_a\left(1 + \dfrac{\Delta x}{x}\right)}{\Delta x} = \dfrac{1}{\Delta x}\log_a\left(1 + \dfrac{\Delta x}{x}\right) = \log_a\left(1 + \dfrac{\Delta x}{x}\right)^{\frac{1}{\Delta x}} = \log_a\left(1 + \dfrac{\Delta x}{x}\right)^{\frac{x}{\Delta x} \cdot \frac{1}{x}}$

因而:

$$y' = \lim_{\Delta x \to 0} \frac{\Delta y}{\Delta x} = \lim_{\Delta x \to 0} \log_a\left(1 + \frac{\Delta x}{x}\right)^{\frac{x}{\Delta x} \cdot \frac{1}{x}}$$

$$= \log_a\left[\lim_{\Delta x \to 0}\left(1 + \frac{\Delta x}{x}\right)^{\frac{x}{\Delta x}}\right]^{\frac{1}{x}} = \log_a \mathrm{e}^{\frac{1}{x}} = \frac{1}{x} \cdot \frac{1}{\ln a}$$

特别地,$(\ln x)' = \dfrac{1}{x}$

4.2.2 导数的运算法则

1)导数的四则运算法则

定理 4.2.1 设函数 u, v 都是 x 的可导函数,则

(1)代数和 $y = u \pm v$ 可导,且

$$y' = (u \pm v)' = u' \pm v'$$

(2)乘积 $y = u \cdot v$ 可导,且

$$y' = (u \cdot v)' = u' \cdot v + u \cdot v'$$

特别的,C 是常数时 $(Cv)' = Cv'$。(即常数因子可以提到导数符号之外)

(3)若 $v \neq 0$,商 $y = \dfrac{u}{v}$ 可导,且

$$y' = \left(\frac{u}{v}\right)' = \frac{u'v - uv'}{v^2}$$

规律:分母的平方分之分子求导乘分母减去分母求导乘分子。

特别的，
$$\left(\frac{C}{v}\right)' = -\frac{Cv'}{v^2}$$

证明：(1) $\lim\limits_{\Delta x \to 0} \dfrac{\left[u(x+\Delta x) \pm v(x+\Delta x)\right] - \left[u(x) \pm v(x)\right]}{\Delta x}$

$= \lim\limits_{\Delta x \to 0} \dfrac{\left[u(x+\Delta x) - u(x)\right] \pm \left[v(x+\Delta x) - v(x)\right]}{\Delta x} = \lim\limits_{\Delta x \to 0} \dfrac{\Delta u \pm \Delta v}{\Delta x}$

$= \lim\limits_{\Delta x \to 0} \dfrac{\Delta u}{\Delta x} \pm \lim\limits_{\Delta x \to 0} \dfrac{\Delta v}{\Delta x} = u' \pm v'$，极限存在，所以函数 $y = u \pm v$ 可导，且 $(u \pm v)' = u' \pm v'$。

(2) $\lim\limits_{\Delta x \to 0} \dfrac{(u+\Delta u)(v+\Delta v) - uv}{\Delta x} = \lim\limits_{\Delta x \to 0} \dfrac{u\Delta v + v\Delta u + \Delta u \Delta v}{\Delta x}$（注：$u(x+\Delta x) = u(x) + \Delta u$）

$= \lim\limits_{\Delta x \to 0} \left(u\dfrac{\Delta v}{\Delta x} + v\dfrac{\Delta u}{\Delta x} + \Delta u \dfrac{\Delta v}{\Delta x}\right) = uv' + vu' + 0 \cdot v' = uv' + vu'$（因为 u 可导，因而连续，所以 $\lim\limits_{\Delta x \to 0} \Delta u = 0$），极限存在，所以乘积 $y = u \cdot v$ 可导，且 $y' = (u \cdot v)' = u' \cdot v + u \cdot v'$。

(3) $\lim\limits_{\Delta x \to 0} \dfrac{\dfrac{u+\Delta u}{v+\Delta v} - \dfrac{u}{v}}{\Delta x} = \lim\limits_{\Delta x \to 0} \dfrac{\dfrac{v\Delta u - u\Delta v}{v(v+\Delta v)}}{\Delta x} = \lim\limits_{\Delta x \to 0} \dfrac{v\dfrac{\Delta u}{\Delta x} - u\dfrac{\Delta v}{\Delta x}}{v(v+\Delta v)} = \dfrac{vu' - uv'}{v(v+0)}$,

极限存在，所以商 $y = \dfrac{u}{v}$ 可导，且 $y' = \left(\dfrac{u}{v}\right)' = \dfrac{u'v - uv'}{v^2}$

注意：代数和与乘积的公式均可推广到有限个函数的情形。

2）复合函数的导数

定理 4.2.2　设函数 $y = f(u)$，$u = \varphi(x)$，即 y 是 x 的一个复合函数 $y = f[\varphi(x)]$，如果 $u = \varphi(x)$ 在点 x 处有导数 $\dfrac{\mathrm{d}u}{\mathrm{d}x} = \varphi'(x)$，$y = f(u)$ 在对应点 u 处有导数 $\dfrac{\mathrm{d}y}{\mathrm{d}u} = f'(u)$，则复合函数 $y = f[\varphi(x)]$ 在点 x 处的导数也存在，而且

$$\frac{\mathrm{d}y}{\mathrm{d}x} = f'(u)\varphi'(x)，\text{或写为 } y'_x = y'_u \cdot u'_x$$

证明：$\lim\limits_{\Delta x \to 0} \dfrac{f[\varphi(x+\Delta x)] - f[\varphi(x)]}{\Delta x} = \lim\limits_{\Delta x \to 0} \dfrac{f(u+\Delta u) - f(u)}{\Delta x}$

当 $\Delta u \neq 0$ 时，

上式 $= \lim\limits_{\Delta x \to 0} \dfrac{f(u+\Delta u) - f(u)}{\Delta u} \cdot \dfrac{\Delta u}{\Delta x} = \lim\limits_{\Delta u \to 0} \dfrac{f(u+\Delta u) - f(u)}{\Delta u} \cdot \lim\limits_{\Delta x \to 0} \dfrac{\Delta u}{\Delta x}$

$= y'_u u' = f'(u)\varphi'(x) = f'[\varphi(x)] \cdot \varphi'(x)$（因为 u 可导，因而连续，所以 $\Delta x \to 0$ 时，$\Delta u \to 0$）

而当 $\Delta u = 0$ 时，$\Delta y = f(u + \Delta u) - f(u) = f(u) - f(u) = 0$，所以 $\lim\limits_{\Delta x \to 0} \dfrac{\Delta y}{\Delta x} = \dfrac{\mathrm{d}y}{\mathrm{d}x} = 0$，$\varphi'(x) = \lim\limits_{\Delta x \to 0} \dfrac{\Delta u}{\Delta x} = 0$，即 $\dfrac{\mathrm{d}y}{\mathrm{d}x} = 0 = f'(u)\varphi'(x)$ 仍成立。

注意：（1）复合函数的导数具有"链"的形式：等于复合函数对中间变量的导数乘以中间变量对自变量的导数。

（2）导数符号"′"在不同的位置意义不相同，例如 $f'[\varphi(x)]$ 与 $\{f[\varphi(x)]\}'$，前者是复合函数对中间变量的导数，而后者是复合函数对自变量的导数。

（3）重复利用复合函数的导数公式可以将其推广到有限个函数复合的情形。例如，设 $y = f(u)$，$u = \varphi(v)$，$v = \psi(x)$ 则复合函数 $y = f\{\varphi[\psi(x)]\}$ 对 x 的导数

$$\frac{\mathrm{d}y}{\mathrm{d}x} = f'(u)\{\varphi[\psi(x)]\}' = f'(u)\varphi'(v)\psi'(x)$$

$$\text{或} \quad y'_x = y'_u \cdot u'_x = y'_u \cdot (u'_v \cdot v'_x) = y'_u \cdot u'_v \cdot v'_x$$

复合函数求导的关键是分析清楚复合函数的构造，开始时可以设出中间变量，经过一定数量的练习后，可以不写中间变量，按复合函数的构成层次，由**外向内逐层**求导。

3）反函数的导数

定理 4.2.3 设函数 $y = f(x)$ 在点 x 处有不等于 0 的导数 $f'(x)$，并且其反函数 $x = f^{-1}(y)$ 在相应点处连续，则 $[f^{-1}(y)]'$ 存在，并且 $[f^{-1}(y)]' = \dfrac{1}{f'(x)}$ 或 $f'(x) = \dfrac{1}{[f^{-1}(y)]'}$。

证明略。

注意：上述反函数导数的公式中不能对自变量和因变量的记号进行互换。

4.2.3 其他基本初等函数的导数

【例 4-8】 求幂函数 $y = x^{\alpha}(\alpha \in \mathbf{R})$ 的导数。

解： $y = \mathrm{e}^{\ln x^{\alpha}} = \mathrm{e}^{\alpha \ln x}$，函数可分解为 $y = \mathrm{e}^u$，$u = \alpha \ln x$ 的复合。所以，由复合的导数运算法则有 $y' = (\mathrm{e}^u)'(\alpha \ln x)' = \mathrm{e}^u \cdot \alpha \dfrac{1}{x} = x^{\alpha} \cdot \dfrac{\alpha}{x} = \alpha x^{\alpha-1}$。

特别地，$(\mathrm{e}^x)' = \mathrm{e}^x$

【例 4-9】 求其他三角函数，例如 $y = \tan x$ 的导数。

解： $y' = (\tan x)' = \left(\dfrac{\sin x}{\cos x}\right)' = \dfrac{(\sin x)' \cos x - (\cos x)' \sin x}{\cos^2 x}$

$$= \frac{\cos x \cdot \cos x + \sin x \cdot \sin x}{\cos^2 x} = \frac{1}{\cos^2 x} = \sec^2 x$$

同理可求得其余三角函数的导数：

$$(\cot x)' = -\csc^2 x, (\sec x)' = \sec x \tan x, (\csc x)' = -\csc x \cot x$$

【例 4 - 10】 求反三角函数 $y = \arcsin x (-1 \leqslant x \leqslant 1)$ 的导数。

解： $y = \arcsin x$ 的反函数为 $x = \sin y \left(-\dfrac{\pi}{2} \leqslant y \leqslant \dfrac{\pi}{2} \right)$

$$y' = (\arcsin x)' = \frac{1}{(\sin y)'} = \frac{1}{\cos y} = \frac{1}{\sqrt{1 - \sin^2 y}} = \frac{1}{\sqrt{1 - x^2}}$$

同理可求得其他反三角函数的导数：

$$(\arccos x)' = -\frac{1}{\sqrt{1 - x^2}}, \ (\arctan x)' = \frac{1}{1 + x^2}, \ (\operatorname{arccot} x)' = -\frac{1}{1 + x^2}$$

4.2.4 导数基本公式

(1) $(c)' = 0$

(2) $(u \pm v)' = u' \pm v'$

(3) $(uv)' = u'v + uv'$

(4) $(cu)' = cu'$ （ c 为常数）

(5) $\left(\dfrac{u}{v} \right)' = \dfrac{u'v - uv'}{v^2}, \ (v \neq 0)$

(6) $(f[\varphi(x)])' = f'[\varphi(x)] \cdot \varphi'(x)$

(7) $(f^{-1}(y))' = \dfrac{1}{f'(x)} (f'(x) \neq 0)$

(8) $(x^a)' = a x^{a-1}$

(9) $(\log_a x)' = \dfrac{1}{x} \log_a \mathrm{e} = \dfrac{1}{x \ln a}, \ (a > 0, \ a \neq 1)$

(10) $(\ln x)' = \dfrac{1}{x}$

(11) $(a^x)' = a^x \ln a, \ (a > 0, \ a \neq 1)$

(12) $(\mathrm{e}^x)' = \mathrm{e}^x$

(13) $(\sin x)' = \cos x$

(14) $(\cos x)' = -\sin x$

(15) $(\tan x)' = \dfrac{1}{\cos^2 x} = \sec^2 x$

(16) $(\cot x)' = -\dfrac{1}{\sin^2 x} = -\csc^2 x$

(17) $(\sec x)' = \sec x \cdot \tan x$

(18) $(\csc x)' = -\csc x \cdot \cot x$

(19) $(\arcsin x)' = \dfrac{1}{\sqrt{1-x^2}}$

(20) $(\arccos x)' = -\dfrac{1}{\sqrt{1-x^2}}$

(21) $(\arctan x)' = \dfrac{1}{1+x^2}$

(22) $(\text{arccot }x)' = -\dfrac{1}{1+x^2}$

【例 4 - 11】　求 $y = x^3 \cos x + 3\sin x + \cos \dfrac{\pi}{3}$ 的导数。

解： $y' = (x^3 \cos x)' + (3\sin x)' + \left(\cos \dfrac{\pi}{3}\right)'$

$\qquad = (x^3)' \cdot \cos x + x^3 \cdot (\cos x)' + 3(\sin x)' + 0$

$\qquad = 3x^2 \cdot \cos x + x^3 \cdot (-\sin x) + 3\cos x$

$\qquad = 3x^2 \cdot \cos x - x^3 \cdot \sin x + 3\cos x$

【例 4 - 12】　求 $y = \sqrt{x}\log_3 x + 2^x \ln x$ 的导数。

解： $y' = (\sqrt{x}\log_3 x)' + (2^x \ln x)'$

$\qquad = (\sqrt{x})' \cdot \log_3 x + \sqrt{x} \cdot (\log_3 x)' + (2^x)' \cdot \ln x + 2^x \cdot (\ln x)'$

$\qquad = \dfrac{1}{2\sqrt{x}} \cdot \log_3 x + \sqrt{x} \cdot \dfrac{1}{x} \cdot \dfrac{1}{\ln 3} + \ln 2 \cdot 2^x \cdot \ln x + 2^x \cdot \dfrac{1}{x}$

【例 4 - 13】　求 $y = \dfrac{x\ln x}{1+x^2}$ 的导数。

解： $y' = \dfrac{(x\ln x)'(1+x^2) - (x\ln x)(1+x^2)'}{(1+x^2)^2}$

$\qquad = \dfrac{(1+\ln x)(1+x^2) - 2x^2 \ln x}{(1+x^2)^2}$

$\qquad = \dfrac{1 + \ln x + x^2 - x^2 \ln x}{(1+x^2)^2}$

【例 4 - 14】　求 $y = \ln \cos x$ 的导数。

解： $y' = (\ln \cos x)' = \dfrac{1}{\cos x} \cdot (\cos x)' = -\tan x$

【例 4 - 15】　求 $y = e^{\frac{1}{x}}$ 的导数。

解： $y' = (e^{\frac{1}{x}})' = e^{\frac{1}{x}} \cdot \left(\dfrac{1}{x}\right)' = e^{\frac{1}{x}} \cdot \left(-\dfrac{1}{x^2}\right) = -e^{\frac{1}{x}} \cdot \dfrac{1}{x^2}$

【例 4 - 16】　求 $y = \left(\arctan \dfrac{1}{x}\right)^3$ 的导数。

解：$y' = 3\left(\arctan \dfrac{1}{x}\right)^2 \cdot \left(\arctan \dfrac{1}{x}\right)' = 3\left(\arctan \dfrac{1}{x}\right)^2 \cdot \dfrac{1}{1 + \left(\dfrac{1}{x}\right)^2} \cdot \left(\dfrac{1}{x}\right)'$

$\qquad = 3\left(\arctan \dfrac{1}{x}\right)^2 \cdot \dfrac{x^2}{1 + x^2} \cdot (-1) \cdot x^{-2} = -3\left(\arctan \dfrac{1}{x}\right)^2 \cdot \dfrac{1}{1 + x^2}$

【例 4 - 17】　求 $y = \sqrt{1 - x^2}$ 的导数。

解：$y' = \dfrac{1}{2}(1 - x^2)^{-\frac{1}{2}}(1 - x^2)' = -x(1 - x^2)^{-\frac{1}{2}}$

【例 4 - 18】　求 $y = \ln(x + \sqrt{1 + x^2})$ 的导数。

解：$y' = \dfrac{1}{x + \sqrt{1 + x^2}} \cdot (x + \sqrt{1 + x^2})'$

$\qquad = \dfrac{1}{x + \sqrt{1 + x^2}} \cdot \left(1 + \dfrac{1}{2\sqrt{1 + x^2}} \cdot 2x\right)$

$\qquad = \dfrac{1}{x + \sqrt{1 + x^2}} \cdot \dfrac{x + \sqrt{1 + x^2}}{\sqrt{1 + x^2}} = \dfrac{1}{\sqrt{1 + x^2}}$

4.2.5　隐函数的导数

回忆：在用公式法表示的函数中，有隐函数和显函数之分，由方程 $F(x, y) = 0$ 所确定的 y 对 x 的函数，称为是隐函数。前面的导数法则和导数公式讲述的均为显函数的求导问题，但并不是所有的隐函数都可以显化。所以，我们需要对隐函数的求导问题进行研究。事实上，设方程 $F(x, y) = 0$ 确定 y 是 x 的函数，若可以显化写成显函数 $y = y(x)$ 形式，并且可导，则利用上面的求导公式就可以求出隐函数 y 对 x 的导数；若无法显化，则可对方程 $F(x, y) = 0$ 两端同时对变量 x 求导，得到关于 y' 的方程，通过解方程的方式求出隐函数的导数 y'。具体做法可通过下面的具体例子体会。

【例 4 - 19】　设方程 $y^3 + 3y - x = 0$ 确定 y 是 x 的函数，试求 y'。

解：等式两端同时对变量 x 求导可得

$$3y^2 \cdot y' + 3y' - 1 = 0$$

整理之后得

$$y' = \dfrac{1}{3y^2 + 3}$$

【例 4 - 20】　设方程 $\ln y = xy + \cos x$ 确定 y 是 x 的函数，试求 y'。

解：等式两端同时对变量 x 求导可得

$$\frac{1}{y} \cdot y' = y + xy' - \sin x$$

整理之后得

$$y' = \frac{y - \sin x}{\frac{1}{y} - x} = \frac{y^2 - y \cdot \sin x}{1 - xy}$$

【例 4 - 21】 设方程 $\cos(x^2 + y) = x$ 确定 y 是 x 的函数，试求 y'。

解：等式两端同时对变量 x 求导可得

$$-\sin(x^2 + y)(2x + y') = 1$$

整理之后得

$$y' = -\frac{1 + 2x\sin(x^2 + y)}{\sin(x^2 + y)}$$

小结：隐函数求导的一般步骤为

（1）确定自变量和因变量。

（2）在方程两边逐项对自变量求导数。

（3）对含有因变量的项应将其视为自变量的函数，在求导时运用相应的求导公式。

（4）最后可得到一个包含 y' 的方程，解出 y'，即为隐函数的导数。

4.2.6 取对数求导法

取对数求导法：先将函数两边取对数，然后化成隐函数求导数。这个方法对求某些函数的导数是很有用处的，下面举几个例子。

【例 4 - 22】 求函数 $y = x^x$ 的导数。（注：这类函数既不是指数函数，也不是幂函数，其底数和指数均为变量，被称为**幂指函数**）

解：函数两端取对数，得到 y 对 x 的隐函数 $\ln y = x \ln x$，等式两端同时对自变量 x 求导可得

$\dfrac{1}{y} \cdot y' = \ln x + 1$ 整理可得 $y' = y\ln x + y = x^x(\ln x + 1)$。

【例 4 - 23】 函数 $y = (\sin x)^{\cos x} + 2^x$ 的导数。

解：令 $y_1 = (\sin x)^{\cos x}$，$y_2 = 2^x$，分别取对数得

$\ln y_1 = \cos x \cdot \ln(\sin x)$，$\ln y_2 = x\ln 2$，两端求导得

$\dfrac{1}{y_1}y_1' = -\sin x \cdot \ln(\sin x) + \cos x \cdot \cot x$，$\dfrac{1}{y_2}y_2' = \ln 2$，整理可得

$$y_1' = y_1(-\sin x \cdot \ln(\sin x) + \cos x \cdot \cot x)，\quad y_2' = y_2\ln 2$$

即 $y' = (\sin x)^{\cos x}(-\sin x \cdot \ln(\sin x) + \cos x \cdot \cot x) + 2^x \ln 2$

【例 4 - 24】 求函数 $y = \dfrac{\sqrt{x-2}}{(x+1)^3 (4-x)^2}$ 的导数。

解：两边取对数 $\ln y = \dfrac{1}{2}\ln(x-2) - 3\ln(x+1) - 2\ln(4-x)$

两边对自变量 x 求导 $\dfrac{1}{y}y' = \dfrac{1}{2(x-2)} - \dfrac{3}{x+1} + \dfrac{2}{4-x}$

即 $y' = \dfrac{\sqrt{x-2}}{(x+1)^3 (4-x)^2}\left(\dfrac{1}{2(x-2)} - \dfrac{3}{x+1} + \dfrac{2}{4-x}\right)$

【例 4 - 25】 求函数 $y = (x-a_1)^{a_1} (x-a_2)^{a_2} \cdots (x-a_n)^{a_n}$ 的导数。

解：两边取对数：$\ln y = a_1\ln(x-a_1) + a_2\ln(x-a_2) + \cdots + a_n\ln(x-a_n)$

两边对自变量 x 求导：$\dfrac{1}{y}y' = \dfrac{a_1}{x-a_1} + \dfrac{a_2}{x-a_2} + \cdots + \dfrac{a_n}{x-a_n}$

即：$y' = (x-a_1)^{a_1} (x-a_2)^{a_2} \cdots (x-a_n)^{a_n}\left(\dfrac{a_1}{x-a_1} + \dfrac{a_2}{x-a_2} + \cdots + \dfrac{a_n}{x-a_n}\right)$

小结：取对数求导法的适用范围：幂指函数和较繁的乘除法式子求导数。

4.2.7 综合举例

【例 4 - 26】 设 $f(x)$ 可导，求函数 $y = f(e^x + x^e)$ 的导数。

解：$y' = f'(e^x + x^e) \cdot (e^x + x^e)' = f'(e^x + x^e) \cdot (e^x + ex^{e-1})$

【例 4 - 27】 证明：可导的偶函数的导数是奇函数。

证明：设 $f(x)$ 可导，且为偶函数，则

$$f(-x) = f(x)$$
$$f'(x) = [f(-x)]' = f'(-x) \cdot (-x)' = -f'(-x)$$

所以，$f(x)$ 为奇函数，问题得证。

【例 4 - 28】 已知参数方程 $\begin{cases} x = \varphi(t) \\ y = \psi(t) \end{cases}$ 确定了 y 是 x 的函数，函数 $x = \varphi(t)$、$y = \psi(t)$ 都可导，而且 $\varphi'(t) \neq 0$。此外函数 $x = \varphi(t)$ 具有单调连续反函数 $t = \varphi^{-1}(x)$，且此反函数能与函数 $y = \psi(t)$ 复合成复合函数，求 $\dfrac{\mathrm{d}y}{\mathrm{d}x}$。

解：由已知，由参数方程 $\begin{cases} x = \varphi(t) \\ y = \psi(t) \end{cases}$ 所确定的函数可以看成是由函数 $y = \psi(t)$、$t = \varphi^{-1}(x)$ 复合而成的函数 $y = \psi[\varphi^{-1}(x)]$。根据复合函数的求导法则与反函数的导数公式，就有

$$\frac{\mathrm{d}y}{\mathrm{d}x} = \frac{\mathrm{d}y}{\mathrm{d}t} \cdot \frac{\mathrm{d}t}{\mathrm{d}x} = \frac{\mathrm{d}y}{\mathrm{d}t} \cdot \frac{1}{\dfrac{\mathrm{d}x}{\mathrm{d}t}} = \frac{\psi'(t)}{\varphi'(t)}$$

即
$$\frac{\mathrm{d}y}{\mathrm{d}x} = \frac{\psi'(t)}{\varphi'(t)}$$

上式也可写成
$$\frac{\mathrm{d}y}{\mathrm{d}x} = \frac{\dfrac{\mathrm{d}y}{\mathrm{d}t}}{\dfrac{\mathrm{d}x}{\mathrm{d}t}}$$

【例 4 - 29】 求椭圆 $\dfrac{x^2}{4} + \dfrac{y^2}{9} = 1$ 在点 $M\left(1, -\dfrac{\sqrt{27}}{2}\right)$ 处的切线方程和法线方程。

解: 方程 $\dfrac{x^2}{4} + \dfrac{y^2}{9} = 1$ 两端对自变量 x 求导得

$\dfrac{x}{2} + \dfrac{2y \cdot y'}{9} = 0$ 即：$y' = -\dfrac{9x}{4y}$，把点 $M\left(1, -\dfrac{\sqrt{27}}{2}\right)$ 代入得 $y' = \dfrac{\pm\sqrt{3}}{2}$

则有切线方程 $y + \dfrac{3\sqrt{3}}{2} = \dfrac{\pm\sqrt{3}}{2}(x - 1)$

法线方程 $y + \dfrac{3\sqrt{3}}{2} = -\dfrac{2\sqrt{3}}{3}(x - 1)$

【例 4 - 30】 求函数 $f(x) = \begin{cases} \tan x, & x > 0, \\ \ln(1 - x), & x \leqslant 0 \end{cases}$ 的导数。

解: 当 $x > 0$ 时，$f'(x) = \sec^2 x$；

当 $x < 0$ 时，$f'(x) = \dfrac{-1}{1 - x}$；

而 $f'_-(0) = \lim\limits_{x \to 0^-} \dfrac{f(x) - f(0)}{x - 0} = \lim\limits_{x \to 0^-} \dfrac{\ln(1 - x)}{x} = -1$

$$f'_+(0) = \lim\limits_{x \to 0^+} \dfrac{f(x) - f(0)}{x - 0} = \lim\limits_{x \to 0^+} \dfrac{\tan x}{x} = 1$$

$f'_-(0) \neq f'_+(0)$，所以 $f'(0)$ 不存在。

综上所述，有 $f'(x) = \begin{cases} \sec^2 x, & x > 0 \\ \dfrac{-1}{1 - x}, & x < 0 \end{cases}$

小结:分段函数求导数的程序为

(1) 在各个部分区间(开区间)内用导数公式与运算法则求导。

(2) 在分段点 x_0 处,用导数定义。

4.3 高阶导数

本章开始讲到的用来引出导数概念的那个例题：

一个作变速直线运动的物体，距离对时间的函数为 $s = f(t)$，则我们可以得到这个物体在任一时刻 t 时的瞬时速度 $v(t) = \lim\limits_{\Delta t \to 0} \dfrac{\Delta s}{\Delta t} = \lim\limits_{\Delta t \to 0} \dfrac{f(t + \Delta t) - f(t)}{\Delta t}$。显然，用导数的概念来说，$v(t) = s' = f'(t)$。也就是说，这个变速直线运动物体的速度函数就是距离函数的导函数。那么，此物体在时刻 t 的瞬时加速度 $a(t) = \lim\limits_{\Delta t \to 0} \dfrac{\Delta v}{\Delta t} = \lim\limits_{\Delta t \to 0} \dfrac{v(t + \Delta t) - v(t)}{\Delta t}$，代表的是这个物体在任一时刻 t 时的速度相对于时间的瞬时变化率，即加速度函数 $a(t) = v'(t)$。综上所述，可以看到，加速度函数实际上是距离函数的导数（速度函数）的导数，即 $a(t) = \big[s'(t)\big]'$，我们把它称之为距离 s 对时间 t 的二阶导数。这样我们就得到了所谓高阶导数的概念。

4.3.1 高阶导数

定义 4.3.1 如果函数 $y = f(x)$ 的导数 $y' = f'(x)$ 在点 x 处可导，则称导函数 $f'(x)$ 在点 x 处的导数为函数 $y = f(x)$ 在点 x 处的**二阶导数**，记作

$$y'', \quad f''(x), \quad \frac{\mathrm{d}^2 y}{\mathrm{d} x^2} \text{ 或 } \frac{\mathrm{d}^2 f}{\mathrm{d} x^2},$$

此时，也称函数 $f(x)$ 二阶可导。

显然，按导数定义，应有

$$f''(x) = \lim_{\Delta x \to 0} \frac{f'(x + \Delta x) - f'(x)}{\Delta x}$$

类似地，函数 $y = f(x)$ 的二阶导数 $y = f''(x)$ 的导数称为函数 $f(x)$ 的三阶导数，相应地记作 y'''，$f'''(x)$，$\dfrac{\mathrm{d}^3 y}{\mathrm{d} x^3}$ 或 $\dfrac{\mathrm{d}^3 f}{\mathrm{d} x^3}$。

一般地，函数 $y = f(x)$ 的 $n-1$ 阶导数 $f^{(n-1)}(x)$ 的导数称为函数 $y = f(x)$ 的 **n 阶导数**，即 $\big[y^{(n-1)}\big]' = y^{(n)}$ $(n = 2, 3, 4, \cdots)$，记作

$$f^{(n)}(x), \quad y^{(n)}, \quad \frac{\mathrm{d}^n y}{\mathrm{d} x^n} \text{ 或 } \frac{\mathrm{d}^{(n)} f}{\mathrm{d} x^n}。$$

二阶和二阶以上的导数统称为高阶导数。相对于高阶导数而言，$f'(x)$ 就相应地称为函数 $y = f(x)$ 的一阶导数。

注意：由定义可知，求函数的高阶导数并不需要新的方法，只要对函数一次一

次地求导就可以了。

4.3.2　求高阶导数的例题

【例 4-31】　设 $y = \ln(2 + x^2)$，求 y''，$y''\big|_{x=1}$。

解：$y' = \dfrac{2x}{2 + x^2}$，故 $y'' = \dfrac{4 - 2x^2}{(2 + x^2)^2}$，$y''\big|_{x=1} = \dfrac{2}{9}$

【例 4-32】　设 $y = 5x^3 - 6x^2 + 3x - 2$，求 y'''，$y^{(4)}$。

解：$y' = 15x^2 - 12x + 3$，　$y'' = 30x - 12$

$$y''' = 30，\quad y^{(4)} = 0$$

一般地，对多项式函数 $y = a_0 x^n + a_1 x^{n-1} + \cdots + a_{n-1} x + a_n \, (n \in \mathbf{N})$ 而言，$y^{(n)} = a_0 n!$，$y^{(n+1)} = 0$。

【例 4-33】　求指数函数 $y = \mathrm{e}^x$ 的 n 阶导数。

解：$y' = \mathrm{e}^x$，$y'' = \mathrm{e}^x$，$y''' = \mathrm{e}^x$，$y^{(4)} = \mathrm{e}^x$，以此类推，一般地，可得 $y^{(n)} = \mathrm{e}^x$。

【例 4-34】　求正弦函数 $y = \sin x$ 的 n 阶导数。

解：$y = \sin x$，

$$y' = \cos x = \sin\left(x + \frac{\pi}{2}\right)$$

$$y'' = \cos\left(x + \frac{\pi}{2}\right) = \sin\left(x + \frac{\pi}{2} + \frac{\pi}{2}\right) = \sin\left(x + 2 \cdot \frac{\pi}{2}\right)$$

$$y''' = \cos\left(x + 2 \cdot \frac{\pi}{2}\right) = \sin\left(x + 3 \cdot \frac{\pi}{2}\right)$$

$$y^{(4)} = \cos\left(x + 3 \cdot \frac{\pi}{2}\right) = \sin\left(x + 4 \cdot \frac{\pi}{2}\right)$$

以此类推，可得 $y^{(n)} = \sin\left(x + n \cdot \dfrac{\pi}{2}\right)$

即　　　　　　　　　　　$(\sin x)^{(n)} = \sin\left(x + n \cdot \dfrac{\pi}{2}\right)$

同理可得　　　　　　　$(\cos x)^{(n)} = \cos\left(x + n \cdot \dfrac{\pi}{2}\right)$

【例 4-35】　求对数函数 $\ln(1 + x)$ 的 n 阶导数。

解：$y = \ln(1 + x)$，$y' = \dfrac{1}{1 + x}$，$y'' = -\dfrac{1}{(1 + x)^2}$，$y''' = \dfrac{1 \cdot 2}{(1 + x)^3}$，$y^{(4)} = -\dfrac{1 \cdot 2 \cdot 3}{(1 + x)^4}$，

以此类推可得　　　　　　$y^{(n)} = (-1)^{n-1} \dfrac{(n-1)!}{(1 + x)^n}$

即
$$\left[\ln(1+x)\right]^{(n)} = (-1)^{n-1}\frac{(n-1)!}{(1+x)^n}$$

通常规定 $0! = 1$，所以这个公式当 $n = 1$ 时也成立。

4.4 微 分

4.4.1 微分的定义

对函数 $y = f(x)$，当自变量 x 在点 x_0 处有改变量 Δx 时,因变量 y 的改变量（也叫函数增量）是

$$\Delta y = f(x_0 + \Delta x) - f(x_0)$$

在实际应用中,有些问题常常要计算当 $|\Delta x|$ 很微小时,相应的 Δy 的值会有多大。一般而言,当函数 $y = f(x)$ 很复杂时,计算 Δy 往往很困难。这里,将给出一个近似计算 Δy 的方法,并且这个方法要达到两个要求:一是计算简便;二是近似程度好,即精度高。首先观察一个具体问题:

引例: 先分析一个具体问题,一块正方形金属薄片受温度变化的影响,其边长由 x_0 变到 $x_0 + \Delta x$（见图 4.4.1),问此薄片的面积改变了多少?

设此薄片的边长为 x,面积为 A,则 A 是 x 的函数:$A = x^2$。薄片受温度变化的影响时面积的改变量,可以看成是当自变量 x 自 x_0 取得增量 Δx 时,函数 A 相应的增量 ΔA,即

$$\Delta A = (x_0 + \Delta x)^2 - x_0^2 = 2x_0\Delta x + (\Delta x)^2$$

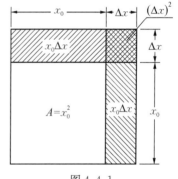

图 4.4.1

由上式可以看出,ΔA 分成两部分,第一部分 $2x_0\Delta x$ 是 Δx 的线性函数,即图中带有斜线的两个矩形面积之和,而第二部分 $(\Delta x)^2$ 在图中是带有交叉斜线的小正方形的面积,当 $\Delta x \to 0$ 时,是比 Δx 高阶的无穷小量。因此,当 $|\Delta x|$ 很小的时候,可以近似地用第一部分 $2x\Delta x$ 来表示 ΔS,而将第二部分忽略掉。所产生的误差 $\Delta S - 2x\Delta x$ 只是一个比 Δx 更微小得多的数,即当 $\Delta x \to 0$ 时,$\Delta S - 2x\Delta x = o(\Delta x)$。我们把 $2x\Delta x$ 叫做正方形面积 S 的微分,记做 $\mathrm{d}S = 2x\Delta x$。

定义 4.4.1 对于自变量在点 x 处的改变量 Δx,如果函数 $y = f(x)$ 的相应改变量 Δy 可以表示为

$$\Delta y = A\Delta x + o(\Delta x) \quad (\Delta x \to 0)$$

其中 A 与 Δx 无关,则称函数 $y = f(x)$ 在点 x 处可微,并称 $A\Delta x$ 为函数 $y = f(x)$ 在点 x 处的微分,记为 $\mathrm{d}y$ 或 $\mathrm{d}f(x)$,即

$$\mathrm{d}y = \mathrm{d}f(x) = A\Delta x$$

注意:(1) 微分是自变量的改变量 Δx 的线性函数;

(2) $\Delta x \to 0$ 时,$\Delta y - \mathrm{d}y$ 是比 Δx 高阶的无穷小量。当 $A \neq 0$ 时,$\displaystyle\lim_{\Delta x \to 0}\frac{\Delta y}{\mathrm{d}y} = \displaystyle\lim_{\Delta x \to 0}\left(1 + \frac{o(\Delta x)}{A\Delta x}\right) = 1$,即 $\Delta y \sim \mathrm{d}y$,所以,通常称 $\mathrm{d}y$ 为 Δy 的线性主部。

这样一来,我们可以知道,如果用函数的微分来近似表示函数增量的话,当 $\Delta x \to 0$ 时,误差 $|\Delta y - \mathrm{d}y| = |o(\Delta x)|$ 是 Δx 的高阶无穷小量,这个近似程度应当说是比较好的,那么关键就在于函数的微分计算起来是否简便了。而要计算微分,关键问题显然是:**怎样确定 A**?

在前面正方形的例子中,大家可以发现,$\mathrm{d}S = 2x\Delta x$,显然,$A = 2x = (x^2)' = S'$。那么这个结论是否具有一般性呢? 也就是说,对于一般的函数 $y = f(x)$ 来说,如果可微,是否有"微分系数 $A = f'(x)$"。下面我们来证明这一命题:

定理 4.4.1 若函数 $y = f(x)$ 在点 x 可微,则函数 $y = f(x)$ 在点 x 也可导,且

$$f'(x) = A$$

证明:若可微,则 $\Delta y = A\Delta x + o(\Delta x)$,$f'(x) = \displaystyle\lim_{\Delta x \to 0}\frac{\Delta y}{\Delta x} = \displaystyle\lim_{\Delta x \to 0}\left(A + \frac{o(\Delta x)}{\Delta x}\right) = A$。

由此可见,若函数 $y = f(x)$ 在点 x 可微,则它在点 x 可导,且 $\mathrm{d}y = f'(x)\Delta x$。这样,我们就得到了一种当 $|\Delta x|$ 很微小时,近似计算相应 Δy 的值的有效方法:令 $\Delta y \approx \mathrm{d}y$。

再进一步考虑,上述**定理 4.4.1** 的逆命题是否仍然成立呢?

定理 4.4.2 若函数 $y = f(x)$ 在点 x 可导,则函数 $y = f(x)$ 在点 x 可微,且

$$\mathrm{d}y = f'(x)\Delta x$$

证明:若可导,$f'(x) = \displaystyle\lim_{\Delta x \to 0}\frac{\Delta y}{\Delta x}$,所以 $\frac{\Delta y}{\Delta x} = f'(x) + \alpha$,$\alpha \to 0(\Delta x \to 0)$,所以 $\Delta y = f'(x)\Delta x + \alpha \cdot \Delta x$,其中 $f'(x)$ 与 Δx 无关,$\alpha \cdot \Delta x = o(\Delta x)$,所以函数 $y = f(x)$ 在点 x 可微,且

$$\mathrm{d}y = f'(x)\Delta x$$

4.4.2 可微与可导的关系

函数 $y = f(x)$ 在点 x 可微的充分必要条件是函数 $y = f(x)$ 在该点可导,且

$$f'(x) = A$$

这表明**一元函数**的可导性与可微性是等价的,且 $dy = f'(x)\Delta x$(注意,这里强调结论只是对**一元函数**成立,以后进一步学习了多元函数的微积分学之后可发现此结论对于多元函数并不成立)。若将自变量 x 视为它自身的函数,则 $dx = x'\Delta x = \Delta x$,即自变量的微分就是它的改变量。于是函数的微分可以写为 $dy = f'(x)dx$

由此可得 $\dfrac{dy}{dx} = f'(x)$,以前曾用 $\dfrac{dy}{dx}$ 表示函数的导数,当时将其整体作为一个记号来用,现在知道它是函数微分与自变量微分的商,故而导数也称为微商。

4.4.3 微分的几何意义

如图 4.4.2 所示,函数 $y = f(x)$ 在点 x 处的微分 dy 即表示函数曲线在点 $M(x, y)$ 处的切线的纵坐标的改变量。令 $\Delta y \approx dy$,就是用切线纵坐标的改变量来近似替代函数曲线纵坐标的改变量,这正是以直线段 MT 近似替代曲线段 MM'。这种"以直代曲"的方法是积分学中非常重要的一环。

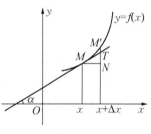

图 4.4.2

根据导数与微分的关系,以及导数运算法则和基本导数公式,很容易可以得到下列微分运算法则和基本公式。

4.4.4 微分运算法则及微分公式表

设函数 u、v 都可导:

$$d(u \pm v) = du \pm dv$$

$$d(Cu) = Cdu$$

$$d(u \cdot v) = vdu + udv$$

$$d\left(\frac{u}{v}\right) = \frac{vdu - udv}{v^2}$$

微分公式表:

$$d(x^\mu) = \mu x^{\mu-1} dx$$

$$d(\sin x) = \cos x dx$$

$$d(\cos x) = -\sin x dx$$

$$d(\tan x) = \sec^2 x dx$$

$$d(\cot x) = -\csc^2 x dx$$

$$d(\sec x) = \sec x \tan x dx$$

$$d(\csc x) = - \csc x \cot x dx$$

$$d(a^x) = a^x \ln a dx$$

$$d(e^x) = e^x dx$$

$$d(\log_a x) = \frac{1}{x \ln a} dx$$

$$d(\ln x) = \frac{1}{x} dx$$

$$d(\arcsin x) = \frac{1}{\sqrt{1-x^2}} dx$$

$$d(\arccos x) = - \frac{1}{\sqrt{1-x^2}} dx$$

$$d(\arctan x) = \frac{1}{1+x^2} dx$$

$$d(\text{arccot } x) = - \frac{1}{1+x^2} dx$$

注:上述公式必须牢记,而且要习惯从右向左记。如

$\frac{1}{\sqrt{x}} dx = 2d\sqrt{x}$,$\frac{1}{x^2} dx = -d \frac{1}{x}$,$dx = \frac{1}{a} d(ax+b)$,$a^x dx = \frac{1}{\ln a} da^x$。这可以为以后学习积分学打下良好的基础。

4.4.5　微分形式不变性

仔细看微分的基本公式,可以发现,缺了一个很重要的部分——复合函数的微分法则。事实上,这是微分的一个重要性质,称之为微分形式的不变性。

如果 $y = f(u)$ 对 u 可导,则

(1) 当 u 是自变量时,函数微分为 $dy = f'(u)du$。

(2) 当 $u = \varphi(x)$ 为 x 的可导函数,是中间变量时,$\frac{dy}{dx} = f'(u)\varphi'(x)$,函数微分 $dy = f'(u)\varphi'(x)dx$,而 $\varphi'(x)dx = du$,所以 $dy = f'(u)du$。

由此,无论 u 是自变量,还是自变量的可导函数,它的微分形式同样都是 $dy = f'(u)du$,这就是微分形式的不变性。

4.4.6　微分的计算

1) 直接从导数与微分的关系式 $dy = f'(x)dx$ 出发,计算函数的微分

按照可导与可微的关系,如果函数 $y = f(x)$ 的导数已经算出,那么只要乘上自

变量的微分便是函数的微分了。计算导数与计算微分,统称为微分运算或微分法。

【例 4 - 36】 求函数 $y = x^2$ 当 x 由 1 改变到 1.01 时的微分。

解: $y' = 2x$, $dy = y' \Delta x = 2 \times 0.01 = 0.02$

【例 4 - 37】 求函数 $y = e^x \sin x$ 的微分。

解: $y' = e^x(\sin x + \cos x)$, 则 $dy = e^x(\sin x + \cos x)dx$

【例 4 - 38】 设由方程 $\dfrac{x^2}{a^2} + \dfrac{y^2}{b^2} = 1$ 确定 y 对 x 的函数, 求 dy。

解: 方程两端同时对 x 求导,得

$$\frac{2x}{a^2} + \frac{2y \cdot y'}{b^2} = 0$$

所以
$$y' = -\frac{b^2 x}{a^2 y}, \ dy = -\frac{b^2 x}{a^2 y}dx$$

2) 直接用微分法则和微分公式计算

【例 4 - 39】 求函数 $y = e^{-x}\cos 4x$ 的微分。

解: $dy = d(e^{-x}\cos 4x) = \cos 4x \cdot d(e^{-x}) + e^{-x} \cdot d(\cos 4x)$

$\qquad = \cos 4x \cdot e^{-x}d(-x) + e^{-x} \cdot (-\sin 4x)d(4x)$

$\qquad = -\cos 4x \cdot e^{-x}dx - 4e^{-x} \cdot \sin 4xdx = (-e^{-x}\cos 4x - 4e^{-x}\sin 4x)dx$

【例 4 - 40】 求函数 $y = \ln \sqrt{1-x^2}$ 的微分。

解: $dy = \dfrac{1}{\sqrt{1-x^2}}d\sqrt{1-x^2} = \dfrac{1}{\sqrt{1-x^2}} \cdot \dfrac{1}{2}(1-x^2)^{-\frac{1}{2}} \cdot d(1-x^2)$

$\qquad = \dfrac{1}{\sqrt{1-x^2}} \cdot \dfrac{1}{2}(1-x^2)^{-\frac{1}{2}} \cdot (0 - 2xdx) = \dfrac{-x}{1-x^2}dx$

【例 4 - 41】 设由方程 $\dfrac{x^2}{a^2} + \dfrac{y^2}{b^2} = 1$ 确定 y 对 x 的函数, 求 dy。

解: 方程两端同时求微分,得

$$d\left(\frac{x^2}{a^2} + \frac{y^2}{b^2}\right) = d(1)$$

$$\frac{1}{a^2}d(x^2) + \frac{1}{b^2}d(y^2) = 0$$

$$\frac{2x}{a^2}dx + \frac{2y}{b^2}dy = 0$$

所以
$$dy = -\frac{b^2 x}{a^2 y}dx$$

4.4.7　微分的应用——近似计算

微分一个重要的应用就是用来做近似计算,下面两个公式要记住:

函数增量的近似计算公式 $\Delta y \approx \mathrm{d}y = f'(x)\Delta x$

函数值的近似计算公式 $f(x + \Delta x) \approx f(x) + f'(x)\Delta x$

【例 4 - 42】 半径为 10 厘米的金属圆球加热后,半径伸长了 0.05 厘米,求体积增大的近似值。

解: $V = \dfrac{4}{3}\pi r^3$, $V' = 4\pi r^2$

$$\Delta V \approx 4\pi r^2 \cdot \Delta r = 4\pi \cdot (100) \cdot 0.05 = 20\pi$$

【例 4 - 43】 求 $\sin 30°13'$ 的近似值。

解: 令 $y = \sin x$, $y' = \cos x$

$$\sin 30°13' = \sin \frac{\pi}{6} + \cos \frac{\pi}{6} \cdot \frac{13\pi}{60 \times 180} = \frac{1}{2} + \frac{\sqrt{3}}{2} \cdot \frac{13\pi}{60 \times 180}$$

【例 4 - 44】 证明:当 $|x|$ 很小时,有近似公式 $(1+x)^\alpha \approx 1 + \alpha x$,其中 $\alpha \in \mathbf{R}$。

解: 令 $f(x) = (1+x)^\alpha$,则 $f'(x) = \alpha(1+x)^{\alpha-1}$,记 $x_0 = 0$, $\Delta x = x - x_0 = x$,则

$$f(x) = (1+x)^\alpha \approx f(0) + f'(0)x = 1 + \alpha x。$$

习 题 3

1. 用导数的定义求函数 $y = 1 - 2x^2$ 在点 $x = 1$ 处的导数。

2. 设函数 $f(x)$ 在点 $x = x_0$ 可导,试用 $f'(x_0)$ 表示下列极限

(1) $\lim\limits_{\Delta x \to 0} \dfrac{f(x_0) - f(x_0 - \Delta x)}{\Delta x}$　　　　(2) $\lim\limits_{x \to 0} \dfrac{f(x_0 - 2x) - f(x_0)}{x}$

(3) $\lim\limits_{h \to 0} \dfrac{f(x_0 + h) - f(x_0 - h)}{h}$

3. 讨论函数 $f(x) = \begin{cases} x^3, & x < 0 \\ -x, & x \geqslant 0 \end{cases}$ 在点 $x = 0$ 处的连续性和可导性。

4. 讨论函数 $f(x) = \sqrt[3]{x}$ 在点 $x = 0$ 处的连续性和可导性。

5. 用导数定义求 $f(x) = \begin{cases} x & x < 0 \\ \ln(1+x) & x \geqslant 0 \end{cases}$ 在点 $x = 0$ 处的导数。

6. 已知函数 $f(x) = \begin{cases} ax^3, & x < 1 \\ -6x + b, & x \geqslant 1 \end{cases}$ 在点 $x = 1$ 处连续且可导,求 a, b。

7. 求在抛物线 $y = x^2$ 上横坐标为 3 的点的切线方程。

8. 求下列函数的导数

(1) $y = x^3 - 2x^2 + \dfrac{1}{x}$

(2) $y = x^a + a^x + a^a \, (a > 0, \, a \neq 1)$

(3) $y = \dfrac{1 - 4x}{2\sqrt{x}}$

(4) $y = \dfrac{1 - x}{1 + x}$

(5) $y = \log_2 x - \sin x + \cos \dfrac{\pi}{5}$

(6) $y = (1 + x^2)\arctan x$

(7) $y = \sqrt[3]{x} \cdot 3^x \cdot \tan x$

(8) $y = \dfrac{\sin x - x\cos x}{\cos x + x\sin x}$

(9) $y = \arcsin \dfrac{1}{x}$

(10) $y = \left(\arctan \dfrac{x}{2}\right)^3$

(11) $y = \sec(\sqrt{x})$

(12) $y = e^{\csc 2x}$

(13) $y = \ln \cot \dfrac{x}{3}$

9. 求下列函数的导数

(1) $y = (x^2 + 1)^{20}$

(2) $y = (1 - 2x)(1 + 3x)$

(3) $y = \sqrt{x^2 - a^2}$

(4) $y = \ln(a^2 - x^2)$

(5) $y = \tan \dfrac{x}{2} - \dfrac{x}{2}$

(6) $y = x^2 \cos \dfrac{1}{x}$

(7) $y = \sin^n x \cdot \cos nx$

(8) $y = x\sqrt{1 - x^2} + \arcsin x$

(9) $y = e^{-3x}\sin 2x$

(10) $y = \ln(e^x + \sqrt{1 + e^{2x}})$

(11) $y = |x - 3|$

10. 已知 $f(x)$ 可导，求下列各函数的导数

(1) $y = f(\sin x) \cdot \sin f(x)$

(2) $y = \ln f(x) + \dfrac{1}{f(x)}$

11. 下列方程确定了函数 $y = y(x)$，求 y'

(1) $y = 1 + xe^y$

(2) $x^3 + y^3 - 3xy = 1$

(3) $\arcsin y = e^{x+y}$

(4) $xy - \cos(\pi y^2) = 0$

12. 求下列函数的导数 $\dfrac{\mathrm{d}y}{\mathrm{d}x}$

(1) $\begin{cases} x = 3t \\ y = t^3 - 6t + 2 \end{cases}$

(2) $\begin{cases} x = \ln t \\ y = \ln^2 t + t \end{cases}$

13. 利用取对数求导法求下列函数的导数

(1) $y = e^x \sqrt{\dfrac{1 + x}{1 - x}}$

(2) $y = \sqrt[3]{\dfrac{x - 3}{\sqrt[3]{x^2 + 1}}}$

(3) $y = \sin x^{\tan x}$

(4) $y = x^{x^2} + e^{x^2} + x^{e^x} + e^{e^x}$

14. 求曲线 $y = \tan x$ 在点 $(0, 0)$ 处的切线方程与法线方程。

15. 求曲线 $x^2 + y^2 = 25$ 在点 $(3, 4)$ 处的切线方程与法线方程。

16. 求曲线 $\begin{cases} x = e^{2t} \\ y = \sin t \end{cases}$ 在点 $(1, 0)$ 处的切线方程与法线方程。

17. 在中午 12 点整,甲船以 6 km/h 的速度向东行驶,乙船在甲船之北 16 km 处以 8 km/h 的速度向南行驶,求下午 1 点整两船之间距离的变化速度。

18. 证明下列命题

(1) 可导的偶(奇)函数的导数是奇(偶)函数。

(2) 可导的周期函数的导数是具有相同周期的周期函数。

19. 求下列各函数的二阶导数 y''

(1) $y = (x^2 + 1)^{20}$ (2) $y = x^2 + \ln x$

(3) $y = x \sin x$ (4) $y = x \sqrt{1 - x^2} + \arcsin x$

(5) $x^2 + y^2 = a^2$ (6) $y = 1 + xe^y$

(7) $y = f(\ln x)$ ($f(x)$ 有二阶导数) (8) $y = f^2(x)$ ($f(x)$ 有二阶导数)

20. 求下列函数的 n 阶导数(其中,a, m 为常数):

(1) $y = a^x$ (2) $y = xe^x$

(3) $y = (1 + x)^m$ (4) $y = x \cos x$

21. 求下列各函数的微分 $\mathrm{d}y$

(1) $y = \sqrt[3]{x}$ (2) $y = \arccos \sqrt{x}$

(3) $y = e^{-2x} \sin x$ (4) $y = \ln \sqrt{a - x^2}$

(5) $y = \arctan(1 + x^2)$ (6) $y = \tan^3 3x$

(7) $x + 2y = \sin(x + 2y)$

22. 当半径从 10 厘米变为 10.1 厘米时,求圆面积改变量的精确值和近似值。

23. 求下列各式的近似值

(1) $\sqrt{101}$ (2) $\sqrt[3]{0.997}$ (3) $\tan 126°$ (4) $e^{0.02}$

导数的应用

5.1 中值定理

5.1.1 罗尔定理

定理 5.1.1 如果函数 $y = f(x)$ 满足条件:①在闭区间 $[a, b]$ 上连续;②在开区间 (a, b) 内可导;③在区间的两个端点的函数值相等,即 $f(a) = f(b)$,则至少存在一点 $\xi \in (a, b)$,使得 $f'(\xi) = 0$。

定理所要证明的结论为"至少存在一点 $\xi \in (a, b)$,使得 $f'(\xi) = 0$",从导数的几何意义上来看,即要证明至少存在一个点 ξ,$a < \xi < b$,使得函数曲线在点 $(\xi, f(\xi))$ 处的切线平行于 x 轴(斜率为零)。根据闭区间上连续函数必在该区间上取最大值和最小值,如果最大值与最小值相等,均在端点处取得,如图 5.1.1 右所示,则 (a, b) 中任意点均为所求。如果最大值与最小值不相等,则至少有一个不在端点处取得,如图 5.1.1 左所示,则函数曲线的最高点或最低点(端点除外)即为满足要求的点。

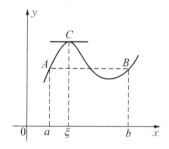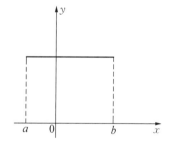

图 5.1.1

证明: 运用最值定理,由条件①可知,$f(x)$ 在 $[a, b]$ 上必能取得最大、最小值,分别设为 M, m。

(1) 如果 $M = m$,则 $f(x)$ 在 $[a, b]$ 上恒等于常数(因为恒有 $m \leqslant f(x) \leqslant M$),因此在 (a, b) 内恒有 $f'(x) = 0$,定理显然成立。

(2) 如果 $M \neq m$(即 $m < M$),则 M, m 中至少有一个不等于端点处的函数值 $f(a)$,不妨设 $M \neq f(a)$,那么至少存在一点 $\xi \in (a, b)$,使得 $f(\xi) = M$。

下面证 $f'(\xi) = 0$。显然恒有 $f(\xi + \Delta x) - f(\xi) \leqslant 0$，只要 $\xi + \Delta x \in (a, b)$。

所以
$$f'_+(\xi) = \lim_{\Delta x \to 0^+} \frac{f(\xi + \Delta x) - f(\xi)}{\Delta x} \leqslant 0$$

$$f'_-(\xi) = \lim_{\Delta x \to 0^-} \frac{f(\xi + \Delta x) - f(\xi)}{\Delta x} \geqslant 0$$

因此 $f'(\xi) = f'_+(\xi) = f'_-(\xi) = 0$。

罗尔定理的几何意义：若连续光滑的曲线 $y = f(x)$ 在点 A，B 处的纵坐标相等，那么在弧 $\overset{\frown}{AB}$ 上至少有一点 $C(\xi, f(\xi))$，曲线在 C 点的切线与 x 轴平行（即切线斜率为 0）。

注意：(1) 罗尔定理条件的说明。罗尔定理中的三个条件合起来构成一个充分条件。具备了这三个条件,定理的结论一定成立,但其中如果有一个条件不满足,定理的结论就可能不成立,如图 5.1.2 所示。

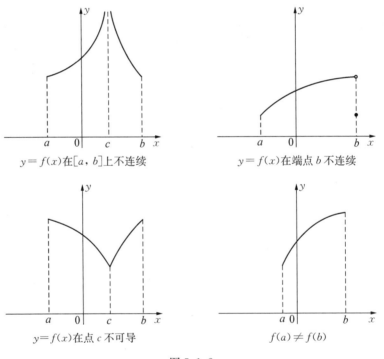

$y = f(x)$ 在 $[a, b]$ 上不连续

$y = f(x)$ 在端点 b 不连续

$y = f(x)$ 在点 c 不可导

$f(a) \neq f(b)$

图 5.1.2

(2) 罗尔定理中的三个条件并非必要条件。如图 5.1.3 所示,在 $[a, b]$ 上不完全满足、甚至完全不满足罗尔定理的条件,但却有罗尔定理的结论成立。

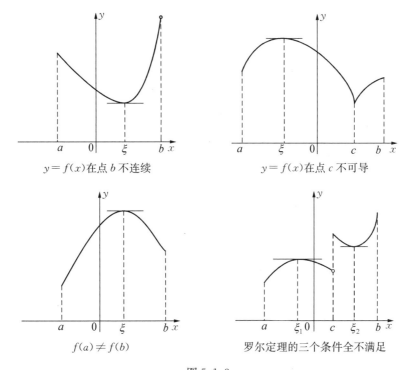

$y = f(x)$在点b不连续

$y = f(x)$在点c不可导

$f(a) \neq f(b)$

罗尔定理的三个条件全不满足

图 5.1.3

【例 5-1】 设$a < b < c < d$均为实数,$f(x) = (x-a)(x-b)(x-c)(x-d)$。证明:$f'(x)$有且仅有三个实根。

解: 由已知$f(a) = f(b) = f(c) = f(d) = 0$,

显然$f(x)$在$[a, b]$,$[b, c]$,$[c, d]$上满足罗尔定理,因此在(a, b),(b, c),(c, d)内分别存在ξ_1,ξ_2,ξ_3,使得$f'(\xi_i) = 0$,$i = 1, 2, 3$。又因为$f'(x)$为三次多项式,至多只能有三个实根。所以问题得证。

【例 5-2】 证明$f(x) = x^3 - 3x^2 + c$在$(0, 1)$内不可能有两个不同的实根。

解: 反证法,若$f(x) = x^3 - 3x^2 + c$在$(0, 1)$内有两个不同的实根,不妨记为a,b,则容易验证$f(x)$在$[a, b]$上满足罗尔定理,则存在一点$\xi \in (a, b) \subset (0, 1)$,使得$f'(\xi) = 0$。而$f'(x) = 3x^2 - 6x$,在$(0, 1)$内恒小于$0$,矛盾产生,问题得证。

5.1.2 拉格朗日定理

定理 5.1.2 如果函数$y = f(x)$满足条件:①在闭区间$[a, b]$上连续;②在开区间(a, b)内可导;则至少存在一点$\xi \in (a, b)$,使得

$$f'(\xi) = \frac{f(b) - f(a)}{b - a}$$

73

或 $$f(b) - f(a) = f'(\xi)(b-a)。$$

定理分析：容易看出，在拉格朗日定理中，若有端点处的函数值相等，即 $f(a) = f(b)$，则有罗尔定理成立，故罗尔定理是拉格朗日定理的一个特例，而拉格朗日定理是罗尔定理的推广。"一般性孕育于特殊性之中"，因此，接下来考虑用罗尔定理证明拉格朗日定理。

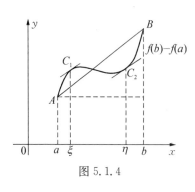

图 5.1.4

由图 5.1.4 知，$\dfrac{f(b)-f(a)}{b-a}$ 为函数曲线的割线 AB 的斜率，即割线的导数。割线 AB 的方程为 $g(x) = f(a) + \dfrac{f(b)-f(a)}{b-a}(x-a)$（点斜式），任取 $x \in (a, b)$，均有 $g'(x) = \dfrac{f(b)-f(a)}{b-a}$。要证明至少存在一点 $\xi \in (a, b)$，使得 $f'(\xi) = \dfrac{f(b)-f(a)}{b-a}$，即要证明至少存在一点 $\xi \in (a, b)$，使得 $f'(\xi) = g'(\xi)$，即 $f'(\xi) - g'(\xi) = 0$，即 $[f(x)-g(x)]'\big|_{x=\xi} = 0$。所以，构造函数 $F(x) = f(x) - g(x)$，剩下只要证明 $F(x)$ 在区间 $[a, b]$ 上满足罗尔定理的条件即可。

证明：作辅助函数

$$F(x) = f(x) - \left[f(a) + \frac{f(b)-f(a)}{b-a}(x-a) \right]$$

显然，$F(x)$ 满足罗尔定理的条件，则在 (a, b) 内至少存在一点 ξ，使得 $F'(\xi) = 0$。又 $F'(x) = f'(x) - \dfrac{f(b)-f(a)}{b-a}$，所以 $f'(\xi) = \dfrac{f(b)-f(a)}{b-a}$，即在 (a, b) 内至少有一点 $\xi(a < \xi < b)$，使得 $f(b) - f(a) = f'(\xi)(b-a)$，证毕。

说明：$f(b) - f(a) = f'(\xi)(b-a)$ 又称为拉格朗日中值公式（简称拉氏公式），此公式精确地表达了函数在一个区间上的增量与函数在这区间内某点处的导数之间的关系。拉格朗日公式还可作如下变形：

$$f(b) = f(a) + f'[a + \theta(b-a)](b-a) \quad 0 < \theta < 1$$

$$f(x + \Delta x) - f(x) = f'(\xi)\Delta x \text{ 或 } \frac{\Delta y}{\Delta x} = f'(\xi) \quad x < \xi < x + \Delta x$$

$$f(x + \Delta x) - f(x) = f'(x + \theta\Delta x)\Delta x \text{ 或 } \frac{\Delta y}{\Delta x} = f'(x + \theta\Delta x) \quad 0 < \theta < 1$$

与罗尔定理类似，拉格朗日定理的两个条件同样合起来构成一个充分条件，两个条件中的任何一个不被满足，定理的结论均有可能不成立，如图 5.1.5 所示。

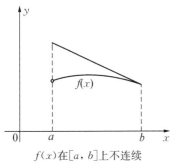 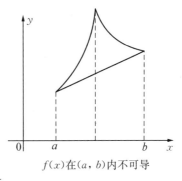

$f(x)$在$[a,b]$上不连续　　　　　$f(x)$在(a,b)内不可导

图 5.1.5

拉格朗日定理的几何意义:若$y=f(x)$在区间$[a,b]$上的图形是连续光滑的曲线$\overset{\frown}{AB}$,则$\overset{\frown}{AB}$上至少有一点$C(\xi,f(\xi))$,曲线在C点的切线与弦AB平行(即切线斜率与弦的斜率相等)。

由拉格朗日定理,我们可以得到下面的两个重要推论。这两个推论,在第6章不定积分中还有重要的应用。

推论1　如果函数$f(x)$在区间(a,b)内任意一点的导数$f'(x)=0$,则函数$f(x)$在(a,b)内是一个常数。

推论2　如果函数$f(x)$和$g(x)$在区间(a,b)内任意一点的导数$f'(x)=g'(x)$,则这两个函数在(a,b)内至多相差一个常数。

【例5-3】　证明不等式$\arctan b-\arctan a\leqslant b-a(a<b)$。

证明:设$f(x)=\arctan x$,易知$f(x)$在$[a,b]$上满足拉格朗日定理的条件,因此有

$$\arctan b-\arctan a=\frac{1}{1+\xi^2}(b-a)\leqslant b-a$$

【例5-4】　设$0<a<b$,$n>1$为正整数,证明$na^{n-1}(b-a)<b^n-a^n<nb^{n-1}(b-a)$

证明:令$f(x)=x^n$,显然$f(x)$在$[a,b]$上满足拉格朗日定理的条件,因此有

$$\frac{f(b)-f(a)}{b-a}=f'(\xi)$$,其中$a<\xi<b$即:

$$\frac{b^n-a^n}{b-a}=f'(\xi)=n\xi^{n-1}$$,而$na^{n-1}<n\xi^{n-1}<nb^{n-1}$,

所以$na^{n-1}(b-a)<b^n-a^n<nb^{n-1}(b-a)$。

【例5-5】　设函数$f(x)$在x_0的左邻域$[x_0-\delta,x_0]$上连续,在$(x_0-\delta,x_0)$内可导,且$\lim\limits_{x\to x_0^-}f'(x)=A$存在,则$f'_-(x_0)=\lim\limits_{x\to x_0^-}f'(x)$。

证明：$\forall x \in (x_0 - \delta, x_0)$，则 $f(x)$ 在区间 $[x, x_0]$ 上满足拉格朗日定理，得 $f'(\xi) = \dfrac{f(x) - f(x_0)}{x - x_0}(\xi \in (x, x_0))$，两边取极限即证。

注意：对右导数也可证明相应结论。这两个结论为判断分段函数分段点处的导数提供了另外一种方法。

5.1.3 柯西定理

定理 5.1.3 如果函数 $f(x)$ 和 $g(x)$ 满足条件：①在闭区间 $[a, b]$ 上连续；②在开区间 (a, b) 内可导；③在 (a, b) 内任何一点处都有 $g'(x) \neq 0$；则至少存在一点 $\xi \in (a, b)$，使得

$$\frac{f(b) - f(a)}{g(b) - g(a)} = \frac{f'(\xi)}{g'(\xi)}$$

证明：构造函数 $F(x) = f(x) - f(a) - \dfrac{f(b) - f(a)}{g(b) - g(a)}[g(x) - g(a)]$，显然其在 $[a, b]$ 满足罗尔定理。于是在 (a, b) 内至少存在一点 ξ，使得 $F'(\xi) = 0$，即 $f'(\xi) - \dfrac{f(b) - f(a)}{b - a}g'(\xi) = 0$，所以 $\dfrac{f(b) - f(a)}{g(b) - g(a)} = \dfrac{f'(\xi)}{g'(\xi)}$，证毕。

特别地当 $g(x) = x$ 时，$g(b) - g(a) = b - a$，$g'(x) = 1$

由 $\dfrac{f(b) - f(a)}{g(b) - g(a)} = \dfrac{f'(\xi)}{g'(\xi)}$ 有 $\dfrac{f(b) - f(a)}{b - a} = f'(\xi)$

即 $f(b) - f(a) = f'(\xi)(b - a)$，故拉格朗日中值定理是柯西中值定理的特例，而柯西中值定理是拉格朗日中值定理的推广．

【例 5 - 6】 设函数 $f(x)$ 在 $[0, 1]$ 上连续，在 $(0, 1)$ 内可导，证明：至少存在一点 $\xi \in (0, 1)$，使 $f'(\xi) = 2\xi[f(1) - f(0)]$。

证明：结论可变形为 $\dfrac{f(1) - f(0)}{1 - 0} = \dfrac{f'(\xi)}{2\xi} = \dfrac{f'(x)}{(x^2)'}\Big|_{x = \xi}$

设 $g(x) = x^2$，则 $f(x)$，$g(x)$ 在 $[0, 1]$ 上满足柯西中值定理的条件，

所以至少存在一点 $\xi \in (0, 1)$，使 $\dfrac{f(1) - f(0)}{1 - 0} = \dfrac{f'(\xi)}{2\xi}$，

即 $f'(\xi) = 2\xi[f(1) - f(0)]$

几何意义 设曲线弧 C 由参数方程 $\begin{cases} X = F(x) \\ Y = f(x) \end{cases}(a \leqslant x \leqslant b)$ 表示，其中 x 为参数。如果曲线 C 上除端点外处处具有不垂直于横轴的切线，那么在曲线 C 上必有一点 $x = \xi$，使曲线上该点的切线平行于连结曲线端点的弦 AB，曲线 C 上点 $x = \xi$ 处的切线的斜率为 $\dfrac{\mathrm{d}Y}{\mathrm{d}X} = \dfrac{f'(\xi)}{F'(\xi)}$，弦 AB 的斜率为 $\dfrac{f(b) - f(a)}{F(b) - F(a)}$。于是 $\dfrac{f(b) - f(a)}{F(b) - F(a)} =$

$\dfrac{f'(\xi)}{F'(\xi)}$，即在曲线弧 AB 上至少有一点 $C(F(\xi)，f(\xi))$，在该点处的切线平行于弦 AB。

5.2 未定式的定值法——洛必达法则

回忆：在第 3 章中，我们曾经接触过一些未定式，如 $\dfrac{0}{0}$ 型、$\dfrac{\infty}{\infty}$ 型、$\infty-\infty$ 型、1^∞ 型等，并且得到了一些求未定式极限的方法，即所谓的未定式的定值法。但这些方法都有较大的局限性，我们不妨称之为"初等方法"。这一节，我们利用中值定理推导出一个求未定式极限的一般性方法，或称为"高等方法"——洛必达法则。

5.2.1 洛必达法则

定理 5.2.1 设函数 $f(x)$ 与 $g(x)$ 满足条件：

(1) $\lim\limits_{x\to a} f(x) = \lim\limits_{x\to a} g(x) = 0$。

(2) 在点 a 的某个去心邻域内可导，且 $g'(x) \neq 0$。

(3) $\lim\limits_{x\to a} \dfrac{f'(x)}{g'(x)} = A$（或 ∞）。

则必有 $\lim\limits_{x\to a} \dfrac{f(x)}{g(x)} = \lim\limits_{x\to a} \dfrac{f'(x)}{g'(x)} = A$（或 ∞）。

证明： 构造辅助函数

$$f_1(x) = \begin{cases} f(x)， & x \neq a \\ 0， & x = a \end{cases}， \quad g_1(x) = \begin{cases} g(x)， & x \neq a \\ 0， & x = a \end{cases}$$

在 $\overset{\circ}{U}(a，\delta)$ 内任取一点 x，在以 a 和 x 为端点的区间上函数 $f_1(x)$ 和 $g_1(x)$ 满足柯西中值定理的条件，则有

$$\frac{f_1(x) - f_1(a)}{g_1(x) - g_1(a)} = \frac{f(x)}{g(x)} = \frac{f_1'(\xi)}{g_1'(\xi)} = \frac{f'(\xi)}{g'(\xi)}，(\xi \text{ 在 } a \text{ 与 } x \text{ 之间})$$

当 $x\to a$ 时，有 $\xi\to a$，所以 $\lim\limits_{x\to a} \dfrac{f(x)}{g(x)} = \lim\limits_{x\to a} \dfrac{f'(x)}{g'(x)} = \lim\limits_{\xi\to a} \dfrac{f'(\xi)}{g'(\xi)} = A$（或 ∞）

证毕。

类似地，有下面的定理：

定理 5.2.2 设函数 $f(x)$ 与 $g(x)$ 满足条件：

(1) $\lim\limits_{x\to a} f(x) = \lim\limits_{x\to a} g(x) = \infty$。

(2) 在点 a 的某个去心邻域内可导，且 $g'(x) \neq 0$。

(3) $\lim\limits_{x\to a} \dfrac{f'(x)}{g'(x)} = A$（或 ∞）。

则必有 $\lim\limits_{x \to a} \dfrac{f(x)}{g(x)} = \lim\limits_{x \to a} \dfrac{f'(x)}{g'(x)} = A$（或 ∞）。

注意： ① 在上述两个定理中，若把极限过程 $x \to a$ 改为 $x \to \infty$ 时，洛必达法则仍然有效。

② 只有 $\dfrac{0}{0}$ 型和 $\dfrac{\infty}{\infty}$ 型未定式求极限时才可以直接使用洛必达法则，且是分子、分母各自求导数（不是对分式求导）。

5.2.2　例题选讲

1）$\dfrac{0}{0}$ 型

【例 5 - 7】　求 $\lim\limits_{x \to 0} \dfrac{(1+x)^a - 1}{x}(\alpha \in \mathbf{R})$

解： $\lim\limits_{x \to 0} \dfrac{(1+x)^a - 1}{x} = \lim\limits_{x \to 0} \dfrac{\alpha(1+x)^{\alpha-1}}{1} = \alpha$

【例 5 - 8】　求 $\lim\limits_{x \to 0} \dfrac{x - \sin x}{x^3}$

解： $\lim\limits_{x \to 0} \dfrac{x - \sin x}{x^3} = \lim\limits_{x \to 0} \dfrac{1 - \cos x}{3x^2} = \lim\limits_{x \to 0} \dfrac{\sin x}{6x} = \dfrac{1}{6}$

【例 5 - 9】　求 $\lim\limits_{x \to \pi} \dfrac{\sin(\tan x)}{x - \pi}$

解： $\lim\limits_{x \to \pi} \dfrac{\sin(\tan x)}{x - \pi} = \lim\limits_{x \to \pi} \dfrac{\cos(\tan x) \cdot \sec^2 x}{1} = 1$

【例 5 - 10】　求 $\lim\limits_{x \to 0} \dfrac{x^2 \sin \dfrac{1}{x}}{\sin x}$

解： 变量为 $\dfrac{0}{0}$ 型，但应用洛必达法则求导后

$$\lim\limits_{x \to 0} \dfrac{x^2 \sin \dfrac{1}{x}}{\sin x} = \lim\limits_{x \to 0} \dfrac{2x \sin \dfrac{1}{x} - \cos \dfrac{1}{x}}{\cos x}$$，极限不存在，此时洛必达法则失效，但原极限未必不存在。此时应考虑用其他方法求解：

$$\lim\limits_{x \to 0} \dfrac{x^2 \sin \dfrac{1}{x}}{\sin x} = \lim\limits_{x \to 0} \dfrac{x}{\sin x} \cdot \lim\limits_{x \to 0} x \sin \dfrac{1}{x} = 1 \times 0 = 0$$

【例 5 - 11】　求 $\lim\limits_{x \to 0} \dfrac{\sin^2 x - x \sin x \cos x}{x^4}$

解： 变量为 $\dfrac{0}{0}$ 型，但若直接应用洛必达法则，分子求导十分繁杂。可先用等价

无穷小量替换将其化简

原式 $= \lim\limits_{x \to 0} \dfrac{\sin x(\sin x - x\cos x)}{x^4} = \lim\limits_{x \to 0} \dfrac{x(\sin x - x\cos x)}{x^4} = \lim\limits_{x \to 0} \dfrac{\sin x - x\cos x}{x^3}$，然后再用洛必达法则。

上式 $= \lim\limits_{x \to 0} \dfrac{\sin x - x\cos x}{x^3} = \lim\limits_{x \to 0} \dfrac{\cos x - \cos x + x\sin x}{3x^2} = \dfrac{1}{3}$。

注意：③ 应用洛必达法则时，若一次未成，其结果仍为 $\dfrac{0}{0}$ 型或 $\dfrac{\infty}{\infty}$ 型，则仍可继续使用洛必达法则，直到不是未定式，或不能使用洛必达法则，或有其他更简便的方法等情况为止。

④ 使用洛必达法则时，当遇到 $\dfrac{f'(x)}{g'(x)}$ 极限不等于常数（或 ∞）时，只能认为洛必达法则失效，要用别的方法求极限，而不能据此断定 $\dfrac{f(x)}{g(x)}$ 的极限不存在。

⑤ 在使用洛必达法则的过程中，应注意和其他求极限方法综合运用，尽可能地简化运算过程。

2）$\dfrac{\infty}{\infty}$ 型

【例 5 - 12】 求 $\lim\limits_{x \to \frac{\pi}{2}} \dfrac{\tan x}{\tan 3x}$

解：$\lim\limits_{x \to \frac{\pi}{2}} \dfrac{\tan x}{\tan 3x} = \lim\limits_{x \to \frac{\pi}{2}} \dfrac{\sin x}{\sin 3x} \cdot \lim\limits_{x \to \frac{\pi}{2}} \dfrac{\cos 3x}{\cos x} = -1 \cdot \lim\limits_{x \to \frac{\pi}{2}} \dfrac{-3\sin 3x}{-\sin x} = -1 \cdot -3 = 3$

【例 5 - 13】 $\lim\limits_{x \to +\infty} \dfrac{x^n}{e^x}$

解：$\lim\limits_{x \to +\infty} \dfrac{x^n}{e^x} = \lim\limits_{x \to +\infty} \dfrac{nx^{n-1}}{e^x} = \cdots = \lim\limits_{x \to +\infty} \dfrac{n!}{e^x} = 0$

说明：幂函数 $\to \infty$ 的速度比指数函数慢很多。

【例 5 - 14】 求 $\lim\limits_{x \to +\infty} \dfrac{\ln x}{x^\alpha}(\alpha > 0)$

解：$\lim\limits_{x \to +\infty} \dfrac{\ln x}{x^\alpha} = \lim\limits_{x \to +\infty} \dfrac{\dfrac{1}{x}}{\alpha x^{\alpha-1}} = \lim\limits_{x \to +\infty} \dfrac{1}{x^\alpha} = 0$

说明：对数函数 $\to \infty$ 的速度比幂函数慢很多。

3）$0 \cdot \infty$ 型、$\infty - \infty$ 型、1^∞ 型、0^0 型、∞^0 型

这些未定式的极限不能直接使用洛必达法则，但可通过一定的方法将其转化为 $\dfrac{0}{0}$ 型或 $\dfrac{\infty}{\infty}$ 型后，再用洛必达法则。

【例 5 - 15】 求 $\lim\limits_{x \to 0^+} x\ln x$

解： $\lim\limits_{x\to 0^+} x\ln x = \lim\limits_{x\to 0^+} \dfrac{\ln x}{\dfrac{1}{x}} = \lim\limits_{x\to 0^+} \dfrac{\dfrac{1}{x}}{-\dfrac{1}{x^2}} = \lim\limits_{x\to 0^+} -x = 0$

极限不存在。

注：若将此 $0 \cdot \infty$ 型化为 $\dfrac{0}{0}$ 型：$\lim\limits_{x\to 0^+} \dfrac{x}{\dfrac{1}{\ln x}}$，继续做下去将得不到结果。

【例 5 - 16】 求 $\lim\limits_{x\to +\infty} x\left(\dfrac{\pi}{2} - \arctan x\right)$

解： $\lim\limits_{x\to +\infty} x\left(\dfrac{\pi}{2} - \arctan x\right) = \lim\limits_{x\to +\infty} \dfrac{\dfrac{\pi}{2} - \arctan x}{\dfrac{1}{x}} = \lim\limits_{x\to +\infty} \dfrac{-\dfrac{1}{1+x^2}}{-\dfrac{1}{x^2}}$

$$= \lim\limits_{x\to +\infty} \dfrac{x^2}{1+x^2} = 1$$

【例 5 - 17】 求 $\lim\limits_{x\to 1}\left(\dfrac{x}{x-1} - \dfrac{1}{\ln x}\right)$

解： $\lim\limits_{x\to 1}\left(\dfrac{x}{x-1} - \dfrac{1}{\ln x}\right) = \lim\limits_{x\to 1} \dfrac{x\ln x - (x-1)}{(x-1)\ln x} = \lim\limits_{x\to 1} \dfrac{\ln x + 1 - 1}{\ln x + 1 - \dfrac{1}{x}}$

$$= \lim\limits_{x\to 1} \dfrac{x\ln x}{x\ln x + x - 1} = \lim\limits_{x\to 1} \dfrac{\ln x + 1}{\ln x + 1 + 1} = \dfrac{1}{2}$$

【例 5 - 18】 求 $\lim\limits_{x\to \frac{\pi}{2}} (\sec x - \tan x)$

解： $\lim\limits_{x\to \frac{\pi}{2}} (\sec x - \tan x) = \lim\limits_{x\to \frac{\pi}{2}} \dfrac{1 - \sin x}{\cos x} = \lim\limits_{x\to \frac{\pi}{2}} \dfrac{-\cos x}{-\sin x} = 0$

【例 5 - 19】 求 $\lim\limits_{x\to 0}\left[\dfrac{(1+x)^{\frac{1}{x}}}{\mathrm{e}}\right]^{\frac{1}{x}}$

解： $\lim\limits_{x\to 0}\left[\dfrac{(1+x)^{\frac{1}{x}}}{\mathrm{e}}\right]^{\frac{1}{x}} = \lim\limits_{x\to 0} \mathrm{e}^{\ln\left[\frac{(1+x)^{\frac{1}{x}}}{\mathrm{e}}\right]^{\frac{1}{x}}} = \mathrm{e}^{\lim\limits_{x\to 0}\frac{1}{x}\left[\frac{1}{x}\ln(1+x) - \ln \mathrm{e}\right]}$

$$= \mathrm{e}^{\lim\limits_{x\to 0} \frac{\ln(1+x) - x}{x^2}} = \mathrm{e}^{\lim\limits_{x\to 0} \frac{\frac{1}{1+x} - 1}{2x}} = \mathrm{e}^{\lim\limits_{x\to 0} \frac{\frac{-x}{1+x}}{2x}} = \mathrm{e}^{-\frac{1}{2}}$$

【例 5 - 20】 求 $\lim\limits_{x\to 0^+} (\tan x)^{\sin x}$

解： $\lim\limits_{x\to 0^+} (\tan x)^{\sin x} = \lim\limits_{x\to 0^+} \mathrm{e}^{\ln(\tan x)^{\sin x}} = \mathrm{e}^{\lim\limits_{x\to 0^+} \sin x\ln(\tan x)} = \mathrm{e}^{\lim\limits_{x\to 0^+} \frac{\ln(\tan x)}{\csc x}}$

$$= \mathrm{e}^{\lim\limits_{x\to 0^+} \frac{\frac{1}{\tan x}\sec^2 x}{-\cot x\csc x}} = \mathrm{e}^{\lim\limits_{x\to 0^+} \frac{-\sin x}{\cos^2 x}} = \mathrm{e}^0 = 1$$

【例 5 - 21】 求 $\lim\limits_{x\to +\infty} \sqrt[x]{x}$

解： $\lim\limits_{x \to +\infty} \sqrt[x]{x} = \lim\limits_{x \to +\infty} e^{\frac{1}{x}\ln x} = e^{\lim\limits_{x \to +\infty} \frac{\ln x}{x}} = e^{\lim\limits_{x \to +\infty} \frac{1}{x}} = 1$

小结： $0 \cdot \infty$ 型、$\infty - \infty$ 型、1^∞ 型、0^0 型、∞^0 型等未定式求极限时，应先通过代数方法转化为 $\dfrac{0}{0}$ 型或 $\dfrac{\infty}{\infty}$ 型后，才能使用洛必达法则。

（1）$0 \cdot \infty$ 型可把其中一个因式取倒数后放到分母位置上，从而转化为 $\dfrac{0}{0}$ 型或 $\dfrac{\infty}{\infty}$ 型。选取因式时应选取取倒数后较易求导的一个。

（2）$\infty - \infty$ 型常常通过通分或有理化变型。

（3）1^∞ 型、0^0 型、∞^0 型一般来源于幂指函数求极限，通常可利用对数变形为 $\left[f(x)\right]^{g(x)} = e^{g(x)\ln f(x)}$，再利用指数函数的连续性将问题化为求 $g(x) \cdot \ln f(x)$（$0 \cdot \infty$ 型）的极限问题。

5.3　函数的单调性和极值

5.3.1　单调性

前面，已经知道怎样用定义判断一个函数在某个区间上的单调性，同时也感受到用定义来判断函数的单调性是极为不易的。在这一节中，将利用导数给出一种判断函数单调性的极为简单的一般性方法。

首先，从几何直观上对单调函数进行一些分析（见图5.3.1）。

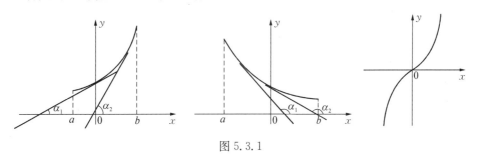

图 5.3.1

从图中不难观察到，在区间 (a, b) 内，左图函数曲线是上升的（即单调递增的），曲线上每一点处的切线的斜率都为正值；中间图形函数曲线是下降的（即单调递减的），曲线上每一点处的切线的斜率都为负值。所以，很自然地，我们想是否曲线的单调性与切线的斜率，也就是导数的符号有关？下面，我们就来证明这一定理。

定理 5.3.1　设函数 $f(x)$ 在区间 (a, b) 内可导，那么①如果 $\forall x \in (a, b)$，恒有 $f'(x) > 0$，则 $f(x)$ 在 (a, b) 内单调增加；②如果 $\forall x \in (a, b)$，恒有 $f'(x) < 0$，

则 $f(x)$ 在 (a,b) 内单调减少。

证明：①任意选取 $x_1, x_2 \in (a,b)$ 且 $x_1 < x_2$，容易验证在 $[x_1, x_2]$ 上函数 $f(x)$ 满足拉格朗日中值定理的条件，则有 $f(x_2) - f(x_1) = f'(\xi)(x_2 - x_1)$，其中 $\xi \in (x_1, x_2) \subset (a,b)$，由已知信息 $f'(\xi) > 0$，所以 $f(x_2) - f(x_1) > 0$，即 $f(x_1) < f(x_2)$，则 $f(x)$ 在 (a,b) 内单调增加。②同理可证。

思考： "$\forall x \in (a,b)$，恒有 $f'(x) > 0 (<0)$" 是否是函数 $f(x)$ 在 (a,b) 内单调增加（减少）的必要条件？事实上，我们很容易发现，上升或下降的曲线，它的切线在个别点处也可能平行于 x 轴（即该点处的导数为 0——例如图 5.3.1 中右图曲线 $y = x^3$ 在 $(-\infty, +\infty)$ 内单调增加，而 $y' = 3x^2$，当 $x = 0$ 时 $y'\big|_{x=0} = 0$。所以，定理中的条件仅只是充分条件而非必要条件。对此，我们有一般性的结论 "$\forall x \in (a,b)$，则 $f'(x) \geqslant 0$（或 $f'(x) \leqslant 0$，等号仅在一些孤立点处成立，当且仅当函数 $f(x)$ 在 (a,b) 内单调增加（或单调减少）。"

注意：（1）"一些"可以是有限个，也可以是无限个；"孤立点"——不能连成片。
（2）使得 $f'(x_0) = 0$ 的点 x_0 称为是函数 $f(x)$ 的驻点。

【例 5-22】 讨论函数 $f(x) = 2x^3 - 9x^2 + 12x - 3$ 的单调增减区间。

解： $f'(x) = 6x^2 - 18x + 12 = 6(x-1)(x-2)$，则 1, 2 为其驻点，如表 5.3.1 所示。

表 5.3.1

	$(-\infty, 1)$	$(1, 2)$	$(2, +\infty)$
$f'(x)$	+	−	+
$f(x)$	单调增加	单调减少	单调增加

【例 5-23】 讨论函数 $f(x) = \dfrac{x^3}{2(x-1)^2}$ 的单调增减区间。

解： $f'(x) = \dfrac{3x^2(x-1)^2 - 2x^3(x-1)}{2(x-1)^4} = \dfrac{x^2(x-3)}{2(x-1)^3}$

所以 $f(x)$ 驻点为 0, 3，导数不存在的点为 1，则有如表 5.3.2 所示的区间。

表 5.3.2

	$(-\infty, 0)$	$(0, 1)$	$(1, 3)$	$(3, +\infty)$
$f'(x)$	+	+	−	+
$f(x)$	单调增加	单调增加	单调减少	单调增加

【例 5-24】 证明函数 $f(x) = x + \sin x$ 在其定义域内是单调增加的。

证明： $f(x) = x + \sin x$ 的定义域为整个实数集，而 $f'(x) = 1 + \cos x \geq 0$，等号仅在孤立点 $x = (2k+1)\pi, k \in \mathbf{Z}$ 处取得。所以 $f(x) = x + \sin x$ 在其定义域内是单调增加的。

【例 5 - 25】 证明：当 $x \neq 0$ 时，$e^x > x + 1$。

证明： 令 $f(x) = e^x - x - 1$，则 $f'(x) = e^x - 1 \begin{cases} > 0, & x > 0 \\ < 0, & x < 0 \end{cases}$

则当 $x > 0$，函数单增，$f(x) > f(0) = 0$，当 $x < 0$，函数单减，$f(x) > f(0) = 0$

所以当 $x \neq 0$ 时，$e^x > x + 1$。

小结　求函数单调增减区间的一般步骤：

(1) 确定函数的定义域。

(2) 求 $f'(x)$ 找出驻点和不可导点。

(3) 以驻点和不可导点为分界点，从左至右把定义域分为几个区间。

(4) 在各个区间上讨论 $f'(x)$ 的符号并确定函数的单调增减性。

注意：在函数间断点的左、右邻近 y' 符号可能相同，也可能不同（见例 5 - 24）。因此，在判断函数单调增减区间时，对间断点要格外留意。

5.3.2　函数的极值

1）函数极值的定义

定义 5.3.1　如果函数 $f(x)$ 在点 $x = x_0$ 的一个 δ 邻域 $(x_0 - \delta, x_0 + \delta)$ 内有定义，对 $\forall x \in U_0(x_0, \delta)$ 总有 $f(x) < f(x_0)(f(x) > f(x_0))$，则称 $f(x_0)$ 为函数 $f(x)$ 的极大（小）值，x_0 称为函数 $f(x)$ 的极大（小）值点。

极大值和极小值统称为极值，极大值点和极小值点统称为极值点。

为了更好地理解极值的概念，我们先来观察图 5.3.2，并思考这样几个问题：

① 最大值（或最小值）是否是唯一的？极大值（或极小值）是否是唯一的？

② 最大值是否一定比最小值大？极大值是否一定比极小值大？

③ 极大值（或极小值）是否一定是最大值（或最小值）？

⑤ 驻点是否一定是极值点？反之，极值点是否一定是驻点？

⑥ 区间的端点会不会成为极值点？

从这一系列的问题中，可以得到如下的结论：

(1) 极值仅只是一个局部性的概念，它只是在极值点 x_0 的某个小邻域内最大

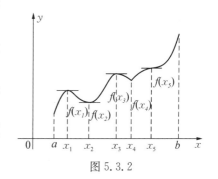

图 5.3.2

或最小;而最值是函数的整体性质,是在函数的整个定义区间上的最大或最小。因此最大值(或最小值)一定是唯一的,而且最大值一定比最小值大;极大值(或极小值)却可能有多个,并且极小值可能比极大值还大。

(2) 极值不一定就是最值,但是最值只可能在极值点或闭区间的端点处取得。

(3) 极值点一定是函数的驻点或导数不存在的点(不可导点),但是驻点或不可导点不一定就是函数的极值点。

(4) 同时我们注意到,在导数 $f'(x_0)$ 存在的前提下,若函数在点 x_0 处取到极值,一定有 $f'(x_0) = 0$(**导数存在的前提下**,$f'(x_0) = 0$ 是 x_0 为函数极值点的必要非充分条件)。

(5) 函数的极值点一定是函数值由单调递增(或单调递减)变为单调递减(或单调递增)的转折点,或称为是函数单调性的分界点。

(6) 闭区间端点决不会是极值点,因为不知函数在另外半个邻域内是否有定义。

在上述几何直观的基础上,我们可以给出函数极值存在的必要条件和第一充分条件以及求函数极值的一般步骤。

2) 极值存在的必要条件

定理 5.3.2 若函数 $f(x)$ 在点 x_0 处取到极值,且 $f'(x_0)$ 存在,则 $f'(x_0) = 0$。

3) 极值存在的充分条件

定理 5.3.3(第一充分条件) 如果函数 $f(x)$ 在点 $x = x_0$ 的一个 δ 邻域 $(x_0 - \delta, x_0 + \delta)$ 内连续并且可导(但 $f'(x_0)$ 可以不存在)。

(1) 若对 $\forall x \in (x_0 - \delta, x_0)$ 有 $f'(x) > 0$,且 $\forall x \in (x_0, x_0 + \delta)$ 有 $f'(x) < 0$,则函数 $f(x)$ 在点 x_0 处取到极大值 $f(x_0)$。

(2) 若对 $\forall x \in (x_0 - \delta, x_0)$ 有 $f'(x) < 0$,且 $\forall x \in (x_0, x_0 + \delta)$ 有 $f'(x) > 0$,则函数 $f(x)$ 在点 x_0 处取到极小值 $f(x_0)$。

(3) 若对 $\forall x \in (x_0 - \delta, x_0)$ 和 $\forall x \in (x_0, x_0 + \delta)$ 有 $f'(x)$ 不变号,则函数 $f(x)$ 在点 x_0 处没有极值。

当驻点处的二阶导数存在时,根据二阶导数和一阶导数的关系,我们可以得到**判断驻点是否是极值点**的一个判定定理——极值存在的第二充分条件。

定理 5.3.4(第二充分条件) 如果函数 $f(x)$ 在点 $x = x_0$ 的一个 δ 邻域 $(x_0 - \delta, x_0 + \delta)$ 内连续并且可导,并且 $f'(x_0) = 0$,$f''(x_0)$ 存在,如果 $f''(x_0) > 0$ 则函数 $f(x)$ 在点 x_0 处取到极小值;如果 $f''(x_0) < 0$ 则函数 $f(x)$ 在点 x_0 处取到极大值。

4) 求函数极值的例题

一般步骤:

(1) 确定函数的定义域。

(2) 求 $f'(x)$ 找出驻点和不可导点。

(3) 根据极值存在的充分条件判断这些驻点和不可导点是否是极值点,若是,求出极值。

【例 5 - 26】 求函数 $f(x) = (2x - 5)\sqrt[3]{x^2}$ 的极值。

定义域为 **R**。

解： $f(x) = 2x^{\frac{5}{3}} - 5x^{\frac{2}{3}}$，$f'(x) = 2 \cdot \frac{5}{3} \cdot x^{\frac{2}{3}} - 5 \cdot \frac{2}{3} \cdot x^{-\frac{1}{3}} = \frac{10}{3}x^{-\frac{1}{3}}(x - 1)$

则 0 为导数不存在的点，1 为驻点。区间划分如表 5.3.3 所示。

表 5.3.3

x	$(-\infty, 0)$	0	$(0, 1)$	1	$(1, +\infty)$
$f'(x)$	$+$	不存在	$-$	0	$+$
$f(x)$	单调增加	极大	单调减少	极小	单调增加

0 为极大值点，1 为极小值点。极大值 $f(0) = 0$，极小值 $f(1) = -3$。

【例 5 - 27】 求函数 $f(x) = x^2 - \ln x^2$ 的极值。

定义域为 $(-\infty, 0) \bigcup (0, +\infty)$。

解： $f'(x) = 2x - \frac{1}{x^2}2x = \frac{2}{x}(x^2 - 1)$

则 0 为间断点，± 1 为驻点。区间划分如表 5.3.4 所示。

表 5.3.4

x	$(-\infty, -1)$	-1	$(-1, 0)$	$(0, 1)$	1	$(1, +\infty)$
$f'(x)$	$-$	0	$+$	$-$	0	$+$
$f(x)$	单调减少	极小	单调增加	单调减少	极小	单调增加

所以 ± 1 均为极小值点。极小值 $f(-1) = f(1) = 1$。

【例 5 - 28】 求函数 $f(x) = (x - 4)\sqrt[3]{(x + 1)^2}$ 的极值。

解： $f(x)$ 在 $(-\infty, +\infty)$ 内连续，除 $x = -1$ 外处处可导且 $f'(x) = \frac{5(x - 1)}{3\sqrt[3]{x + 1}}$

令 $f'(x) = 0$ 得驻点 $x = 1$，$x = -1$ 为不可导点，区间划分如表 5.3.5 所示。

表 5.3.5

x	$(-\infty, -1)$	-1	$(-1, 1)$	1	$(1, +\infty)$
$f'(x)$	$+$	不存在	$-$	0	$+$
$f(x)$	单增	极大值	单减	极小值	单增

所以，极大值 $f(-1) = 0$ 极小值 $f(1) = -3\sqrt[3]{4}$。

【例 5 - 29】 求 $f(x) = x^3 + 3x^2 - 6$ 的极值。

解： 定义域 $(-\infty, +\infty)$，$f'(x) = 3x^2 + 6x = 3x(x+2)$，有驻点 $x = 0$，$x = -2$。又 $f''(x) = 6x + 6$，代入得 $f''(0) = 6 > 0$，所以 $x = 0$ 是极小值点，$f(0) = -6$ 是 $f(x)$ 的极小值。而 $f''(-2) = -6 < 0$，所以 $x = -2$ 是极大值点，$f(-2) = -2$ 是 $f(x)$ 的极大值。

注意：极值存在的两个充分条件在应用时的区别

(1) 第一充分条件既能判断驻点是否为极值点，也能判断不可导点是否为极值点；而第二充分条件只适用于驻点。

(2) 在使用第二充分条件时，当 $f'(x_0) = 0$，$f''(x_0) = 0$ 时，定理失效，无法判断 x_0 是否为极值点（如函数 $f(x) = x^3$，有 $f'(0) = f''(0) = 0$，但点 $x = 0$ 不是极值点；而函数 $f(x) = x^4$，同样有 $f'(0) = f''(0) = 0$，点 $x = 0$ 却是极小值点），只能改用第一充分条件重新判断。

5.4 最大值与最小值，极值的应用问题

5.4.1 求连续函数在 $[a, b]$ 上的最大值和最小值的一般方法

要求一个连续函数 $f(x)$ 在闭区间 $[a, b]$ 上的最大值和最小值，只需要求出这个函数在区间端点处的函数值 $f(a)$，$f(b)$ 以及函数在 (a, b) 内的所有极大值和极小值，进行比较后，其中最大的就是函数在 $[a, b]$ 上的最大值，最小的就是函数在 $[a, b]$ 上的最小值（见图 5.4.1）。

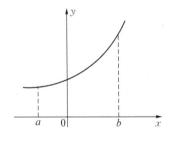
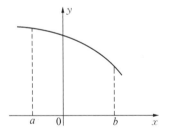
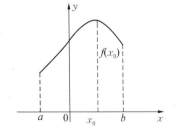
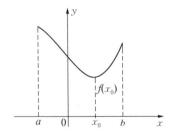

图 5.4.1

注意:从几何直观上,容易看出:

(1) 如果函数 $f(x)$ 在闭区间 $[a, b]$ 上单调增加,则 $f(a)$ 是 $f(x)$ 在闭区间 $[a, b]$ 上的最小值,$f(b)$ 是 $f(x)$ 在闭区间 $[a, b]$ 上的最大值;反之,如果函数 $f(x)$ 在闭区间 $[a, b]$ 上单调减少,则 $f(a)$ 是 $f(x)$ 在闭区间 $[a, b]$ 上的最大值,$f(b)$ 是 $f(x)$ 在闭区间 $[a, b]$ 上的最小值。

(2) 如果 $f(x)$ 在区间 (a, b) 内有且仅有一个极大值,而没有极小值,则此极大值即为函数在 $[a, b]$ 上的最大值;同样如果 $f(x)$ 在区间 (a, b) 内有且仅有一个极小值,而没有极大值,则此极小值就是函数在 $[a, b]$ 上的最小值。

现实生活中很多求最大值或最小值的问题,都是属于(2)这种特殊类型的。

【例 5 - 30】 铁路线上 AB 段的距离为 150 km,工厂 C 距 B 处为 20 km,$BC \perp AB$,为运输需要,要在 AB 段上选定一点 D 向工厂修筑一条公路(见图 5.4.2)。已知铁路运费与公路运费之比为 3:5,为使货物从供应站 A 运到工厂 C 的运费最省,问:D 点应选在何处?

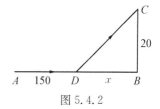

图 5.4.2

解: 设 $BD = x$(km),则 $AD = 150 - x$。设单位铁路运费为 $3k$,单位公路运费为 $5k$,总运费为 y

$$y = 3k \cdot (150 - x) + 5k \sqrt{20^2 + x^2} \quad (0 \leqslant x \leqslant 150)$$

$$则 \quad y' = -3k + \frac{5kx}{\sqrt{400 + x^2}}$$

令 $y' = 0$,得唯一驻点 $x = 15$(km)

比较 $y \big|_{x=15} = 530k$,$y \big|_{x=0} = 550k$,$y \big|_{x=150} = 750k \sqrt{1 + \left(\frac{2}{15}\right)^2}$

所以当 $BD = 15$ km 时,总费用最省。

【例 5 - 31】 假设某工厂生产某产品 x 千件的成本是 $C(x) = x^3 - 6x^2 + 15x$,售出该产品 x 千件的收入是 $R(x) = 9x$,问是否存在一个能取得最大利润的生产水平?如果存在的话,找出这个生产水平。

解: 售出 x 千件产品的利润为:$p(x) = R(x) - C(x) = -x^3 + 6x^2 - 6x$

$p'(x) = -3x^2 + 12x - 6 = -3(x^2 - 4x + 2)$ 令 $p'(x) = 0$,得 $x_1 = 2 - \sqrt{2} \approx 0.586$

$x_2 = 2 + \sqrt{2} \approx 3.414$ 又 $p''(x) = -6x + 12$,

$p''(x_1) > 0$,$p''(x_2) < 0$。

故在 $x_2 = 3.414$ 千件处达到最大利润,而在 $x_1 = 0.586$ 千件处发生局部最大亏损。

说明:在经济学中 $C'(x)$ 称为边际成本;$R'(x)$ 称为边际收入;$p'(x)$ 称为边际利润。

【例 5 - 32】 过椭圆 $\dfrac{x^2}{a^2} + \dfrac{y^2}{b^2} = 1$ 在第一象限部分哪一点引切线,可使切线与坐标轴构成的三角形的面积最小?

解: 过椭圆上点 (x_0, y_0) 的切线方程为: $y - y_0 = -\dfrac{b^2 x_0}{a^2 y_0}(x - x_0)$

切线在坐标轴上的截距分别为 $\dfrac{a^2}{x_0}$ 和 $\dfrac{b^2}{y_0}$

从而三角形的面积为: $s = \dfrac{1}{2} \cdot \dfrac{a^2}{x_0} \cdot \dfrac{b^2}{y_0}$

要使 s 最小, 只要 $s = x_0 \cdot y_0$ 取最大值。而 $s = x_0 \cdot \dfrac{b}{a}\sqrt{a^2 - x_0^2}$

所以令 $s'(x_0) = \dfrac{b}{a}\dfrac{a^2 - 2x_0^2}{\sqrt{a^2 - x_0^2}} = 0$。得驻点: $x_0 = \dfrac{a}{\sqrt{2}}$, 从而 $y_0 = \dfrac{b}{\sqrt{2}}$。

于是所求点为 $\left(\dfrac{a}{\sqrt{2}}, \dfrac{b}{\sqrt{2}}\right)$。

5.5　曲线的凹向与拐点

大家都知道,数学是非常讲究**数形结合**的,函数的图形能够帮助我们更加直观地理解函数的特性。在前面的两节中,我们通过函数的导数可以了解函数图形上升和下降的规律(在什么范围内上升,在什么范围内下降;在什么地方发生转折等),但这还不够全面。就拿上升的函数曲线来说,究竟是成直线上升的呢,还是蜿蜒上升的? 如果是蜿蜒上升的,那么究竟是向上弯曲的呢,还是向下弯曲的,还是一会儿向上一会儿向下弯曲? 这些细节的问题还需要进一步的考虑。

那么,函数曲线的弯曲方向以及弯曲方向的分界点又和什么因素有关呢? 下面我们还是从几何直观上来做一些分析。

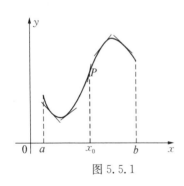

图 5.5.1

如图 5.5.1 所示,函数 $y = f(x)$ 的图像在区间 $[a, b]$ 内从最小值点至最大值点之间虽然一直是上升的,可是却有着不同的弯曲状况。从左至右,曲线先是凹的,在通过点 $P(x_0, f(x_0))$ 之后,扭转了弯曲的方向,变为凸的了。进一步分析,可以看到,凹的曲线,曲线弧总位于其上任意一点的切线的上方;凸的曲线,曲线弧总位于其上任意一点的切线的下方。据此,我们可以得到关于曲线的凹向的定义。

5.5.1　曲线的凹向

定义 5.5.1　如果在某区间内,曲线弧位于其上任意一点切线的上方,则称曲线在这个区间内是凹的。如果在某区间内,曲线弧位于其上任意一点切线的下方,则称曲线在这个区间内是凸的。

进一步对函数曲线进行分析,可以发现,凹的曲线,其上任意一点处的切线的斜率,随着 x 的增大而增大;凸的曲线,其上任意一点处的切线的斜率,随着 x 的增大而减小。联系到导数的几何意义,可以知道:函数 $f(x)$ 在其凹区间内,导数 $f'(x)$ 单调递增;在其凸区间内,导数 $f'(x)$ 单调递减。考虑到函数的单调性与其导数符号之间的关系,可得到判断函数凹或凸区间的充分条件:

定理 5.5.1 如果函数 $f(x)$ 在区间 (a, b) 内具有二阶导数,那么

(1) $x \in (a, b)$ 时,恒有 $f''(x) > 0$,则曲线 $y = f(x)$ 在 (a, b) 内凹。

(2) $x \in (a, b)$ 时,恒有 $f''(x) < 0$,则曲线 $y = f(x)$ 在 (a, b) 内凸。

5.5.2 曲线的拐点定义

注意:拐点是函数曲线上的点,不是 x 轴上的点。

由定义可知,拐点是曲线凹与凸的分界点,也就是二阶导数 $f''(x)$ 大于 0 或小于 0 的分界点,**那么,拐点可能出现在什么地方?**(回忆:极值点是曲线上升或下降的分界点,也是一阶导数 $f'(x)$ 大于 0 或小于 0 的分界点,极值点可能在什么地方取到?)

于是,类比着极值点,可知道:拐点一定在二阶导数等于 0 或二阶导数不存在的点处取到。

1) 拐点存在的必要条件

设函数 $y = f(x)$,点 $(x_0, f(x_0))$ 是函数曲线的拐点,则 $f''(x_0) = 0$ 或 $f''(x_0)$ 不存在。

2) 拐点存在的充分条件

设函数 $y = f(x)$ 在点 x_0 的某邻域内连续,在点 x_0 的去心邻域内二阶可导。

(1) 如果当 $x \in (x_0 - \delta, x_0)$ 和 $x \in (x_0, x_0 + \delta)$ 时,$f''(x)$ 异号,则点 $(x_0, f(x_0))$ 是曲线上的一个拐点。

(2) 如果当 $x \in (x_0 - \delta, x_0)$ 和 $x \in (x_0, x_0 + \delta)$ 时,$f''(x)$ 不变号,则点 $(x_0, f(x_0))$ 不是曲线上的一个拐点。

【例 5 - 33】 求函数 $f(x) = x^2 - x^3$ 的凹向及拐点。

解:求导数,$f'(x) = 2x - 3x^2$,$f''(x) = 2 - 6x$,函数 $f(x)$ 的凹向与拐点如表 5.5.1 所示。

表 5.5.1

x	$\left(-\infty, \frac{1}{3}\right)$	$\frac{1}{3}$	$\left(\frac{1}{3}, +\infty\right)$
$f''(x)$	+	0	−
$f(x)$	凹	拐点	凸

【例 5 - 34】 求函数 $f(x) = (x-1)x^{\frac{2}{3}}$ 的凹向及拐点。

解：$f'(x) = \dfrac{5}{3}x^{\frac{2}{3}} - \dfrac{2}{3}x^{-\frac{1}{3}} = x^{-\frac{1}{3}}\left(\dfrac{5}{3}x - \dfrac{2}{3}\right)$

$f''(x) = \dfrac{5}{3} \cdot \dfrac{2}{3}x^{-\frac{1}{3}} - \dfrac{2}{3}\left(-\dfrac{1}{3}\right)x^{-\frac{4}{3}} = x^{-\frac{4}{3}}\left(\dfrac{10}{9}x + \dfrac{2}{9}\right)$

有二阶导数为 0 的点 $-\dfrac{1}{5}$，也有二阶导数不存在的点 0，如表 5.5.2 所示。

表 5.5.2

x	$\left(-\infty, -\dfrac{1}{5}\right)$	$-\dfrac{1}{5}$	$\left(-\dfrac{1}{5}, 0\right)$	0	$(0, +\infty)$
$f''(x)$	$-$	0	$+$	不存在	$+$
$f(x)$	凹	拐点$\left(-\dfrac{1}{5}, \dfrac{-6\sqrt[3]{5}}{25}\right)$	凸	不是拐点	凸

$\therefore$ 函数曲线在 $\left(-\infty, -\dfrac{1}{5}\right]$ 上是凹的，在 $\left[-\dfrac{1}{5}, +\infty\right)$ 上是凸的，拐点为 $\left(-\dfrac{1}{5}, -\dfrac{6\sqrt[3]{5}}{25}\right)$。

【例 5-35】　求曲线 $y = 3x^4 - 4x^3 + 1$ 的拐点及凹、凸的区间。

解：$y' = 12x^3 - 12x^2$，$y'' = 36x^2 - 24x = 36x\left(x - \dfrac{2}{3}\right)$，由 $y'' = 0$，得 $x_1 = 0$，$x_2 = \dfrac{2}{3}$，因 $x < 0$ 时，$y'' > 0$，故 $(-\infty, 0]$ 上是凹的，$0 < x < \dfrac{2}{3}$ 时，$y'' < 0$，故 $\left[0, \dfrac{2}{3}\right]$ 上是凸的，$x > \dfrac{2}{3}$ 时，$y'' > 0$ 故 $\left[\dfrac{2}{3}, +\infty\right)$ 上是凹的，且 $(0, 1)$ 及 $\left(\dfrac{2}{3}, \dfrac{11}{27}\right)$ 是曲线的拐点。[或 $f'''(x) = 12x - 24$，$f'''(0) \neq 0$，$f'''\left(\dfrac{2}{3}\right) \neq 0$ 故是拐点]

小结　求函数凹向和拐点的一般步骤为

（1）确定函数的定义域。

（2）求 $f''(x)$ 找出二阶导数等于 0 的点和二阶导数不存在的点。

（3）以这些点为分界点，从左至右把定义域分为几个区间。

（4）在各个区间上讨论 $f''(x)$ 的符号并确定函数的凹向，判断分界点是否为拐点。

5.6　函数图像的画法

学习了前面几节的内容之后，我们知道，通过讨论函数的一、二阶导数，我们可以知道函数曲线在什么时候上升，什么时候下降，弯曲情况如何，在什么地方取极值等等。事实上,有了这些东西,函数的图形已经是呼之欲出了。为什么还要说是"欲出"呢? 这是因为要画出函数的图形,还有一个重要的问题没有解决。

在我们接触过的函数图形中,有很大一类其定义域和值域是无限区间,函数的图形向无穷远处延伸(如双曲线、抛物线、对数曲线等)。在这个延伸过程中,某些曲线就呈现出越来越接近于某条直线的形态。这种直线,我们称为是曲线的渐近线。所以,我们现在的问题就是如何直接从函数表达式出发判断一个函数是否有渐近线,如果有,怎么求?

5.6.1 渐近线

定义 5.6.1 如果曲线上的一点沿着曲线趋于无穷远时,该点与某条直线的距离趋于 0,则称此直线为曲线的渐近线。

三种渐近线:由定义可知,渐近线是直线,而直线在平面中的位置只有三种:水平、铅垂、斜。

1) 水平渐近线

显然,水平渐近线的一般方程为:$y = C$(C 为常数)。

所以确定水平渐近线的关键就在于确定常数 C。首先,我们还是从几何直观来对具有水平渐近线的函数曲线作一些分析,看一看这个常数 C 究竟是什么。

从图形上我们很容易看出,如果函数 $y = f(x)$ 有水平渐近线 $y = C$,那么一定有 $\lim\limits_{x \to +\infty} f(x) = C$ 或者 $\lim\limits_{x \to -\infty} f(x) = C$;反之,如果对函数 $y = f(x)$ 有 $\lim\limits_{x \to +\infty} f(x) = C$ 或者 $\lim\limits_{x \to -\infty} f(x) = C$,则有 $\lim\limits_{x \to +\infty} [f(x) - C] = 0$ 或者 $\lim\limits_{x \to -\infty} [f(x) - C] = 0$,这表明当函数曲线上的点沿着曲线趋于无穷远时,该点与直线 $y = C$ 的距离趋于 0,由渐近线的定义可知 $y = C$ 为函数曲线的渐近线。由此,我们可以得到如下结论:

如果曲线 $y = f(x)$ 的定义域是无限区间,且有 $\lim\limits_{x \to +\infty} f(x) = C$ 或者 $\lim\limits_{x \to -\infty} f(x) = C$,则直线 $y = C$ 为曲线的一条水平渐近线。

2) 铅垂渐近线

铅垂渐近线的一般方程:$x = x_0$

确定铅垂渐近线的关键在于确定常数 x_0,如果函数 $y = f(x)$ 有铅垂渐近线 $x = x_0$,那么一定有 $\lim\limits_{x \to x_0^+} f(x) = \infty$ 或者 $\lim\limits_{x \to x_0^-} f(x) = \infty$;反之,如果对函数 $y = f(x)$ 有 $\lim\limits_{x \to x_0^+} f(x) = \infty$ 或者 $\lim\limits_{x \to x_0^-} f(x) = \infty$,表明当函数曲线上的点沿着曲线趋于无穷远时,该点与直线 $x = x_0$ 的距离趋于 0,由渐近线的定义可知 $x = x_0$ 为函数曲线的渐近线。由此,我们可以得到如下结论:

如果曲线 $y = f(x)$ 有 $\lim\limits_{x \to x_0^+} f(x) = \infty$ 或者 $\lim\limits_{x \to x_0^-} f(x) = \infty$

则直线 $x = x_0$ 为曲线的一条铅垂渐近线。

3) 斜渐近线

斜渐近线的一般方程：$y = ax + b(a \neq 0)$。确定斜渐近线的关键在于确定常数 a, b。如果 $y = ax + b$ 是函数曲线 $y = f(x)$ 的渐近线，那么当函数曲线上的点沿着曲线趋向于无穷远（$x \to +\infty$ 或 $x \to -\infty$）时，该点与直线 $y = ax + b$ 的距离 $d(x)$ 趋于 0。用极限表示即 $\lim\limits_{x \to \pm\infty} d(x) = 0$。直接求 $d(x)$ 比较麻烦，考虑到 $d(x) = |f(x) - ax - b| \cdot \cos\alpha$（$\alpha$ 为直线 $y = ax + b$ 与 x 轴正向的夹角，$\cos\alpha$ 为一常数），当 $x \to \pm\infty$ 时，$d(x) \to 0$ 与 $f(x) - ax - b \to 0$ 等价，因此有如下结论：

如果曲线 $y = f(x)$ 有

$$\lim_{x \to \pm\infty} [f(x) - ax - b] = 0 \qquad\qquad (*)$$

成立，则 $y = ax + b$ 为曲线的一条斜渐近线。

接下来，从（*）式出发，推导常数 a, b 的计算公式。由（*）式有

$$\lim_{x \to \pm\infty} \frac{f(x) - ax - b}{x} = 0 \Rightarrow \lim_{x \to \pm\infty} \left[\frac{f(x)}{x} - a - \frac{b}{x} \right] = 0 \Rightarrow a = \lim_{x \to \pm\infty} \frac{f(x)}{x}$$

所以，$b = \lim\limits_{x \to \pm\infty} [f(x) - ax]$。

【例 5 - 36】 求曲线 $y = \dfrac{e^x}{1+x}$ 的渐近线。

解：（1）显然 $\lim\limits_{x \to +\infty} y = \lim\limits_{x \to +\infty} \dfrac{e^x}{1+x} = \lim\limits_{x \to +\infty} \dfrac{e^x}{1} = +\infty$；

$\lim\limits_{x \to -\infty} y = \lim\limits_{x \to -\infty} \dfrac{e^x}{1+x} = 0$ 所以当 $x \to -\infty$ 时曲线有水平渐近线 $y = 0$。

（2）$\lim\limits_{x \to -1^-} y = \lim\limits_{x \to -1^-} \dfrac{e^x}{1+x} = -\infty$；$\lim\limits_{x \to -1^+} y = \lim\limits_{x \to -1^+} \dfrac{e^x}{1+x} = +\infty$

所以 $x = -1$ 是曲线的一条铅垂渐近线。

（3）$\lim\limits_{x \to +\infty} \dfrac{y}{x} = \lim\limits_{x \to +\infty} \dfrac{e^x}{(1+x)x} = \lim\limits_{x \to +\infty} \dfrac{e^x}{2x+1} = \lim\limits_{x \to +\infty} \dfrac{e^x}{2} = +\infty$

$\lim\limits_{x \to -\infty} \dfrac{y}{x} = \lim\limits_{x \to -\infty} \dfrac{e^x}{(1+x)x} = 0$

所以曲线没有斜渐近线。

【例 5 - 37】 求曲线 $y = \dfrac{x^3}{(x-1)^2}$ 的渐近线。

解：（1）显然 $\lim\limits_{x \to \infty} y = \lim\limits_{x \to \infty} \dfrac{x^3}{(x-1)^2} = \infty$；

曲线没有水平渐近线。

（2）$\lim\limits_{x \to 1} y = \lim\limits_{x \to 1} \dfrac{x^3}{(x-1)^2} = +\infty$；

所以 $x = 1$ 是曲线的一条铅垂渐近线。

(3) $a = \lim\limits_{x \to \infty} \dfrac{y}{x} = \lim\limits_{x \to \infty} \dfrac{x^3}{(x-1)^2 x} = 1$

$b = \lim\limits_{x \to \infty} y - ax = \lim\limits_{x \to \infty} \dfrac{x^3}{(x-1)^2} - x = \lim\limits_{x \to \infty} \dfrac{x^3 - x^3 + 2x^2 - x}{(x-1)^2} = 2$

所以曲线斜渐近线为 $y = x + 2$。

5.6.2 函数图形的画法

(1) 确定 $y = f(x)$ 的定义域(函数的奇偶性、周期性)求 $f'(x)$, $f''(x)$。

(2) 求出 $f'(x) = 0$ 及 $f''(x) = 0$ 的全部实根,及 $f'(x)$ 不存在的点,将定义域划分成几个部分区间。

(3) 列表。

(4) 确定每个区间内 $f'(x)$ 及 $f''(x)$ 的符号,判定图形升降和凹凸性,极值点和拐点。

(5) 确定水平,铅直及斜渐近线。

(6) 描一些特殊点:极值点、拐点、曲线与坐标轴交点等。联结这些点利用性质画图。

【例 5 - 38】 作函数 $y = x + \dfrac{1}{x}$ 的图形。

解: 定义域 $(-\infty, 0) \bigcup (0, +\infty)$;

$y' = 1 - \dfrac{1}{x^2} = \dfrac{(x-1)(x+1)}{x^2}$, $y'' = \dfrac{1}{x^3}$。

令 $y' = 0$ 得:$x_1 = -1$ 和 $x_2 = 1$,间断点为 $x_3 = 0$。

$\lim\limits_{x \to 0}\left(x + \dfrac{1}{x}\right) = \infty$,所以有垂直渐近线 $x = 0$。

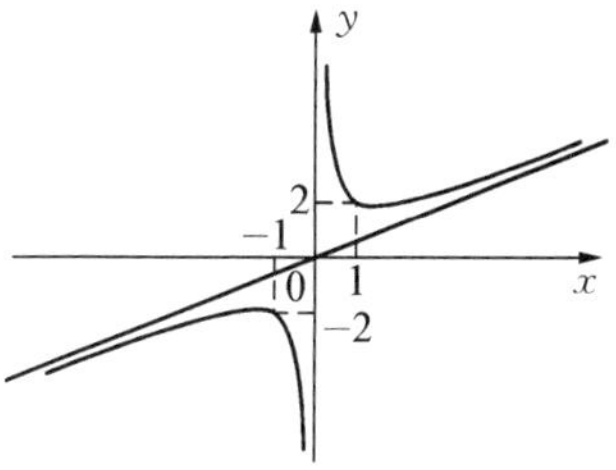

图 5.6.1

$\lim\limits_{x \to \infty} \dfrac{f(x)}{x} = 1$, $\lim\limits_{x \to \infty}\left(x + \dfrac{1}{x} - x\right) = 0$,所以有斜渐近线 $y = x$。区间划分及函数凹凸的判断如表 5.6.1 所示。函数图形如图 5.6.1 所示。

表 5.6.1

x	$(-\infty, -1)$	-1	$(-1, 0)$	0	$(0, 1)$	1	$(1, +\infty)$
$f'(x)$	$+$	0	$-$	不存在	$-$	0	$+$
$f''(x)$	$-$	$-$	$-$	不存在	$+$	$+$	$+$
$f(x)$	↗∩	极大值 -2	↘∩	无定义	↘∪	极小值 2	↗∪

【例 5 - 39】 作函数 $y = 1 + \dfrac{36x}{(x+3)^2}$ 的图形。

解: 定义域 $(-\infty, -3) \bigcup (-3, \infty)$

$$y' = \dfrac{36(3-x)}{(x+3)^3}$$

$$y'' = \frac{72(x-6)}{(x+3)^4}$$

令 $y' = 0$ 得 $x_1 = 3$，令 $y'' = 0$ 得 $x_2 = 6$，间断点 $x_3 = -3$。

由于 $\lim\limits_{x \to \infty} f(x) = 1$，水平渐近线 $y = 1$；

$\lim\limits_{x \to -3} f(x) = -\infty$，有垂直渐近线 $x = -3$；

区间划分及函数凹凸的判断如表 5.6.2 所示。函数图形如图 5.6.2 所示。

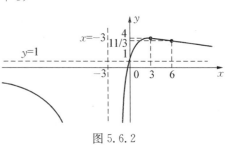

图 5.6.2

表 5.6.2

X	$(-\infty, -3)$	-3	$(-3, 3)$	3	$(3, 6)$	6	$(6, +\infty)$
$f'(x)$	$-$	不存在	$+$	0	$-$	$-$	$-$
$f''(x)$	$-$	不存在	$-$	$-$	$-$	0	$+$
$f(x)$	↘⌒	无定义	↗⌒	极大值 4	↘⌒	拐点 (6, 11/3)	↘⌣

习 题 4

1. 下列函数在区间 $[-1, 1]$ 上是否满足罗尔定理？若满足，求定理中的 ξ。

(1) $f(x) = 2x^2$　　　　　　(2) $f(x) = \cos x$

2. 函数 $f(x) = x^2$ 在区间 $[1, 2]$ 上是否满足拉格朗日定理？若满足，求定理中的 ξ。

3. 函数 $f(x) = x^3$ 与 $g(x) = x^2 + 1$ 在区间 $[1, 2]$ 上是否满足柯西定理所有条件？如果满足，请求出定理中的 ξ。

4. 证明方程 $x^5 + x^3 + x + 1 = 0$ 有且仅有一个实根。

5. 当 $0 < a < b$ 时，证明 $\dfrac{b-a}{b} \leqslant \ln \dfrac{b}{a} \leqslant \dfrac{b-a}{a}$。

6. 利用洛必达法则求下列极限

(1) $\lim\limits_{x \to a} \dfrac{\sin x - \sin a}{x - a}$　　　　(2) $\lim\limits_{x \to 0} \dfrac{e^x - e^{-x}}{\tan x}$

(3) $\lim\limits_{x \to 1} \dfrac{x^4 - 1}{1 + 2x - 2x^3 - x^4}$　　(4) $\lim\limits_{x \to 0} \dfrac{x - \tan x}{x^3}$

(5) $\lim\limits_{x \to 0^+} \dfrac{\ln \sin x}{\ln x}$　　　　(6) $\lim\limits_{x \to +\infty} \dfrac{x^5}{5^x}$

(7) $\lim\limits_{x \to 0^+} \tan x \cdot \ln x$　　　(8) $\lim\limits_{x \to 0^+} x e^{\frac{1}{x}}$

(9) $\lim\limits_{x \to 0} \left(\dfrac{1}{x} - \cot x \right)$　　　(10) $\lim\limits_{x \to 0^+} (\sin x)^x$

(11) $\lim\limits_{x \to 0^+} \left(\dfrac{1}{x}\right)^{\sin x}$ (12) $\lim\limits_{x \to 0}(\cos x)^{\frac{1}{x}}$

(13) $\lim\limits_{x \to 0}\left(\dfrac{2^x + 3^x + 4^x}{3}\right)^{\frac{1}{x}}$ (14) $\lim\limits_{x \to 0} \dfrac{\tan^2 x - x\tan x\cos x}{x^2\ln(1+x^2)}$

7. 求下列函数的单调区间：

(1) $y = 3x^2 + 6x + 5$ (2) $y = x^3 + x$

(3) $y = x^4 - 2x^2 + 2$ (4) $y = 2x^2 - \ln x$

8. 证明：$e^x \geqslant 1 + x$。

9. 证明当 $x > 0$ 时，$\sqrt{1+x} < 1 + \dfrac{x}{2}$。

10. 求下列函数的极值：

(1) $y = x^3 - 3x^2 + 7$ (2) $y = \dfrac{2x}{1+x^2}$

(3) $y = (x+1)^{\frac{2}{3}}(x-5)^2$ (4) $y = (x-1)\sqrt[3]{x^2}$

11. 利用二阶导数，判断下列函数的极值：

(1) $y = x^3 - 3x^2 - 9x - 5$ (2) $y = 2e^x + e^{-x}$

12. 当 a 为何值时，函数 $f(x) = a\sin x + \dfrac{1}{3}\sin 3x$ 在点 $x = \dfrac{\pi}{3}$ 有极值？求此极值。

13. 当 a，b 为何值时，点 $(1, 3)$ 是曲线 $y = ax^3 + bx^2$ 的拐点？

14. 求下列函数在给定区间上的最大值与最小值：

(1) $y = x^4 - 2x^2 + 5$ $[-2, 2]$

(2) $y = \dfrac{x^2}{1+x}$ $\left[-\dfrac{1}{2}, 1\right]$

15. 欲用围墙围成面积为 $216\ \mathrm{m}^2$ 的一块矩形土地，并在正中用一堵墙将其隔成两块，问这块土地的长和宽选取多大的尺寸，才能使所用建筑材料最省？

16. 某公寓有 50 个房间出租，如果每间房的月租金定为 1 000 元，可全部租出。如果将月租金每调高 50 元，则会多一个房间租不出去，而对于租出去的房间，每间的月维修费为 100 元。试问每个房间的月租金定为多少时可获得最大收入？

17. 某厂每批生产某种商品 x 单位的费用为 $C(x) = 5x + 200$，得到的收益是 $R(x) = 10x - 0.01x^2$。问每批生产多少单位时才能使利润最大？

18. 确定下列曲线的凹向与拐点：

(1) $y = x^2 - x^3$ (2) $y = \ln(1+x^2)$

(3) $y = \dfrac{2x}{1+x^2}$ (4) $y = xe^x$

19. 求下列曲线的渐近线：

(1) $y = e^x$ (2) $y = \ln x$

(3) $y = \dfrac{x^3}{1-x^2}$

20. 作出下列函数的图形：

(1) $y = \dfrac{x^2}{x+1}$ (2) $y = \dfrac{2}{1+e^{-x}}$

不定积分及其方法　　6

从这一章开始,我们将进入微积分的另一个主体部分——积分学的学习了。积分学主要包含两部分内容:不定积分和定积分。就产生的时间而言,定积分要远早于不定积分,它最初是与微分学无关、独立发展的。定积分的起源主要来自于求曲线围成的面积,曲面围成的体积,变速运动物体移动的路程,物体的重心等科学发展中出现的一些主要问题。以阿基米德为代表的古希腊人用穷竭法求出了一些面积和体积,尽管只是对于比较简单的面积和体积应用了这个方法,但也不得不加入了许多技巧,甚至还经常得不到数字的解答。事实上,由于穷竭法缺乏一般性,这类问题在很长时间内都是非常困难的,以至于只有天才才敢于挑战。这种局面直到牛顿和莱布尼兹提出微积分基本定理才彻底改变。微积分基本定理明确指出了微分与积分互为逆运算(就如同加法和减法一样),求解定积分问题可以通过微分的逆运算来进行。至此,不定积分作为微分法的逆运算被引入到微积分当中。微积分基本定理又叫做牛顿—莱布尼兹定理,是微积分最重要的定理之一,它的建立在看似无关的微分和积分之间搭造了沟通的桥梁,将微积分学发展成一套完整的数学方法体系,从而标志着微积分这门学科的诞生。在积分学部分,我们将系统地学习不定积分、定积分以及牛顿—莱布尼兹定理,并利用这一体系轻松地解决前面所列出的这些具有挑战性的问题。

6.1　不定积分

不定积分是作为微分法的逆运算引入的。首先,我们来看这样两个问题:

实例 1:设物体作自由落体运动,求其速度函数,路程函数。

实例 2:已知某一曲线在点 x 处的切线的斜率 $k=2x$,而且曲线过点 $(2,5)$,求这条曲线的方程。

由前面对导数的实际意义的了解,我们知道这两个例子实际上可归结为同一个问题:已知函数 $f(x)$,求一个函数 $F(x)$,使得 $F'(x)=f(x)$。这显然是一个求导的逆运算问题。满足这样条件的函数 $F(x)$ 就称为是 $f(x)$ 的原函数。

6.1.1　原函数

定义 6.1.1　如果对任一 $x\in I$,都有

$$F'(x) = f(x) \text{ 或 } dF(x) = f(x)dx$$

则称 $F(x)$ 为 $f(x)$ 在区间 I 上的原函数。

例如：$(\sin x)' = \cos x$，所以 $\sin x$ 是 $\cos x$ 的原函数。

$[\ln(x + \sqrt{1+x^2})]' = \dfrac{1}{\sqrt{1+x^2}}$，所以 $\ln(x + \sqrt{1+x^2})$ 是 $\dfrac{1}{\sqrt{1+x^2}}$ 的原函数。

定义清楚地表明求原函数是微分运算的逆运算，但正如乘方和开方这对互逆的运算中，不是所有数都可以进行开方运算（例如负数在实数域范围内就不能开偶次方）一样，不是所有的函数都能求出原函数。那么原函数存在的条件是什么？我们先不加证明地给出下面的定理，在后面的章节中再对它进行严格的证明。

定理 6.1.1(原函数存在定理) 如果函数 $f(x)$ 在区间 I 上连续，则 $f(x)$ 在区间 I 上一定有原函数。

在前面的例子中 $(\sin x)' = \cos x$，所以 $\sin x$ 是 $\cos x$ 的原函数。事实上，对任意的常数 C，都有 $(\sin x + C)' = \cos x$，所以 $\sin x + C$ 都是 $\cos x$ 的原函数，也就是说原函数一旦存在，会有无穷多个。

定理 6.1.2 设 $F(x)$ 是 $f(x)$ 在区间 I 上的一个原函数，则对任意常数 C，函数 $F(x) + C$ 也是 $f(x)$ 在区间 I 上的原函数，且 $f(x)$ 的任意一个原函数都可以表示为 $F(x) + C$ 的形式。

证明： 因为 $F(x)$ 是 $f(x)$ 的原函数，所以 $F'(x) = f(x)$。根据求导法则，对任意常数 C，都有 $[F(x) + C]' = f(x)$，即 $F(x) + C$ 都是 $f(x)$ 的原函数。

设 $G(x)$ 是 $f(x)$ 在区间 I 上不同于 $F(x)$ 的任意一个原函数，令 $\Phi(x) = G(x) - F(x)$，则 $\Phi'(x) = G'(x) - F'(x) = f(x) - f(x) = 0$。根据上一章中拉格朗日中值定理的推论知，$\Phi(x) = G(x) - F(x) = C(C$ 为常数$)$，即 $G(x) = F(x) + C$。所以 $F(x) + C(C$ 为任意常数$)$ 可表达 $f(x)$ 的任意一个原函数。问题得证。

6.1.2 不定积分

1) 不定积分定义

定义 6.1.2 函数 $f(x)$ 在区间 I 上的全部原函数，称为 $f(x)$ 在区间 I 上的不定积分，记为

$$\int f(x)dx$$

如果 $F(x)$ 为 $f(x)$ 的一个原函数，则

$$\int f(x)dx = F(x) + C \quad (C \text{ 为任意常数})。$$

其中 $\int$ 称为积分符号，$f(x)$ 称为被积函数，$f(x)\mathrm{d}x$ 称为被积表达式，x 称为积分变量。

由定义可知，求不定积分就是求全体原函数，只需求得一个原函数，再加上积分常数 C 就可以得到。由于原函数不唯一，因此不定积分的表现形式也不唯一，例如 $(\arcsin x)' = \dfrac{1}{\sqrt{1-x^2}}$，$(-\arccos x)' = \dfrac{1}{\sqrt{1-x^2}}$，因此函数 $\dfrac{1}{\sqrt{1-x^2}}$ 的不定积分可以写作 $\int \dfrac{1}{\sqrt{1-x^2}}\mathrm{d}x = \arcsin x + C$，也可以写作 $\int \dfrac{1}{\sqrt{1-x^2}}\mathrm{d}x = -\arccos x + C$。在不确定所求到的 $F(x)+C$ 是否为 $f(x)$ 的不定积分时，可以采用对其求导的方法进行验证。如果 $[F(x)+C]' = f(x)$，则可以肯定其必为 $f(x)$ 的不定积分。

【例 6-1】 因为 $\left(\dfrac{x^3}{3}\right)' = x^2$，得 $\int x^2 \mathrm{d}x = \dfrac{x^3}{3} + C$。

【例 6-2】 因为，$x>0$ 时，$(\ln x)' = \dfrac{1}{x}$；$x<0$ 时，$[\ln(-x)]' = \dfrac{1}{-x}(-x)' = \dfrac{1}{x}$，得 $(\ln |x|)' = \dfrac{1}{x}$，因此有

$$\int \frac{1}{x}\mathrm{d}x = \ln |x| + C$$

【例 6-3】（实例 1） 设物体作自由落体运动，求其速度函数，路程函数。

解： 由物理常识知，自由落体运动的物体只受重力作用，其加速度是常数，为重力加速度 g。设速度函数为 $v(t)$，路程函数为 $s(t)$，根据导数的意义知，$v'(t) = g$，说明 $v(t)$ 是 g 的一个原函数。由经验知 $(gt)' = g$，全体原函数为 $\int g\mathrm{d}t = gt + C$。所以 $v(t) = gt + C_0$。将题目中的隐含条件：$v(0) = 0$ 代入得 $C_0 = 0$，速度函数 $v(t) = gt$。

同理，路程函数 $s(t)$ 是速度函数 $v(t) = gt$ 的一个原函数。根据经验知，$\left(\dfrac{1}{2}gt^2\right)' = gt$，全体原函数 $\int gt \mathrm{d}t = \dfrac{1}{2}gt^2 + C$。所以 $s(t) = \dfrac{1}{2}gt^2 + C_1$。将题目中的隐含条件：$s(0) = 0$ 代入得 $C_1 = 0$，路程函数 $s(t) = \dfrac{1}{2}gt^2$。

【例 6-4】（实例 2） 已知某一曲线在点 x 处的切线的斜率 $k = 2x$，而且曲线过点 $(2, 5)$，求这条曲线的方程。

解： 设曲线方程为 $y = f(x)$，由导数的几何意义知，点 (x, y) 处切线的斜率为 $k = f'(x) = 2x$，说明 $f(x)$ 是 $2x$ 的一个原函数。根据经验，$(x^2)' = 2x$，全体原函数 $\int 2x\mathrm{d}x = x^2 + C$，所以 $f(x) = x^2 + C_0$。将已知条件 $f(2) = 5$ 代入，得 $C_0 = 1$，因此

所求曲线方程为 $y = x^2 + 1$。

从几何上看，$y = x^2$ 是一条曲线，$y = x^2 + C$ 是一族曲线，曲线族 $y = x^2 + C$ 可以由其中一条曲线 $y = x^2$ 沿 y 轴平行移动而得到。而且在横坐标相同的点 x 处，它们的切线相互平行，斜率都是 $2x$。通常称 $y = x^2$ 的图形是 $2x$ 的一条积分曲线，而 $y = x^2 + C$ 的图形就是 $2x$ 的积分曲线族。

在例 6-3 和例 6-4 中，我们将一些条件代入到不定积分当中以确定出其中的某一个原函数，这样的条件一般称为**初始条件**。初始条件可以给积分常数一个确定的值，从而在原函数族中分离出一个满足此特定条件的原函数。

2) 不定积分的几何意义

函数 $f(x)$ 的不定积分 $\int f(x)\mathrm{d}x$ 是一族积分曲线，这一族积分曲线可以由其中任何一条沿 y 轴平行移动而得到。在每一条积分曲线上横坐标相同的点 x 处作切线，切线相互平行，斜率都是 $f(x)$。

6.1.3 不定积分的性质

我们把求不定积分的过程称为**积分运算**，把求导数或微分的过程称为**微分运算**，从不定积分的定义显然有下面的定理：

定理 6.1.3 积分运算与微分运算互为逆运算。即

$$\left[\int f(x)\mathrm{d}x\right]' = f(x) \quad \text{或} \quad \mathrm{d}\int f(x)\mathrm{d}x = f(x)\mathrm{d}x$$

$$\int f'(x)\mathrm{d}x = f(x) + C \quad \text{或} \quad \int \mathrm{d}f(x) = f(x) + C$$

积分运算与微分运算的互逆关系有时会存在一个积分常数 C 的差距。若先积分后微分，两种互逆运算相互抵消，但若先微分后积分，两种互逆运算抵消后，相差积分常数 C。在这种互逆关系之下，微分中的一条定理或公式，在积分中也应有相应的定理或公式。反之亦然，即它们之间是相互对应的。例如对应于导数（或微分）的基本公式表，可以得到基本积分公式表：

基本积分公式表

$$\int x^{\alpha}\mathrm{d}x = \frac{x^{\alpha+1}}{\alpha+1} + C \quad (\alpha \neq -1) \qquad \int \frac{\mathrm{d}x}{x} = \ln|x| + C$$

$$\int a^x\mathrm{d}x = \frac{a^x}{\ln a} + C \qquad \int \mathrm{e}^x\mathrm{d}x = \mathrm{e}^x + C$$

$$\int \cos x\mathrm{d}x = \sin x + C \qquad \int \sin x\mathrm{d}x = -\cos x + C$$

$$\int \frac{\mathrm{d}x}{\cos^2 x} = \int \sec^2 x\mathrm{d}x = \tan x + C \qquad \int \frac{\mathrm{d}x}{\sin^2 x} = \int \csc^2 x\mathrm{d}x = -\cot x + C$$

$$\int \sec x \tan x \mathrm{d}x = \sec x + C \qquad\qquad \int \csc x \cot x \mathrm{d}x = -\csc x + C$$

$$\int \frac{\mathrm{d}x}{\sqrt{1-x^2}} = \arcsin x + C \qquad\qquad \int \frac{\mathrm{d}x}{1+x^2} = \arctan x + C$$

这些基本公式在积分运算中的地位,就像九九乘法表在乘法计算中的作用一样,是计算积分的基础,必须熟记!

【例 6-5】 求 $\int x^2 \sqrt{x}\,\mathrm{d}x$。

解: $\int x^2 \sqrt{x}\,\mathrm{d}x = \int x^{\frac{5}{2}}\,\mathrm{d}x = \frac{2}{7}x^{\frac{7}{2}} + C$。

基本积分公式能够直接解决的问题很少,所以我们需要考虑积分的运算法则。事实上,对应于导数(或微分)的运算法则,在互逆关系之下,可以建立起积分的运算法则。

定理 6.1.4 非零常数因子可提到积分符号之外。即

$$\int k f(x)\mathrm{d}x = k\int f(x)\mathrm{d}x \quad (k \neq 0)$$

证明: 因为 $\left[k\int f(x)\mathrm{d}x\right]' = k\left[\int f(x)\mathrm{d}x\right]' = k f(x)$,所以 $k\int f(x)\mathrm{d}x$ 是 $k f(x)$ 的原函数。由于其中隐含积分常数 C,所以是 $k f(x)$ 的原函数族,由不定积分定义

$$k\int f(x)\mathrm{d}x = \int k f(x)\mathrm{d}x$$

问题得证。

显然,定理 6.1.4 是导数运算法则

$$\left[kF(x)\right]' = kF'(x)$$

在互逆关系之下在积分中的体现。

定理 6.1.5 代数和的积分等于各自积分的代数和。即

$$\int \left[f(x) \pm g(x)\right]\mathrm{d}x = \int f(x)\mathrm{d}x \pm \int g(x)\mathrm{d}x$$

证明从略。

定理 6.1.5 是导数运算法则

$$\left[F(x) \pm G(x)\right]' = F'(x) \pm G'(x)$$

在互逆关系之下在积分中的体现。这一性质可以推广到任意有限个函数的情形:

$$\int \left[f_1(x) \pm f_2(x) \pm \cdots \pm f_n(x)\right]\mathrm{d}x = \int f_1(x)\mathrm{d}x \pm \int f_2(x)\mathrm{d}x \pm \cdots \pm \int f_n(x)\mathrm{d}x$$

利用定理 6.1.4、6.1.5 以及基本积分公式,就可以计算一些比较简单的不定积分了。

【例 6 - 6】 求 $\int \left(3x^2 - 4\cos x - \dfrac{1}{x} + 3\right)\mathrm{d}x$

解: $\int \left(3x^2 - 4\cos x - \dfrac{1}{x} + 3\right)\mathrm{d}x = 3\int x^2 \mathrm{d}x - 4\int \cos x\mathrm{d}x - \int \dfrac{1}{x}\mathrm{d}x + 3\int \mathrm{d}x$

$$= x^3 - 4\sin x - \ln|x| + 3x + C$$

【例 6 - 7】 求 $\int \dfrac{(x+1)^2}{\sqrt{x}}\mathrm{d}x$

解: $\int \dfrac{(x+1)^2}{\sqrt{x}}\mathrm{d}x = \int (x^{\frac{3}{2}} + 2x^{\frac{1}{2}} + x^{-\frac{1}{2}})\mathrm{d}x = \dfrac{2}{5}x^{\frac{5}{2}} + \dfrac{4}{3}x^{\frac{3}{2}} + 2x^{\frac{1}{2}} + C$

【例 6 - 8】 求 $\int \dfrac{1+x+x^2}{x(1+x^2)}\mathrm{d}x$

解: $\int \dfrac{1+x+x^2}{x(1+x^2)}\mathrm{d}x = \int \dfrac{(1+x^2)+x}{x(1+x^2)}\mathrm{d}x = \int \dfrac{1}{x}\mathrm{d}x + \int \dfrac{1}{1+x^2}\mathrm{d}x = \ln|x| +$
$\arctan x + C$

【例 6 - 9】 求 $\int \tan^2 x\mathrm{d}x$

解: $\int \tan^2 x\mathrm{d}x = \int (\sec^2 x - 1)\mathrm{d}x = \int \sec^2 x\mathrm{d}x - \int \mathrm{d}x = \tan x - x + C$

【例 6 - 10】 求 $\int \sin^2 \dfrac{x}{2}\mathrm{d}x$

解: $\int \sin^2 \dfrac{x}{2}\mathrm{d}x = \int \dfrac{1-\cos x}{2}\mathrm{d}x = \dfrac{1}{2}\left[\int \mathrm{d}x - \int \cos x\mathrm{d}x\right] = \dfrac{1}{2}(x - \sin x) + C$

【例 6 - 11】 求 $\int \dfrac{1}{\sin^2 x \cdot \cos^2 x}\mathrm{d}x$

解: $\int \dfrac{1}{\sin^2 x \cdot \cos^2 x}\mathrm{d}x = \int \dfrac{\sin^2 x + \cos^2 x}{\sin^2 x \cdot \cos^2 x}\mathrm{d}x$

$$= \int \dfrac{1}{\cos^2 x}\mathrm{d}x + \int \dfrac{1}{\sin^2 x}\mathrm{d}x = \int \sec^2 x\mathrm{d}x + \int \csc^2 x\mathrm{d}x$$

$$= \tan x - \cot x + C$$

上述例子中,有的被积函数不能直接套用运算性质和基本积分公式,需要先对其作适当的代数或三角恒等变形,化成适合不定积分的性质和基本积分公式的形式,再求积分。这种方法被称为**直接积分法**,是不定积分计算中最基础的方法。

6.2 换元积分法

换元积分法是求不定积分时用得最多,也十分有效的一种方法。这种方法是复

合函数的求导法则或者说微分的形式不变性,在互逆关系之下在积分中的体现。回顾微分的形式不变性:

如果

$$\mathrm{d}F(u) = f(u)\mathrm{d}u$$

那么将自变量 u 换成可微函数 $u = \varphi(x)$ 仍有

$$\mathrm{d}F[\varphi(x)] = f[\varphi(x)]\mathrm{d}\varphi(x)$$

利用微分运算和积分运算的互逆关系,这一性质在积分中可表述为:

如果

$$\int f(u)\mathrm{d}u = F(u) + C$$

那么将积分变量 u 换成可微函数 $u = \varphi(x)$ 仍有

$$\int f[\varphi(x)]\mathrm{d}\varphi(x) = F[\varphi(x)] + C$$

这一性质也称为积分的形式不变性,它表明在不定积分式子中可以进行变量替换。这一结果以两种形式应用于不定积分的计算,就是不定积分的第一换元法和第二换元法。

6.2.1 第一换元积分法——凑微分法

定理 6.2.1 设要求的积分具有以下特征:

$$\int f(\varphi(x))\varphi'(x)\mathrm{d}x \text{ 或} \int f(\varphi(x))\mathrm{d}\varphi(x)$$

令 $u = \varphi(x)$,如果

$$\int f(u)\mathrm{d}u = F(u) + C$$

则

$$\int f(\varphi(x))\varphi'(x)\mathrm{d}x = F(\varphi(x)) + C$$

从定理可以看出,用凑微分法计算不定积分的过程如下:

凑微分 $\quad \displaystyle\int f[\varphi(x)]\varphi'(x)\mathrm{d}x = \int f[\varphi(x)]\mathrm{d}\varphi(x)$

变量替换 $\quad \xrightarrow{\text{令 } u = \varphi(x)} \displaystyle\int f(u)\mathrm{d}u$

直接积分 $\quad = F(u) + C$

变量还原 $\quad = F[\varphi(x)] + C$

【例 6 - 12】 求 $\int (2-3x)^{20}\,\mathrm{d}x$。

解： 令 $2-3x=u$，则 $\mathrm{d}u=-3\mathrm{d}x$

$$\int (2-3x)^{20}\,\mathrm{d}x = \int (2-3x)^{20}\cdot -\frac{1}{3}\mathrm{d}(2-3x) = -\frac{1}{3}\int u^{20}\,\mathrm{d}u$$

$$= \frac{-1}{63}u^{21}+C = \frac{-1}{63}(2-3x)^{21}+C$$

【例 6 - 13】 求 $\int \mathrm{e}^{2x+1}\,\mathrm{d}x$。

解： 令 $2x+1=u$，则 $\mathrm{d}u=2\mathrm{d}x$，

$$\int \mathrm{e}^{2x+1}\,\mathrm{d}x = \int \mathrm{e}^{2x+1}\cdot\frac{1}{2}\mathrm{d}(2x+1) = \frac{1}{2}\int \mathrm{e}^{u}\,\mathrm{d}u = \frac{1}{2}\mathrm{e}^{u}+C = \frac{1}{2}\mathrm{e}^{2x+1}+C$$

熟练之后可以不必每次都设出中间变量 u，只要在心里将 $\varphi(x)$ 看作一个整体来对待就可以了。

【例 6 - 14】 求 $\int \frac{1}{a^2+x^2}\,\mathrm{d}x$ $(a\neq 0)$。

解： $\int \frac{1}{a^2+x^2}\,\mathrm{d}x = \int \frac{1}{a^2}\frac{1}{1+\left(\frac{x}{a}\right)^2}\,\mathrm{d}x = \frac{1}{a}\int \frac{1}{1+\left(\frac{x}{a}\right)^2}\,\mathrm{d}\left(\frac{x}{a}\right) = \frac{1}{a}\arctan\frac{x}{a}+C$。

【例 6 - 15】 求 $\int \frac{1}{\sqrt{a^2-x^2}}\,\mathrm{d}x$ $(a>0)$。

解： $\int \frac{1}{\sqrt{a^2-x^2}}\,\mathrm{d}x = \int \frac{1}{a}\frac{1}{\sqrt{1-\left(\frac{x}{a}\right)^2}}\,\mathrm{d}x = \int \frac{1}{\sqrt{1-\left(\frac{x}{a}\right)^2}}\,\mathrm{d}\left(\frac{x}{a}\right) =$

$\arcsin\frac{x}{a}+C$。

【例 6 - 16】 求 $\int \sin^4 x\,\mathrm{d}x$。

解： $\int \sin^4 x\,\mathrm{d}x = \int \left(\frac{1-\cos 2x}{2}\right)^2\,\mathrm{d}x = \int \left(\frac{1}{4}-\frac{1}{2}\cos 2x+\frac{1}{4}\cos^2 2x\right)\,\mathrm{d}x$

$$= \int \left(\frac{1}{4}-\frac{1}{2}\cos 2x+\frac{1+\cos 4x}{8}\right)\,\mathrm{d}x$$

$$= \frac{3}{8}\int \mathrm{d}x - \frac{1}{4}\int \cos 2x\,\mathrm{d}2x + \frac{1}{32}\int \cos 4x\,\mathrm{d}4x$$

$$= \frac{3}{8}x - \frac{1}{4}\sin 2x + \frac{1}{32}\sin 4x + C$$

一般地，有公式 $\int f(ax+b)\,\mathrm{d}x = \frac{1}{a}\int f(ax+b)\,\mathrm{d}(ax+b)$ $(a\neq 0)$。

【例 6 - 17】 求 $\int x^2 e^{x^3} dx$。

解: $\int x^2 e^{x^3} dx = \int e^{x^3} \cdot \frac{1}{3} dx^3 = \frac{1}{3} \int e^{x^3} dx^3 = \frac{1}{3} e^{x^3} + C$。

【例 6 - 18】 求 $\int x \sqrt{4+x^2} dx$。

解: $\int x \sqrt{4+x^2} dx = \frac{1}{2} \int \sqrt{4+x^2} d(4+x^2) = \frac{1}{3} (4+x^2)^{\frac{3}{2}} + C$。

【例 6 - 19】 求 $\int \frac{1}{x^2} \sin \frac{1}{x} dx$。

解: $\int \frac{1}{x^2} \sin \frac{1}{x} dx = -\int \sin \frac{1}{x} d\frac{1}{x} = \cos \frac{1}{x} + C$。

【例 6 - 20】 求 $\int \frac{1}{\sqrt{x}} \cos \sqrt{x} dx$。

解: $\int \frac{1}{\sqrt{x}} \cos \sqrt{x} dx = 2\int \cos \sqrt{x} d\sqrt{x} = 2\sin \sqrt{x} + C$。

一般地,有公式 $\int x^{\alpha-1} f(ax^{\alpha}+b) dx = \frac{1}{a\alpha} \int f(ax^{\alpha}+b) d(ax^{\alpha}+b)$。

【例 6 - 21】 求 $\int \frac{\ln x}{x} dx$。

解: $\int \frac{\ln x}{x} dx = \int \ln x d(\ln x) = \frac{1}{2} \ln^2 x + C$。

【例 6 - 22】 求 $\int \frac{1}{x} (3\ln^2 x + 2\ln x + 1) dx$。

解: $\int \frac{1}{x} (3\ln^2 x + 2\ln x + 1) dx = \int (3\ln^2 x + 2\ln x + 1) d(\ln x)$

$$= \ln^3 x + \ln^2 x + \ln x + C$$

一般地,有公式 $\int \frac{1}{x} f(\ln x) dx = \int f(\ln x) d(\ln x)$。

【例 6 - 23】 求 $\int e^x \sin e^x dx$。

解: $\int e^x \sin e^x dx = \int \sin e^x de^x = -\cos e^x + C$。

【例 6 - 24】 求 $\int \frac{1}{e^x + e^{-x}} dx$。

解: $\int \frac{1}{e^x + e^{-x}} dx = \int \frac{e^x}{e^{2x} + 1} dx = \int \frac{1}{1+(e^x)^2} de^x = \arctan e^x + C$。

一般地,有公式 $\int e^x f(e^x) dx = \int f(e^x) de^x$。

【例 6 - 25】　求 $\int \tan x \mathrm{d}x$。

解: $\int \tan x \mathrm{d}x = \int \dfrac{\sin x}{\cos x} \mathrm{d}x = -\int \dfrac{1}{\cos x} \mathrm{d}\cos x = -\ln|\cos x| + C$

$$= \ln|\sec x| + C。$$

同理可求得: $\int \cot x \mathrm{d}x = \ln|\sin x| + C = -\ln|\csc x| + C$。

【例 6 - 26】　求 $\int \sin^5 x \mathrm{d}x$。

解: $\int \sin^5 x \mathrm{d}x = \int \sin^4 x \cdot \sin x \mathrm{d}x = -\int (1 - \cos^2 x)^2 \mathrm{d}\cos x$

$$= -\int (1 - 2\cos^2 x + \cos^4 x) \mathrm{d}\cos x = -\left[\cos x - \frac{2}{3}\cos^3 x + \frac{1}{5}\cos^5 x\right] +$$

C

一般地,有公式

$$\int f(\sin x) \cos x \mathrm{d}x = \int f(\sin x) \mathrm{d}\sin x$$

$$\int f(\cos x) \sin x \mathrm{d}x = -\int f(\cos x) \mathrm{d}\cos x$$

【例 6 - 27】　求 $\int \dfrac{4x + 3}{2x^2 + 3x - 4} \mathrm{d}x$。

解: $\int \dfrac{4x + 3}{2x^2 + 3x - 4} \mathrm{d}x = \int \dfrac{1}{2x^2 + 3x - 4} \mathrm{d}(2x^2 + 3x - 4)$

$$= \ln|2x^2 + 3x - 4| + C。$$

【例 6 - 28】　求 $\int \sec x \mathrm{d}x$。

解: $\int \sec x \mathrm{d}x = \int \dfrac{\sec x(\sec x + \tan x)}{\sec x + \tan x} \mathrm{d}x = \int \dfrac{1}{\sec x + \tan x} \mathrm{d}(\sec x + \tan x)$

$$= \ln|\tan x + \sec x| + C$$

同理可求得: $\int \csc x \mathrm{d}x = \ln|\cot x - \csc x| + C$。

【例 6 - 29】　求 $\int \dfrac{1}{x^2 - a^2} \mathrm{d}x$。

解: $\int \dfrac{1}{x^2 - a^2} \mathrm{d}x = \int \dfrac{1}{(x - a)(x + a)} \mathrm{d}x = \dfrac{1}{2a} \int \left(\dfrac{1}{x - a} - \dfrac{1}{x + a}\right) \mathrm{d}x$

$$= \dfrac{1}{2a} \left(\int \dfrac{1}{x - a} \mathrm{d}x - \int \dfrac{1}{x + a} \mathrm{d}x\right)$$

$$= \dfrac{1}{2a} \left[\int \dfrac{1}{x - a} \mathrm{d}(x - a) - \int \dfrac{1}{x + a} \mathrm{d}(x + a)\right]$$

$$= \frac{1}{2a}(\ln|x-a|-\ln|x+a|)+C = \frac{1}{2a}\ln\left|\frac{x-a}{x+a}\right|+C$$

一般地,有公式 $\int \frac{f'(x)}{f(x)}\mathrm{d}x = \int \frac{1}{f(x)}\mathrm{d}f(x) = \ln|f(x)|+C$。

用凑微分法求解的不定积分题目很多,灵活性也很大,只有多练习、多总结题目类型,积累经验,才能熟练掌握这种解题方法。

6.2.2　第二换元积分法

定理 6.2.2　当 $\int f(x)\mathrm{d}x$ 不容易计算时,可以设 $x=\varphi(t)$, $\varphi(t)$ 单调、可导,且 $\varphi'(t) \neq 0$。如果

$$\int f[\varphi(t)]\varphi'(t)\mathrm{d}t = F(t)+C$$

则

$$\int f(x)\mathrm{d}x \overset{x=\varphi(t)}{=} \int f[\varphi(t)]\varphi'(t)\mathrm{d}t = F(t)+C = F[\varphi^{-1}(x)]+C$$

正如前面所说,第二换元法和第一换元法实际上只是同一公式的两个不同方向的运用:

$$\int f[\varphi(x)]\varphi'(x)\mathrm{d}t \underset{\text{令 } u=\varphi(x)}{\overset{\text{令 } \varphi(x)=u}{=\!=\!=}} \int f(u)\mathrm{d}u$$

（第一换元法 / 第二换元法）

哪个积分容易求就朝着哪个方向使用公式。

【例 6-30】　求 $\int \frac{1}{\sqrt[3]{x}+\sqrt{x}}\mathrm{d}x$。

解: 令 $\sqrt[6]{x}=t$,则 $x=t^6$, $\mathrm{d}x=6t^5\mathrm{d}t$,代入得

$$\int \frac{1}{\sqrt[3]{x}+\sqrt{x}}\mathrm{d}x = \int \frac{1}{t^2+t^3}\cdot 6t^5\mathrm{d}t = 6\int \frac{t^3}{1+t}\mathrm{d}t = 6\int \frac{t^3+1-1}{1+t}\mathrm{d}t$$

$$= 6\left[\int (t^2-t+1)\mathrm{d}t + \int \frac{1}{1+t}\mathrm{d}(1+t)\right]$$

$$= 2t^3-3t^2+6t+6\ln|1+t|+C$$

$$= 2\sqrt{x}-3\sqrt[3]{t}+6\sqrt[6]{x}+6\ln|1+\sqrt[6]{x}|+C$$

【例 6-31】　求 $\int \frac{\mathrm{d}x}{\sqrt{1+\mathrm{e}^{2x}}}$。

解：令 $\sqrt{1+\mathrm{e}^{2x}}=t$ ，则 $x=\frac{1}{2}\ln(t^2-1)$ ，$\mathrm{d}x=\frac{t}{t^2-1}\mathrm{d}t$ ，代入得

$$\int \frac{\mathrm{d}x}{\sqrt{1+\mathrm{e}^{2x}}} = \int \frac{1}{t}\cdot\frac{t}{t^2-1}\mathrm{d}t = \int \frac{1}{t^2-1}\mathrm{d}t = \frac{1}{2}\ln\left|\frac{t-1}{t+1}\right|+C$$

$$= \frac{1}{2}\ln\left|\frac{\sqrt{1+\mathrm{e}^{2x}}-1}{\sqrt{1+\mathrm{e}^{2x}}+1}\right|+C$$

此处用到了前面例 6 - 29 的结果。

【例 6 - 32】 求 $\displaystyle\int \sqrt{a^2-x^2}\,\mathrm{d}x$ $(a>0)$ 。

解：令 $x=a\sin t$ ，$-\frac{\pi}{2}\leqslant t\leqslant\frac{\pi}{2}$ ，则 $\sqrt{a^2-x^2}=a\cos t$ ，$\mathrm{d}x=a\cos t\,\mathrm{d}t$ ，代入得

$$\int \sqrt{a^2-x^2}\,\mathrm{d}x = \int a\cos t\cdot a\cos t\,\mathrm{d}t = a^2\int \cos^2 t\,\mathrm{d}t = a^2\int\frac{1+\cos 2t}{2}\mathrm{d}t$$

$$= \frac{a^2}{2}t+\frac{a^2}{4}\sin 2t+C = \frac{a^2}{2}t+\frac{a^2}{2}\sin t\cos t+C$$

根据图 6.2.1 进行变量回代，得

$$= \frac{a^2}{2}\arcsin\frac{x}{a}+\frac{a^2}{2}\frac{x}{a}\frac{\sqrt{a^2-x^2}}{a}+C$$

$$= \frac{a^2}{2}\arcsin\frac{x}{a}+\frac{x}{2}\sqrt{a^2-x^2}+C。$$

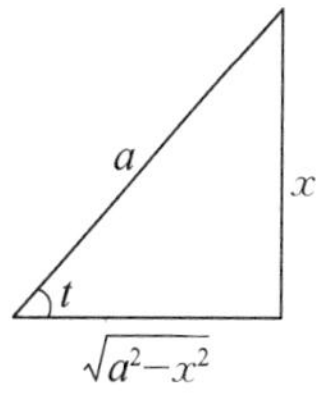

图 6.2.1

进行三角换元时，通常可以借助这样的辅助三角形来进行变量回代。

【例 6 - 33】 求 $\displaystyle\int \frac{\mathrm{d}x}{\sqrt{a^2+x^2}}$ ，$(a>0)$ 。

解：令 $x=a\tan t$ ，$-\frac{\pi}{2}<t<\frac{\pi}{2}$ ，则 $\sqrt{a^2+x^2}=a\sec t$ ，$\mathrm{d}x=a\sec^2 t\,\mathrm{d}t$ ，代入得

$$\int \frac{\mathrm{d}x}{\sqrt{a^2+x^2}} = \int \frac{1}{a\sec t}a\sec^2 t\,\mathrm{d}t = \int \sec t\,\mathrm{d}t = \ln|\sec t+\tan t|+C_1$$

根据图 6.2.2 进行变量回代，得

$$= \ln\left|\frac{\sqrt{a^2+x^2}}{a}+\frac{x}{a}\right|+C_1$$

$$= \ln|x+\sqrt{x^2+a^2}|+C \quad (C=C_1-\ln a)$$

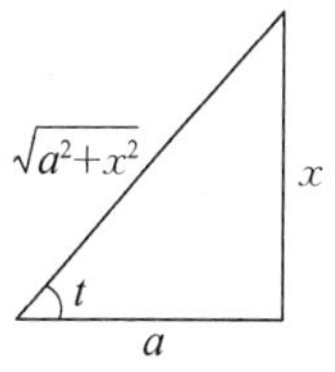

图 6.2.2

【例 6 - 34】 求 $\displaystyle\int \frac{\mathrm{d}x}{\sqrt{x^2-a^2}}$ $(a>0)$。

解： 令 $x=a\sec t,\ 0<t<\pi$ 且 $t\neq\dfrac{\pi}{2}$，

则 $\sqrt{x^2-a^2}=a\tan t,\ \mathrm{d}x=a\sec t\tan t\mathrm{d}t$，代入得

$$\int \frac{\mathrm{d}x}{\sqrt{x^2-a^2}}=\int\frac{1}{a\tan t}a\sec t\tan t\mathrm{d}t=\int\sec t\mathrm{d}t$$

$$=\ln|\sec t+\tan t|+C_1$$

根据图 6.2.3 进行变量回代，得

$$=\ln\left|\frac{\sqrt{x^2-a^2}}{a}+\frac{x}{a}\right|+C_1$$

$$=\ln|x+\sqrt{x^2-a^2}|+C \quad (C=C_1-\ln a)$$

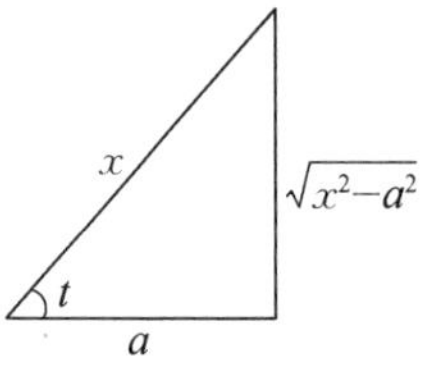

图 6.2.3

【例 6 - 35】 求 $\displaystyle\int\frac{\mathrm{d}x}{\sqrt{x^2+2x+3}}$。

解： $\displaystyle\int\frac{\mathrm{d}x}{\sqrt{x^2+2x+3}}=\int\frac{1}{\sqrt{x^2+2x+1+2}}\mathrm{d}x$

$$=\int\frac{1}{\sqrt{(x+1)^2+(\sqrt{2})^2}}\mathrm{d}(x+1)$$

$$=\ln|x+1+\sqrt{x^2+2x+3}|+C$$

此处用到了例 6 - 33 的结果，将常用的几个不定积分的结果整理出来，作为基本积分公式的补充，希望大家同样能熟记。

基本积分公式表(续)

$$\int\tan x\mathrm{d}x=-\ln|\cos x|+C=\ln|\sec x|+C$$

$$\int\cot x\mathrm{d}x=\ln|\sin x|+C=-\ln|\csc x|+C$$

$$\int\sec x\mathrm{d}x=\ln|\tan x+\sec x|+C$$

$$\int\csc x\mathrm{d}x=\ln|\cot x-\csc x|+C$$

$$\int\frac{1}{x^2-a^2}\mathrm{d}x=\frac{1}{2a}\ln\left|\frac{x-a}{x+a}\right|+C$$

$$\int\frac{1}{a^2+x^2}\mathrm{d}x=\frac{1}{a}\arctan\frac{x}{a}+C$$

$$\int \frac{1}{\sqrt{a^2-x^2}} \, \mathrm{d}x = \arcsin \frac{x}{a} + C$$

$$\int \sqrt{a^2-x^2} \, \mathrm{d}x = \frac{a^2}{2} \arcsin \frac{x}{a} + \frac{x}{2} \sqrt{a^2-x^2} + C$$

$$\int \frac{\mathrm{d}x}{\sqrt{x^2 \pm a^2}} = \ln \mid x + \sqrt{x^2 \pm a^2} \mid + C$$

6.3 分部积分法

分部积分法是求不定积分的又一种重要方法,其依据是微分(或导数)的乘积公式:

$$\mathrm{d}\big[u(x)v(x)\big] = v(x)\mathrm{d}u(x) + u(x)\mathrm{d}v(x)$$

利用互逆关系,公式可以改写为

$$u(x)v(x) = \int v(x)\mathrm{d}u(x) + \int u(x)\mathrm{d}v(x)$$

变形得

$$\int u(x)\mathrm{d}v(x) = u(x)v(x) - \int v(x)\mathrm{d}u(x)$$

这就是**分部积分公式**。这个公式来源于乘积的微分法则,因此通常适用于被积函数为乘积形式的不定积分。使用分部积分法的关键在于,如何把要求的不定积分凑微分化成 $\int u(x)\mathrm{d}v(x)$ 的形式,同时还应注意使用公式转化之后的积分 $\int v(x)\mathrm{d}u(x) = \int v(x)u'(x)\mathrm{d}x$ 要比原积分容易计算。

【**例 6-36**】 求 $\int x\mathrm{e}^x\mathrm{d}x$。

解: $\int x\mathrm{e}^x\mathrm{d}x = \int x\mathrm{d}\mathrm{e}^x = x\mathrm{e}^x - \int \mathrm{e}^x\mathrm{d}x = x\mathrm{e}^x - \mathrm{e}^x + C$。

本例中,我们选择了指数函数 e^x 作为 v' 来凑微分。如果换一个选择,把幂函数 x 作为 v' 凑微分是否也能解决问题呢?经过实践

$$\int x\mathrm{e}^x\mathrm{d}x = \int \mathrm{e}^x\mathrm{d}\frac{x^2}{2} = \frac{x^2}{2}\mathrm{e}^x - \int \frac{x^2}{2}\mathrm{d}\mathrm{e}^x = \frac{x^2}{2}\mathrm{e}^x - \frac{1}{2}\int x^2\mathrm{e}^x\mathrm{d}x$$

使用分部积分公式之后,右端的积分比左端的积分更难计算,充分表明这个选择是无效的。

一般地,被积函数若是幂函数与指数函数的乘积,选择指数函数来凑微分。

【例 6 - 37】 求 $\int x\sin x\mathrm{d}x$。

解: $\int x\sin x\mathrm{d}x = -\int x\mathrm{d}\cos x = -x\cos x + \int \cos x\mathrm{d}x = -x\cos x + \sin x + C$。

容易验证,若选择幂函数 x 作为 v' 来凑微分,分部积分法失效。

一般地,被积函数若是幂函数与三角函数的乘积,选择三角函数来凑微分。

【例 6 - 38】 求 $\int x\ln x\mathrm{d}x$。

解: $\int x\ln x\mathrm{d}x = \int \ln x\mathrm{d}\dfrac{x^2}{2} = \dfrac{x^2}{2}\ln x - \int \dfrac{x^2}{2}\mathrm{d}\ln x = \dfrac{x^2}{2}\ln x - \int \dfrac{x^2}{2} \cdot \dfrac{1}{x}\mathrm{d}x$

$\qquad = \dfrac{x^2}{2}\ln x - \int \dfrac{x}{2}\mathrm{d}x = \dfrac{x^2}{2}\ln x - \dfrac{1}{4}x^2 + C$

【例 6 - 39】 求 $\int x\arctan x\mathrm{d}x$。

解: $\int x\arctan x\mathrm{d}x = \int \arctan x\mathrm{d}\dfrac{x^2}{2} = \dfrac{x^2}{2}\arctan x - \int \dfrac{x^2}{2}\mathrm{d}\arctan x$

$\qquad = \dfrac{x^2}{2}\arctan x - \int \dfrac{x^2}{2} \cdot \dfrac{1}{1+x^2}\mathrm{d}x$

$\qquad = \dfrac{x^2}{2}\arctan x - \dfrac{1}{2}\int \dfrac{x^2+1-1}{1+x^2}\mathrm{d}x$

$\qquad = \dfrac{x^2}{2}\arctan x - \dfrac{1}{2}\int 1 - \dfrac{1}{1+x^2}\mathrm{d}x$

$\qquad = \dfrac{x^2}{2}\arctan x - \dfrac{1}{2}x + \dfrac{1}{2}\arctan x + C$

一般地,若被积函数是幂函数与对数函数(或反三角函数)的乘积,选择幂函数来凑微分。

【例 6 - 40】 求 $\int \mathrm{e}^x\sin x\mathrm{d}x$。

解: $\int \mathrm{e}^x\sin x\mathrm{d}x = \int \sin x\mathrm{d}\mathrm{e}^x = \mathrm{e}^x\sin x - \int \mathrm{e}^x\mathrm{d}\sin x = \mathrm{e}^x\sin x - \int \mathrm{e}^x\cos x\mathrm{d}x$

$\qquad = \mathrm{e}^x\sin x - \int \cos x\mathrm{d}\mathrm{e}^x = \mathrm{e}^x\sin x - (\mathrm{e}^x\cos x - \int \mathrm{e}^x\mathrm{d}\cos x)$

$\qquad = \mathrm{e}^x\sin x - \mathrm{e}^x\cos x - \int \mathrm{e}^x\sin x\mathrm{d}x$

因此得

$$2\int \mathrm{e}^x\sin x\mathrm{d}x = \mathrm{e}^x(\sin x - \cos x)$$

即

$$\int e^x \sin x dx = \frac{1}{2} e^x (\sin x - \cos x) + C$$

本例中两次使用了分部积分公式,要注意,当多次使用分部积分公式时,对 v' 的选择要始终保持一致,否则会出现前后两次使用公式的效果相互抵消,积分还原的情况。另外,本例中,在两次使用分部积分公式之后,所要求的积分再度出现,此时可通过解方程的方式求出不定积分。这种"循环"现象在用分部积分法求解不定积分问题时经常出现。

一般地,若被积函数是指数函数与正弦(或余弦)函数的乘积,无论选择哪类函数来凑微分都是可行的。

【例 6 - 41】　求 $\int \sec^3 x dx$。

解: $\int \sec^3 x dx = \int \sec x d\tan x = \sec x \tan x - \int \tan x d\sec x$

$$= \sec x \tan x - \int \tan^2 x \sec x dx = \sec x \tan x - \int (\sec^2 x - 1) \sec x dx$$

$$= \sec x \tan x - \int \sec^3 x dx + \int \sec x dx$$

$$= \sec x \tan x + \ln |\sec x + \tan x| - \int \sec^3 x dx$$

因此得 $\qquad 2\int \sec^3 x dx = \sec x \tan x + \ln |\sec x + \tan x|$

即 $\qquad \int \sec^3 x dx = \frac{1}{2} (\sec x \tan x + \ln |\sec x + \tan x|) + C$

【例 6 - 42】　求 $\int \sqrt{x^2 - a^2} \, dx$。

解: $\int \sqrt{x^2 - a^2} \, dx = x \sqrt{x^2 - a^2} - \int x d \sqrt{x^2 - a^2}$

$$= x \sqrt{x^2 - a^2} - \int x \cdot \frac{x}{\sqrt{x^2 - a^2}} dx$$

$$= x \sqrt{x^2 - a^2} - \int \frac{x^2 - a^2 + a^2}{\sqrt{x^2 - a^2}} dx$$

$$= x \sqrt{x^2 - a^2} - \int \sqrt{x^2 - a^2} \, dx - a^2 \int \frac{1}{\sqrt{x^2 - a^2}} dx$$

$$= x \sqrt{x^2 - a^2} - a^2 \ln |x + \sqrt{x^2 - a^2}| - \int \sqrt{x^2 - a^2} \, dx$$

所以得 $\qquad 2\int \sqrt{x^2 - a^2} \, dx = x \sqrt{x^2 - a^2} - a^2 \ln |x + \sqrt{x^2 - a^2}|$

即 $$\int \sqrt{x^2-a^2}\,\mathrm{d}x = \frac{x}{2}\sqrt{x^2-a^2} - \frac{a^2}{2}\ln|x+\sqrt{x^2-a^2}|+C$$

同理可求得：$$\int \sqrt{x^2+a^2}\,\mathrm{d}x = \frac{x}{2}\sqrt{x^2+a^2} + \frac{a^2}{2}\ln|x+\sqrt{x^2+a^2}|+C$$

这两个不定积分也可以使用第二换元法来求解，求得的结果与此相同。可以把这两个不定积分补充到"基本积分公式表（续）"当中，作为基本公式记住。

再来看几个其他的例子。

【例 6 - 43】 设 $I_n = \int \sin^n x\,\mathrm{d}x$，$n$ 为正整数，求 I_n 的递推公式。

解：$I_n = \int \sin^{n-1}x \cdot \sin x\,\mathrm{d}x$

$$=-\int \sin^{n-1}x\mathrm{d}\cos x = -\sin^{n-1}x\cos x + \int \cos x\mathrm{d}\sin^{n-1}x$$

$$=-\sin^{n-1}x\cos x + \int \cos x \cdot (n-1)\sin^{n-2}x\cos x\,\mathrm{d}x$$

$$=-\sin^{n-1}x\cos x + (n-1)\int (1-\sin^2 x)\sin^{n-2}x\,\mathrm{d}x$$

$$=-\sin^{n-1}x\cos x + (n-1)\left(\int \sin^{n-2}x\,\mathrm{d}x - \int \sin^n x\,\mathrm{d}x\right)$$

因此得 $$I_n = -\sin^{n-1}x\cos x + (n-1)(I_{n-2}-I_n)$$

所求递推公式为 $$I_n = -\frac{1}{n}\sin^{n-1}x\cos x + \frac{n-1}{n}I_{n-2}$$

应用分部积分法可以导出不少递推公式。

有些不定积分需要综合应用换元积分法和分部积分法才能得出结果。

【例 6 - 44】 求 $\int e^{\sqrt{x}}\,\mathrm{d}x$。

解：令 $\sqrt{x}=t$，则 $x=t^2$，$\mathrm{d}x = 2t\mathrm{d}t$，代入得

$$\int e^{\sqrt{x}}\,\mathrm{d}x = \int e^t 2t\mathrm{d}t = 2\int te^t\,\mathrm{d}t = 2[te^t - e^t]+C = 2e^{\sqrt{x}}(\sqrt{x}-1)+C$$

※ 6.4　几种特殊类型函数的积分

6.4.1　有理函数的积分

形如

$$\frac{P(x)}{Q(x)} = \frac{a_0 x^n + a_1 x^{n-1} + \cdots + a_{n-1}x + a_n}{b_0 x^m + b_1 x^{m-1} + \cdots + b_{m-1}x + b_m} \tag{6.4.1}$$

称为有理函数。其中 a_0，a_1，a_2，$\cdots$，a_n 及 b_0，b_1，b_2，$\cdots$，b_m 为常数，且 $a_0 \neq$

$0, b_0 \neq 0$。

如果分子多项式 $P(x)$ 的次数 n 小于分母多项式 $Q(x)$ 的次数 m，称分式为真分式；如果分子多项式 $P(x)$ 的次数 n 大于分母多项式 $Q(x)$ 的次数 m，称分式为假分式。利用多项式除法可将任一假分式转化为多项式与真分式之和。例如：

$$\frac{x^3 + x + 1}{x^2 + 1} = x + \frac{1}{x^2 + 1}$$

因此，仅讨论真分式的积分。

根据多项式理论，任一多项式 $Q(x)$ 在实数范围内能分解为一次因式和二次质因式的乘积，即

$$Q(x) = b_0 (x-a)^{\alpha} \cdots (x-b)^{\beta} (x^2 + px + q)^{\lambda} \cdots (x^2 + rx + s)^{\mu}$$

$$(6.4.2)$$

其中 $p^2 - 4q < 0, \cdots, r^2 - 4s < 0$。

如果式（6.4.1）的分母多项式分解为式（6.4.2），则式（6.4.1）可分解为

$$\begin{aligned}
\frac{P(x)}{Q(x)} &= \frac{A_1}{(x-a)^{\alpha}} + \frac{A_2}{(x-a)^{\alpha-1}} + \cdots + \frac{A_{\alpha}}{(x-a)} + \cdots \\
&+ \frac{B_1}{(x-b)^{\beta}} + \frac{B_2}{(x-b)^{\beta-1}} + \cdots + \frac{B_{\beta}}{(x-b)} \\
&+ \frac{M_1 x + N_1}{(x^2 + px + q)^{\lambda}} + \frac{M_2 x + N_2}{(x^2 + px + q)^{\lambda-1}} + \cdots + \frac{M_{\lambda} x + N_{\lambda}}{(x^2 + px + q)} + \cdots \\
&+ \frac{R_1 x + S_1}{(x^2 + rx + s)^{\mu}} + \frac{R_2 x + S_2}{(x^2 + rx + s)^{\mu-1}} + \cdots + \frac{R_{\mu} x + S_{\mu}}{(x^2 + rx + s)} \quad (6.4.3)
\end{aligned}$$

【例 6-45】 求 $\displaystyle\int \frac{x+3}{x^2 - 5x + 6} \mathrm{d}x$

解：因为

$$\frac{x+3}{x^2 - 5x + 6} = \frac{x+3}{(x-2)(x-3)} = \frac{-5}{x-2} + \frac{6}{x-3}$$

得

$$\begin{aligned}
\int \frac{x+3}{x^2 - 5x + 6} \mathrm{d}x &= \int \left(\frac{-5}{x-2} + \frac{6}{x-3} \right) \mathrm{d}x \\
&= -5 \int \frac{1}{x-2} \mathrm{d}x + 6 \int \frac{1}{x-3} \mathrm{d}x \\
&= -5 \ln|x-2| + 6 \ln|x-3| + C
\end{aligned}$$

【例 6-46】 求 $\displaystyle\int \frac{x-2}{x^2 + 2x + 3} \mathrm{d}x$

解：由于分母已为二次质因式，分子可写为

$$x - 2 = \frac{1}{2}(2x + 2) - 3$$

得

$$
\begin{aligned}
\int \frac{x-2}{x^2+2x+3}\mathrm{d}x &= \int \frac{\frac{1}{2}(2x+2)-3}{x^2+2x+3}\mathrm{d}x \\
&= \frac{1}{2}\int \frac{2x+2}{x^2+2x+3}\mathrm{d}x - 3\int \frac{\mathrm{d}x}{x^2+2x+3} \\
&= \frac{1}{2}\int \frac{\mathrm{d}(x^2+2x+3)}{x^2+2x+3} - 3\int \frac{\mathrm{d}(x+1)}{(x+1)^2+(\sqrt{2})^2} \\
&= \frac{1}{2}\ln(x^2+2x+3) - \frac{3}{\sqrt{2}}\arctan\frac{x+1}{\sqrt{2}} + C
\end{aligned}
$$

【例 6 - 47】 求 $\displaystyle\int \frac{1}{(1+2x)(1+x^2)}\mathrm{d}x$

解：根据分解式(6.4.3)，计算得

$$\frac{1}{(1+2x)(1+x^2)} = \frac{\frac{4}{5}}{1+2x} + \frac{-\frac{2}{5}x+\frac{1}{5}}{1+x^2}$$

因此得

$$
\begin{aligned}
\int \frac{1}{(1+2x)(1+x^2)}\mathrm{d}x &= \int \left(\frac{\frac{4}{5}}{1+2x} + \frac{-\frac{2}{5}x+\frac{1}{5}}{1+x^2} \right)\mathrm{d}x \\
&= \frac{2}{5}\int \frac{2}{1+2x}\mathrm{d}x - \frac{1}{5}\int \frac{2x}{1+x^2}\mathrm{d}x + \frac{1}{5}\int \frac{1}{1+x^2}\mathrm{d}x \\
&= \frac{2}{5}\int \frac{1}{1+2x}\mathrm{d}(1+2x) - \frac{1}{5}\int \frac{1}{1+x^2}\mathrm{d}(1+x^2) + \frac{1}{5}\int \frac{1}{1+x^2}\mathrm{d}x \\
&= \frac{2}{5}\ln|1+2x| - \frac{1}{5}\ln(1+x^2) + \frac{1}{5}\arctan x + C
\end{aligned}
$$

6.4.2　三角函数有理式的积分

如果 $R(u, v)$ 为关于 u, v 的有理式，则 $R(\sin x, \cos x)$ 称为三角函数有理式。我们不深入讨论，仅举几个例子说明这类函数的积分方法。

【例 6 - 48】 求 $\displaystyle\int \frac{1+\sin x}{\sin x(1+\cos x)}\mathrm{d}x$

解：如果作变量代换 $u = \tan\dfrac{x}{2}$，可得

$$\sin x = \frac{2u}{1+u^2}, \ \cos x = \frac{1-u^2}{1+u^2}, \ \mathrm{d}x = \frac{2}{1+u^2}\mathrm{d}u$$

因此得

$$\int \frac{1+\sin x}{\sin x(1+\cos x)}\mathrm{d}x = \int \frac{\left(1+\dfrac{2u}{1+u^2}\right)}{\dfrac{2u}{1+u^2}\left(1+\dfrac{1-u^2}{1+u^2}\right)} \frac{2}{1+u^2}\mathrm{d}u$$

$$= \frac{1}{2}\int \left(u+2+\frac{1}{u}\right)\mathrm{d}u$$

$$= \frac{1}{2}\left(\frac{u^2}{2}+2u+\ln|u|\right)+C$$

$$= \frac{1}{4}\tan^2\frac{x}{2}+\tan\frac{x}{2}+\frac{1}{2}\ln\left|\tan\frac{x}{2}\right|+C$$

6.4.3 简单无理式的积分

【例 6-49】 求 $\displaystyle\int \frac{\mathrm{d}x}{1+\sqrt[3]{x+2}}$

解: 令 $\sqrt[3]{x+2}=u$,得 $x=u^3-2$, $\mathrm{d}x=3u^2\mathrm{d}u$, 代入得

$$\int \frac{\mathrm{d}x}{1+\sqrt[3]{x+2}} = \int \frac{3u^2}{1+u}\mathrm{d}u$$

$$= 3\int \frac{u^2-1+1}{1+u}\mathrm{d}u$$

$$= 3\int \left(u-1+\frac{1}{1+u}\right)\mathrm{d}u$$

$$= 3\left(\frac{u^2}{2}-u+\ln|1+u|\right)+C$$

$$= \frac{3}{2}\sqrt[3]{(x+2)^2}-3\sqrt[3]{x+2}+3\ln|1+\sqrt[3]{x+2}|+C$$

【例 6-50】 求 $\displaystyle\int \frac{\mathrm{d}x}{(1+\sqrt[3]{x})\sqrt{x}}$

解: 令 $x=t^6$,得 $\mathrm{d}x=6t^5\mathrm{d}t$, 代入得

$$\int \frac{\mathrm{d}x}{(1+\sqrt[3]{x})\sqrt{x}} = \int \frac{6t^5\mathrm{d}t}{(1+t^2)t^3}$$

$$= 6\int \frac{t^2}{1+t^2}\mathrm{d}t$$

$$= 6\int \left(1-\frac{1}{1+t^2}\right)\mathrm{d}t$$

$$= 6(t - \arctan t) + C$$
$$= 6(\sqrt[6]{x} - \arctan \sqrt[6]{x}) + C$$

习 题 5

1. 求下列不定积分

(1) $\displaystyle\int \left(2\sin x - \frac{1}{x} + \frac{1}{\sqrt{1-x^2}}\right) \mathrm{d}x$ 　　(2) $\displaystyle\int (2x+1)^2 \mathrm{d}x$

(3) $\displaystyle\int \left(1 - \frac{1}{x^2}\right)\sqrt{x\sqrt{x}}\,\mathrm{d}x$ 　　(4) $\displaystyle\int \frac{\sqrt{x} - 2\sqrt[3]{x^2} + 1}{\sqrt[4]{x}}\mathrm{d}x$

(5) $\displaystyle\int \frac{e^{2t} - 1}{e^t - 1}\mathrm{d}t$ 　　(6) $\displaystyle\int 3^x e^x \mathrm{d}x$

(7) $\displaystyle\int \tan^2 x \mathrm{d}x$ 　　(8) $\displaystyle\int \cos^2 \frac{x}{2}\mathrm{d}x$

(9) $\displaystyle\int \frac{1}{1 - \cos 2x}\mathrm{d}x$ 　　(10) $\displaystyle\int \frac{\sin^2 x}{1 + \cos 2x}\mathrm{d}x$

(11) $\displaystyle\int \frac{x^4}{1 + x^2}\mathrm{d}x$ 　　(12) $\displaystyle\int \frac{1}{x^2(x^2 + 1)}\mathrm{d}x$

2. 求下列不定积分

(1) $\displaystyle\int \sin 2x \mathrm{d}x$ 　　(2) $\displaystyle\int \frac{1}{2x + 3}\mathrm{d}x$

(3) $\displaystyle\int (3x - 1)^{50} \mathrm{d}x$ 　　(4) $\displaystyle\int \frac{1}{\sqrt{2 - x}}\mathrm{d}x$

(5) $\displaystyle\int \frac{1}{3 + x^2}\mathrm{d}x$ 　　(6) $\displaystyle\int \frac{1}{\sqrt{1 - 9x^2}}\mathrm{d}x$

(7) $\displaystyle\int x e^{x^2} \mathrm{d}x$ 　　(8) $\displaystyle\int x^2 \cos(1 + x^3)\mathrm{d}x$

(9) $\displaystyle\int \frac{1}{x^3}\sin\frac{1}{x^2}\mathrm{d}x$ 　　(10) $\displaystyle\int \frac{1}{\sqrt{x}(1 + x)}\mathrm{d}x$

(11) $\displaystyle\int \frac{e^x}{1 + e^{2x}}\mathrm{d}x$ 　　(12) $\displaystyle\int \frac{\sqrt{e^x}}{\sqrt{e^{-x} - e^x}}\mathrm{d}x$

(13) $\displaystyle\int \frac{1}{1 + e^{-x}}\mathrm{d}x$ 　　(14) $\displaystyle\int \frac{1}{x^2 - x + 2}\mathrm{d}x$

(15) $\displaystyle\int \frac{1}{x}(\ln^2 x + 2\ln x + 3)\mathrm{d}x$ 　　(16) $\displaystyle\int \frac{\sqrt{1 + \ln x}}{x}\mathrm{d}x$

(17) $\displaystyle\int \tan^{10} x \sec^2 x \mathrm{d}x$ 　　(18) $\displaystyle\int \sec^4 x \mathrm{d}x$

(19) $\displaystyle\int \frac{1}{(1 + x^2)\arctan x}\mathrm{d}x$ 　　(20) $\displaystyle\int \frac{\arcsin x}{\sqrt{1 - x^2}}\mathrm{d}x$

(21) $\displaystyle\int \frac{2x-1}{x^2-x+6}\mathrm{d}x$

(22) $\displaystyle\int \frac{2x+1}{x^2-3x-10}\mathrm{d}x$

(23) $\displaystyle\int \sin^2 x\mathrm{d}x$

(24) $\displaystyle\int \cos^3 x\mathrm{d}x$

(25) $\displaystyle\int \cos^4 x\mathrm{d}x$

(26) $\displaystyle\int \sin^4 x\mathrm{d}x$

(27) $\displaystyle\int \sin 3x\cos 5x\mathrm{d}x$

(28) $\displaystyle\int \sin^2 x\cos^3 x\mathrm{d}x$

(29) $\displaystyle\int \frac{1+\ln x}{(x\ln x)^3}\mathrm{d}x$

(30) $\displaystyle\int \sin\sqrt{1+x^2}\cdot\frac{x}{\sqrt{1+x^2}}\mathrm{d}x$

3. 求下列不定积分

(1) $\displaystyle\int \frac{1}{1+\sqrt[3]{2x}}\mathrm{d}x$

(2) $\displaystyle\int \frac{1}{2-\sqrt{x+2}}\mathrm{d}x$

(3) $\displaystyle\int \frac{\sqrt{x}}{1+\sqrt[3]{x}}\mathrm{d}x$

(4) $\displaystyle\int \frac{\sqrt{1+x}}{1+\sqrt{1+x}}\mathrm{d}x$

(5) $\displaystyle\int \frac{1}{\sqrt{\mathrm{e}^x-1}}\mathrm{d}x$

(6) $\displaystyle\int \sqrt{\frac{1+x}{1-x}}\mathrm{d}x$

(7) $\displaystyle\int \frac{x^2}{\sqrt{4-x^2}}\mathrm{d}x$

(8) $\displaystyle\int \frac{\sqrt{9x^2-1}}{x}\mathrm{d}x$

(9) $\displaystyle\int (x^2+2)^{-\frac{3}{2}}\mathrm{d}x$

(10) $\displaystyle\int \frac{1}{(1-x^2)^2}\mathrm{d}x$

4. 求下列不定积分

(1) $\displaystyle\int x^2\mathrm{e}^x\mathrm{d}x$

(2) $\displaystyle\int x\mathrm{e}^{-x}\mathrm{d}x$

(3) $\displaystyle\int x\cos x\mathrm{d}x$

(4) $\displaystyle\int x\sec^2 x\mathrm{d}x$

(5) $\displaystyle\int \arcsin x\mathrm{d}x$

(6) $\displaystyle\int \frac{\arctan x}{x^2}\mathrm{d}x$

(7) $\displaystyle\int \mathrm{e}^x\cos x\mathrm{d}x$

(8) $\displaystyle\int \mathrm{e}^x\sin 2x\mathrm{d}x$

(9) $\displaystyle\int x\ln^2 x\mathrm{d}x$

(10) $\displaystyle\int \frac{\ln x}{\sqrt{x}}\mathrm{d}x$

5. 求下列不定积分

(1) $\displaystyle\int \mathrm{e}^{\sqrt{x}}\mathrm{d}x$

(2) $\displaystyle\int x^3\sin x^2\mathrm{d}x$

(3) $\displaystyle\int \frac{\ln\ln x}{x}\mathrm{d}x$

(4) $\displaystyle\int \sin(\ln x)\mathrm{d}x$

(5) $\displaystyle\int \frac{x\mathrm{e}^x}{\sqrt{\mathrm{e}^x-1}}\mathrm{d}x$

(6) $\displaystyle\int \frac{x\cos x}{\sin^3 x}\mathrm{d}x$

6. 已知 $I_n=\displaystyle\int \tan^n x\mathrm{d}x$,试证明递推公式:$I_n=\dfrac{1}{n-1}\tan^{n-1}x-I_{n-2}$。

7. 已知 $f(x)$ 的一个原函数是 $\dfrac{\sin x}{x}$,求 $\displaystyle\int xf'(x)\mathrm{d}x$。

8. 已知 $f(x) = e^{-x}$，求 $\int \dfrac{f'(\ln x)}{x} dx$。

9. 已知曲线 $y = f(x)$ 在任一点 x 处切线的斜率为 $3x^2 - 1$，并且曲线经过点 $(0,1)$，求此曲线方程。

10. 某故障汽车油箱中的油量 M 是时间 t 的函数，已知油的渗漏速度为 $200 - 4t$，且当 $t = 0$ 时，$M = M_0$。求油量 M 和时间 t 的函数关系。

11. 设某商品的需求量 Q 是价格 P 的函数，$Q = Q(P)$。已知该商品的最大需求量为 $1\,000$（即 $Q(0) = 1\,000$），边际需求（即需求的变化率）函数为 $Q'(P) = -1\,000 \cdot \ln 3 \cdot \left(\dfrac{1}{3}\right)^P$，求需求函数 $Q(P)$。

定积分及其应用

7.1 定积分的概念

在本章中,首先介绍曲线围成的面积和变速运动物体移动的路程,通过它们阐述积分学的基本概念——定积分,并初步探讨定积分的性质、计算以及应用。

7.1.1 引出定积分概念的例题

实例1 曲边梯形的面积

人们在生产实践中经常需要计算一些几何图形的面积,对于规则的几何图形,如长方形、正方形、三角形等,它们的面积比较容易定义和计算,可是现实中大量存在的是不规则的、由曲线围成的几何图形,它们的面积是什么? 该怎样计算? 从这类图形中最简单的曲边梯形(可简单理解为把矩形的一条边从直线段换为曲线段后得到的图形)入手来研究其面积。

定义7.1.1 设函数 $y = f(x)$ 在区间 $[a, b]$ 上非负且连续,则由直线 $x = a$, $x = b$, $y = 0$ 及曲线 $y = f(x)$ 所围成的图形,称为**曲边梯形**,如图7.1.1所示。

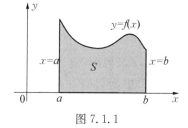

图 7.1.1

不难注意,虽然曲边梯形本身并不规则,可是当它的底边很短时,不论从形状还是面积与阴影部分所示的矩形是很接近似的,底边越短,这种近似的程度也就越高。因此,采用下面的方法来求其面积 S。

(1)分割:在区间 $[a, b]$ 中任意插入若干个分点

$$a = x_0 < x_1 < x_2 \cdots < x_{n-1} < x_n = b$$

把 $[a, b]$ 分成 n 个小区间

$$[x_0, x_1], [x_1, x_2], \cdots, [x_{n-1}, x_n]$$

它们的长度依次为

$$\Delta x_1 = x_1 - x_0, \Delta x_2 = x_2 - x_1, \cdots, \Delta x_n = x_n - x_{n-1}$$

经过每一个分点作平行于 y 轴的直线段,把曲边梯形分成 n 个小曲边梯形。把每个

小曲边梯形的面积记为 ΔS_i，则 $S = \sum\limits_{i=1}^{n} \Delta S_i$。

（2）近似替代：在每个小区间 $[x_{i-1},\ x_i]$ 上任取一点 ξ_i，用以 $[x_{i-1},\ x_i]$ 为底，$f(\xi_i)$ 为高的小矩形条的面积近似替代第 i 个小曲边梯形的面积，即

$$\Delta S_i \approx f(\xi_i)\Delta x_i,\ i = 1,\ 2,\ \cdots,\ n。$$

（3）求和：把上面得到的 n 个小矩形面积加在一起，得

$$\sum_{i=1}^{n} f(\xi_i)\Delta x_i$$

这个和式称为积分和或黎曼和，可以作为所求曲边梯形面积 S 的近似值，而且分割越细，近似程度越好，如图 7.1.2 所示。

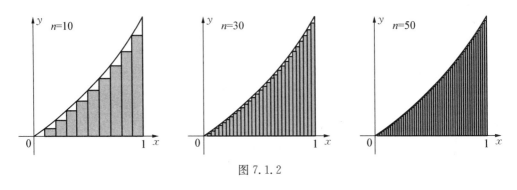

图 7.1.2

（4）取极限：设 $\Delta x = \max\{\Delta x_1,\ \Delta x_2,\ \cdots,\ \Delta x_n\}$，当 $\Delta x \to 0$ 时，分割无限细，于是得曲边梯形面积的精确值

$$S = \lim_{\Delta x \to 0} \sum_{i=1}^{n} f(\xi_i)\Delta x_i$$

实例 2　变速直线运动的路程

这也是在现实生活中经常碰到的问题。如果是匀速直线运动，速度是一个常数，距离很容易求得，就等于速度乘以时长。可如果物体作变速直线运动，速度 $v = v(t)$ 是时间 t 的连续函数，那么在时间段 $[T_1,\ T_2]$ 内物体所经过的路程 s 又该如何计算呢？

同样的，不难发现在短时间段内，变速直线运动的速度很接近于一个常数，时间段越短，这个近似的程度就越好。因此，采用和计算曲边梯形面积类似的方法求得路程 s。

（1）分割：在 $[T_1,\ T_2]$ 内任意插入若干个分点

$$T_1 = t_0 < t_1 < t_2 < \cdots t_{n-1} < t_n = T_2$$

把时间间隔$[T_1, T_2]$分成n个小时间段

$$[t_0, t_1], [t_1, t_2], \cdots, [t_{n-1}, t_n]$$

各小段时间长依次为

$$\Delta t_1 = t_1 - t_0, \Delta t_2 = t_2 - t_1, \cdots, \Delta t_n = t_n - t_{n-1}$$

相应各个小时间段内物体经过的小路程段记为Δs_i, $i = 1, 2, \cdots, n$, 则$s = \sum_{i=1}^{n} \Delta s_i$。

（2）近似替代：在小时间段$[t_{i-1}, t_i]$内任取一个时刻T_i, 用速度为$v(T_i)$的匀速直线运动物体在小时间段$[t_{i-1}, t_i]$内经过的路程来近似替代第i个小路程段Δs_i, 即

$$\Delta s_i \approx v(T_i) \Delta t_i, i = 1, 2, \cdots, n。$$

（3）求和：把上面得到的n个小路程段加在一起，得积分和

$$\sum_{i=1}^{n} v(T_i) \Delta t_i$$

这个和式同样可以作为所求变速直线运动的路程s的近似值，而且分割越细，近似程度越好。

（4）取极限：设$\Delta t = \max\{\Delta t_1, \Delta t_2, \cdots, \Delta t_n\}$, 当$\Delta t \to 0$时，分割无限细，于是得路程$s$的精确值

$$s = \lim_{\Delta t \to 0} \sum_{i=1}^{n} v(T_i) \Delta t_i$$

7.1.2　定积分的定义

定义 7.1.2　设函数$f(x)$在区间$[a, b]$上有定义，在$[a, b]$中任意插入若干个分点

$$a = x_0 < x_1 < x_2 < \cdots < x_{n-1} < x_n = b$$

把区间$[a, b]$分成n个小区间

$$[x_0, x_1], [x_1, x_2], \cdots, [x_{n-1}, x_n]$$

各小区间的长度依次为

$$\Delta x_1 = x_1 - x_0, \Delta x_2 = x_2 - x_1, \cdots, \Delta x_n = x_n - x_{n-1}$$

在每个小区间$[x_{i-1}, x_i]$上任取一点$\xi_i (x_{i-1} \leqslant \xi_i \leqslant x_i)$, 作乘积的和式

$$\sum_{i=1}^{n} f(\xi_i) \Delta x_i$$

记 $\Delta x = \max\{\Delta x_1, \Delta x_2, \cdots, \Delta x_n\}$，如果极限

$$\lim_{\Delta x \to 0} \sum_{i=1}^{n} f(\xi_i) \Delta x_i$$

存在，且与区间 $[a, b]$ 的分割方法以及 ξ_i 的取法无关，则称函数 $f(x)$ 在区间 $[a, b]$ 上可积，并称此极限值为 $f(x)$ 在 $[a, b]$ 上的定积分（简称积分），记作 $\int_a^b f(x) \mathrm{d}x$，即

$$\int_a^b f(x) \mathrm{d}x = \lim_{\Delta x \to 0} \sum_{i=1}^{n} f(\xi_i) \Delta x_i$$

其中 $f(x)$ 称为被积函数，$[a, b]$ 称为积分区间，$f(x)\mathrm{d}x$ 称为被积表达式，x 称为积分变量，a 称为积分下限，b 称为积分上限。$\sum_{i=1}^{n} f(\xi_i) \Delta x_i$ 称为积分和。

根据定义，实例 1 中曲边梯形的面积 S 可以记作

$$S = \int_a^b f(x) \mathrm{d}x$$

实例 2 中变速直线运动物体走过的路程 s 可以记作

$$s = \int_{T_1}^{T_2} v(t) \mathrm{d}t$$

由定积分定义可知，函数 $f(x)$ 在区间 $[a, b]$ 上的定积分是极限值，是一个常数。这个常数只与被积函数 $f(x)$ 和积分区间 $[a, b]$ 有关，与积分变量用什么样的记号无关。即

$$\int_a^b f(x) \mathrm{d}x = \int_a^b f(t) \mathrm{d}t = \int_a^b f(u) \mathrm{d}u$$

函数 $f(x)$ 在 $[a, b]$ 上满足什么样的条件就可积呢？ 这里不加证明地给出两个充分条件和一个必要条件。

定理 7.1.1 设函数 $f(x)$ 在 $[a, b]$ 上可积，则 $f(x)$ 在 $[a, b]$ 上有界。

定理 7.1.2 设函数 $f(x)$ 在 $[a, b]$ 上连续，则 $f(x)$ 在 $[a, b]$ 上可积。

定理 7.1.3 设函数 $f(x)$ 在 $[a, b]$ 上有界，且只有有限个第一类间断点，则 $f(x)$ 在 $[a, b]$ 上可积。

【例 7-1】 利用定义计算定积分 $\int_0^1 \mathrm{e}^x \mathrm{d}x$。

解： 函数 $f(x) = \mathrm{e}^x$ 在区间 $[0, 1]$ 上连续，所以 $f(x)$ 在 $[0, 1]$ 上可积。由于积

分值与区间的分割方法以及 ξ_i 的取法无关，为方便计算，对区间 $[0，1]$ n 等分，则每个小区间长度 $\Delta x_i = \dfrac{1}{n}$，同时取每个小区间的左端点作为 ξ_i，即 $\xi_i = \dfrac{i-1}{n}$，$i=1$，2，$\cdots$，n，故积分和

$$\sum_{i=1}^{n} f(\xi_i)\Delta x_i = \sum_{i=1}^{n} \mathrm{e}^{\xi_i}\Delta x_i = \sum_{i=1}^{n} \mathrm{e}^{\frac{i-1}{n}}\frac{1}{n} = \frac{1}{n}(\mathrm{e}^0 + \mathrm{e}^{\frac{1}{n}} + \mathrm{e}^{\frac{2}{n}} + \cdots + \mathrm{e}^{\frac{n-1}{n}})$$

$$= \frac{1}{n}\frac{1-(\mathrm{e}^{\frac{1}{n}})^n}{1-\mathrm{e}^{\frac{1}{n}}} = (\mathrm{e}-1)\frac{\dfrac{1}{n}}{\mathrm{e}^{\frac{1}{n}}-1}$$

因为 $\Delta x = \max\{\Delta x_1，\Delta x_2，\cdots，\Delta x_n\} = \dfrac{1}{n}$，所以当 $\Delta x \to 0$ 时 $n \to \infty$，由定积分的定义得

$$\int_0^1 \mathrm{e}^x \mathrm{d}x = \lim_{\Delta x \to 0}\sum_{i=1}^{n} f(\xi_i)\Delta x_i = \lim_{n\to\infty}(\mathrm{e}-1)\frac{\dfrac{1}{n}}{\mathrm{e}^{\frac{1}{n}}-1} = \lim_{n\to\infty}(\mathrm{e}-1)\frac{\dfrac{1}{n}}{\dfrac{1}{n}} = \mathrm{e}-1$$

在定积分的定义中，我们设定了 $a < b$，如果 $a > b$，则定义

$$\int_a^b f(x)\mathrm{d}x = -\int_b^a f(x)\mathrm{d}x$$

即：交换定积分上下限时，定积分变号。特别地当 $a=b$ 时，

$$\int_a^b f(x)\mathrm{d}x = \int_a^a f(x)\mathrm{d}x = 0$$

7.1.3　定积分的几何意义

根据曲边梯形面积的求法以及定积分的定义可以得出定积分的几何意义如下：

设 S 为直线 $x=a$，$x=b$，x 轴和曲线 $y=f(x)$ 所围成的曲边梯形的面积，则有

当 $f(x) \geqslant 0 (x \in [a，b])$ 时，$\displaystyle\int_a^b f(x)\mathrm{d}x = S$；

当 $f(x) \leqslant 0 (x \in [a，b])$ 时，$\displaystyle\int_a^b f(x)\mathrm{d}x = -S$；

当 $f(x)(x \in [a，b])$ 有正有负时，$\displaystyle\int_a^b f(x)\mathrm{d}x$ 等于 S 中几个图形面积的代数和（用位于 x 上方的图形面积之和减去下方的图形面积之和）。

【例 7-2】　求定积分 $\displaystyle\int_0^2 \sqrt{4-x^2}\,\mathrm{d}x$。

解：根据定积分的几何意义，其值与直线 $x=0$，$x=2$，x 轴以及曲线 $y=\sqrt{4-x^2}$ 所围图形（以原点为圆心，2 为半径的四分之一圆）的面积相等，所以

$$\int_0^2 \sqrt{4-x^2}\,\mathrm{d}x = \pi$$

7.2 定积分的性质

在下面的讨论中都假定函数可积。

根据定义，定积分实质上是积分和的极限，因此必然会有一些和极限类似的性质。

性质 1 函数代数和的定积分等于它们的定积分的代数和，即

$$\int_a^b [f(x) \pm g(x)]\mathrm{d}x = \int_a^b f(x)\mathrm{d}x \pm \int_a^b g(x)\mathrm{d}x$$

证明： $\displaystyle\int_a^b [f(x) \pm g(x)]\mathrm{d}x = \lim_{\Delta x \to 0} \sum_{i=1}^n [f(\xi_i) \pm g(\xi_i)]\Delta x_i$

$$= \lim_{\Delta x \to 0} \sum_{i=1}^n f(\xi_i)\Delta x_i \pm \lim_{\Delta x \to 0} \sum_{i=1}^n g(\xi_i)\Delta x_i$$

$$= \int_a^b f(x)\mathrm{d}x \pm \int_a^b g(x)\mathrm{d}x$$

性质 2 被积函数的常数因子可以提到积分号外面，即

$$\int_a^b kf(x)\mathrm{d}x = k\int_a^b f(x)\mathrm{d}x \quad (k \text{ 是常数})$$

$$\int_a^b kf(x)\mathrm{d}x = \lim_{\Delta x \to 0} \sum_{i=1}^n kf(\xi_i)\Delta x_i = k \lim_{\Delta x \to 0} \sum_{i=1}^n f(\xi_i)\Delta x_i = k\int_a^b f(x)\mathrm{d}x$$

性质 3 对任意常数 c，有

$$\int_a^b f(x)\mathrm{d}x = \int_a^c f(x)\mathrm{d}x + \int_c^b f(x)\mathrm{d}x$$

其中 c 可以在积分区间 $[a, b]$ 内，也可以在 $[a, b]$ 之外。

证明： 积分与区间 $[a, b]$ 的分割法无关，当 c 在 $[a, b]$ 内时，取 $c = x_k$ 作为一个分点，则

$$\int_a^b f(x)\mathrm{d}x = \lim_{\Delta x \to 0} \sum_{i=1}^n f(\xi_i)\Delta x_i = \lim_{\Delta x \to 0} \left[\sum_{i=1}^k f(\xi_i)\Delta x_i + \sum_{i=k+1}^n f(\xi_i)\Delta x_i \right]$$

$$= \lim_{\Delta x \to 0} \sum_{i=1}^k f(\xi_i)\Delta x_i + \lim_{\Delta x \to 0} \sum_{i=k+1}^k f(\xi_i)\Delta x_i = \int_a^c f(x)\mathrm{d}x + \int_c^b f(x)\mathrm{d}x$$

当 c 在 $[a, b]$ 之外时，如 $a < b < c$，根据上面结论，有

$$\int_a^c f(x)\mathrm{d}x = \int_a^b f(x)\mathrm{d}x + \int_b^c f(x)\mathrm{d}x$$

移项，得

$$\int_a^b f(x)\mathrm{d}x = \int_a^c f(x)\mathrm{d}x - \int_b^c f(x)\mathrm{d}x = \int_a^c f(x)\mathrm{d}x + \int_c^b f(x)\mathrm{d}x$$

类似可证 $c < a < b$ 的情形。

这条性质表明，定积分对于积分区间具有可加性。后面对分段函数积分时常常使用这条性质对积分区间进行划分。

性质 4　$\displaystyle\int_a^b \mathrm{d}x = b - a$

证明：根据定积分的几何意义，$\displaystyle\int_a^b \mathrm{d}x$ 的值等于由直线 $x = a$，$x = b$，x 轴和 $y = 1$ 所围图形的面积，显然这个图形是长为 $b - a$，高为 1 的矩形，其面积为 $b - a$。所以

$$\int_a^b \mathrm{d}x = b - a$$

这一性质也可以用定积分定义进行证明，读者可以自行尝试。

性质 5　如果在区间 $[a, b]$ 上，$f(x) \geqslant 0$，则

$$\int_a^b f(x)\mathrm{d}x \geqslant 0$$

证明：因 $f(x) \geqslant 0$，故 $f(\xi_i) \geqslant 0 (i = 1, 2, 3, \cdots, n)$，又因 $\Delta x_i \geqslant 0 (i = 1, 2, \cdots, n)$，所以

$$\sum_{i=1}^n f(\xi_i) \Delta x_i \geqslant 0$$

根据极限的保号性，设 $\lambda = \max\{\Delta x_1, \Delta x_2, \cdots, \Delta x_n\}$，$\lambda \to 0$ 时，便得欲证的不等式。

推论 1　如果在 $[a, b]$ 上，有 $f(x) \leqslant g(x)$，则

$$\int_a^b f(x)\mathrm{d}x \leqslant \int_a^b g(x)\mathrm{d}x$$

推论 2　$\left| \displaystyle\int_a^b f(x)\mathrm{d}x \right| \leqslant \displaystyle\int_a^b |f(x)|\,\mathrm{d}x$

性质 6（估值定理）　设 M 与 m 分别是函数 $f(x)$ 在 $[a, b]$ 上的最大值及最小值，则

$$m(b-a) \leqslant \int_a^b f(x)\mathrm{d}x \leqslant M(b-a)$$

证明：已知 $m \leqslant f(x) \leqslant M$，根据性质 5 的推论 1，有

$$\int_a^b m\,\mathrm{d}x \leqslant \int_a^b f(x)\mathrm{d}x \leqslant \int_a^b M\,\mathrm{d}x$$

再根据性质 2，有

$$m\int_a^b \mathrm{d}x \leqslant \int_a^b f(x)\mathrm{d}x \leqslant M\int_a^b \mathrm{d}x$$

最后根据性质 4，得

$$m(b-a) \leqslant \int_a^b f(x)\mathrm{d}x \leqslant M(b-a)$$

性质 7（积分中值定理） 如果函数 $f(x)$ 在闭区间 $[a,b]$ 上连续，则在 $[a,b]$ 上至少存在一点 ξ，使下式成立：

$$\int_a^b f(x)\mathrm{d}x = f(\xi)(b-a) \quad (a \leqslant \xi \leqslant b)$$

证明：利用性质 6，$m \leqslant \dfrac{1}{b-a}\int_a^b f(x)\mathrm{d}x \leqslant M$；再由闭区间上连续函数的介值定理，知在 $[a,b]$ 上至少存在一点 ξ，使

$$f(\xi) = \frac{1}{a-b}\int_a^b f(x)\mathrm{d}x$$

即

$$\int_a^b f(x)\mathrm{d}x = f(\xi)(b-a)$$

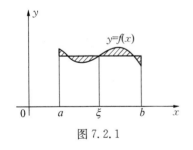

图 7.2.1

积分中值定理的几何解释如下：在区间 $[a,b]$ 上至少存在一个 ξ，使得以区间 $[a,b]$ 为底边，以曲线 $y=f(x)$ 为曲边的曲边梯形的面积等于同一底边而高为 $f(\xi)$ 的一个矩形的面积（见图 7.2.1）。$f(\xi) = \dfrac{1}{a-b}\int_a^b f(x)\mathrm{d}x$ 是曲边梯形的平均高度，称为函数 $f(x)$ 在 $[a,b]$ 上的平均值。

定积分的性质中大部分在几何上都是非常显然的，读者不妨根据定积分的几何意义，尝试寻找其几何解释，以更好地理解和掌握定积分的性质。

【例 7 - 3】 比较 $\displaystyle\int_1^2 \ln^2 x \, dx$ 和 $\displaystyle\int_1^2 \ln^3 x \, dx$ 的大小。

解： $\ln x$ 在 $(0, +\infty)$ 内单调增加，所以在 $[1, 2]$ 上有

$$0 = \ln 1 \leqslant \ln x \leqslant \ln 2 \leqslant \ln e = 1$$

即

$$0 \leqslant \ln x \leqslant 1$$

所以 $\ln^2 x \geqslant \ln^3 x$，根据推论 1，知

$$\int_1^2 \ln^2 x \, dx \geqslant \int_1^2 \ln^3 x \, dx$$

【例 7 - 4】 试估计 $\displaystyle\int_{-1}^2 e^{-x^2} \, dx$ 的取值范围。

解： 先求出被积函数 $f(x) = e^{-x^2}$ 在积分区间 $[-1, 2]$ 上的最大值和最小值。

$$f'(x) = -2x e^{-x^2}$$

令导数为 0 得驻点 $x = 0$，计算得

$$f(-1) = e^{-1}, \ f(0) = 1, \ f(2) = e^{-4},$$

所以，最大值 $M = f(0) = 1$，最小值 $m = f(2) = e^{-4}$，由估值定理得

$$e^{-4} \cdot [2 - (-1)] \leqslant \int_{-1}^2 e^{-x^2} \, dx \leqslant 1 \cdot [2 - (-1)]$$

即

$$3e^{-4} \leqslant \int_{-1}^2 e^{-x^2} \, dx \leqslant 3$$

7.3 微积分基本定理

　　虽然定积分定义为积分和的极限，但一般来说直接用定义计算积分值是非常困难的事情。所以很长时间内，像曲线围成的面积、曲面围成的体积等需要用定积分来解决的问题都是非常具有挑战性的。直到牛顿和莱布尼兹各自独立地提出了微积分基本定理，揭示了积分与微分的关系，这个困难才得以克服。因此这个基本定理也被视为人类智慧的伟大成就之一。那么，微积分基本定理究竟是如何在微分与积分之间架设起的桥梁的呢？为了回答这个问题，首先引入一个特殊的函数——积分上限函数或称变上限的定积分。

7.3.1 变上限的定积分

假设函数 $f(x)$ 在 $[a, b]$ 上连续,由可积的条件,$f(x)$ 在 $[a, b]$ 上可积。则对任意的数值 $x \in [a, b]$,$f(x)$ 在 $[a, x]$ 上也可积,从而有唯一确定的定积分值 $\int_a^x f(t) dt$ 与之对应。如此一来,就构成了定义在 $[a, b]$ 上的函数关系,称为**变上限的定积分**,记作 $\Phi(x)$。即

$$\Phi(x) = \int_a^x f(t) dt, \ x \in [a, b]$$

定理 7.3.1 如果函数 $f(x)$ 在区间 $[a, b]$ 上连续,则变上限的定积分

$$\Phi(x) = \int_a^x f(t) dt$$

是 $f(x)$ 在 $[a, b]$ 上的原函数,即

$$\Phi'(x) = \frac{d}{dx} \int_a^x f(t) dt = f(x)$$

证明: 给 x 以改变量 Δx,则函数 $\Phi(x)$ 的增量

$$\Delta \Phi(x) = \Phi(x + \Delta x) - \Phi(x) = \int_a^{x+\Delta x} f(t) dt - \int_a^x f(t) dt$$

$$= \int_a^x f(t) dt + \int_x^{x+\Delta x} f(t) dt - \int_a^x f(t) dt = \int_x^{x+\Delta x} f(t) dt$$

$$= f(\xi) \Delta x, \ \xi = x + \theta \Delta x (0 < \theta < 1) \text{ 介于 } x \text{ 和 } x + \Delta x \text{ 之间。}$$

由此得

$$\Phi'(x) = \lim_{\Delta x \to 0} \frac{\Delta \Phi(x)}{\Delta x} = \lim_{\Delta x \to 0} \frac{f(\xi) \Delta x}{\Delta x} = \lim_{\Delta x \to 0} f(\xi)$$

由于 $f(x)$ 连续,所以函数符号与极限符号可以交换,即

$$\Phi'(x) = f[\lim_{\Delta x \to 0} (x + \theta \Delta x)] = f(x)$$

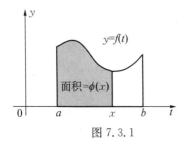

图 7.3.1

定理 7.3.1 一方面肯定了连续函数必有原函数,另一方面也指出了定积分与原函数之间的关系:定积分与原函数的函数值有关。从而为微积分基本定理的建立奠定了基础。

Newton 的积分上限函数的几何意义如图 7.3.1 所示:

【例 7 - 5】 已知 $F(x) = \int_2^x \sqrt{1+t^2} dt$,求

$F'(x)$。

解：$F'(x) = \dfrac{\mathrm{d}}{\mathrm{d}x}\left(\displaystyle\int_2^x \sqrt{1+t^2}\,\mathrm{d}t\right) = \sqrt{1+x^2}$

【例 7-6】　求 $\dfrac{\mathrm{d}}{\mathrm{d}x}\left[\displaystyle\int_1^{x^2} \dfrac{1}{1+t^3}\,\mathrm{d}t\right]$。

解：这是复合函数求导，$\displaystyle\int_1^{x^2} \dfrac{1}{1+t^3}\,\mathrm{d}t$ 可分解为 $\varPhi(u) = \displaystyle\int_1^u \dfrac{1}{1+t^3}\,\mathrm{d}t$，$u = x^2$。则

$$\frac{\mathrm{d}}{\mathrm{d}x}\left[\int_1^{x^2} \frac{1}{1+t^3}\,\mathrm{d}t\right] = \frac{\mathrm{d}}{\mathrm{d}u}\left(\int_1^u \frac{1}{1+t^3}\,\mathrm{d}t\right) \cdot \frac{\mathrm{d}u}{\mathrm{d}x} = \frac{1}{1+u^3} \cdot 2x = \frac{2x}{1+x^6}$$

【例 7-7】　求 $\dfrac{\mathrm{d}}{\mathrm{d}x}\left(\displaystyle\int_{x^3}^{x^2} t\mathrm{e}^t\,\mathrm{d}t\right)$。

解：$\dfrac{\mathrm{d}}{\mathrm{d}x}\left(\displaystyle\int_{x^3}^{x^2} t\mathrm{e}^t\,\mathrm{d}t\right) = \dfrac{\mathrm{d}}{\mathrm{d}x}\left(\displaystyle\int_{x^3}^0 t\mathrm{e}^t\,\mathrm{d}t + \displaystyle\int_0^{x^2} t\mathrm{e}^t\,\mathrm{d}t\right) = \dfrac{\mathrm{d}}{\mathrm{d}x}\left(-\displaystyle\int_0^{x^3} t\mathrm{e}^t\,\mathrm{d}t\right) + \dfrac{\mathrm{d}}{\mathrm{d}x}\left(\displaystyle\int_0^{x^2} t\mathrm{e}^t\,\mathrm{d}t\right)$

$$= -3x^5\mathrm{e}^{x^3} + 2x^3\mathrm{e}^{x^2}$$

一般地，有变限的定积分求导公式

$$\left[\int_{\psi(x)}^{\varphi(x)} f(t)\,\mathrm{d}t\right]' = f[\varphi(x)] \cdot \varphi'(x) - f[\psi(x)] \cdot \psi'(x)$$

变上限的定积分也是函数的一种表示方式，有的可以进一步表示为初等函数，有的不能。当变上限的定积分不能进一步表示为初等函数时，它就是非初等函数的一种。尽管与常见的函数的形式不大相同，但从本质上来说变上限的定积分仍然还是一个函数，所以必然也具有函数的一些普遍的性质，也可以用研究函数的方法来研究它。比如，研究它的几何特性、对它求极限、考察其连续性、求导数、极值、凹向、拐点等等。值得注意的是，变上限的定积分一旦求导后，特殊的函数形式往往就会被打破。因此，求导往往成为解决此类问题的关键。

【例 7-8】　求 $\displaystyle\lim_{x \to 2} \dfrac{\displaystyle\int_2^x t(t^2-1)\,\mathrm{d}t}{x-2}$。

解：此为 $\dfrac{0}{0}$ 型未定式极限，使用洛必达法则，得

$$\lim_{x \to 2} \frac{\displaystyle\int_2^x t(t^2-1)\,\mathrm{d}t}{x-2} = \lim_{x \to 2} \frac{\left[\displaystyle\int_2^x t(t^2-1)\,\mathrm{d}t\right]'}{(x-2)'} = \lim_{x \to 2} \frac{x(x^2-1)}{1} = 6$$

【例 7-9】　求函数 $F(x) = \displaystyle\int_a^x (t-1)(t-2)\mathrm{e}^{-t^2}\,\mathrm{d}t$ 的极值点。

解：$F'(x) = (x-1)(x-2)\mathrm{e}^{-x^2}$，令 $F'(x) = 0$ 得驻点 $x = 1$，$x = 2$。当 $x \in (-\infty, 1)$ 时，$F'(x) > 0$，当 $x \in (1, 2)$ 时，$F'(x) < 0$，当 $x \in (2, +\infty)$ 时，$F'(x) >$

0。所以 $x=1$ 是函数的极大值点，$x=2$ 是函数的极小值点。

7.3.2　牛顿—莱布尼兹公式（微积分基本定理）

定理 7.3.2（微积分基本定理）　设函数 $f(x)$ 在 $[a,b]$ 上连续，$F(x)$ 是 $f(x)$ 的一个原函数，则

$$\int_a^b f(x)\mathrm{d}x = F(b) - F(a)$$

证明：已知 $F(x)$ 是 $f(x)$ 的一个原函数，根据定理 7.3.1 知 $\Phi(x) = \int_a^x f(t)\mathrm{d}t$ 也是 $f(x)$ 的原函数，由于不同原函数之间至多相差一个常数，所以

$$F(x) - \Phi(x) = C$$

所以

$$F(b) - \Phi(b) = C = F(a) - \Phi(a)$$

即

$$F(b) - F(a) = \Phi(b) - \Phi(a) = \int_a^b f(t)\mathrm{d}t - \int_a^a f(t)\mathrm{d}t = \int_a^b f(t)\mathrm{d}t$$

$$= \int_a^b f(x)\mathrm{d}x$$

为方便起见，常用 $F(x)\,\big|_a^b$ 表示 $F(b) - F(a)$。

微积分基本定理揭示了微分和积分两个概念之间的本质联系，是计算定积分的基础。根据公式，计算定积分可以通过先求出被积函数的任意一个原函数，然后再求原函数在积分区间上的增量来完成。这样，定积分的计算就有了统一的方法。但是，微积分基本定理也不是万能的，它也有一定的使用局限性：

（1）如果 $f(x)$ 在区间 $[a,b]$ 上有间断点，微积分基本定理失效；

（2）如果 $f(x)$ 的原函数不能用初等函数表达，也就是通常所说的不定积分"积不出来"时，则微积分基本定理失效。例如：$\int_{\frac{\pi}{2}}^{\pi} \frac{\sin x}{x}\mathrm{d}x$。

既然定积分的计算是通过求原函数来实现的，那么计算不定积分的技巧和方法也可以用于定积分的计算。

【例 7-10】　求 $\int_0^1 x^2 \mathrm{d}x$。

解：$\int_0^1 x^2 \mathrm{d}x = \left[\dfrac{x^3}{3}\right]\Big|_0^1 = \dfrac{1^3}{3} - \dfrac{0^3}{3} = \dfrac{1}{3}$。

【例 7-11】　求 $\int_{-1}^{\sqrt{3}} \dfrac{1}{1+x^2}\mathrm{d}x$。

解: $\displaystyle\int_{-1}^{\sqrt{3}} \frac{1}{1+x^2}\mathrm{d}x = \big[\arctan x\big]\Big|_{-1}^{\sqrt{3}} = \frac{7}{12}\pi$。

【例 7-12】 求 $\displaystyle\int_0^{\sqrt{2}} x\mathrm{e}^{x^2}\mathrm{d}x$。

解: $\displaystyle\int_0^{\sqrt{2}} x\mathrm{e}^{x^2}\mathrm{d}x = \frac{1}{2}\int_0^{\sqrt{2}} \mathrm{e}^{x^2}\mathrm{d}x^2 = \frac{1}{2}\mathrm{e}^{x^2}\Big|_0^{\sqrt{2}} = \frac{1}{2}(\mathrm{e}^2-1)$。

【例 7-13】 求 $\displaystyle\int_0^2 x\,|\,x-1\,|\,\mathrm{d}x$。

解: $\displaystyle\int_0^2 x\,|\,x-1\,|\,\mathrm{d}x = \int_0^1 x(1-x)\mathrm{d}x + \int_1^2 x(x-1)\mathrm{d}x$

$$= \int_0^1 (x-x^2)\mathrm{d}x + \int_1^2 (x^2-x)\mathrm{d}x$$

$$= \left(\frac{x^2}{2}-\frac{x^3}{3}\right)\Big|_0^1 + \left(\frac{x^3}{3}-\frac{x^2}{2}\right)\Big|_1^2 = 1$$

7.4 定积分的换元积分法

　　根据微积分基本定理,可以将求不定积分的方法转移到定积分的计算中来。首先看换元法。

　　由于不定积分求的是被积函数的全部原函数,理应使用与被积函数相同的自变量,因此,如果在计算中实际进行了变量替换(主要是第二换元法),那么在最后的结果中必须进行变量回代。这一步有时候是比较困难的,但是也是必不可少的。而定积分求的是原函数在积分区间上的增量,只是一个数值。所以在使用定积分的换元法时,如果在进行变量替换的同时更换积分的上、下限,一旦求得新变量表示的原函数后,立即代入新的积分限进行计算,同样可以得到定积分的值,也就是说不必像不定积分那样需要作变量还原。这就是定积分换元法与不定积分换元法的区别。但要注意的是,定积分在换元时要尽量选取变量替换 $x=\varphi(t)$ 是单调的,如果不满足单调的条件,在确定新的积分上、下限时容易出现问题。基于上述思想,有以下定积分的换元法。

　　定理 7.4.1 假设函数 $f(x)$ 在 $[a,b]$ 上连续,令 $x=\varphi(t)$,使其满足条件:

　　(1) $x=\varphi(t)$ 在某个区间 $[\alpha,\beta]$ 上单调、连续,且函数值不超出 $[a,b]$ 的范围;

　　(2) $\varphi(\alpha)=a$,$\varphi(\beta)=b$;

　　(3) $\varphi(t)$ 在 $[\alpha,\beta]$ 上有连续导数。

则有

$$\int_a^b f(x)\mathrm{d}x = \int_\alpha^\beta f[\varphi(t)]\varphi'(t)\mathrm{d}t$$

【例 7 - 14】 计算 $\int_0^a \sqrt{a^2 - x^2}\,\mathrm{d}x \quad (a > 0)$

解： 设 $x = a\sin t$ 则 $\mathrm{d}x = a\cos\mathrm{d}t$ 且 $x = 0$ 时 $t = 0$；$x = a$ 时 $t = \dfrac{\pi}{2}$。代入得

$$\int_0^a \sqrt{a^2 - x^2}\,\mathrm{d}x = a^2 \int_0^{\frac{\pi}{2}} \cos^2 t\,\mathrm{d}t = \frac{a^2}{2} \int_0^{\frac{\pi}{2}} (1 + \cos 2t)\,\mathrm{d}t$$

$$= \frac{a^2}{2}\left[t + \frac{1}{2}\sin 2t\right]\Big|_0^{\frac{\pi}{2}} = \frac{\pi a^2}{4}$$

换元公式也可以反过来使用，即 $\int_a^b f[\phi(x)]\phi'(x)\,\mathrm{d}x = \int_a^\beta f(t)\,\mathrm{d}t$。使用换元公式要注意"换元一定换限"。

【例 7 - 15】 计算 $\int_0^{\frac{\pi}{2}} \cos^5 x\sin x\,\mathrm{d}x$。

解： 令 $t = \cos x$，当 $x = 0$ 时，$t = 1$，当 $x = \dfrac{\pi}{2}$ 时，$t = 0$。所以

$$\int_0^{\frac{\pi}{2}} \cos^5 x\sin x\,\mathrm{d}x = -\int_0^{\frac{\pi}{2}} \cos^5 x\,\mathrm{d}\cos x = -\int_1^0 t^5\,\mathrm{d}t$$

$$= \int_0^1 t^5\,\mathrm{d}t = \left[\frac{t^6}{6}\right]\Big|_0^1 = \frac{1}{6}$$

【例 7 - 16】 计算 $\int_0^4 \dfrac{x}{1 + \sqrt{2x+1}}\,\mathrm{d}x$。

解： 设 $t = \sqrt{2x+1}$，则 $x = \dfrac{t^2 - 1}{2}$，$\mathrm{d}x = \dfrac{2t\mathrm{d}t}{2} = t\mathrm{d}t$，

当 $x = 0$ 时 $t = 1$，当 $x = 4$ 时 $t = 3$，代入得

$$\int_0^4 \frac{x}{1 + \sqrt{2x+1}}\,\mathrm{d}x = \int_1^3 \frac{\dfrac{t^2 - 1}{2}}{1 + t}t\,\mathrm{d}t = \int_1^3 \frac{1}{2}(t^2 - t)\,\mathrm{d}t = \left(\frac{1}{6}t^3 - \frac{1}{4}t^2\right)\Big|_1^3 = \frac{7}{3}$$

【例 7 - 17】 设 $\int_0^x tf(t)\,\mathrm{d}t = \mathrm{e}^x$，则求 $\int_0^{\sqrt{\ln 2}} x^3 f(x^2)\,\mathrm{d}x$。

解： 令 $t = x^2$，当 $x = 0$ 时 $t = 0$，当 $x = \sqrt{\ln 2}$ 时 $t = \ln 2$。故

$$\int_0^{\sqrt{\ln 2}} x^3 f(x^2)\,\mathrm{d}x = \frac{1}{2}\int_0^{\sqrt{\ln 2}} x^2 f(x^2)\,\mathrm{d}x^2 = \frac{1}{2}\int_0^{\ln 2} tf(t)\,\mathrm{d}t$$

由已知

$$\int_0^{\ln 2} tf(t)\,\mathrm{d}t = \mathrm{e}^{\ln 2} = 2$$

即

$$\int_0^{\sqrt{\ln 2}} x^3 f(x^2) \mathrm{d}x = \frac{1}{2} \cdot 2 = 1$$

由于定积分只是一个极限值,是一个常数。它的大小只由被积函数和积分区间决定,而与积分变量的记号无关。因此定积分的换元法比不定积分的换元法有更丰富的内容,对于一些原函数很难求出甚至无法以初等函数形式表达的定积分,使用换元法也往往能得到结果。此外,使用定积分的换元法还能得到许多实用的定积分变换公式。

【例 7 - 18】 设函数 $f(x)$ 在 $[0,1]$ 上连续,试证明

$$\int_0^\pi x f(\sin x) \mathrm{d}x = \frac{\pi}{2} \int_0^\pi f(\sin x) \mathrm{d}x$$

并由此计算 $\int_0^\pi \dfrac{x \sin x}{1 + \cos^{2x}} \mathrm{d}x$。

证明: 设 $x = \pi - t$,则

$$\int_0^\pi x f(\sin x) \mathrm{d}x = \int_\pi^0 (\pi - t) f[\sin(\pi - t)] \mathrm{d}(-t)$$

$$= \int_0^\pi \pi f(\sin t) \mathrm{d}t - \int_0^\pi t f(\sin t) \mathrm{d}t$$

$$\therefore \int_0^\pi \pi f(\sin t) \mathrm{d}x = \frac{\pi}{2} \int_0^\pi f(\sin t) \mathrm{d}t$$

利用此公式,可得:

$$\int_0^\pi \frac{x \sin x}{1 + \cos^{2x}} \mathrm{d}x = \frac{\pi}{2} \int_0^\pi \frac{\sin x}{1 + \cos^{2x}} \mathrm{d}x = -\frac{\pi}{2} \int_0^\pi \frac{1}{1 + \cos^{2x}} \mathrm{d}\cos x$$

$$= -\frac{\pi}{2} \Big[\arctan(\cos x) \Big] \Big|_0^\pi = \frac{\pi^2}{4}$$

【例 7 - 19】 **证明:**(1) 设 $f(x)$ 是连续的偶函数,则

$$\int_{-a}^a f(x) \mathrm{d}x = 2 \int_0^a f(x) \mathrm{d}x$$

(2) 设 $f(x)$ 是连续的奇函数,则

$$\int_{-a}^a f(x) \mathrm{d}x = 0$$

证明: $\displaystyle \int_{-a}^a f(x) \mathrm{d}x = \int_{-a}^0 f(x) \mathrm{d}x + \int_0^a f(x) \mathrm{d}x$

对 $\int_{-a}^{0} f(x)\mathrm{d}x$ 作变量替换,令 $x=-t$,则

$$\int_{-a}^{0} f(x)\mathrm{d}x = \int_{a}^{0} f(-t)\mathrm{d}(-t) = \int_{0}^{a} f(-t)\mathrm{d}t$$

(1) 当 $f(x)$ 为偶数时,$\int_{0}^{a} f(-t)\mathrm{d}t = \int_{0}^{a} f(t)\mathrm{d}t$,即 $\int_{-a}^{0} f(x)\mathrm{d}x = \int_{0}^{a} f(x)\mathrm{d}x$。

所以

$$\int_{-a}^{a} f(x)\mathrm{d}x = \int_{0}^{a} f(x)\mathrm{d}x + \int_{0}^{a} f(x)\mathrm{d}x = 2\int_{0}^{a} f(x)\mathrm{d}x$$

(2) 当 $f(x)$ 为奇数时,$\int_{0}^{a} f(-t)\mathrm{d}t = -\int_{0}^{a} f(t)\mathrm{d}t$,即 $\int_{-a}^{0} f(x)\mathrm{d}x = -\int_{0}^{a} f(x)\mathrm{d}x$。

所以

$$\int_{-a}^{a} f(x)\mathrm{d}x = -\int_{0}^{a} f(x)\mathrm{d}x + \int_{0}^{a} f(x)\mathrm{d}x = 0$$

这个结论可以作为定理使用,在计算积分区间关于原点对称的某些定积分很有用。

【例 7 - 20】 求定积分(1) $\int_{-1}^{1} \dfrac{\sin x}{1+\mathrm{e}^{x^2}}\mathrm{d}x$。

(2) $\int_{-\sqrt{2}}^{\sqrt{2}} (x-1)\sqrt{2-x^2}\,\mathrm{d}x$。

解: (1) 由于积分区间关于原点对称,且被积函数 $\dfrac{\sin x}{1+\mathrm{e}^{x^2}}$ 是奇函数,所以

$$\int_{-1}^{1} \frac{\sin x}{1+\mathrm{e}^{x^2}}\mathrm{d}x = 0$$

(2) $\int_{-\sqrt{2}}^{\sqrt{2}} (x-1)\sqrt{2-x^2}\,\mathrm{d}x = \int_{-\sqrt{2}}^{\sqrt{2}} x\sqrt{2-x^2}\,\mathrm{d}x - \int_{-\sqrt{2}}^{\sqrt{2}} \sqrt{2-x^2}\,\mathrm{d}x$

由于被积函数 $x\sqrt{2-x^2}$ 是奇函数,$\sqrt{2-x^2}$ 是偶函数,所以

$$\int_{-\sqrt{2}}^{\sqrt{2}} (x-1)\sqrt{2-x^2}\,\mathrm{d}x = -2\int_{0}^{\sqrt{2}} \sqrt{2-x^2}\,\mathrm{d}x = -2 \cdot \frac{2\pi}{4} = -\pi$$

最后一个定积分根据几何意义求出(原点为圆心,$\sqrt{2}$ 为半径的四分之一圆面积)。

【例 7 - 21】 设 $M = \int_{-\frac{\pi}{2}}^{\frac{\pi}{2}} \dfrac{\sin x}{1+x^4}\cos^2 x\,\mathrm{d}x$, $N = \int_{-\frac{\pi}{2}}^{\frac{\pi}{2}} \left(\dfrac{\mathrm{e}^x - \mathrm{e}^{-x}}{2} + \cos^2 x\right)\mathrm{d}x$,

$P = \int_{-\frac{\pi}{2}}^{\frac{\pi}{2}} (x^3\mathrm{e}^{x^2} - 4)\mathrm{d}x$,试比较 M, N, P 的大小。

解：上述三个定积分积分区间都是关于原点对称的，

第一个积分中，被积函数 $\dfrac{\sin x}{1+x^4}\cos x$ 为奇函数，所以

$$M = \int_{-\frac{\pi}{2}}^{\frac{\pi}{2}} \frac{\sin x}{1+x^4}\cos^2 x \mathrm{d}x = 0$$

第二个积分中，$\dfrac{\mathrm{e}^x - \mathrm{e}^{-x}}{2}$ 为奇函数，$\cos^2 x \geqslant 0$ 为偶函数，且 $\cos^2 x$ 不恒等于 0，所以

$$N = \int_{-\frac{\pi}{2}}^{\frac{\pi}{2}} \left(\frac{\mathrm{e}^x - \mathrm{e}^{-x}}{2} + \cos^2 x \right) \mathrm{d}x = \int_{-\frac{\pi}{2}}^{\frac{\pi}{2}} \frac{\mathrm{e}^x - \mathrm{e}^{-x}}{2} \mathrm{d}x + \int_{-\frac{\pi}{2}}^{\frac{\pi}{2}} \cos^2 x \mathrm{d}x$$

$$= 2\int_{0}^{\frac{\pi}{2}} \cos^2 x \mathrm{d}x > 0$$

第三个积分中，$x^3 \mathrm{e}^{x^2}$ 为奇函数，$y = 4$ 为偶函数，所以

$$P = \int_{-\frac{\pi}{2}}^{\frac{\pi}{2}} (x^3 \mathrm{e}^{x^2} - 4) \mathrm{d}x = \int_{-\frac{\pi}{2}}^{\frac{\pi}{2}} x^3 \mathrm{e}^{x^2} \mathrm{d}x - \int_{-\frac{\pi}{2}}^{\frac{\pi}{2}} 4 \mathrm{d}x = -2\int_{0}^{\frac{\pi}{2}} 4 \mathrm{d}x = -4\pi < 0$$

综上所述，M，N，P 的大小关系为 $P < M < N$。

7.5 定积分的分部积分法

对不定积分的分部积分公式

$$\int u(x) \mathrm{d}v(x) = u(x)v(x) - \int v(x) \mathrm{d}u(x)$$

两端都是计算区间 $[a, b]$ 上的增量，即得到定积分的分部积分公式

$$\int_a^b u(x) \mathrm{d}v(x) = u(x)v(x) \Big|_a^b - \int_a^b v(x) \mathrm{d}u(x)$$

【例 7 - 22】 求 $\displaystyle\int_0^{\frac{1}{2}} \arcsin x \mathrm{d}x$。

解：对这个定积分直接使用分部积分公式，得

$$\int_0^{\frac{1}{2}} \arcsin x \mathrm{d}x = [x\arcsin x] \Big|_0^{\frac{1}{2}} - \int_0^{\frac{1}{2}} x \mathrm{d}\arcsin x$$

$$= \frac{1}{2} \cdot \frac{\pi}{6} - \int_0^{\frac{1}{2}} x \frac{1}{\sqrt{1-x^2}} \mathrm{d}x = \frac{\pi}{12} + \frac{1}{2}\int_0^{\frac{1}{2}} \frac{1}{\sqrt{1-x^2}} \mathrm{d}(1-x^2)$$

$$= \frac{\pi}{12} + \sqrt{1-x^2} \Big|_0^{\frac{1}{2}} = \frac{\pi}{12} + \frac{\sqrt{3}}{2} - 1$$

【例 7-23】 求 $\int_0^{\frac{\pi}{2}} x^2 \sin x \mathrm{d}x$。

解：$\int_0^{\frac{\pi}{2}} x^2 \sin x \mathrm{d}x = -\int_0^{\frac{\pi}{2}} x^2 \mathrm{d}\cos x = -x^2 \cos x \Big|_0^{\frac{\pi}{2}} + \int_0^{\frac{\pi}{2}} 2x \cos x \mathrm{d}x$

$$= 0 + 2\int_0^{\frac{\pi}{2}} x \mathrm{d}\sin x = 2x \sin x \Big|_0^{\frac{\pi}{2}} - 2\int_0^{\frac{\pi}{2}} \sin x \mathrm{d}x$$

$$= \pi + 2\cos x \Big|_0^{\frac{\pi}{2}} = \pi - 2$$

【例 7-24】 求 $\int_0^1 \mathrm{e}^{\sqrt{x}} \mathrm{d}x$。

解：首先作变量替换，令 $\sqrt{x} = t$，则

$$\int_0^1 \mathrm{e}^{\sqrt{x}} \mathrm{d}x = \int_0^1 \mathrm{e}^t \cdot 2t \mathrm{d}t = 2\int_0^1 t \mathrm{d}\mathrm{e}^t = 2t\mathrm{e}^t \Big|_0^1 - 2\int_0^1 \mathrm{e}^t \mathrm{d}t$$

$$= 2\mathrm{e} - 2\mathrm{e}^t \Big|_0^1 = 2\mathrm{e} - 2\mathrm{e} + 2 = 2$$

【例 7-25】 证明定积分公式

$$I_n = \int_0^{\frac{\pi}{2}} \sin^n x \mathrm{d}x = \begin{cases} \dfrac{n-1}{n} \cdot \dfrac{n-3}{n-2} \cdots \dfrac{4}{5} \cdot \dfrac{2}{3}, & n \text{ 为大于 1 的奇数} \\ \dfrac{n-1}{n} \cdot \dfrac{n-3}{n-2} \cdots \dfrac{3}{4} \cdot \dfrac{1}{2} \cdot \dfrac{\pi}{2}, & n \text{ 为正偶数} \end{cases}$$

证明：

$$I_n = \int_0^{\frac{\pi}{2}} \sin^n x \mathrm{d}x = -\int_0^{\frac{\pi}{2}} \sin^{n-1} x \mathrm{d}\cos x = -\sin^{n-1} x \cos x \Big|_0^{\frac{\pi}{2}} + (n-1)\int_0^{\frac{\pi}{2}} \cos^2 x \sin^{n-2} x \mathrm{d}x$$

$$= (n-1)\int_0^{\frac{\pi}{2}} (1 - \sin^2 x)\sin^{n-2} x \mathrm{d}x = (n-1)\left(\int_0^{\frac{\pi}{2}} \sin^{n-2} x \mathrm{d}x - \int_0^{\frac{\pi}{2}} \sin^n x \mathrm{d}x\right)$$

$$= (n-1)(I_{n-2} - I_n)$$

即有递推公式

$$I_n = \frac{n-1}{n} I_{n-2}$$

反复使用递推公式，则有

$$I_n = \int_0^{\frac{\pi}{2}} \sin^n x \mathrm{d}x = \begin{cases} \dfrac{n-1}{n} \cdot \dfrac{n-3}{n-2} \cdots \dfrac{4}{5} \cdot \dfrac{2}{3} \cdot I_1, & n \text{ 为大于 1 的奇数} \\ \dfrac{n-1}{n} \cdot \dfrac{n-3}{n-2} \cdots \dfrac{3}{4} \cdot \dfrac{1}{2} \cdot I_0, & n \text{ 为正偶数} \end{cases}$$

而 $I_0 = \int_0^{\frac{\pi}{2}} \sin^0 x \mathrm{d}x = \int_0^{\frac{\pi}{2}} \mathrm{d}x = \frac{\pi}{2}$，$I_1 = \int_0^{\frac{\pi}{2}} \sin x \mathrm{d}x = -\cos x \Big|_0^{\frac{\pi}{2}} = 1$，

所以

$$I_n = \int_0^{\frac{\pi}{2}} \sin^n x \mathrm{d}x = \begin{cases} \dfrac{n-1}{n} \cdot \dfrac{n-3}{n-2} \cdots \dfrac{4}{5} \cdot \dfrac{2}{3}, & n \text{ 为大于 1 的奇数} \\[3mm] \dfrac{n-1}{n} \cdot \dfrac{n-3}{n-2} \cdots \dfrac{3}{4} \cdot \dfrac{1}{2} \cdot \dfrac{\pi}{2}, & n \text{ 为正偶数} \end{cases}$$

【例 7 - 26】 求 $\int_1^{e^{\frac{\pi}{2}}} \cos \ln x \mathrm{d}x$。

解： 先换元，令 $t = \ln x$，则

$$\int_1^{e^{\frac{\pi}{2}}} \cos \ln x \mathrm{d}x = \int_0^{\frac{\pi}{2}} e^t \cos t \mathrm{d}t$$

再使用分部积分法，得

$$\int_0^{\frac{\pi}{2}} e^t \cos t \mathrm{d}t = \int_0^{\frac{\pi}{2}} \cos t \mathrm{d}e^t = e^t \cos t \Big|_0^{\frac{\pi}{2}} + \int_0^{\frac{\pi}{2}} e^t \sin t \mathrm{d}t = -1 + \int_0^{\frac{\pi}{2}} \sin t \mathrm{d}e^t$$

$$= -1 + e^t \sin t \Big|_0^{\frac{\pi}{2}} - \int_0^{\frac{\pi}{2}} e^t \cos t \mathrm{d}t = -1 + e^{\frac{\pi}{2}} - \int_0^{\frac{\pi}{2}} e^t \cos t \mathrm{d}t$$

解方程得

$$\int_0^{\frac{\pi}{2}} e^t \cos t \mathrm{d}t = \frac{1}{2}(e^{\frac{\pi}{2}} - 1)$$

即所求定积分为 $\frac{1}{2}(e^{\frac{\pi}{2}} - 1)$。

【例 7 - 27】 设函数 $f(x) = \int_0^x \dfrac{\sin t}{\pi - t} \mathrm{d}t$，求 $\int_0^\pi f(x) \mathrm{d}x$。

解： 使用分部积分公式，则

$$\int_0^\pi f(x) \mathrm{d}x = x f(x) \Big|_0^\pi - \int_0^\pi x f'(x) \mathrm{d}x = \pi f(\pi) - \int_0^\pi x \frac{\sin x}{\pi - x} \mathrm{d}x$$

$$= \pi \int_0^\pi \frac{\sin x}{\pi - x} \mathrm{d}x - \int_0^\pi x \frac{\sin x}{\pi - x} \mathrm{d}x = \int_0^\pi (\pi - x) \frac{\sin x}{\pi - x} \mathrm{d}x$$

$$= \int_0^\pi \sin x \mathrm{d}x = -\cos x \Big|_0^\pi = 2$$

【例 7 - 28】 设 $f(\pi) = 2$，且 $\int_0^\pi [f(x) + f''(x)] \sin x \mathrm{d}x = 5$，求 $f(0)$。

解： 使用分部积分法，有

$$\int_0^\pi f''(x)\sin x\mathrm{d}x = \int_0^\pi \sin x\mathrm{d}f'(x) = \sin xf'(x)\Big|_0^\pi - \int_0^\pi f'(x)\cos x\mathrm{d}x$$

$$= 0 - \int_0^\pi \cos x\mathrm{d}f(x) = -\cos xf(x)\Big|_0^\pi - \int_0^\pi f(x)\sin x\mathrm{d}x$$

$$= f(\pi) + f(0) - \int_0^\pi f(x)\sin x\mathrm{d}x$$

所以

$$\int_0^\pi [f(x) + f''(x)]\sin x\mathrm{d}x = \int_0^\pi f(x)\sin x\mathrm{d}x + \int_0^\pi f''(x)\sin x\mathrm{d}x$$

$$= \int_0^\pi f(x)\sin x\mathrm{d}x + f(\pi) + f(0) - \int_0^\pi f(x)\sin x\mathrm{d}x$$

$$= f(\pi) + f(0) = 2 + f(0) = 5$$

即

$$f(0) = 3$$

总的说来,定积分的计算题目灵活多变,需要多做练习,积累一定经验才能做到熟能生巧。

7.6 广义积分

目前为止,我们所讨论的定积分,积分区间是有限的,被积函数是有界的。那么能不能突破这两个条件的限制,产生更广泛意义下的定积分呢? 事实上,借助极限的概念,这个突破是可行的,而这种更广泛意义下的定积分就称为广义积分。

7.6.1 无限区间上的广义积分

定义 7.6.1 设函数 $f(x)$ 在区间 $[a, +\infty)$ 上连续,任取 $b > a$,如果极限

$$\lim_{b \to +\infty} \int_a^b f(x)\mathrm{d}x$$

存在,则称此极限值为函数 $f(x)$ 在无限区间 $[a, +\infty)$ 上的广义积分,记作 $\int_a^{+\infty} f(x)\mathrm{d}x$。即

$$\int_a^{+\infty} f(x)\mathrm{d}x = \lim_{b \to +\infty} \int_a^b f(x)\mathrm{d}x$$

这时也称广义积分 $\int_a^{+\infty} f(x)\mathrm{d}x$ 收敛。反之,如果上述极限不存在,则广义积分 $\int_a^{+\infty} f(x)\mathrm{d}x$ 发散,这时记号 $\int_a^{+\infty} f(x)\mathrm{d}x$ 不再有意义。

类似地可以得到无限区间 $(-\infty, b]$ 上的广义积分

$$\int_{-\infty}^{b} f(x)\mathrm{d}x = \lim_{a \to -\infty} \int_{a}^{b} f(x)\mathrm{d}x$$

对于 $(-\infty, +\infty)$ 区间上的广义积分则利用定积分对区间的可加性,定义为

$$\int_{-\infty}^{+\infty} f(x)\mathrm{d}x = \int_{-\infty}^{0} f(x)\mathrm{d}x + \int_{0}^{+\infty} f(x)\mathrm{d}x$$

且规定,当且仅当右端的两个广义积分都收敛时,$\int_{-\infty}^{+\infty} f(x)\mathrm{d}x$ 才收敛;否则就称 $\int_{-\infty}^{+\infty} f(x)\mathrm{d}x$ 发散。

【例 7 - 29】 计算广义积分 $\int_{0}^{+\infty} \mathrm{e}^{-\lambda t}\mathrm{d}t$ （$\lambda > 0$ 是常数）

解:根据广义积分定义

$$\int_{0}^{+\infty} \mathrm{e}^{-\lambda t}\mathrm{d}t = \lim_{b \to +\infty}\int_{0}^{b} \mathrm{e}^{-\lambda t}\mathrm{d}t = \lim_{b \to +\infty}\frac{-1}{\lambda}\mathrm{e}^{-\lambda x}\Big|_{0}^{b} = \lim_{b \to +\infty}\frac{-1}{\lambda}(\mathrm{e}^{-\lambda b} - 1) = \frac{1}{\lambda}$$

此广义积分收敛。

【例 7 - 30】 计算广义积分 $\int_{-\infty}^{+\infty} \frac{x}{1+x^2}\mathrm{d}x$。

解:根据定义

$$\begin{aligned}
\int_{-\infty}^{+\infty} \frac{x}{1+x^2}\mathrm{d}x &= \int_{-\infty}^{0} \frac{x}{1+x^2}\mathrm{d}x + \int_{0}^{+\infty} \frac{x}{1+x^2}\mathrm{d}x \\
&= \lim_{a \to -\infty}\frac{1}{2}\int_{a}^{0} \frac{1}{1+x^2}\mathrm{d}(1+x^2) + \lim_{b \to +\infty}\frac{1}{2}\int_{0}^{b} \frac{1}{1+x^2}\mathrm{d}(1+x^2) \\
&= \lim_{a \to -\infty}\frac{1}{2}\ln(1+x^2)\Big|_{a}^{0} + \lim_{b \to +\infty}\frac{1}{2}\ln(1+x^2)\Big|_{0}^{b}
\end{aligned}$$

显然,右端的两个极限都不存在,意味着对应的两个广义积分 $\int_{-\infty}^{0} \frac{x}{1+x^2}\mathrm{d}x$ 和 $\int_{0}^{+\infty} \frac{x}{1+x^2}\mathrm{d}x$ 都发散,所以 $\int_{-\infty}^{+\infty} \frac{x}{1+x^2}\mathrm{d}x$ 也发散。

这个例子表明前面证明过的"奇函数在关于原点对称的区间上定积分为 0"的结论对广义积分并不适用。

设 $F(x)$ 是 $f(x)$ 的一个原函数,为方便起见把 $\lim_{b \to +\infty}[F(b) - F(a)]$ 记作 $F(x)\Big|_{a}^{+\infty}$,这样广义积分就可以用牛顿 — 莱布尼兹公式的形式来表示了。

【例 7 - 31】 证明广义积分 $\int_{a}^{+\infty} \frac{1}{x^p}\mathrm{d}x(a > 0)$ 当 $p > 1$ 时收敛;当 $p \leqslant 1$ 时发散。

证明： 当 $p=1$ 时，

$$\int_a^{+\infty} \frac{1}{x^p}\mathrm{d}x = \int_a^{+\infty} \frac{1}{x}\mathrm{d}x = \ln x \Big|_0^{+\infty} = +\infty$$

广义积分发散；

当 $p \neq 1$ 时，

$$\int_a^{+\infty} \frac{1}{x^p}\mathrm{d}x = \frac{x^{1-p}}{1-p}\Big|_a^{+\infty} = \begin{cases} +\infty, & p < 1 \\ \dfrac{a^{1-p}}{p-1}, & p > 1 \end{cases}$$

广义积分在 $p<1$ 时发散，在 $p>1$ 时收敛。

综上所述，广义积分 $\int_a^{+\infty} \frac{1}{x^p}\mathrm{d}x (a>0)$ 当 $p>1$ 时收敛，$p \leqslant 1$ 时发散，问题得证。

7.6.2　无界函数的广义积分

定义 7.6.2　设函数 $f(x)$ 在 $(a,b]$ 上连续，且在 $x \to a^+$ 时函数无界，取 $\varepsilon > 0$，如果极限

$$\lim_{\varepsilon \to 0^+} \int_{a+\varepsilon}^b f(x)\mathrm{d}x$$

存在，则称此极限为函数 $f(x)$ 在 $[a,b]$ 上的广义积分，仍然记作 $\int_a^b f(x)\mathrm{d}x$ 即

$$\int_a^b f(x)\mathrm{d}x = \lim_{\varepsilon \to 0^+} \int_{a+\varepsilon}^b f(x)\mathrm{d}x$$

这时也称广义积分 $\int_a^b f(x)\mathrm{d}x$ 收敛。如果上述极限不存在，就称广义积分 $\int_a^b f(x)\mathrm{d}x$ 发散。

类似地，如果函数 $f(x)$ 在 $[a,b)$ 上连续，且在 $x \to b^-$ 时无界，则取 $\varepsilon > 0$，定义广义积分

$$\int_a^b f(x)\mathrm{d}x = \lim_{\varepsilon \to 0^+} \int_a^{b-\varepsilon} f(x)\mathrm{d}x$$

若极限不存在，就称广义积分 $\int_a^b f(x)\mathrm{d}x$ 发散。

设函数 $f(x)$ 在 $[a,b]$ 上除点 $c(a<c<b)$ 外连续，且在 $x \to c$ 时无界，则利用定积分对积分区间的可加性，定义广义积分

$$\int_a^b f(x)\mathrm{d}x = \int_a^c f(x)\mathrm{d}x + \int_c^b f(x)\mathrm{d}x$$

并规定此广义积分收敛,当且仅当右端的两个广义积分 $\int_a^c f(x)\mathrm{d}x$ 与 $\int_c^b f(x)\mathrm{d}x$ 都收敛。

无界函数的广义积分与定积分在形式上完全一样,一定要小心加以区分。

【例 7 - 32】 计算广义积分

$$\int_0^a \frac{\mathrm{d}x}{\sqrt{a^2 - x^2}} \quad (a > 0)$$

解:显然,被积函数在 $x = a$ 处无界,则根据广义积分定义

$$\int_0^a \frac{\mathrm{d}x}{\sqrt{a^2 - x^2}} = \lim_{\varepsilon \to 0^+} \int_0^{a-\varepsilon} \frac{\mathrm{d}x}{\sqrt{a^2 - x^2}}$$

$$= \lim_{\varepsilon \to 0^+} \arcsin \frac{x}{a} \Big|_0^{a-\varepsilon} = \lim_{\varepsilon \to 0^+} \left(\arcsin \frac{a - \varepsilon}{a} - 0 \right)$$

$$= \arcsin 1 = \frac{\pi}{2}$$

【例 7 - 33】 求广义积分 $\int_{-1}^1 \frac{1}{x^2}\mathrm{d}x$。

解:显然,被积函数在点 $x \to 0$ 无界,根据定义,广义积分

$$\int_{-1}^1 \frac{1}{x^2}\mathrm{d}x = \int_{-1}^0 \frac{1}{x^2}\mathrm{d}x + \int_0^1 \frac{1}{x^2}\mathrm{d}x$$

而 $\int_{-1}^0 \frac{1}{x^2}\mathrm{d}x = \lim_{\varepsilon \to 0^+} \int_{-1}^{-\varepsilon} \frac{1}{x^2}\mathrm{d}x = -\lim_{\varepsilon \to 0^+} \frac{1}{x} \Big|_{-1}^{-\varepsilon} = \lim_{\varepsilon \to 0^+} \left(\frac{1}{\varepsilon} - 1 \right) = +\infty$,发散,

故所求广义积分 $\int_{-1}^1 \frac{1}{x^2}\mathrm{d}x$ 发散。

设 $F(x)$ 是 $f(x)$ 的一个原函数,为方便起见,也直接把 $\lim_{\varepsilon \to 0^+} \lfloor F(b) - F(a+\varepsilon) \rfloor$ 记作 $F(x)\Big|_a^b$,但一定要明白它与定积分的实质性的差异。

【例 7 - 34】 证明广义积分 $\int_a^b \frac{\mathrm{d}x}{(x-a)^q}$ 当 $q < 1$ 时收敛;当 $q \geqslant 1$ 时发散。

证明:当 $q = 1$ 时,$\int_a^b \frac{\mathrm{d}x}{(x-a)} = \ln(x-a) \Big|_a^b = +\infty$, 发散

当 $q \neq 1$ 时,$\int_a^b \frac{\mathrm{d}x}{(x-a)^q} = \frac{(x-a)^{1-q}}{1-q} \Big|_a^b = \begin{cases} \dfrac{(b-a)^{1-q}}{1-q}, & q < 1 \\ +\infty, & q > 1 \end{cases}$

综上所述,广义积分 $\int_a^b \frac{\mathrm{d}x}{(x-a)^q}$ 当 $q < 1$ 时收敛;当 $q \geqslant 1$ 时发散,命题得证。

7.7　微元法和定积分的应用

定积分的应用十分广泛,本节主要介绍其在几何、物理、经济领域的应用。

7.7.1　微元法

1) 能用定积分表示的量的特点

回顾引出定积分概念的两个实例——曲边梯形的面积和变速直线运动的路程,虽然有不同的实际意义,但仅就数学而言,它们有着共同的特征:

(1) 问题中所求的量 U 不均匀地分布在一个有限区间$[a, b]$上,且 U 对该区间具有可加性。即如果将$[a, b]$划分成 n 个小子区间 $[x_{i-1}, x_i]$, $i = 1, 2, \cdots, n$,则 U 就是各子区间上的部分量 ΔU_i 之和,即 $U = \sum_{i=1}^{n} \Delta U_i$;

(2) 选取其中的任意一个小部分量,记为 ΔU,其分布区间是$[x, x+\mathrm{d}x]$。对 ΔU 采用"以直代曲"(如曲边梯形面积)或"以不变代变"(如变速直线运动的路程)等方法写出 ΔU 的近似表示式

$$\Delta U \approx f(x)\mathrm{d}x$$

$f(x)\mathrm{d}x$ 就称为量 U 的微元。

例如,在曲边梯形面积的问题中,微元就是小矩形条的面积;在变速直线运动的路程的问题中,微元就是小部分时间段内匀速直线运动的路程。

2) 定积分的实质是无限累积

从解决两个实例的基本思想和步骤考察,定积分实质上也是一种加法,是一种累积。曲边梯形的面积是无穷多个底边长趋于零的小矩形条面积之和;变速直线运动的路程是无穷多个时间间隔趋于零的小段匀速直线运动的路程之和。不过,定积分所表示的加法与通常意义上的加法不同,需要对区间进行无限细分而经历一个取极限的过程,因此是一种无限累积。

3) 用定积分解决问题的步骤

(1) "化整为零,不变代变":对区间$[a, b]$进行划分,写出小子区间 $[x, x+\mathrm{d}x]$ 上的微元

$$\mathrm{d}U = f(x)\mathrm{d}x$$

(2) "积零为整,无限累积":将求得的微元在区间$[a, b]$上无限累积在一起,求出 U 的精确值

$$U = \int_a^b \mathrm{d}U = \int_a^b f(x)\mathrm{d}x$$

这种分析问题的方法就称为**微元法**。

7.7.2 定积分的几何应用

1) 平面图形的面积

设平面图形由曲线 $y=f(x)$ 与 $y=g(x)$（$f(x) \geqslant g(x)$）及直线 $x=a$，$x=b$（$a<b$）所围成，求其面积 A，如图 7.7.1 所示。

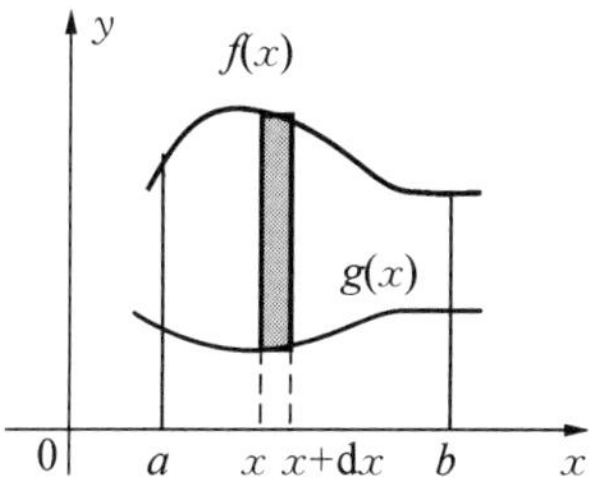

面积微元 $\mathrm{d}A=[f(x)-g(x)]\mathrm{d}x$，是阴影部分小矩形的面积，将面积微元在 $[a,b]$ 上无限累积，则此平面图形面积

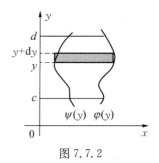

图 7.7.1

$$A=\int_a^b \mathrm{d}A=\int_a^b [f(x)-g(x)]\mathrm{d}x$$

若平面图形由曲线 $x=\varphi(y)$ 与 $x=\psi(y)$（$\varphi(y) \geqslant \psi(y)$）及直线 $y=c$，$y=d$（$c<d$）所围成，如图 7.7.2，求其面积 A。

面积微元 $\mathrm{d}A=[\varphi(y)-\psi(y)]\mathrm{d}y$，是阴影部分小矩形的面积，将面积微元在 $[c,d]$ 上无限累积，则此平面图形面积

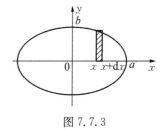

图 7.7.2

$$A=\int_c^d \mathrm{d}A=\int_c^d [\varphi(y)-\psi(y)]\mathrm{d}y$$

【例 7-35】 求椭圆 $\dfrac{x^2}{a^2}+\dfrac{y^2}{b^2}=1$ 所围成的面积（$a>0$，$b>0$）。

解：（1）画出简图，如图 7.7.3 所示。据椭圆图形的对称性，整个椭圆面积是位于第一象限内面积的 4 倍。

（2）选取积分变量并确定区间：取 x 为积分变量，则 $0 \leqslant x \leqslant a$，$y=b\sqrt{1-\dfrac{x^2}{a^2}}$

图 7.7.3

（3）写出面积微元：$\mathrm{d}A=y\mathrm{d}x=b\sqrt{1-\dfrac{x^2}{a^2}}\,\mathrm{d}x$

（4）写出定积分：$A=4\int_0^a \mathrm{d}A=4\int_0^a b\sqrt{1-\dfrac{x^2}{a^2}}\,\mathrm{d}x$

作变量替换 $x=a\cos t$，（$0 \leqslant t \leqslant \dfrac{\pi}{2}$），则 $y=b\sqrt{1-\dfrac{x^2}{a^2}}=b\sin t$，$\mathrm{d}x=-a\sin t\mathrm{d}t$，所以

$$A = 4\int_{\frac{\pi}{2}}^{0} b\sin t(-a\sin t)\mathrm{d}t = 4ab\int_{0}^{\frac{\pi}{2}} \sin^2 t\mathrm{d}t = 4ab\int_{0}^{\frac{\pi}{2}} \frac{1-\cos 2t}{2}\mathrm{d}t$$

$$= 2ab\left(t - \frac{1}{2}\sin 2t\right)\Big|_{0}^{\frac{\pi}{2}} = \pi ab$$

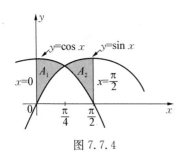

图 7.7.4

【例 7 - 36】 计算曲线 $y = \sin x$，$y = \cos x$ 和直线 $x = 0$，$x = \frac{\pi}{2}$ 所围成的图形面积

解：画出简图，如图 7.7.4 所示。

选取 x 为积分变量，则 $0 \leqslant x \leqslant \frac{\pi}{2}$，

面积微元

当 $0 \leqslant x \leqslant \frac{\pi}{4}$ 时，$\mathrm{d}A = (\cos x - \sin x)\mathrm{d}x$

当 $\frac{\pi}{4} \leqslant x \leqslant \frac{\pi}{2}$ 时，$\mathrm{d}A = (\sin x - \cos x)\mathrm{d}x$

定积分为
$$A = \int_{0}^{\frac{\pi}{4}} (\cos x - \sin x)\mathrm{d}x + \int_{\frac{\pi}{4}}^{\frac{\pi}{2}} (\sin x - \cos x)\mathrm{d}x$$

$$= (\sin x + \cos x)\Big|_{0}^{\frac{\pi}{4}} + (-\cos x - \sin x)\Big|_{\frac{\pi}{4}}^{\frac{\pi}{2}} = 2\sqrt{2} - 2$$

【例 7 - 37】 计算抛物线 $y^2 = 2x$ 与直线 $y = x - 4$ 所围成的图形面积。

解：解方程 $\begin{cases} y^2 = 2x \\ y = x - 4 \end{cases}$，得交点：$(2, -2)$ 和 $(8, 4)$，画出简图（见图 7.7.5）。

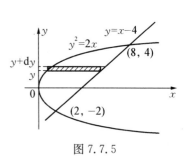

图 7.7.5

选取 y 为积分变量，则 $-2 \leqslant y \leqslant 4$，

面积微元 $\qquad \mathrm{d}A = \left[(y+4) - \frac{1}{2}y^2\right]\mathrm{d}y$

定积分 $A = \int_{-2}^{4} \mathrm{d}A = \int_{-2}^{4} \left(y + 4 - \frac{1}{2}y^2\right)\mathrm{d}y = $

$\left(\frac{y^2}{2} + 4y - \frac{1}{6}y^3\right)\Big|_{-2}^{4} = 18$

如果选取 x 为积分变量，则 $0 \leqslant x \leqslant 8$

面积微元

当 $0 \leqslant x \leqslant 2$ 时，$\mathrm{d}A = [\sqrt{2x} - (-\sqrt{2x})]\mathrm{d}x = 2\sqrt{2x}\,\mathrm{d}x$

在 $2 \leqslant x \leqslant 8$ 时，$\mathrm{d}A = [\sqrt{2x} - (x-4)]\mathrm{d}x = (4 + \sqrt{2x} - x)\mathrm{d}x$

定积分表达式为

$$A = \int_0^2 2\sqrt{2x}\,\mathrm{d}x + \int_2^8 (4 + \sqrt{2x} - x)\mathrm{d}x$$

$$= \frac{4\sqrt{2}}{3}x^{\frac{3}{2}}\Big|_0^2 + \left(4x + \frac{2\sqrt{2}}{3}x^{\frac{3}{2}} - \frac{1}{2}x^2\right)\Big|_2^8 = 18$$

显然，前一种解法较简洁，这表明积分变量的选取有个合理性的问题。

2) 旋转体的体积

旋转体是由一个平面图形绕该平面内一条定直线旋转一周而生成的立体，该定直线称为旋转轴。

计算由曲线 $y = f(x)$ 直线 $x = a$，$x = b$ 及 x 轴所围成的曲边梯形（见图7.7.6），绕 x 轴旋转一周而生成的立体体积，如图7.7.7所示。

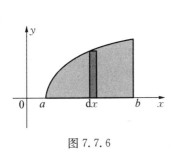

图 7.7.6

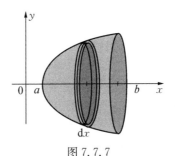

图 7.7.7

此旋转体的体积可以用定积分计算，运用微元法，取 x 为积分变量，则 $x \in [a, b]$，用垂直于 x 轴的平面将旋转体分割成小薄片，对于区间 $[a, b]$ 上的任一小区间 $[x, x+\mathrm{d}x]$，它所对应的窄曲边梯形绕 x 轴旋转而生成的薄片似的立体的体积可以用底半径为 $f(x)$，高为 $\mathrm{d}x$ 的扁圆柱体体积来近似。体积微元为

$$\mathrm{d}V = \pi[f(x)]^2\mathrm{d}x$$

所求的旋转体的体积的定积分表达式为

$$V = \int_a^b \pi[f(x)]^2\mathrm{d}x$$

对于由曲线 $x = \varphi(y)$ 直线 $y = c$，$y = d$ 及 y 轴所围成的曲边梯形（见图7.7.8），绕 y 轴旋转一周而生成的立体的体积（见图7.7.9），同样可以用定积分计算。

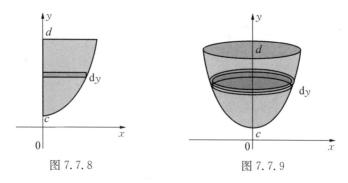

图 7.7.8   图 7.7.9

此时取 y 为积分变量,对于区间 $[c,d]$ 上的任一小区间 $[y,y+\mathrm{d}y]$,它所对应的窄曲边梯形绕 y 轴旋转而生成的薄片似的立体的体积可以用底半径为 $\varphi(y)$,高为 $\mathrm{d}y$ 的扁圆柱体体积来近似。即:体积微元为

$$\mathrm{d}V = \pi[\varphi(y)]^2\mathrm{d}y$$

所求的旋转体的体积的定积分表达式为

$$V = \int_c^d \pi[\varphi(y)]^2\mathrm{d}y$$

【例 7-38】 求由曲线 $y=x^3$,直线 $y=8$ 和 y 轴所围曲边梯形(见图 7.7.10 和图 7.7.12)分别绕 y 轴和 x 轴旋转而生成的旋转体的体积。

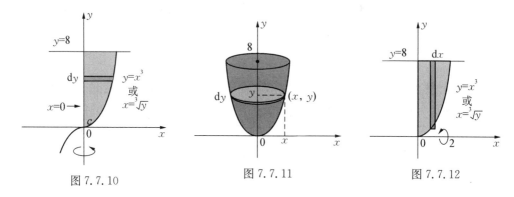

图 7.7.10   图 7.7.11   图 7.7.12

解: 首先绕 y 轴旋转。画出简图,如图 7.7.11 所示。

选取 y 为积分变量,则 $0 \leqslant y \leqslant 8$

体积微元 $\mathrm{d}V = \pi x^2\mathrm{d}y = \pi \cdot (\sqrt[3]{y})^2\mathrm{d}y$

体积的定积分表达式

$$V = \int_0^8 \mathrm{d}V = \int_0^8 \pi \cdot (\sqrt[3]{y})^2\mathrm{d}y = \frac{3}{5}\pi y^{\frac{5}{3}}\Big|_0^8 = \frac{96}{5}\pi$$

接下来绕 x 轴旋转,如图 7.7.13 所示。

选取 x 为积分变量,则 $0 \leqslant x \leqslant 2$,

体积微元 $\mathrm{d}V = [\pi 8^2 - \pi(x^3)^2]\mathrm{d}x$

体积的定积分表达式为

$$V = \int_0^2 \mathrm{d}V = \int_0^2 [\pi 8^2 - \pi(x^3)^2]\mathrm{d}x$$

$$= \left(64\pi x - \frac{\pi}{7}x^7\right)\Big|_0^2 = \frac{768}{7}\pi$$

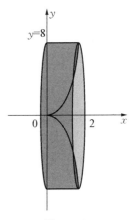

图 7.7.13

【例 7 - 39】 求直线 $y = \dfrac{r}{h} \cdot x$ 及直线 $x = 0$,$x = h$

($h > 0$)和 x 轴所围成的三角形绕 x 轴旋转而生成的立体的

体积(见图 7.7.14)。

解: 可以采用微元法也可以直接套用上述旋转体体

积计算公式。

取 x 为积分变量,则 $x \in [0, h]$。

$$V = \int_0^h \pi\left(\frac{r}{h}x\right)^2 \mathrm{d}x = \frac{\pi r^2}{3h^2}x^3\Big|_0^h = \frac{1}{3}\pi r^2 h$$

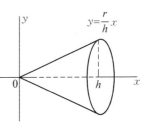

图 7.7.14

3) 平行截面面积为已知的立体的体积(截面法)

由旋转体体积的计算过程可以发现:如果知道该立

体上垂直于一定轴的各个截面的面积,那么

这个立体的体积也可以用定积分来计算。

取定轴为 x 轴,且设该立体在过点 $x = a$,$x = b$ 且垂直于 x 轴的两个平面之内,以 $A(x)$ 表示过点 x 且垂直于 x 轴的截面面积(见图 7.7.15)。

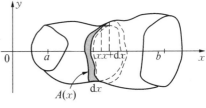

图 7.7.15

取 x 为积分变量,它的变化区间为 $[a, b]$。立体中相应于 $[a, b]$ 上任一小区间 $[x, x+\mathrm{d}x]$ 的一薄片的体积近似于底面积为 $A(x)$,高为 $\mathrm{d}x$ 的扁柱体的体积。

即:体积元素为 $\mathrm{d}V = A(x)\mathrm{d}x$

于是,该立体的体积为 $V = \int_a^b A(x)\mathrm{d}x$

7.7.3 定积分在经济学中的应用

1) 已知边际函数求总量函数或总量函数的增量

根据经济意义,边际函数是总量函数的变化率,在数学的角度来说就是总量函数的导数。所以此类问题在数学上来说就是已知导数,求原函数——不定积分,或原函数的增量——定积分。

【例 7 - 40】 设生产某种产品的固定成本为 1 万元,边际收益和边际成本分别为(单位:万元/百台)

$$R'(Q) = 8 - Q, \quad C'(Q) = 4 + \frac{Q}{4}。$$

(1) 求产量由 1 百台增加到 5 百台时,总成本和总收益各增加多少?

(2) 求产量为多少时,总利润最大。

(3) 求利润最大时的总利润、总成本和总收益。

解:(1) 问题为求总量函数——原函数,在 Q 从 1 变到 5 时的增量,即求边际函数在区间 $[1,5]$ 上的定积分。因此可得

总收益的增加量　　$\int_1^5 R'(Q)\mathrm{d}Q = \int_1^5 (8 - Q)\mathrm{d}Q = \left(8Q - \frac{Q^2}{2}\right)\Big|_1^5 = 20\,(万元)$

总成本的增加量　　$\int_1^5 C'(Q)\mathrm{d}Q = \int_1^5 \left(4 + \frac{Q}{4}\right)\mathrm{d}Q = \left(4Q + \frac{Q^2}{8}\right)\Big|_1^5 = 19\,(万元)$

(2) 根据牛顿—莱布尼兹公式,$\int_0^Q R'(Q)\mathrm{d}Q = R(Q) - R(0)$

由实际意义容易知道,当 $Q = 0$ 时,总收益为 0,所以

$$R(Q) = \int_0^Q R'(t)\mathrm{d}t + R(0) = \int_0^Q (8 - x)\mathrm{d}x + 0 = \left(8x - \frac{x^2}{2}\right)\Big|_0^Q = 8Q - \frac{Q^2}{2}$$

同理　　　　　　　　$\int_0^Q C'(Q)\mathrm{d}Q = C(Q) - C(0)$

由实际意义,当 $Q = 0$ 时,总成本即为固定成本,$C(0) = 1$,所以

$$C(Q) = \int_0^Q C'(t)\mathrm{d}t + C(0) = \int_0^Q \left(4 + \frac{x}{4}\right)\mathrm{d}x + 1 = \left(4x + \frac{x^2}{8}\right)\Big|_0^Q + 1 = 4Q + \frac{Q^2}{8} + 1$$

而利润函数

$$L(Q) = R(Q) - C(Q) = 8Q - \frac{Q^2}{2} - \left(4Q + \frac{Q^2}{8} + 1\right) = 4Q - \frac{5Q^2}{8} - 1$$

令 $L'(Q) = 4 - \frac{5Q}{4} = 0$,得唯一驻点 $Q = 3.2$

而 $L''(Q) = -\frac{5}{4} < 0$,所以 $Q = 3.2$ 百台时,利润最大。

(3) 将 $Q = 3.2$ 分别代入求得的总量函数中得

最大利润为　　　　　　　$L(3.2) = 5.4\,(万元)$

利润最大时总收益为　　　$R(3.2) = 20.48\,(万元)$

利润最大时总成本为　　　　$C(3.2)=15.08(万元)$

2）现金流量的现值

现金流量从数学的角度来说就是现金量相对时间的变化率，是现金总量函数的导数。如果现金流量 $R(t)$ 是连续函数，则在很短的小时间段 $[t,t+dt]$ 内，用均匀现金流来近似可以得到现金微元是 $R(t)dt$

当贴现率为 r 时，按连续复利计算，其现值为

$$R(t)e^{-rt}dt$$

那么，到 n 年末现金总量的现值就是如下定积分

$$R=\int_0^n R(t)e^{-rt}dt$$

【例 7-41】　某物品现售价 5 000 万元，分期付款购买，10 年付清，每年付款数相同，若贴现率为 4%，按连续复利计算，每年应付款多少万元？

解： 每年付款数相同，这是均匀的现金流，设每年付款 A 万元，即 $R(t)=A$，所以

$$R=\int_0^{10} Ae^{-0.04t}dt=-\frac{A}{0.04}e^{-0.04t}\Big|_0^{10}=\frac{A}{0.04}(1-e^{-0.4})=5\,000$$

$$A=606.65(万元)$$

即每年应付款 606.65 万元。

习　题　6

1. 用定积分定义求下列定积分

(1) $\int_0^1 x\,dx$

(2) $\int_0^1 (1+x^2)\,dx$

2. 比较下列各对定积分的大小

(1) $\int_0^1 x^2\,dx$ 和 $\int_0^1 x^3\,dx$

(2) $\int_3^4 \ln^2 x\,dx$ 和 $\int_3^4 \ln^3 x\,dx$

(3) $\int_0^1 x\,dx$ 和 $\int_0^1 \ln(1+x)\,dx$

3. 估计下列定积分的值

(1) $\int_1^2 x^{\frac{4}{3}}\,dx$

(2) $\int_{-2}^0 xe^x\,dx$

4. 求下列函数的导数

(1) $F(x)=\int_1^x \frac{\sin t}{t}\,dt$

(2) $F(x)=\int_x^0 e^{-t^2}\,dt$

(3) $F(x) = \int_0^{\sin x} \sqrt{1+t^2}\, dt$ (4) $F(x) = \int_{x^2}^{x^3} \arctan t\, dt$

5. 设方程 $\int_0^y e^t dt + \int_0^x \cos t\, dt = 0$ 确定一元隐函数 $y = y(x)$，求 $\dfrac{dy}{dx}$。

6. 求下列极限

(1) $\lim\limits_{x \to 0} \dfrac{\displaystyle\int_0^x \cos t^2\, dt}{x}$ (2) $\lim\limits_{x \to +\infty} \dfrac{\displaystyle\int_0^x (\arctan t)^2\, dt}{\sqrt{1+x^2}}$

(3) $\lim\limits_{x \to 0} \dfrac{\left(\displaystyle\int_0^x e^{t^2}\, dt\right)^2}{\displaystyle\int_0^x t e^{2t^2}\, dt}$

7. 求函数 $F(x) = \int_0^x t e^{-t^2}\, dt$ 的极值点。

8. 求下列定积分

(1) $\int_1^2 \left(3x^2 - 2x + 1 + \dfrac{1}{x^2}\right) dx$ (2) $\int_1^4 \sqrt{x}(1+\sqrt{x})^2\, dx$

(3) $\int_{\frac{1}{\sqrt{3}}}^{\sqrt{3}} \dfrac{1}{x^2(1+x^2)}\, dx$ (4) $\int_0^{\frac{\pi}{4}} \tan^2 \theta\, d\theta$

(5) $\int_0^2 \dfrac{1}{\sqrt{16-x^2}}\, dx$ (6) $\int_0^1 \dfrac{1}{1+x}\, dx$

(7) $\int_1^2 \dfrac{1}{\sqrt{x}} e^{\sqrt{x}}\, dx$ (8) $\int_1^e \dfrac{1}{x\sqrt{1+\ln x}}\, dx$

(9) $\int_0^{2\pi} |\sin x|\, dx$ (10) $\int_0^{\pi} \sqrt{\sin t - \sin^3 t}\, dt$

9. 已知函数 $f(x) = \begin{cases} x+1, & x \leqslant 1 \\ 3^x, & x > 1 \end{cases}$，求 $\int_0^2 f(x)\, dx$。

10. 求下列定积分

(1) $\int_1^4 \dfrac{1}{1+\sqrt{x}}\, dx$ (2) $\int_{-1}^1 \dfrac{x}{\sqrt{5-4x}}\, dx$

(3) $\int_0^2 \dfrac{1}{\sqrt{1+x} + \sqrt{(1+x)^3}}\, dx$ (4) $\int_1^{\sqrt{2}} \sqrt{2-x^2}\, dx$

(5) $\int_1^2 \dfrac{\sqrt{x^2-1}}{x}\, dx$ (6) $\int_1^{\sqrt{3}} \dfrac{1}{x^2\sqrt{1+x^2}}\, dx$

(7) $\int_0^{\ln 2} \sqrt{e^x - 1}\, dx$ (8) $\int_0^1 x(1-x)^{100}\, dx$

11. 求下列定积分

(1) $\int_{-1}^1 x^3 \cdot \cos(x^2)\, dx$ (2) $\int_{-\frac{1}{2}}^{\frac{1}{2}} \dfrac{(\arcsin x)^2}{\sqrt{1-x^2}}\, dx$

(3) $\int_{-2}^2 \left(\dfrac{3x^3 \sin^2 x}{1+x^2} + 2\right) dx$ (4) $\int_0^{2a} x\sqrt{a^2 - (x-a)^2}\, dx$

12. 设 $f(x) = \begin{cases} \dfrac{1}{2+x}, & x \geqslant 0 \\ \dfrac{1}{1+\mathrm{e}^x}, & x < 0 \end{cases}$，求 $\displaystyle\int_0^2 f(x-1)\mathrm{d}x$。

13. 证明：$\displaystyle\int_0^1 x^m(1-x)^n\mathrm{d}x = \int_0^1 (1-x)^m x^n\mathrm{d}x$。

14. 已知 $f(x)$ 是连续函数，证明：$\displaystyle\int_0^{\frac{\pi}{2}} f(\sin x)\mathrm{d}x = \int_0^{\frac{\pi}{2}} f(\cos x)\mathrm{d}x$。

15. 证明：

(1) 若 $f(x)$ 是以 T 为周期的连续函数，则 $\displaystyle\int_a^{a+T} f(x)\mathrm{d}x = \int_0^T f(x)\mathrm{d}x$。

(2) 若 $f(x)$ 连续且是奇函数(偶函数)，则 $F(x) = \displaystyle\int_0^x f(t)\mathrm{d}t$ 是偶函数(奇函数)。

16. 求下列定积分

(1) $\displaystyle\int_0^1 x\mathrm{e}^{-2x}\mathrm{d}x$ 　　　　　　　　(2) $\displaystyle\int_0^{\frac{1}{2}} x\arcsin x\mathrm{d}x$

(3) $\displaystyle\int_1^{\mathrm{e}} \ln^3 x\mathrm{d}x$ 　　　　　　　　(4) $\displaystyle\int_0^{\pi} x^2\cos 2x\mathrm{d}x$

(5) $\displaystyle\int_0^{\frac{\pi}{2}} \mathrm{e}^{2x}\cos x\mathrm{d}x$ 　　　　　　　　(6) $\displaystyle\int_0^2 \ln(x+\sqrt{1+x^2})\mathrm{d}x$

17. 设 n 是自然数，$I_n = \displaystyle\int_0^{\pi} x\sin^n x\mathrm{d}x$，求递推公式。

18. 已知函数 $f(x) = \displaystyle\int_1^{x^2} \mathrm{e}^{-t^2}\mathrm{d}t$，求 $\displaystyle\int_0^1 xf(x)\mathrm{d}x$。

19. 设 $f(0) = 1$，$f(2) = 3$，$f'(2) = 5$，求 $\displaystyle\int_0^2 xf''(x)\mathrm{d}x$。

20. 已知 $f(x) = \dfrac{1}{1+x^2} + \sqrt{1-x^2}\displaystyle\int_0^1 f(x)\mathrm{d}x$，求 $\displaystyle\int_0^1 f(x)\mathrm{d}x$。

21. 求下列广义积分

(1) $\displaystyle\int_1^{+\infty} x\mathrm{e}^{-x^2}\mathrm{d}x$ 　　　　　　　　(2) $\displaystyle\int_{-\infty}^0 \cos x\mathrm{d}x$

(3) $\displaystyle\int_{-\infty}^{+\infty} \dfrac{1}{x^2+2x+2}\mathrm{d}x$ 　　　　　　　　(4) $\displaystyle\int_1^2 \dfrac{x}{\sqrt{x-1}}\mathrm{d}x$

(5) $\displaystyle\int_{-1}^0 \dfrac{1}{\sqrt{1-x^2}}\mathrm{d}x$ 　　　　　　　　(6) $\displaystyle\int_0^2 \dfrac{1}{(1-x)^2}\mathrm{d}x$

22. 讨论广义积分 $\displaystyle\int_{\mathrm{e}}^{+\infty} \dfrac{1}{x\ln^p x}\mathrm{d}x$ 当 p 取何值时收敛?取何值时发散?

23. 求下列各题中平面图形的面积

(1) 曲线 $xy = 1$ 与直线 $y = x$，$x = 2$ 所围成的图形。

(2) 曲线 $2x = y^2$ 与 $x^2+y^2 = 8$ 所围成的图形。

(3) 曲线 $y = x^2$ 与直线 $y = x$，$y = 2x$ 所围成的图形。

(4) 抛物线 $y^2 = 4x$ 及其在点 $(1,2)$ 处法线所围成的图形。

24. 求下列各题中旋转体的体积

(1) 曲线 $y = \sin x$ 与直线 $y = 0$, $x = \dfrac{\pi}{2}$ 围成的图形绕 x 轴旋转所得旋转体。

(2) 曲线 $x = y^2$ 与直线 $x = 1$ 围成的图形绕 x 轴旋转所得旋转体。

(3) 圆 $(x-5)^2 + y^2 = 16$ 分别绕 x 轴, y 轴旋转所得旋转体。

25. 已知生产某产品的固定成本为 2 000, 边际成本函数为

$$MC = 3Q^2 - 118Q + 1\,315$$

求总成本函数。

26. 设某产品的总产量 Q 对时间的变化率为

$$f(t) = 100 + 10t - 0.45t^2 \text{（吨/小时）}$$

(1) 求总产量 Q 和时间 t 的函数关系；

(2) 求从时刻 $t = 4$ 到 $t = 8$ 小时这段时间内总产量增加了多少?

27. 购买某房产现价为 250 万元, 若分期付款, 要求 10 年付清, 每年付款数相同。已知贴现率为 6%, 按连续复利计算, 每年应付款多少万元?

28. 某型机器使用寿命为 10 年, 如购进机器需要 40 000 元, 如租用此机器每月租金 500 元, 设投资年利率为 14%, 按连续复利计算, 问购机与租用哪一种方式合算?

多元函数微积分

8.1 多元函数的基本概念

8.1.1 平面点集

讨论一元函数时,经常用到邻域和区间的概念。由于讨论多元函数的需要,首先把邻域和区间概念加以推广,同时还要涉及其他一些概念。

1) 邻域

设 $p_0(x_0, y_0)$ 是 xOy 平面上的一个点,δ 是某一正数。与点 $p_0(x_0, y_0)$ 距离小于 δ 的点 $p(x, y)$ 的全体,称为点 p_0 的 δ 邻域,记为 $U(P_0, \delta)$,即

$$U(P_0, \delta) = \{P \mid \| PP_0 \| < \delta\}$$

也就是

$$U(P_0, \delta) = \{(x, y) \mid \sqrt{(x-x_0)^2 + (y-y_0)^2} < \delta\}$$

在几何上,$U(P_0, \delta)$ 就是 xOy 平面上以点 $p_0(x_0, y_0)$ 为中心、$\delta > 0$ 为半径的圆的内部的点 $P(x, y)$ 的全体。

去心邻域:点 P_0 的去心邻域

$$\mathring{U}(P_0) = \{P \mid 0 < | PP_0 | < \delta\} = \{(x, y) \mid 0 < \sqrt{(x-x_0)^2 + (y-y_0)^2} < \delta\}$$

2) 区域

设 E 是平面上的一点集,P 是平面上的一点。

内点:如果存在点 P 的某一邻域 $U(P)$,使得 $U(P) \subset E$,则称 P 为 E 的内点,如图 8.1.1 所示。

开集:如果点集 E 的点都是内点,则称 E 为开集。

如 $E_1 = \{(x, y) \mid 1 < x^2 + y^2 < 4\}$ 是开集。

图 8.1.1

边界点:如果点 P 的任一邻域内既有属于 E 的点,也有不属于 E 的点,则称 P 为 E 的边界点,如图 8.1.2 所示。

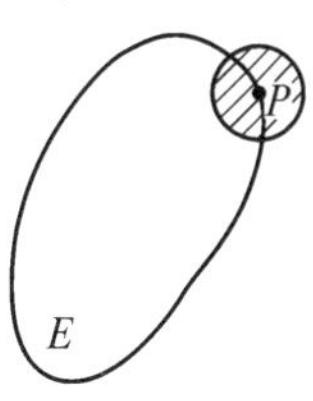

边界:E 的边界点的全体称为 E 的边界。

如 E_1 的边界是 $x^2 + y^2 = 1$ 和 $x^2 + y^2 = 4$

图 8.1.2

连通：设 D 是开集，如果对于 D 内任何两点，都可用属于 D 的折线将其连接起来，则称开集 D 是连通的。

连通的开集称为**区域**。

闭区域与开区域：包含所有边界在内的区域称为闭区域；不包含边界在内的区域称为开区域；包含部分边界在内的区域称为半开区域。

有界区域与无界区域：对于区域 D，如果存在正数 δ，使得 $D \subset U(P_0, \delta)$，那么称区域 D 为有界区域，否则称无界区域。

$$\text{如} \quad \{(x, y) \mid 1 \leqslant x^2 + y^2 \leqslant 4\} \qquad \text{有界闭区域}$$
$$\{(x, y) \mid x + y > 1\} \qquad \text{无界开区域}$$

3）n 维空间

我们知道，数轴上的点与实数有一一对应关系，从而实数全体表示数轴上一切点的集合，即直线。在平面上引入直角坐标系后，平面上的点与二元数组 (x, y) 一一对应，从而二元数组 (x, y) 全体表示平面上一切点的集合，即平面。在空间引入直角坐标系后，空间的点与三元数组 (x, y, z) 一一对应，从而三元数组 (x, y, z) 全体表示空间一切点的集合，即空间。一般地，设 n 为取定的一个自然数，我们称 n 元数组 $(x_1, x_2, \cdots, x_n)$ 的全体为 n 维空间，而每个 n 元数组 $(x_1, x_2, \cdots, x_n)$ 称为 n 维空间中的一个点，数 x_i 称为该点的第 i 个坐标。n 维空间记为 R^n。

n 维空间中两点 $P(x_1, x_2, \cdots, x_n)$ 及 $Q(y_1, y_2, \cdots, y_n)$ 间的距离规定为

$$|PQ| = \sqrt{(y_1 - x_1)^2 + (y_2 - x_2)^2 + \cdots + (y_n - x_n)^2}$$

容易验知，当 $n = 1, 2, 3$ 时，由上式便得解析几何中关于直线（数轴），平面，空间内两点的距离。

前面就平面点集来陈述的一系列概念，可推广到 n 维空间中去。例如，设 $P_0 \in R^n$，δ 是某一正数，则 n 维空间内的点集

$$U(P_0, \delta) = \{P \parallel PP_0 \mid < \delta, P \in R^n\}$$

就定义为点 P_0 的 δ 邻域。以邻域概念为基础，可定义内点、边界点、区域、聚点等一系列概念。

8.1.2　多元函数概念

在很多自然现象以及实际问题中，经常遇到多个变量之间的依赖关系，举例如下：

【**例 8-1**】　圆柱体的体积 V 和它的底半径 r、高 h 之间具有关系

$$V = \pi r^2 h$$

这里，当 r、h 在集合 $\{(r, h) \mid 0 < r < +\infty, 0 < h < +\infty\}$ 内取定一对值 (r, h)

时,V 的对应值就随之确定。

【例 8-2】　一定量的理想气体的压强 p、体积 V 和绝对温度 T 之间具有关系

$$p = \frac{RT}{V}$$

其中 R 为常数。这里,当 V,T 在集合 $\{(V,T)|V>0,T>0\}$ 时,p 的对应值就随之确定。

【例 8-3】　设 R 是电阻 R_1,R_2 并联后的总电阻,由电学知道,它们之间具有关系

$$R = \frac{R_1 R_2}{R_1 + R_2}$$

对应值就随之确定。

上面三个例子的具体意义虽各不相同,但它们却有共同的性质,抽象出这些共性就可得出以下二元函数的定义。

定义 8.1.1　设 D 是平面上的一个点集。如果对于每个点 $P(x,y) \in D$,变量 z 按照一定法则总有确定的值和它对应,则称 z 是变量 x、y 的二元函数(或点 P 的函数),记为

$$z = f(x,y)(\text{或 } z = f(P))$$

点集 D 称为该函数的定义域,x,y 称为自变量,z 也称为因变量。数集

$$\{z \mid z = f(x,y),(x,y) \in D\}$$

称为该函数的值域。

z 是 x,y 的函数也可记为 $z = z(x,y)$,$z = \Phi(x,y)$ 等。

类似地可以定义三元函数 $u = f(x,y,z)$ 以及三元以上的函数。一般的,把定义 8.1.1 中的平面点集 D 换成 n 维空间内的点集 D,则可类似地可以定义 n 元函数 $u = f(x_1,x_2,\cdots,x_n)$。$n$ 元函数也可简记为 $u = f(P)$,这里点 $P(x_1,x_2,\cdots,x_n) \in D$。当 $n = 1$ 时,n 元函数就是一元函数。当 $n \geqslant 2$ 时,n 元函数就统称为多元函数。

关于多元函数定义域,与一元函数类似,作如下约定:在一般地讨论用算式表达的多元函数 $u = f(P)$ 时,就以使这个算式有确定值 u 的自变量所确定的点集为这个函数的定义域。如函数 $z = \ln(x+y)$ 的定义域为

$$\{(x,y) \mid x+y > 0\}$$

图 8.1.3 就是一个无界开区域。又如函数 $z = \arcsin(x^2+y^2)$ 的定义域为

$$\{(x,y) \mid x^2+y^2 \leqslant 1\}$$

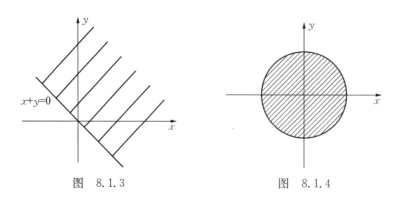

图 8.1.3   图 8.1.4

如图 8.1.4 所示，这是一个闭区域。

设函数 $z=f(x,y)$ 的定义域为 D。对于任意取定的点 $P(x,y)\in D$，对应的函数值为 $z=f(x,y)$。这样，以 x 为横坐标、y 为纵坐标、$z=f(x,y)$ 为竖坐标在空间就确定一点 $M(x,y,z)$。当 (x,y) 遍取 D 上的一切点时，得到一个空间点集

$$\{(x,y,z)\mid z=f(x,y),(x,y)\in D\}$$

这个点集称为二元函数 $z=f(x,y)$ 的图形。通常也说二元函数的图像是曲面。

例如，由空间解析几何知道，线性函数 $z=ax+by+c$ 的图像是一张平面；由方程 $x^2+y^2+z^2=a^2$ 所确定的函数 $z=f(x,y)$ 的图像是球心在原点、半径为 a 的球面，它的定义域是圆形闭区域 $D=\{(x,y)\mid x^2+y^2\leqslant a^2\}$。在 D 的内部任一点 (x,y) 处，这函数有两个对应值，一个为 $\sqrt{a^2-x^2-y^2}$，另一个为 $-\sqrt{a^2-x^2-y^2}$。因此，这是多值函数。把它分成两个单值函数：$z=\sqrt{a^2-x^2-y^2}$ 及 $z=-\sqrt{a^2-x^2-y^2}$，前者表示上半球面，后者表示下半球面。以后除了对多元函数另做声明外，总假定所讨论的函数是单值的；如果遇到多值函数，可以把它拆成几个单值函数后再分别加以讨论。

8.1.3 多元函数的极限

首先讨论二元函数 $z=f(x,y)$ 当 $x\to x_0$，$y\to y_0$，即 $P(x,y)\to P_0(x_0,y_0)$ 时的极限。

这里 $P\to P_0$ 表示点 P 以任何方式趋于点 P_0，也就是点 P 与点 P_0 间的距离趋于零，即 $|PP_0|=\sqrt{(x-x_0)^2+(y-y_0)^2}\to 0$。

与一元函数的极限概念类似，如果在 $P(x,y)\to P_0(x_0,y_0)$ 的过程中，对应的函数值 $f(x,y)$ 无限接近一个确定的常数 A，即 A 是函数 $x\to x_0$，$y\to y_0$ 时的极限。下面用"$\varepsilon-\delta$"语言描述这个极限概念。

定义 8.1.2 设函数 $f(x,y)$ 在开区域（或闭区域）D 内有定义，$P_0(x_0,y_0)$ 是

D 的聚点。如果对于任意给定的正数 ε，总存在正数 δ，使得对于适合不等式 $0 <$ $|PP_0| = \sqrt{(x-x_0)^2 + (y-y_0)^2} < \delta$ 的一切点 $P(x, y) \in D$，都有 $|f(x, y) - A| < \varepsilon$ 成立，则称常数 A 为函数 $f(x, y)$ 当 $x \to x_0$，$y \to y_0$ 时的极限，记作

$$\lim_{\substack{x \to x_0 \\ y \to y_0}} f(x, y) = A$$

或 $f(x, y) \to A(\rho \to 0)$，这里 $\rho = |PP_0|$。

为了区别于一元函数的极限，把二元函数的极限称为二重极限。

【例 8 - 4】 设 $f(x, y) = (x^2 + y^2) \sin \dfrac{1}{x^2 + y^2}$ $(x^2 + y^2 \neq 0)$，

求证 $\lim\limits_{\substack{x \to 0 \\ y \to 0}} f(x, y) = 0$。

证 因为 $\left| (x^2 + y^2) \sin \dfrac{1}{x^2 + y^2} - 0 \right| = |(x^2 + y^2)| \cdot \left| \sin \dfrac{1}{x^2 + y^2} \right| \leqslant x^2 + y^2$，

可见，对任给 $\varepsilon > 0$，取 $\delta = \sqrt{\varepsilon}$，则当 $0 < \sqrt{(x-0)^2 + (y-0)^2} < \delta$ 时，总有

$$\left| (x^2 + y^2) \sin \frac{1}{x^2 + y^2} - 0 \right| < \varepsilon \text{ 成立}$$

所以 $\lim\limits_{\substack{x \to 0 \\ y \to 0}} f(x, y) = 0$

必须注意，所谓二重极限存在，是指 $P(x, y)$ 以任何方式趋于 $P_0(x, y)$ 时，函数都无限接近于 A。因此，如果 $P(x, y)$ 以某一种特殊方式，如沿着一条直线或定曲线趋于 $P_0(x, y)$ 时，即使函数无限接近于某一确定值，还不能由此断定函数的极限存在。但是反过来，如果当 $P(x, y)$ 以不同方式趋于 $P_0(x, y)$ 时，函数趋于不同的值，那么就可以断定这函数的极限不存在。下面用例子来说明这种情形：

考察函数

$$f(x, y) = \begin{cases} \dfrac{xy}{x^2 + y^2}, & x^2 + y^2 \neq 0 \\ 0, & x^2 + y^2 = 0 \end{cases}$$

显然，当点 $P(x, y)$ 沿 x 轴趋于点 $(0, 0)$ 时，$\lim\limits_{x \to 0} f(x, 0) = \lim\limits_{x \to 0} 0 = 0$；又当点 $P(x, y)$ 沿 y 轴趋于点 $(0, 0)$ 时，$\lim\limits_{y \to 0} f(0, y) = \lim\limits_{y \to 0} 0 = 0$。

虽然点 $P(x, y)$ 以上述两种特殊方式（沿 x 轴或沿 y 轴）趋于原点时函数的极限存在并且相等，但是 $\lim\limits_{\substack{x \to 0 \\ y \to 0}} f(x, y)$ 并不存在。这是因为当点 $P(x, y)$ 沿着直线 $y = kx$ 趋于点 $(0, 0)$ 时，有

$$\lim_{\substack{x \to 0 \\ y=kx \to 0}} \frac{xy}{x^2 + y^2} = \lim_{x \to 0} \frac{kx^2}{x^2 + k^2 x^2} = \frac{k}{1+k^2}$$

显然它是随着 k 的值的不同而改变的。

以上关于二元函数的极限概念,可相应的推广到 n 元函数 $u = f(P)$ 即 $U = f(x_1, x_2, \cdots, x_n)$ 上去。

关于多元函数极限的运算,有与一元函数类似的运算法则。

【例 8 - 5】 求 $\lim\limits_{\substack{x \to 0 \\ y \to 2}} \dfrac{\sin(xy)}{x}$。

解: 这里 $f(x, y) = \dfrac{\sin(xy)}{x}$ 在区域 $D_1 = \{(x, y) | x < 0\}$ 和区域 $D_2 = \{(x, y) | x > 0\}$ 内都有定义,$P_0(0, 2)$ 同时为 D_1 及 D_2 的边界点。但无论在 D_1 内还是在 D_2 内考虑,下列运算都是正确的:

$$\lim_{\substack{x \to 0 \\ y \to 2}} \frac{\sin(xy)}{x} = \lim_{xy \to 0} \frac{\sin(xy)}{xy} \cdot \lim_{y \to 2} y = 1 \cdot 2 = 2$$

8.1.4 多元函数的连续性

明确了函数极限的概念,就不难说明多元函数的连续性。

定义 8.1.3 设函数 $f(x, y)$ 在开区域(闭区域) D 内有定义,$P_0(x_0, y_0)$ 是 D 的聚点且 $P_0 \in D$。如果

$$\lim_{\substack{x \to x_0 \\ y \to y_0}} f(x, y) = f(x_0, y_0)$$

则称函数 $f(x, y)$ 在点 $P_0(x_0, y_0)$ 连续。

如果函数 $f(x, y)$ 在开区域(或闭区域) D 内的每一点连续,那么就称函数 $f(x, y)$ 在 D 内连续,或者称 $f(x, y)$ 是 D 内的连续函数。

以上关于二元函数的连续性概念,可相应地推广到 n 元函数 $f(P)$ 上去。

若函数 $f(x, y)$ 在聚点 $P_0(x_0, y_0)$ 不连续,则称 P_0 为函数 $f(x, y)$ 的间断点。这里顺便指出:如果在开区域(或闭区域) D 内某些孤立点,或者沿 D 内某些曲线,函数 $f(x, y)$ 没有定义,但在 D 内其余部分都有定义,那么这些孤立点或这些曲线上的点,都是函数 $f(x, y)$ 的不连续点,即间断点。

前面已经讨论过的函数

$$f(x, y) \begin{cases} \dfrac{xy}{x^2 + y^2}, & x^2 + y^2 \neq 0 \\ 0, & x^2 + y^2 = 0 \end{cases}$$

当 $x \to 0$,$y \to 0$ 时的极限不存在,所以点 $(0, 0)$ 是该函数的一个间断点。二元函数的

间断点可以形成一条曲线,例如函数

$$z = \sin \frac{1}{x^2 + y^2 - 1}$$

在圆周 $x^2 + y^2 = 1$ 上没有定义,所以该圆周上各点都是间断点。

与闭区域上一元连续函数的性质相类似,在有界闭区域上多元连续函数也有如下性质。

性质1(最大值和最小值定理)　在有界闭区域 D 上的多元连续函数,在 D 上一定有最大值和最小值。这就是说,在 D 上至少有一点 P_1 及一点 P_2,使得 $f(P_1)$ 为最大值而 $f(P_2)$ 为最小值,即对于一切 $P \in D$,有

$$f(P_2) \leqslant f(P) \leqslant f(P_1)$$

性质2(介值定理)　在有界闭区域 D 上的多元连续函数,如果在 D 上取得两个不同的函数值,则它在 D 上取得介于这两个值之间的任何值至少一次。特殊地,如果 μ 是函数在 D 上的最小值 m 和最大值 M 之间的一个数,则在 D 上至少有一点 Q,使得 $f(Q) = \mu$。

一元函数中关于极限的运算法则,对于多元函数仍然适用;根据极限运算法则,可以证明多元连续函数的和、差、积均为连续函数;在分母不为零处,连续函数的商是连续函数。多元连续函数的复合函数也是连续函数。

与一元的初等函数相类似,多元初等函数是可用一个式子所表示的多元函数,而这个式子是由多元多项式及基本初等函数经过有限次的四则运算和复合步骤所构成的(这里指出,基本初等函数是一元函数,在构成多元初等函数时,它必须与多元函数复合)。例如,

$$\frac{x + x^2 - y^2}{1 + x^2}$$

是两个多项式之商,它是多元初等函数。又例如 $\sin(x + y)$ 是由基本初等函数 $\sin \mu$ 与多项式 $\mu = x + y$ 复合而成的,它也是多元初等函数。

根据上面指出的连续函数的和、差、积、商的连续性以及连续函数的复合的连续性,再考虑到多元多项式及基本初等函数的连续性,进一步可以得出如下结论:

一切多元初等函数在其定义区域内是连续的。所谓定义区域是指包含在定义域内的区域或闭区域。

由多元初等函数的连续性,如果要求它在点 P_0 处的极限,而该点又在此函数的定义区域内,则极限值就是函数在该点的函数值,即

$$\lim_{P \to P_0} f(P) = f(P_0)$$

【例 8 - 6】 求 $\lim\limits_{\substack{x \to 1 \\ y \to 2}} \dfrac{x+y}{xy}$。

解：函数 $f(x, y) = \dfrac{x+y}{xy}$ 是初等函数，它的定义域为 $D = \{(x, y) \mid x \neq 0$ 或 $y \neq 0\}$。因 D 不是连通的，故 D 不是区域。但 $D_1 = \{(x, y) \mid x > 0, y > 0\}$ 是区域，且 $D_1 \subset D$，所以 D_1 是函数 $f(x, y)$ 的一个定义区域。因 $P_0(1, 2) \in D_1$，故

$$\lim_{\substack{x \to 1 \\ y \to 2}} \frac{x+y}{xy} = f(1, 2) = \frac{3}{2}$$

如果这里不引进区域 D_1，也可用下述方法判定函数 $f(x, y)$ 在点 $P_0(1, 2)$ 处是连续的：因 P_0 是 $f(x, y)$ 的定义域 D 的内点，故存在 P_0 的某一邻域 $U(P_0) \subset D$，而任何邻域都是区域，所以 $U(P_0)$ 是 $f(x, y)$ 的一个定义区域，又由于 $f(x, y)$ 是初等函数，因此 $f(x, y)$ 在点 P_0 处连续。

一般地，求 $\lim\limits_{P \to P_0} f(P)$，如果 $f(P)$ 是初等函数，且 P_0 是 $f(P)$ 的定义域的内点，则 $f(P)$ 在点 P_0 处连续，于是 $\lim\limits_{P \to P_0} f(P) = f(P_0)$。

【例 8 - 7】 求 $\lim\limits_{\substack{x \to 0 \\ y \to 0}} \dfrac{\sqrt{xy+1}-1}{xy}$。

解： $\lim\limits_{\substack{x \to 0 \\ y \to 0}} \dfrac{\sqrt{xy+1}-1}{xy} = \lim\limits_{\substack{x \to 0 \\ y \to 0}} \dfrac{xy+1-1}{xy(\sqrt{xy+1}+1)} = \lim\limits_{\substack{x \to 0 \\ y \to 0}} \dfrac{1}{\sqrt{xy+1}+1} = \dfrac{1}{2}$

8.2 偏导数

8.2.1 偏导数的定义及其计算法

对于二元函数 $z = f(x, y)$，如果只有自变量 x 变化，而自变量 y 固定，这时它就是 x 的一元函数，这函数对 x 的导数，就称为二元函数 $z = f(x, y)$ 对于 x 的偏导数。

定义 8.2.1 设函数 $z = f(x, y)$ 在点 (x_0, y_0) 的某一邻域内有定义，当 y 固定在 y_0 而 x 在 x_0 处有增量 Δx 时，相应地函数有增量

$$f(x_0 + \Delta x, y_0) - f(x_0, y_0)$$

如果极限

$$\lim_{\Delta x \to 0} \frac{f(x_0 + \Delta x, y_0) - f(x_0, y_0)}{\Delta x}$$

存在，则称此极限为函数 $z = f(x, y)$ 在点 (x_0, y_0) 处对 x 的偏导数，记作

$$\frac{\partial z}{\partial x}\Big|_{\substack{x=x_0\\y=y_0}},\ \frac{\partial f}{\partial x}\Big|_{\substack{x=x_0\\y=y_0}},\ z_x\Big|_{\substack{x=x_0\\y=y_0}}\ \text{或}\ f_x(x_0,\ y_0)$$

例如

$$f_x(x_0,\ y_0)=\lim_{\Delta x\to 0}\frac{f(x_0+\Delta x,\ y_0)-f(x_0,\ y_0)}{\Delta x}$$

类似地,函数 $z=f(x,\ y)$ 在点 $(x_0,\ y_0)$ 处对 y 的偏导数定义为

$$\lim_{\Delta y\to 0}\frac{f(x_0,\ y_0+\Delta y)-f(x_0,\ y_0)}{\Delta y}$$

记作 $\quad\dfrac{\partial z}{\partial y}\Big|_{\substack{x=x_0\\y=y_0}},\ \dfrac{\partial f}{\partial y}\Big|_{\substack{x=x_0\\y=y_0}},\ z_y\Big|_{\substack{x=x_0\\y=y_0}}$,或 $f_y(x_0,\ y_0)$。

偏导函数:如果函数 $z=f(x,\ y)$ 在区域 D 内每一点 $(x,\ y)$ 处对 x 的偏导数都存在,那么这个偏导数就是 x,y 的函数,它就称为函数 $z=f(x,\ y)$ 对自变量 x 的偏导函数,记作

$$\frac{\partial z}{\partial x},\ \frac{\partial f}{\partial x},\ z_x,\text{或}\ f_x(x,\ y)。$$

偏导函数的定义式: $f_x(x,\ y)=\lim\limits_{\Delta x\to 0}\dfrac{f(x+\Delta x,\ y)-f(x,\ y)}{\Delta x}$

类似地,可定义函数 $z=f(x,\ y)$ 对 y 的偏导函数,记为

$$\frac{\partial z}{\partial y},\ \frac{\partial f}{\partial y},\ z_y,\text{或}\ f_y(x,\ y)。$$

偏导函数的定义式: $f_y(x,\ y)=\lim\limits_{\Delta y\to 0}\dfrac{f(x,\ y+\Delta y)-f(x,\ y)}{\Delta y}$

求 $\dfrac{\partial f}{\partial x}$ 时,只要把 y 暂时看作常量而对 x 求导数;求 $\dfrac{\partial f}{\partial y}$ 时,只要把 x 暂时看作常量而对 y 求导数。

讨论:下列求偏导数的方法是否正确?

$$f_x(x_0,\ y_0)=f_x(x,\ y)\Big|_{\substack{x=x_0\\y=y_0}},\ f_y(x_0,\ y_0)=f_y(x,\ y)\Big|_{\substack{x=x_0\\y=y_0}}$$

$$f_x(x_0,\ y_0)=\left[\frac{\mathrm{d}}{\mathrm{d}x}f(x,\ y_0)\right]\Big|_{x=x_0},\ f_y(x_0,\ y_0)=\left[\frac{\mathrm{d}}{\mathrm{d}y}f(x_0,\ y)\right]\Big|_{y=y_0}$$

偏导数的概念还可推广到二元以上的函数。例如三元函数 $u=f(x,\ y,\ z)$ 在点 $(x,\ y,\ z)$ 处对 x 的偏导数定义为

$$f_x(x,\ y,\ z)=\lim_{\Delta x\to 0}\frac{f(x+\Delta x,\ y,\ z)-f(x,\ y,\ z)}{\Delta x}$$

其中(x, y, z)是函数$u = f(x, y, z)$的定义域的内点。它们的求法也仍旧是一元函数的微分法问题。

【例8-8】 求$z = x^2 + 3xy + y^2$在点$(1, 2)$处的偏导数。

解：$\dfrac{\partial z}{\partial x} = 2x + 3y$，$\dfrac{\partial z}{\partial y} = 3x + 2y$

$\dfrac{\partial z}{\partial x}\bigg|_{\substack{x=1\\y=2}} = 2 \cdot 1 + 3 \cdot 2 = 8$，$\dfrac{\partial z}{\partial y}\bigg|_{\substack{x=1\\y=2}} = 3 \cdot 1 + 2 \cdot 2 = 7$

【例8-9】 求$z = x^2 \sin 2y$的偏导数。

解：$\dfrac{\partial z}{\partial x} = 2x \sin 2y$，$\dfrac{\partial z}{\partial y} = 2x^2 \cos 2y$。

【例8-10】 设$z = x^y (x > 0, x \neq 1)$，求证：$\dfrac{x}{y}\dfrac{\partial z}{\partial x} + \dfrac{1}{\ln x}\dfrac{\partial z}{\partial y} = 2z$。

证 $\dfrac{\partial z}{\partial x} = yx^{y-1}$，$\dfrac{\partial z}{\partial y} = x^y \ln x$。

$\dfrac{x}{y}\dfrac{\partial z}{\partial x} + \dfrac{1}{\ln x}\dfrac{\partial z}{\partial y} = \dfrac{x}{y}yx^{y-1} + \dfrac{1}{\ln x}x^y \ln x = x^y + x^y = 2z$

【例8-11】 求$r = \sqrt{x^2 + y^2 + z^2}$的偏导数。

解：$\dfrac{\partial r}{\partial x} = \dfrac{x}{\sqrt{x^2 + y^2 + z^2}} = \dfrac{x}{r}$；$\dfrac{\partial r}{\partial y} = \dfrac{y}{\sqrt{x^2 + y^2 + z^2}} = \dfrac{y}{r}$。

【例8-12】 已知理想气体的状态方程为$pV = RT (R$为常数)，

求证：$\dfrac{\partial p}{\partial V} \cdot \dfrac{\partial V}{\partial T} \cdot \dfrac{\partial T}{\partial p} = -1$。

证 因为$p = \dfrac{RT}{V}$，$\dfrac{\partial p}{\partial V} = -\dfrac{RT}{V^2}$；

$V = \dfrac{RT}{p}$，$\dfrac{\partial V}{\partial T} = \dfrac{R}{p}$；

$T = \dfrac{pV}{R}$，$\dfrac{\partial T}{\partial p} = \dfrac{V}{R}$；

所以 $\dfrac{\partial p}{\partial V} \cdot \dfrac{\partial V}{\partial T} \cdot \dfrac{\partial T}{\partial p} = -\dfrac{RT}{V^2} \cdot \dfrac{R}{p} \cdot \dfrac{V}{R} = -\dfrac{RT}{pV} = -1$。

例8-12说明的问题：偏导数的记号是一个整体记号，不能看作分子分母之商。

二元函数$z = f(x, y)$在点(x_0, y_0)的偏导数的几何意义：

$f_x(x_0, y_0) = [f(x, y_0)]_x'$是截线$z = f(x, y_0)$在点$M_0$处切线$T_x$对$x$轴的斜率。

$f_y(x_0, y_0) = [f(x_0, y)]_y'$是截线$z = f(x_0, y)$在点$M_0$处切线$T_y$对$y$轴的斜率。

偏导数与连续性：对于多元函数来说，即使各偏导数在某点都存在，也不能保证函数在该点连续。

例如

$$f(x,\ y)=\begin{cases}\dfrac{xy}{x^2+y^2},&x^2+y^2\neq0\\0,&x^2+y^2=0\end{cases}$$

在点$(0,\ 0)$有，$f_x(0,\ 0)=0$，$f_y(0,\ 0)=0$，但函数在点$(0,\ 0)$并不连续。

提示：

$$f(x,\ 0)=0,\ f(0,\ y)=0;$$

$$f_x(0,\ 0)=\frac{\mathrm{d}}{\mathrm{d}x}[f(x,\ 0)]=0,\ f_y(0,\ 0)=\frac{\mathrm{d}}{\mathrm{d}y}[f(0,\ y)]=0。$$

8.2.2　高阶偏导数

设函数$z=f(x,\ y)$在区域D内具有偏导数

$$\frac{\partial z}{\partial x}=f_x(x,\ y),\frac{\partial z}{\partial y}=f_y(x,\ y),$$

那么在D内$f_x(x,\ y)$、$f_y(x,\ y)$都是$x,\ y$的函数。如果这两个函数的偏导数也存在，则称它们是函数$z=f(x,\ y)$的二阶偏导数。

按照对变量求导次序的不同有下列四个**二阶偏导数**：

$$\frac{\partial}{\partial x}\Big(\frac{\partial z}{\partial x}\Big)=\frac{\partial^2z}{\partial x^2}=f_{xx}(x,\ y),\frac{\partial}{\partial y}\Big(\frac{\partial z}{\partial x}\Big)=\frac{\partial^2z}{\partial x\partial y}=f_{xy}(x,\ y),$$

$$\frac{\partial}{\partial x}\Big(\frac{\partial z}{\partial y}\Big)=\frac{\partial^2z}{\partial y\partial x}=f_{yx}(x,\ y),\frac{\partial}{\partial y}\Big(\frac{\partial z}{\partial y}\Big)=\frac{\partial^2z}{\partial y^2}=f_{yy}(x,\ y)。$$

其中$\dfrac{\partial}{\partial y}\Big(\dfrac{\partial z}{\partial x}\Big)=\dfrac{\partial^2z}{\partial x\partial y}=f_{xy}(x,\ y)$，$\dfrac{\partial}{\partial x}\Big(\dfrac{\partial z}{\partial y}\Big)=\dfrac{\partial^2z}{\partial y\partial x}=f_{yx}(x,\ y)$ 称为**混合偏导数**。

同样可得三阶、四阶以及n阶偏导数。

二阶及二阶以上的偏导数统称为高阶偏导数。

【例 8-13】　设$z=x^3y^2-3xy^3-xy+1$，求$\dfrac{\partial^2z}{\partial x^2}$、$\dfrac{\partial^3z}{\partial x^3}$、$\dfrac{\partial^2z}{\partial y\partial x}$ 和$\dfrac{\partial^2z}{\partial x\partial y}$。

解：$\dfrac{\partial z}{\partial x}=3x^2y^2-3y^3-y$，$\dfrac{\partial z}{\partial y}=2x^3y-9xy^2-x$；

$$\frac{\partial^2z}{\partial x^2}=6xy^2,\frac{\partial^3z}{\partial x^3}=6y^2;$$

$$\frac{\partial^2 z}{\partial x \partial y} = 6x^2 y - 9y^2 - 1, \quad \frac{\partial^2 z}{\partial y \partial x} = 6x^2 y - 9y^2 - 1。$$

由例 8-13 观察到的问题：$\dfrac{\partial^2 z}{\partial y \partial x} = \dfrac{\partial^2 z}{\partial x \partial y}$。是否是任意二元函数的二阶混合偏导数都具有这样的性质呢？

定理 8.2.1 如果函数 $z = f(x, y)$ 的两个二阶混合偏导数 $\dfrac{\partial^2 z}{\partial y \partial x}$ 及 $\dfrac{\partial^2 z}{\partial x \partial y}$ 在区域 D 内连续,那么在该区域内这两个二阶混合偏导数必相等。

对二元以上函数的高阶偏导数也有类似结论。

【例 8-14】 验证函数 $z = \ln \sqrt{x^2 + y^2}$ 满足方程 $\dfrac{\partial^2 z}{\partial x^2} + \dfrac{\partial^2 z}{\partial y^2} = 0$。

证 因为 $z = \ln \sqrt{x^2 + y^2} = \dfrac{1}{2} \ln(x^2 + y^2)$,所以

$$\frac{\partial z}{\partial x} = \frac{x}{x^2 + y^2}, \quad \frac{\partial z}{\partial y} = \frac{y}{x^2 + y^2},$$

$$\frac{\partial^2 z}{\partial x^2} = \frac{(x^2 + y^2) - x \cdot 2x}{(x^2 + y^2)^2} = \frac{y^2 - x^2}{(x^2 + y^2)^2}$$

$$\frac{\partial^2 z}{\partial y^2} = \frac{(x^2 + y^2) - y \cdot 2y}{(x^2 + y^2)^2} = \frac{x^2 - y^2}{(x^2 + y^2)^2}$$

因此 $\dfrac{\partial^2 z}{\partial x^2} + \dfrac{\partial^2 z}{\partial y^2} = \dfrac{x^2 - y^2}{(x^2 + y^2)^2} + \dfrac{y^2 - x^2}{(x^2 + y^2)^2} = 0。$

【例 8-15】 证明函数 $u = \dfrac{1}{r}$ 满足方程 $\dfrac{\partial^2 u}{\partial x^2} + \dfrac{\partial^2 u}{\partial y^2} + \dfrac{\partial^2 u}{\partial z^2} = 0$,其中 $r = \sqrt{x^2 + y^2 + z^2}$。

证： $\dfrac{\partial u}{\partial x} = -\dfrac{1}{r^2} \cdot \dfrac{\partial r}{\partial x} = -\dfrac{1}{r^2} \cdot \dfrac{x}{r} = -\dfrac{x}{r^3}$

$$\frac{\partial^2 u}{\partial x^2} = -\frac{1}{r^3} + \frac{3x}{r^4} \cdot \frac{\partial r}{\partial x} = -\frac{1}{r^3} + \frac{3x^2}{r^5}$$

同理 $\dfrac{\partial^2 u}{\partial y^2} = -\dfrac{1}{r^3} + \dfrac{3y^2}{r^5}, \quad \dfrac{\partial^2 u}{\partial z^2} = -\dfrac{1}{r^3} + \dfrac{3z^2}{r^5}$

因此 $\dfrac{\partial^2 u}{\partial x^2} + \dfrac{\partial^2 u}{\partial y^2} + \dfrac{\partial^2 u}{\partial z^2} = \left(-\dfrac{1}{r^3} + \dfrac{3x^2}{r^5} \right) + \left(-\dfrac{1}{r^3} + \dfrac{3y^2}{r^5} \right) + \left(-\dfrac{1}{r^3} + \dfrac{3z^2}{r^5} \right)$

$$= -\frac{3}{r^3} + \frac{3(x^2 + y^2 + z^2)}{r^5} = -\frac{3}{r^3} + \frac{3r^2}{r^5} = 0$$

提示：$\dfrac{\partial^2 u}{\partial x^2} = \dfrac{\partial}{\partial x} \left(-\dfrac{x}{r^3} \right) = -\dfrac{r^3 - x \cdot \dfrac{\partial}{\partial x}(r^3)}{r^6} = -\dfrac{r^3 - x \cdot 3r^2 \dfrac{\partial r}{\partial x}}{r^6}$

8.3　全微分及其应用

8.3.1　全微分的定义

根据一元函数微分学中增量与微分的关系,有偏增量与偏微分:

$$f(x+\Delta x, y)-f(x, y) \approx f_x(x, y)\Delta x$$

$f(x+\Delta x, y)-f(x, y)$ 为函数对 x 的偏增量,$f_x(x, y)\Delta x$ 为函数对 x 的偏微分;

$$f(x, y+\Delta y)-f(x, y) \approx f_y(x, y)\Delta y$$

$f(x, y+\Delta y)-f(x, y)$ 为函数对 y 的偏增量,$f_y(x, y)\Delta y$ 为函数对 y 的偏微分。

全增量:$\Delta z = f(x+\Delta x, y+\Delta y)-f(x, y)$。

计算全增量比较复杂,希望用 Δx,Δy 的线性函数来近似代替之。

定义 8.3.1　如果函数 $z=f(x, y)$ 在点 (x, y) 的全增量

$$\Delta z = f(x+\Delta x, y+\Delta y)-f(x, y)$$

可表示为

$$\Delta z = A\Delta x+B\Delta y+o(\rho)　　(\rho = \sqrt{(\Delta x)^2+(\Delta y)^2})$$

其中 A,B 不依赖于 Δx,Δy 而仅与 x,y 有关,则称函数 $z=f(x, y)$ 在点 (x, y) 可微分,而称 $A\Delta x+B\Delta y$ 为函数 $z=f(x, y)$ 在点 (x, y) 的全微分,记作 dz,即

$$dz = A\Delta x+B\Delta y$$

如果函数在区域 D 内各点处都可微分,那么称这函数在 D 内可微分。

可微与连续:可微必连续,但偏导数存在不一定连续。

这是因为,如果 $z=f(x, y)$ 在点 (x, y) 可微,则

$$\Delta z = f(x+\Delta x, y+\Delta y)-f(x, y) = A\Delta x+B\Delta y+o(\rho)$$

于是　　$\lim\limits_{\rho \to 0}\Delta z = 0$

从而　　$\lim\limits_{(\Delta x, \Delta y)\to(0, 0)} f(x+\Delta x, y+\Delta y) = \lim\limits_{\rho \to 0}[f(x, y)+\Delta z] = f(x, y)$

因此函数 $z=f(x, y)$ 在点 (x, y) 处连续。

定理 8.3.1(可微的必要条件)

如果函数 $z=f(x, y)$ 在点 (x, y) 可微分,则函数在该点的偏导数 $\dfrac{\partial z}{\partial x}$,$\dfrac{\partial z}{\partial y}$ 必定

存在,且函数 $z = f(x, y)$ 在点 (x, y) 的全微分为

$$\mathrm{d}z = \frac{\partial z}{\partial x}\Delta x + \frac{\partial z}{\partial y}\Delta y$$

证 设函数 $z = f(x, y)$ 在点 $P(x, y)$ 可微分。于是,对于点 P 的某个邻域内的任意一点 $P'(x + \Delta x, y + \Delta y)$,有 $\Delta z = A\Delta x + B\Delta y + o(\rho)$。特别当 $\Delta y = 0$ 时有

$$f(x + \Delta x, y) - f(x, y) = A\Delta x + o(|\Delta x|)$$

上式两边各除以 Δx,再令 $\Delta x \to 0$ 而取极限,就得

$$\lim_{\Delta x \to 0} \frac{f(x + \Delta x, y) - f(x, y)}{\Delta x} = A$$

从而偏导数 $\frac{\partial z}{\partial x}$ 存在,且 $\frac{\partial z}{\partial x} = A$。同理可证偏导数 $\frac{\partial z}{\partial y}$ 存在,且 $\frac{\partial z}{\partial y} = B$。所以

$$\mathrm{d}z = \frac{\partial z}{\partial x}\Delta x + \frac{\partial z}{\partial y}\Delta y$$

偏导数 $\frac{\partial z}{\partial x}$、$\frac{\partial z}{\partial y}$ 存在是可微分的必要条件,但不是充分条件。

例如,

函数 $f(x, y) = \begin{cases} \dfrac{xy}{\sqrt{x^2 + y^2}}, & x^2 + y^2 \neq 0 \\ 0, & x^2 + y^2 = 0 \end{cases}$ 在点 $(0, 0)$ 处虽然有 $f_x(0, 0) = 0$

及 $f_y(0, 0) = 0$,但函数在 $(0, 0)$ 不可微分,即 $\Delta z - [f_x(0, 0)\Delta x + f_y(0, 0)\Delta y]$ 不是较 ρ 高阶的无穷小。

这是因为当 $(\Delta x, \Delta y)$ 沿直线 $y = x$ 趋于 $(0, 0)$ 时,

$$\frac{\Delta z - f_x(0, 0) \cdot \Delta x + f_y(0, 0) \cdot \Delta y}{\rho} = \frac{\Delta x \cdot \Delta y}{(\Delta x)^2 + (\Delta y)^2} = \frac{\Delta x \cdot \Delta x}{(\Delta x)^2 + (\Delta x)^2}$$

$$= \frac{1}{2} \neq 0$$

定理 8.3.2(可微的充分条件)

如果函数 $z = f(x, y)$ 的偏导数 $\frac{\partial z}{\partial x}$、$\frac{\partial z}{\partial y}$ 在点 (x, y) 连续,则函数在该点可微分。

定理 8.3.1 和定理 8.3.2 的结论可推广到三元及三元以上函数。

按着习惯,Δx,Δy 分别记作 $\mathrm{d}x$,$\mathrm{d}y$,并分别称为自变量的微分,则函数 $z =$

$f(x, y)$ 的全微分可写作

$$dz = \frac{\partial z}{\partial x}dx + \frac{\partial z}{\partial y}dy$$

二元函数的全微分等于它的两个偏微分之和这件事称为二元函数的微分符合叠加原理。叠加原理也适用于二元以上的函数,例如函数 $u = f(x, y, z)$ 的全微分为

$$du = \frac{\partial u}{\partial x}dx + \frac{\partial u}{\partial y}dy + \frac{\partial u}{\partial z}dz$$

【例 8 - 16】　计算函数 $z = x^2 y + y^2$ 的全微分。

解: 因为 $\frac{\partial z}{\partial x} = 2xy$, $\frac{\partial z}{\partial y} = x^2 + 2y$,所以 $dz = 2xy\,dx + (x^2 + 2y)dy$ 。

【例 8 - 17】　计算函数 $z = e^{xy}$ 在点 $(2, 1)$ 处的全微分。

解: 因为 $\frac{\partial z}{\partial x} = ye^{xy}$, $\frac{\partial z}{\partial y} = xe^{xy}$, $\frac{\partial z}{\partial x}\Big|_{\substack{x=2 \\ y=1}} = e^2$, $\frac{\partial z}{\partial y}\Big|_{\substack{x=2 \\ y=1}} = 2e^2$,

所以　$dz = e^2 dx + 2e^2 dy$ 。

【例 8 - 18】　计算函数 $u = x + \sin\frac{y}{2} + e^{yz}$ 的全微分。

解: 因为 $\frac{\partial u}{\partial x} = 1$, $\frac{\partial u}{\partial y} = \frac{1}{2}\cos\frac{y}{2} + ze^{yz}$, $\frac{\partial u}{\partial z} = ye^{yz}$,

所以　$du = dx + \left(\frac{1}{2}\cos\frac{y}{2} + ze^{yz}\right)dy + ye^{yz}\,dz$ 。

8.3.2　全微分在近似计算中的应用

当二元函数 $z = f(x, y)$ 在点 $P(x, y)$ 的两个偏导数 $f_x(x, y)$, $f_y(x, y)$ 连续,并且 $|\Delta x|$, $|\Delta y|$ 都较小时,有近似等式

$$\Delta z \approx dz = f_x(x, y)\Delta x + f_y(x, y)\Delta y$$

即　　$f(x + \Delta x, y + \Delta y) \approx f(x, y) + f_x(x, y)\Delta x + f_y(x, y)\Delta y$

我们可以利用上述近似等式对二元函数作近似计算。

【例 8 - 19】　有一圆柱体,受压后发生形变,它的半径由 20 cm 增大到20.05 cm,高度由 100 cm 减少到 99 cm。求此圆柱体体积变化的近似值。

解: 设圆柱体的半径、高和体积依次为 r, h 和 V ,则有

$$V = \pi r^2 h$$

已知 $r = 20$, $h = 100$, $\Delta r = 0.05$, $\Delta h = -1$.根据近似公式,有

$$\Delta V \approx dV = V_r \Delta r + V_h \Delta h = 2\pi rh \Delta r + \pi r^2 \Delta h$$

$$= 2\pi \times 20 \times 100 \times 0.05 + \pi \times 20^2 \times (-1) = -200\pi(\text{cm}^3)$$

即此圆柱体在受压后体积约减少了 $200\pi \text{ cm}^3$。

【例 8 - 20】　计算 $1.04^{2.02}$ 的近似值。

解：设函数 $f(x, y) = x^y$。显然，要计算的值就是函数在 $x = 1.04$，$y = 2.02$ 时的函数值 $f(1.04, 2.02)$。

取 $x = 1$，$y = 2$，$\Delta x = 0.04$，$\Delta y = 0.02$。由于

$$f(x + \Delta x, y + \Delta y) \approx f(x, y) + f_x(x, y)\Delta x + f_y(x, y)\Delta y$$
$$= x^y + yx^{y-1}\Delta x + x^y \ln x \Delta y$$

所以

$$(1.04)^{2.02} \approx 1^2 + 2 \times 1^{2-1} \times 0.04 + 1^2 \times \ln 1 \times 0.02 = 1.08$$

8.4　多元复合函数的求导法则

设 $z = f(u, v)$，而 $u = \varphi(t)$，$v = \psi(t)$，如何求 $\dfrac{\mathrm{d}z}{\mathrm{d}t}$？

设 $z = f(u, v)$，而 $u = \varphi(x, y)$，$v = \psi(x, y)$，如何求 $\dfrac{\partial z}{\partial x}$ 和 $\dfrac{\partial z}{\partial y}$？

8.4.1　复合函数的中间变量均为一元函数的情形

定理 8.4.1　如果函数 $u = \varphi(t)$ 及 $v = \psi(t)$ 都在点 t 可导，函数 $z = f(u, v)$ 在对应点 (u, v) 具有连续偏导数，则复合函数 $z = f[\varphi(t), \psi(t)]$ 在点 t 可导，且有

$$\frac{\mathrm{d}z}{\mathrm{d}t} = \frac{\partial z}{\partial u} \cdot \frac{\mathrm{d}u}{\mathrm{d}t} + \frac{\partial z}{\partial v} \cdot \frac{\mathrm{d}v}{\mathrm{d}t}$$

简要证明 1：因为 $z = f(u, v)$ 具有连续的偏导数，所以它是可微的，即有

$$\mathrm{d}z = \frac{\partial z}{\partial u}\mathrm{d}u + \frac{\partial z}{\partial v}\mathrm{d}v$$

又因为 $u = \varphi(t)$ 及 $v = \psi(t)$ 都可导，因而可微，即有

$$\mathrm{d}u = \frac{\mathrm{d}u}{\mathrm{d}t}\mathrm{d}t, \quad \mathrm{d}v = \frac{\mathrm{d}v}{\mathrm{d}t}\mathrm{d}t$$

代入上式得

$$\mathrm{d}z = \frac{\partial z}{\partial u} \cdot \frac{\mathrm{d}u}{\mathrm{d}t}\mathrm{d}t + \frac{\partial z}{\partial v} \cdot \frac{\mathrm{d}v}{\mathrm{d}t}\mathrm{d}t = \left(\frac{\partial z}{\partial u} \cdot \frac{\mathrm{d}u}{\mathrm{d}t} + \frac{\partial z}{\partial v} \cdot \frac{\mathrm{d}v}{\mathrm{d}t}\right)\mathrm{d}t$$

从而
$$\frac{dz}{dt} = \frac{\partial z}{\partial u} \cdot \frac{du}{dt} + \frac{\partial z}{\partial v} \cdot \frac{dv}{dt}$$

简要证明 2：当 t 取得增量 Δt 时，u、v 及 z 相应地也取得增量 Δu、Δv 及 Δz。由 $z = f(u, v)$，$u = \varphi(t)$ 及 $v = \psi(t)$ 的可微性，有

$$\Delta z = \frac{\partial z}{\partial u}\Delta u + \frac{\partial z}{\partial v}\Delta v + o(\rho) = \frac{\partial z}{\partial u}\left[\frac{du}{dt}\Delta t + o(\Delta t)\right] + \frac{\partial z}{\partial v}\left[\frac{dv}{dt}\Delta t + o(\Delta t)\right] + o(\rho)$$

$$= \left(\frac{\partial z}{\partial u} \cdot \frac{du}{dt} + \frac{\partial z}{\partial v} \cdot \frac{dv}{dt}\right)\Delta t + \left(\frac{\partial z}{\partial u} + \frac{\partial z}{\partial v}\right)o(\Delta t) + o(\rho)$$

$$\frac{\Delta z}{\Delta t} = \frac{\partial z}{\partial u} \cdot \frac{du}{dt} + \frac{\partial z}{\partial v} \cdot \frac{dv}{dt} + \left(\frac{\partial z}{\partial u} + \frac{\partial z}{\partial v}\right)\frac{o(\Delta t)}{\Delta t} + \frac{o(\rho)}{\Delta t}$$

令 $\Delta t \to 0$，上式两边取极限，即得

$$\frac{dz}{dt} = \frac{\partial z}{\partial u} \cdot \frac{du}{dt} + \frac{\partial z}{\partial v} \cdot \frac{dv}{dt}$$

注：$\lim\limits_{\Delta t \to 0}\frac{o(\rho)}{\Delta t} = \lim\limits_{\Delta t \to 0}\frac{o(\rho)}{\rho} \cdot \frac{\sqrt{(\Delta u)^2 + (\Delta v)^2}}{\Delta t} = 0 \cdot \sqrt{\left(\frac{du}{dt}\right)^2 + \left(\frac{dv}{dt}\right)^2} = 0$

推广：设 $z = f(u, v, w)$，$u = \varphi(t)$，$v = \psi(t)$，$w = \omega(t)$，则 $z = f[\varphi(t), \psi(t), \omega(t)]$ 对 t 的导数为：

$$\frac{dz}{dt} = \frac{\partial z}{\partial u}\frac{du}{dt} + \frac{\partial z}{\partial v}\frac{dv}{dt} + \frac{\partial z}{\partial w}\frac{dw}{dt}$$

上述 $\frac{dz}{dt}$ 称为全导数。

8.4.2 复合函数的中间变量均为多元函数的情形

定理 8.4.2 如果函数 $u = \varphi(x, y)$，$v = \psi(x, y)$ 都在点 (x, y) 具有对 x 及 y 的偏导数，函数 $z = f(u, v)$ 在对应点 (u, v) 具有连续偏导数，则复合函数 $z = f[\varphi(x, y), \psi(x, y)]$ 在点 (x, y) 的两个偏导数存在，且有

$$\frac{\partial z}{\partial x} = \frac{\partial z}{\partial u} \cdot \frac{\partial u}{\partial x} + \frac{\partial z}{\partial v} \cdot \frac{\partial v}{\partial x}, \quad \frac{\partial z}{\partial y} = \frac{\partial z}{\partial u} \cdot \frac{\partial u}{\partial y} + \frac{\partial z}{\partial v} \cdot \frac{\partial v}{\partial y}$$

推广：设 $z = f(u, v, w)$，$u = \varphi(x, y)$，$v = \psi(x, y)$，$w = \omega(x, y)$，则

$$\frac{\partial z}{\partial x} = \frac{\partial z}{\partial u} \cdot \frac{\partial u}{\partial x} + \frac{\partial z}{\partial v} \cdot \frac{\partial v}{\partial x} + \frac{\partial z}{\partial w} \cdot \frac{\partial w}{\partial x}, \quad \frac{\partial z}{\partial y} = \frac{\partial z}{\partial u} \cdot \frac{\partial u}{\partial y} + \frac{\partial z}{\partial v} \cdot \frac{\partial v}{\partial y} + \frac{\partial z}{\partial w} \cdot \frac{\partial w}{\partial y}$$

讨论：

(1) 设 $z = f(u, v)$，$u = \varphi(x, y)$，$v = \psi(y)$，则 $\dfrac{\partial z}{\partial x} = ?$ $\dfrac{\partial z}{\partial y} = ?$

提示：$\dfrac{\partial z}{\partial x}=\dfrac{\partial z}{\partial u}\cdot\dfrac{\partial u}{\partial x},\dfrac{\partial z}{\partial y}=\dfrac{\partial z}{\partial u}\cdot\dfrac{\partial u}{\partial y}+\dfrac{\partial z}{\partial v}\cdot\dfrac{\mathrm{d}v}{\mathrm{d}y}$。

（2）设 $z=f(u,\ x,\ y)$，且 $u=\varphi(x,\ y)$，则 $\dfrac{\partial z}{\partial x}=?$ $\dfrac{\partial z}{\partial y}=?$

提示：$\dfrac{\partial z}{\partial x}=\dfrac{\partial f}{\partial u}\dfrac{\partial u}{\partial x}+\dfrac{\partial f}{\partial x},\dfrac{\partial z}{\partial y}=\dfrac{\partial f}{\partial u}\dfrac{\partial u}{\partial y}+\dfrac{\partial f}{\partial y}$。

这里 $\dfrac{\partial z}{\partial x}$ 与 $\dfrac{\partial f}{\partial x}$ 是不同的，$\dfrac{\partial z}{\partial x}$ 是把复合函数 $z=f[\varphi(x,\ y),\ x,\ y]$ 中的 y 看作不变而对 x 的偏导数，$\dfrac{\partial f}{\partial x}$ 是把 $f(u,\ x,\ y)$ 中的 u 及 y 看作不变而对 x 的偏导数。$\dfrac{\partial z}{\partial y}$ 与 $\dfrac{\partial f}{\partial y}$ 也有类似的区别。

8.4.3 复合函数的中间变量既有一元函数，又有多元函数的情形

定理 8.4.3 如果函数 $u=\varphi(x,\ y)$ 在点 $(x,\ y)$ 具有对 x 及对 y 的偏导数，函数 $v=\psi(y)$ 在点 y 可导，函数 $z=f(u,\ v)$ 在对应点 $(u,\ v)$ 具有连续偏导数，则复合函数 $z=f[\varphi(x,\ y),\ \psi(y)]$ 在点 $(x,\ y)$ 的两个偏导数存在，且有

$$\frac{\partial z}{\partial x}=\frac{\partial z}{\partial u}\cdot\frac{\partial u}{\partial x},\frac{\partial z}{\partial y}=\frac{\partial z}{\partial u}\cdot\frac{\partial u}{\partial y}+\frac{\partial z}{\partial v}\cdot\frac{\mathrm{d}v}{\mathrm{d}y}$$

【例 8-21】 设 $z=\mathrm{e}^{u}\sin v,\ u=xy,\ v=x+y$，求 $\dfrac{\partial z}{\partial x}$ 和 $\dfrac{\partial z}{\partial y}$。

解： $\dfrac{\partial z}{\partial x}=\dfrac{\partial z}{\partial u}\cdot\dfrac{\partial u}{\partial x}+\dfrac{\partial z}{\partial v}\cdot\dfrac{\partial v}{\partial x}$

$\qquad\quad=\mathrm{e}^{u}\sin v\cdot y+\mathrm{e}^{u}\cos v\cdot 1$

$\qquad\quad=\mathrm{e}^{xy}[y\sin(x+y)+\cos(x+y)]$

$\quad\dfrac{\partial z}{\partial y}=\dfrac{\partial z}{\partial u}\cdot\dfrac{\partial u}{\partial y}+\dfrac{\partial z}{\partial v}\cdot\dfrac{\partial v}{\partial y}$

$\qquad\quad=\mathrm{e}^{u}\sin v\cdot x+\mathrm{e}^{u}\cos v\cdot 1$

$\qquad\quad=\mathrm{e}^{xy}[x\sin(x+y)+\cos(x+y)]$

【例 8-22】 设 $u=f(x,\ y,\ z)=\mathrm{e}^{x^{2}+y^{2}+z^{2}}$，而 $z=x^{2}\sin y$。求 $\dfrac{\partial u}{\partial x}$ 和 $\dfrac{\partial u}{\partial y}$。

解： $\dfrac{\partial u}{\partial x}=\dfrac{\partial f}{\partial x}+\dfrac{\partial f}{\partial z}\cdot\dfrac{\partial z}{\partial x}$

$\qquad\quad=2x\mathrm{e}^{x^{2}+y^{2}+z^{2}}+2z\mathrm{e}^{x^{2}+y^{2}+z^{2}}\cdot 2x\sin y$

$\qquad\quad=2x(1+2x^{2}\sin^{2}y)\mathrm{e}^{x^{2}+y^{2}+x^{4}\sin^{2}y}$

$\quad\dfrac{\partial u}{\partial y}=\dfrac{\partial f}{\partial y}+\dfrac{\partial f}{\partial z}\cdot\dfrac{\partial z}{\partial y}$

$\qquad\quad=2y\mathrm{e}^{x^{2}+y^{2}+z^{2}}+2z\mathrm{e}^{x^{2}+y^{2}+z^{2}}\cdot x^{2}\cos y$

$$= 2(y + x^4 \sin y \cos y) e^{x^2 + y^2 + x^4 \sin^2 y}$$

【例 8 – 23】 设 $z = uv + \sin t$，而 $u = e^t$，$v = \cos t$。求全导数 $\dfrac{\mathrm{d}z}{\mathrm{d}t}$。

解：$\dfrac{\mathrm{d}z}{\mathrm{d}t} = \dfrac{\partial z}{\partial u} \cdot \dfrac{\mathrm{d}u}{\mathrm{d}t} + \dfrac{\partial z}{\partial v} \cdot \dfrac{\mathrm{d}v}{\mathrm{d}t} + \dfrac{\partial z}{\partial t}$

$\qquad = v \cdot e^t + u \cdot (-\sin t) + \cos t$

$\qquad = e^t \cos t - e^t \sin t + \cos t$

$\qquad = e^t (\cos t - \sin t) + \cos t$

【例 8 – 24】 设 $w = f(x + y + z, xyz)$，f 具有二阶连续偏导数，求 $\dfrac{\partial w}{\partial x}$ 及 $\dfrac{\partial^2 w}{\partial x \partial z}$。

解：令 $u = x + y + z$，$v = xyz$，则 $w = f(u, v)$。

引入记号：$f_1' = \dfrac{\partial f(u, v)}{\partial u}$，$f_{12}'' = \dfrac{\partial^2 f(u, v)}{\partial u \partial v}$；同理有 f_2'，f_{11}''，f_{22}'' 等。

$$\frac{\partial w}{\partial x} = \frac{\partial f}{\partial u} \cdot \frac{\partial u}{\partial x} + \frac{\partial f}{\partial v} \cdot \frac{\partial v}{\partial x} = f_1' + yz f_2'$$

$$\frac{\partial^2 w}{\partial x \partial z} = \frac{\partial}{\partial z}(f_1' + yz f_2') = \frac{\partial f_1'}{\partial z} + yf_2' + yz \frac{\partial f_2'}{\partial z}$$

$$= f_{11}'' + xy f_{12}'' + yf_2' + yz f_{21}'' + xy^2 z f_{22}''$$

$$= f_{11}'' + y(x + z) f_{12}'' + yf_2' + xy^2 z f_{22}''$$

注：$\dfrac{\partial f_1'}{\partial z} = \dfrac{\partial f_1'}{\partial u} \cdot \dfrac{\partial u}{\partial z} + \dfrac{\partial f_1'}{\partial v} \cdot \dfrac{\partial v}{\partial z} = f_{11}'' + xy f_{12}''$，$\dfrac{\partial f_2'}{\partial z} = \dfrac{\partial f_2'}{\partial u} \cdot \dfrac{\partial u}{\partial z} + \dfrac{\partial f_2'}{\partial v} \cdot \dfrac{\partial v}{\partial z} = f_{21}'' + xy f_{22}''$

【例 8 – 25】 设 $u = f(x, y)$ 的所有二阶偏导数连续，把下列表达式转换成极坐标系中的形式：

(1) $\left(\dfrac{\partial u}{\partial x}\right)^2 + \left(\dfrac{\partial u}{\partial y}\right)^2$；(2) $\dfrac{\partial^2 u}{\partial x^2} + \dfrac{\partial^2 u}{\partial y^2}$。

解：由直角坐标与极坐标间的关系式得

$$u = f(x, y) = f(\rho \cos \theta, \rho \sin \theta) = F(\rho, \theta)$$

其中 $x = \rho \cos \theta$，$y = \rho \sin \theta$，$\rho = \sqrt{x^2 + y^2}$，$\theta = \arctan \dfrac{y}{x}$。

应用复合函数求导法则，得

$$\frac{\partial u}{\partial x} = \frac{\partial u}{\partial \rho} \frac{\partial \rho}{\partial x} + \frac{\partial u}{\partial \theta} \frac{\partial \theta}{\partial x} = \frac{\partial u}{\partial \rho} \frac{x}{\rho} - \frac{\partial u}{\partial \theta} \frac{y}{\rho^2} = \frac{\partial u}{\partial \rho} \cos \theta - \frac{\partial u}{\partial \theta} \frac{\sin \theta}{\rho}$$

$$\frac{\partial u}{\partial y} = \frac{\partial u}{\partial \rho} \frac{\partial \rho}{\partial y} + \frac{\partial u}{\partial \theta} \frac{\partial \theta}{\partial y} = \frac{\partial u}{\partial \rho} \frac{y}{\rho} + \frac{\partial u}{\partial \theta} \frac{x}{\rho^2} = \frac{\partial u}{\partial \rho} \sin \theta + \frac{\partial u}{\partial \theta} \frac{\cos \theta}{\rho}$$

两式平方后相加，得

$$\left(\frac{\partial u}{\partial x}\right)^2 + \left(\frac{\partial u}{\partial y}\right)^2 = \left(\frac{\partial u}{\partial \rho}\right)^2 + \frac{1}{\rho^2}\left(\frac{\partial u}{\partial \theta}\right)^2$$

再求二阶偏导数,得

$$\frac{\partial^2 u}{\partial x^2} = \frac{\partial}{\partial \rho}\left(\frac{\partial u}{\partial x}\right) \cdot \frac{\partial \rho}{\partial x} + \frac{\partial}{\partial \theta}\left(\frac{\partial u}{\partial x}\right) \cdot \frac{\partial \theta}{\partial x}$$

$$= \frac{\partial}{\partial \rho}\left(\frac{\partial u}{\partial \rho}\cos \theta - \frac{\partial u}{\partial \theta}\frac{\sin \theta}{\rho}\right) \cdot \cos \theta - \frac{\partial}{\partial \theta}\left(\frac{\partial u}{\partial \rho}\cos \theta - \frac{\partial u}{\partial \theta}\frac{\sin \theta}{\rho}\right) \cdot \frac{\sin \theta}{\rho}$$

$$= \frac{\partial^2 u}{\partial \rho^2}\cos^2\theta - 2\frac{\partial^2 u}{\partial \rho \partial \theta}\frac{\sin \theta \cos \theta}{\rho} + \frac{\partial^2 u}{\partial \theta^2}\frac{\sin \theta^2}{\rho^2} + \frac{\partial u}{\partial \theta}\frac{2\sin \theta \cos \theta}{\rho^2} + \frac{\partial u}{\partial \rho}\frac{\sin^2\theta}{\rho}$$

同理可得

$$\frac{\partial^2 u}{\partial y^2} = \frac{\partial^2 u}{\partial \rho^2}\sin^2\theta + 2\frac{\partial^2 u}{\partial \rho \partial \theta}\frac{\sin \theta \cos \theta}{\rho} + \frac{\partial^2 u}{\partial \theta^2}\frac{\cos \theta^2}{\rho^2} - \frac{\partial u}{\partial \theta}\frac{2\sin \theta \cos \theta}{\rho^2} + \frac{\partial u}{\partial \rho}\frac{\cos^2\theta}{\rho}$$

两式相加,得

$$\frac{\partial^2 u}{\partial x^2} + \frac{\partial^2 u}{\partial y^2} = \frac{\partial^2 u}{\partial \rho^2} + \frac{1}{\rho}\frac{\partial u}{\partial \rho} + \frac{1}{\rho^2}\frac{\partial^2 u}{\partial \theta^2}$$

$$= \frac{1}{\rho^2}\left[\rho\frac{\partial}{\partial \rho}\left(\rho\frac{\partial u}{\partial \rho}\right) + \frac{\partial^2 u}{\partial \theta^2}\right]$$

全微分形式不变性: 设 $z = f(u, v)$ 具有连续偏导数,则有全微分

$$\mathrm{d}z = \frac{\partial z}{\partial u}\mathrm{d}u + \frac{\partial z}{\partial v}\mathrm{d}v$$

如果 $z = f(u, v)$ 具有连续偏导数,而 $u = \varphi(x, y)$,$v = \psi(x, y)$ 也具有连续偏导数,则

$$\mathrm{d}z = \frac{\partial z}{\partial x}\mathrm{d}x + \frac{\partial z}{\partial y}\mathrm{d}y$$

$$= \left(\frac{\partial z}{\partial u}\frac{\partial u}{\partial x} + \frac{\partial z}{\partial v}\frac{\partial v}{\partial x}\right)\mathrm{d}x + \left(\frac{\partial z}{\partial u}\frac{\partial u}{\partial y} + \frac{\partial z}{\partial v}\frac{\partial v}{\partial y}\right)\mathrm{d}y$$

$$= \frac{\partial z}{\partial u}\left(\frac{\partial u}{\partial x}\mathrm{d}x + \frac{\partial u}{\partial y}\mathrm{d}y\right) + \frac{\partial z}{\partial v}\left(\frac{\partial v}{\partial x}\mathrm{d}x + \frac{\partial v}{\partial y}\mathrm{d}y\right)$$

$$= \frac{\partial z}{\partial u}\mathrm{d}u + \frac{\partial z}{\partial v}\mathrm{d}v$$

由此可见,无论 z 是自变量 u、v 的函数或中间变量 u、v 的函数,它的全微分形式是一样的。这个性质叫做全微分形式不变性。

【例 8-26】 设 $z = \mathrm{e}^u \sin v$,$u = xy$,$v = x + y$,利用全微分形式不变性求全微分。

解：$\mathrm{d}z = \dfrac{\partial z}{\partial u}\mathrm{d}u + \dfrac{\partial z}{\partial v}\mathrm{d}v = \mathrm{e}^u \sin v \mathrm{d}u + \mathrm{e}^u \cos v \mathrm{d}v$

$\quad = \mathrm{e}^u \sin v(y\mathrm{d}x + x\mathrm{d}y) + \mathrm{e}^u \cos v(\mathrm{d}x + \mathrm{d}y)$

$\quad = (y\mathrm{e}^u \sin v + \mathrm{e}^u \cos v)\mathrm{d}x + (x\mathrm{e}^u \sin v + \mathrm{e}^u \cos v)\mathrm{d}y$

$\quad = \mathrm{e}^{xy}[y\sin(x+y) + \cos(x+y)]\mathrm{d}x + \mathrm{e}^{xy}[x\sin(x+y) + \cos(x+y)]\mathrm{d}y$

8.5　隐函数的求导法则

8.5.1　一个方程的情形

定理 8.5.1（隐函数存在定理 1）

设函数 $F(x, y)$ 在点 $P(x_0, y_0)$ 的某一邻域内具有连续偏导数，$F(x_0, y_0) = 0$，$F_y(x_0, y_0) \neq 0$，则方程 $F(x, y) = 0$ 在点 (x_0, y_0) 的某一邻域内恒能唯一确定一个连续且具有连续导数的函数 $y = f(x)$，它满足条件 $y_0 = f(x_0)$，并有

$$\frac{\mathrm{d}y}{\mathrm{d}x} = -\frac{F_x}{F_y}$$

求导公式证明：将 $y = f(x)$ 代入 $F(x, y) = 0$，得恒等式

$$F(x, f(x)) \equiv 0$$

等式两边对 x 求导得

$$\frac{\partial F}{\partial x} + \frac{\partial F}{\partial y} \cdot \frac{\mathrm{d}y}{\mathrm{d}x} = 0$$

由于 F_y 连续，且 $F_y(x_0, y_0) \neq 0$，所以存在 (x_0, y_0) 的一个邻域，在这个邻域内 $F_y \neq 0$，于是得

$$\frac{\mathrm{d}y}{\mathrm{d}x} = -\frac{F_x}{F_y}$$

【例 8 - 27】　验证方程 $x^2 + y^2 - 1 = 0$ 在点 $(0, 1)$ 的某一邻域内能唯一确定一个有连续导数、当 $x = 0$ 时 $y = 1$ 的隐函数 $y = f(x)$，并求这函数的一阶与二阶导数在 $x = 0$ 的值。

解：设 $F(x, y) = x^2 + y^2 - 1$，则 $F_x = 2x$，$F_y = 2y$，$F(0, 1) = 0$，$F_y(0, 1) = 2 \neq 0$。因此由定理 8.5.1 可知，方程 $x^2 + y^2 - 1 = 0$ 在点 $(0, 1)$ 的某一邻域内能唯一确定一个有连续导数、当 $x = 0$ 时 $y = 1$ 的隐函数 $y = f(x)$。

$$\frac{dy}{dx} = -\frac{F_x}{F_y} = -\frac{x}{y}, \frac{dy}{dx}\bigg|_{x=0} = 0$$

$$\frac{d^2 y}{dx^2} = -\frac{y-xy'}{y^2} = -\frac{y-x\left(-\frac{x}{y}\right)}{y^2} = -\frac{y^2+x^2}{y^3} = -\frac{1}{y^3}$$

$$\frac{d^2 y}{dx^2}\bigg|_{x=0} = -1$$

隐函数存在定理还可以推广到多元函数。一个二元方程 $F(x, y) = 0$ 可以确定一个一元隐函数,一个三元方程 $F(x, y, z) = 0$ 可以确定一个二元隐函数。

定理 8.5.2(隐函数存在定理 2)

设函数 $F(x, y, z)$ 在点 $P(x_0, y_0, z_0)$ 的某一邻域内具有连续的偏导数,且 $F(x_0, y_0, z_0) = 0$,$F_z(x_0, y_0, z_0) \neq 0$,则方程 $F(x, y, z) = 0$ 在点 (x_0, y_0, z_0) 的某一邻域内恒能唯一确定一个连续且具有连续偏导数的函数 $z = f(x, y)$,它满足条件 $z_0 = f(x_0, y_0)$,并有

$$\frac{\partial z}{\partial x} = -\frac{F_x}{F_z}, \frac{\partial z}{\partial y} = -\frac{F_y}{F_z}$$

公式的证明:将 $z = f(x, y)$ 代入 $F(x, y, z) = 0$,得 $F(x, y, f(x, y)) \equiv 0$,将上式两端分别对 x 和 y 求导,得

$$F_x + F_z \cdot \frac{\partial z}{\partial x} = 0, \quad F_y + F_z \cdot \frac{\partial z}{\partial y} = 0$$

因为 F_z 连续且 $F_z(x_0, y_0, z_0) \neq 0$,所以存在点 (x_0, y_0, z_0) 的一个邻域,使 $F_z \neq 0$,于是 得

$$\frac{\partial z}{\partial x} = -\frac{F_x}{F_z}, \frac{\partial z}{\partial y} = -\frac{F_y}{F_z}$$

【例 8-28】 设 $x^2 + y^2 + z^2 - 4z = 0$,求 $\frac{\partial^2 z}{\partial x^2}$。

解: 设 $F(x, y, z) = x^2 + y^2 + z^2 - 4z$,则 $F_x = 2x$,$F_z = 2z - 4$,

$$\frac{\partial z}{\partial x} = -\frac{F_x}{F_z} = -\frac{2x}{2z-4} = \frac{x}{2-z}$$

$$\frac{\partial^2 z}{\partial x^2} = \frac{(2-z) + x\frac{\partial z}{\partial x}}{(2-z)^2} = \frac{(2-z) + x\left(\frac{x}{2-z}\right)}{(2-z)^2} = \frac{(2-z)^2 + x^2}{(2-z)^3}$$

※8.5.2 方程组的情形

在一定条件下,由两个方程组 $F(x, y, u, v) = 0$,$G(x, y, u, v) = 0$ 可以确定

一对二元函数 $u = u(x, y)$，$v = v(x, y)$，例如方程 $xu - yv = 0$ 和 $yu + xv = 1$ 可以确定两个二元函数 $u = \dfrac{y}{x^2 + y^2}$，$v = \dfrac{x}{x^2 + y^2}$。

事实上，$xu - yv = 0 \Rightarrow v = \dfrac{x}{y}u \Rightarrow yu + x \cdot \dfrac{x}{y}u = 1 \Rightarrow u = \dfrac{y}{x^2 + y^2}$，

$$v = \frac{x}{y} \cdot \frac{y}{x^2 + y^2} = \frac{x}{x^2 + y^2}$$

如何根据原方程组求 u，v 的偏导数？

定理 8.5.3(隐函数存在定理 3)

设 $F(x, y, u, v)$，$G(x, y, u, v)$ 在点 $P(x_0, y_0, u_0, v_0)$ 的某一邻域内具有对各个变量的连续偏导数，又 $F(x_0, y_0, u_0, v_0) = 0$，$G(x_0, y_0, u_0, v_0) = 0$，且偏导数所组成的函数行列式：

$$J = \frac{\partial(F, G)}{\partial(u, v)} = \begin{vmatrix} \dfrac{\partial F}{\partial u} & \dfrac{\partial F}{\partial v} \\[2mm] \dfrac{\partial G}{\partial u} & \dfrac{\partial G}{\partial v} \end{vmatrix}$$

在点 $P(x_0, y_0, u_0, v_0)$ 不等于零，则方程组 $F(x, y, u, v) = 0$，$G(x, y, u, v) = 0$ 在点 $P(x_0, y_0, u_0, v_0)$ 的某一邻域内恒能唯一确定一组连续且具有连续偏导数的函数 $u = u(x, y)$，$v = v(x, y)$，它们满足条件 $u_0 = u(x_0, y_0)$，$v_0 = v(x_0, y_0)$，并有

$$\frac{\partial u}{\partial x} = -\frac{1}{J} \frac{\partial(F, G)}{\partial(x, v)} = -\frac{\begin{vmatrix} F_x & F_v \\ G_x & G_v \end{vmatrix}}{\begin{vmatrix} F_u & F_v \\ G_u & G_v \end{vmatrix}}$$

$$\frac{\partial v}{\partial x} = -\frac{1}{J} \frac{\partial(F, G)}{\partial(u, x)} = -\frac{\begin{vmatrix} F_u & F_x \\ G_u & G_x \end{vmatrix}}{\begin{vmatrix} F_u & F_v \\ G_u & G_v \end{vmatrix}}$$

$$\frac{\partial u}{\partial y} = -\frac{1}{J} \frac{\partial(F, G)}{\partial(y, v)} = -\frac{\begin{vmatrix} F_y & F_v \\ G_y & G_v \end{vmatrix}}{\begin{vmatrix} F_u & F_v \\ G_u & G_v \end{vmatrix}}$$

$$\frac{\partial v}{\partial y} = -\frac{1}{J}\frac{\partial(F,\ G)}{\partial(u,\ y)} = -\frac{\begin{vmatrix} F_u & F_y \\ G_u & G_y \end{vmatrix}}{\begin{vmatrix} F_u & F_v \\ G_u & G_v \end{vmatrix}}$$

隐函数的偏导数：

设方程组 $F(x,\ y,\ u,\ v)=0,\ G(x,\ y,\ u,\ v)=0$ 确定一对具有连续偏导数的二元函数 $u=u(x,\ y),\ v=v(x,\ y)$，则

偏导数 $\dfrac{\partial u}{\partial x},\ \dfrac{\partial v}{\partial x}$ 由方程组 $\begin{cases} F_x + F_u\dfrac{\partial u}{\partial x} + F_v\dfrac{\partial v}{\partial x} = 0 \\ G_x + G_u\dfrac{\partial u}{\partial x} + G_v\dfrac{\partial v}{\partial x} = 0 \end{cases}$ 确定；

偏导数 $\dfrac{\partial u}{\partial y},\ \dfrac{\partial v}{\partial y}$ 由方程组 $\begin{cases} F_y + F_u\dfrac{\partial u}{\partial y} + F_v\dfrac{\partial v}{\partial y} = 0 \\ G_y + G_u\dfrac{\partial u}{\partial y} + G_v\dfrac{\partial v}{\partial y} = 0 \end{cases}$ 确定。

【例 8 - 29】 设 $xu - yv = 0,\ yu + xv = 1$，求 $\dfrac{\partial u}{\partial x},\ \dfrac{\partial v}{\partial x},\ \dfrac{\partial u}{\partial y}$ 和 $\dfrac{\partial v}{\partial y}$。

解： 两个方程两边分别对 x 求偏导，得关于 $\dfrac{\partial u}{\partial x}$ 和 $\dfrac{\partial v}{\partial x}$ 的方程组：

$$\begin{cases} u + x\dfrac{\partial u}{\partial x} - y\dfrac{\partial v}{\partial x} = 0 \\ y\dfrac{\partial u}{\partial x} + v + x\dfrac{\partial v}{\partial x} = 0 \end{cases}$$

当 $x^2 + y^2 \neq 0$ 时，解之得 $\dfrac{\partial u}{\partial x} = -\dfrac{xu + yv}{x^2 + y^2},\ \dfrac{\partial v}{\partial x} = \dfrac{yu - xv}{x^2 + y^2}$。

两个方程两边分别对 y 求偏导，得关于 $\dfrac{\partial u}{\partial y}$ 和 $\dfrac{\partial v}{\partial y}$ 的方程组：

$$\begin{cases} x\dfrac{\partial u}{\partial y} - v - y\dfrac{\partial v}{\partial y} = 0 \\ u + y\dfrac{\partial u}{\partial y} + x\dfrac{\partial v}{\partial y} = 0 \end{cases}$$

当 $x^2 + y^2 \neq 0$ 时，解之得 $\dfrac{\partial u}{\partial y} = \dfrac{xv - yu}{x^2 + y^2},\ \dfrac{\partial v}{\partial y} = -\dfrac{xu + yv}{x^2 + y^2}$。

另解 将两个方程的两边微分得

$$\begin{cases} udx+xdu-vdy-ydv=0 \\ udy+ydu+vdx+xdv=0 \end{cases} \qquad \text{即} \begin{cases} xdu-ydv=vdy-udx \\ ydu+xdv=-udy-vdx \end{cases}$$

解之得

$$du=-\frac{xu+yv}{x^2+y^2}dx+\frac{xv-yu}{x^2+y^2}dy$$

$$dv=\frac{yu-xv}{x^2+y^2}dx-\frac{xu+yv}{x^2+y^2}dy$$

于是　$\dfrac{\partial u}{\partial x}=-\dfrac{xu+yv}{x^2+y^2}$, $\dfrac{\partial u}{\partial y}=\dfrac{xv-yu}{x^2+y^2}$, $\dfrac{\partial v}{\partial x}=\dfrac{yu-xv}{x^2+y^2}$, $\dfrac{\partial v}{\partial y}=-\dfrac{xu+yv}{x^2+y^2}$。

【例 8 - 30】 设函数 $x=x(u,v)$, $y=y(u,v)$ 在点 (u,v) 的某一领域内连续且有连续偏导数，又

$$\frac{\partial(x,y)}{\partial(u,v)}\neq 0$$

（1）证明方程组

$$\begin{cases} x=x(u,v) \\ y=y(u,v) \end{cases}$$

在点 (x,y,u,v) 的某一领域内唯一确定一组单值连续且有连续偏导数的反函数 $u=u(x,y)$, $v=v(x,y)$。

（2）求反函数 $u=u(x,y)$, $v=v(x,y)$ 对 x, y 的偏导数。

解：（1）将方程组改写成下面的形式

$$\begin{cases} F(x,y,u,v)\equiv x-x(u,v)=0 \\ G(x,y,u,v)\equiv y-y(u,v)=0 \end{cases}$$

则按假设　　　　$$J=\frac{\partial(F,G)}{\partial(u,v)}=\frac{\partial(x,y)}{\partial(u,v)}\neq 0$$

由隐函数存在定理 3，即得所要证的结论。

（2）将方程组所确定的反函数 $u=u(x,y)$, $v=v(x,y)$ 代入方程组，即得

$$\begin{cases} x\equiv x[u(x,y),v(x,y)] \\ y\equiv y[u(x,y),v(x,y)] \end{cases}$$

将上述恒等式两边分别对 x 求偏导数，得

$$\begin{cases} 1=\dfrac{\partial x}{\partial u}\cdot\dfrac{\partial u}{\partial x}+\dfrac{\partial x}{\partial v}\cdot\dfrac{\partial v}{\partial x} \\ 0=\dfrac{\partial y}{\partial u}\cdot\dfrac{\partial u}{\partial x}+\dfrac{\partial y}{\partial v}\cdot\dfrac{\partial v}{\partial x} \end{cases}$$

由于 $J \neq 0$, 故可解得

$$\frac{\partial u}{\partial x} = \frac{1}{J} \frac{\partial y}{\partial v}, \quad \frac{\partial v}{\partial x} = -\frac{1}{J} \frac{\partial y}{\partial u}$$

同理, 可得

$$\frac{\partial u}{\partial y} = -\frac{1}{J} \frac{\partial x}{\partial v}, \quad \frac{\partial v}{\partial y} = \frac{1}{J} \frac{\partial x}{\partial u} \Big/ 3$$

8.6 多元函数的极值及其求法

8.6.1 多元函数的极值及最值

定义 8.6.1 设函数 $z = f(x, y)$ 在点 (x_0, y_0) 的某个邻域内有定义, 如果对于该邻域内任何异于 (x_0, y_0) 的点 (x, y), 都有

$$f(x, y) < f(x_0, y_0)(\text{或 } f(x, y) > f(x_0, y_0))$$

则称函数在点 (x_0, y_0) 有极大值(或极小值) $f(x_0, y_0)$。

极大值、极小值统称为极值。使函数取得极值的点称为极值点。

【例 8 - 31】 函数 $z = 3x^2 + 4y^2$ 在点 $(0, 0)$ 处有极小值。

当 $(x, y) = (0, 0)$ 时, $z = 0$, 而当 $(x, y) \neq (0, 0)$ 时, $z > 0$。因此 $z = 0$ 是函数的极小值。

【例 8 - 32】 函数 $z = -\sqrt{x^2 + y^2}$ 在点 $(0, 0)$ 处有极大值。

当 $(x, y) = (0, 0)$ 时, $z = 0$, 而当 $(x, y) \neq (0, 0)$ 时, $z < 0$。因此 $z = 0$ 是函数的极大值。

【例 8 - 33】 函数 $z = xy$ 在点 $(0, 0)$ 处既不取得极大值也不取得极小值。

因为在点 $(0, 0)$ 处的函数值为零, 而在点 $(0, 0)$ 的任一邻域内, 总有使函数值为正的点, 也有使函数值为负的点。

以上关于二元函数的极值概念, 可推广到 n 元函数。设 n 元函数 $u = f(P)$ 在点 P_0 的某一邻域内有定义, 如果对于该邻域内任何异于 P_0 的点 P, 都有

$$f(P) < f(P_0)(\text{或 } f(P) > f(P_0))$$

则称函数 $f(P)$ 在点 P_0 有极大值(或极小值) $f(P_0)$。

定理 8.6.1(必要条件) 设函数 $z = f(x, y)$ 在点 (x_0, y_0) 具有偏导数, 且在点 (x_0, y_0) 处有极值, 则有

$$f_x(x_0, y_0) = 0, \quad f_y(x_0, y_0) = 0$$

证明： 不妨设 $z = f(x, y)$ 在点 (x_0, y_0) 处有极大值。依极大值的定义，对于点 (x_0, y_0) 的某邻域内异于 (x_0, y_0) 的点 (x, y)，都有不等式

$$f(x, y) < f(x_0, y_0)$$

特殊地，在该邻域内取 $y = y_0$ 而 $x \neq x_0$ 的点，也应有不等式

$$f(x, y_0) < f(x_0, y_0)$$

这表明一元函数 $f(x, y_0)$ 在 $x = x_0$ 处取得极大值，因而必有

$$f_x(x_0, y_0) = 0$$

类似地可证

$$f_y(x_0, y_0) = 0$$

从几何上看，这时如果曲面 $z = f(x, y)$ 在点 (x_0, y_0, z_0) 处有切平面，则切平面

$$z - z_0 = f_x(x_0, y_0)(x - x_0) + f_y(x_0, y_0)(y - y_0)$$

成为平行于 xOy 坐标面的平面 $z = z_0$。

类似地可推得，如果三元函数 $u = f(x, y, z)$ 在点 (x_0, y_0, z_0) 具有偏导数，则它在点 (x_0, y_0, z_0) 具有极值的必要条件为

$$f_x(x_0, y_0, z_0) = 0, f_y(x_0, y_0, z_0) = 0, f_z(x_0, y_0, z_0) = 0$$

仿照一元函数，凡是能使 $f_x(x, y) = 0$，$f_y(x, y) = 0$ 同时成立的点 (x_0, y_0) 称为函数 $z = f(x, y)$ 的驻点。

从定理 8.6.1 可知，具有偏导数的函数的极值点必定是驻点。但函数的驻点不一定是极值点。

例如，函数 $z = xy$ 在点 $(0, 0)$ 处的两个偏导数都是零，函数在 $(0, 0)$ 既不取得极大值也不取得极小值。

定理 8.6.2（充分条件） 设函数 $z = f(x, y)$ 在点 (x_0, y_0) 的某邻域内连续且有一阶及二阶连续偏导数，又 $f_x(x_0, y_0) = 0$，$f_y(x_0, y_0) = 0$，令

$$f_{xx}(x_0, y_0) = A, f_{xy}(x_0, y_0) = B, f_{yy}(x_0, y_0) = C$$

则 $f(x, y)$ 在 (x_0, y_0) 处是否取得极值的条件如下：

(1) $AC - B^2 > 0$ 时具有极值，且当 $A < 0$ 时有极大值，当 $A > 0$ 时有极小值；

(2) $AC - B^2 < 0$ 时没有极值；

(3) $AC - B^2 = 0$ 时可能有极值，也可能没有极值。

在函数 $f(x, y)$ 的驻点处如果 $f_{xx} \cdot f_{yy} - f_{xy}^2 > 0$，则函数具有极值，且当 $f_{xx} < 0$

时有极大值,当 $f_{xx} > 0$ 时有极小值。

极值的求法:

第一步 解方程组

$$f_x(x, y) = 0, f_y(x, y) = 0$$

求得一切实数解,即可得一切驻点。

第二步 对于每一个驻点 (x_0, y_0),求出二阶偏导数的值 A、B 和 C。

第三步 定出 $AC - B^2$ 的符号,按定理 2 的结论判定 $f(x_0, y_0)$ 是否是极值、是极大值还是极小值。

【例 8 - 34】 求函数 $f(x, y) = x^3 - y^3 + 3x^2 + 3y^2 - 9x$ 的极值。

解: 解方程组 $\begin{cases} f_x(x, y) = 3x^2 + 6x - 9 = 0 \\ f_y(x, y) = -3y^2 + 6y = 0 \end{cases}$

求得 $x = 1, -3$;$y = 0, 2$.于是得驻点为 $(1, 0)$, $(1, 2)$, $(-3, 0)$, $(-3, 2)$。

再求出二阶偏导数

$$f_{xx}(x, y) = 6x + 6, f_{xy}(x, y) = 0, f_{yy}(x, y) = -6y + 6$$

在点 $(1, 0)$ 处,$AC - B^2 = 12 \cdot 6 > 0$,又 $A > 0$,所以函数在 $(1, 0)$ 处有极小值 $f(1, 0) = -5$;

在点 $(1, 2)$ 处,$AC - B^2 = 12 \cdot (-6) < 0$,所以 $f(1, 2)$ 不是极值;

在点 $(-3, 0)$ 处,$AC - B^2 = -12 \cdot 6 < 0$,所以 $f(-3, 0)$ 不是极值;

在点 $(-3, 2)$ 处,$AC - B^2 = -12 \cdot (-6) > 0$,又 $A < 0$,所以函数的 $(-3, 2)$ 处有极大值 $f(-3, 2) = 31$。

应注意的问题:不是驻点也可能是极值点,例如,

函数 $z = -\sqrt{x^2 + y^2}$ 在点 $(0, 0)$ 处有极大值,但 $(0, 0)$ 不是函数的驻点。因此,在考虑函数的极值问题时,除了考虑函数的驻点外,如果有偏导数不存在的点,那么对这些点也应当考虑。

最大值和最小值问题:如果 $f(x, y)$ 在有界闭区域 D 上连续,则 $f(x, y)$ 在 D 上必定能取得最大值和最小值。这种使函数取得最大值或最小值的点既可能在 D 的内部,也可能在 D 的边界上。我们假定,函数在 D 上连续、在 D 内可微分且只有有限个驻点,这时如果函数在 D 的内部取得最大值(最小值),那么这个最大值(最小值)也是函数的极大值(极小值)。因此,求最大值和最小值的一般方法是:将函数 $f(x, y)$ 在 D 内的所有驻点处的函数值及在 D 的边界上的最大值和最小值相互比较,其中最大的就是最大值,最小的就是最小值。在通常遇到的实际问题中,如果根据问题的性质,知道函数 $f(x, y)$ 的最大值(最小值)一定在 D 的内部取得,而函数在 D 内只有一个驻点,那么可以肯定该驻点处的函数值就是函数 $f(x, y)$ 在 D 上的

最大值(最小值)。

【例 8 - 35】 某厂要用铁板做成一个体积为 8 m^3 的有盖长方体水箱。问当长、宽、高各取多少时,才能使用料最省。

解：设水箱的长为 x m,宽为 y m,则其高应为 $\dfrac{8}{xy}$ m。此水箱所用材料的面积为

$$A = 2\left(xy + y \cdot \frac{8}{xy} + x \cdot \frac{8}{xy}\right) = 2\left(xy + \frac{8}{x} + \frac{8}{y}\right) \qquad (x > 0, \ y > 0)$$

令 $A_x = 2\left(y - \dfrac{8}{x^2}\right) = 0$, $A_y = 2\left(x - \dfrac{8}{y^2}\right) = 0$,得 $x = 2$, $y = 2$。

根据题意可知,水箱所用材料面积的最小值一定存在,并在开区域 $D = \{(x, y) \mid x > 0, y > 0\}$ 内取得。因为函数 A 在 D 内只有一个驻点,所以此驻点一定是 A 的最小值点,即当水箱的长为 2 m、宽为 2 m、高为 $\dfrac{8}{2 \cdot 2} = 2$ m 时,水箱所用的材料最省。

从这个例子还可看出,在体积一定的长方体中,以立方体的表面积为最小。

【例 8 - 36】 有一宽为 24 cm 的长方形铁板,把它两边折起来做成一断面为等腰梯形的水槽。问怎样折法才能使断面的面积最大?

解：设折起来的边长为 x cm,倾角为 α,那么梯形断面的下底长为 $24 - 2x$,上底长为 $24 - 2x + 2x \cdot \cos\alpha$,高为 $x \cdot \sin\alpha$,所以断面面积

$$A = \frac{1}{2}(24 - 2x + 2x\cos\alpha + 24 - 2x) \cdot x\sin\alpha$$

即 $A = 24x \cdot \sin\alpha - 2x^2\sin\alpha + x^2\sin\alpha\cos\alpha (0 < x < 12, \ 0 < \alpha \leqslant 90°)$。

可见断面面积 A 是 x 和 α 的二元函数,这就是目标函数,欲求使这函数取得最大值的点 (x, α)。

令 $A_x = 24\sin\alpha - 4x\sin\alpha + 2x\sin\alpha\cos\alpha = 0$

$$A_\alpha = 24x\cos\alpha - 2x^2\cos\alpha + x^2(\cos^2\alpha - \sin^2\alpha) = 0$$

由于 $\sin\alpha \neq 0$, $x \neq 0$,上述方程组可化为

$$\begin{cases} 12 - 2x + x\cos\alpha = 0 \\ 24\cos\alpha - 2x\cos\alpha + x(\cos^2\alpha - \sin^2\alpha) = 0 \end{cases}$$

解这方程组,得 $\alpha = 60°$, $x = 8$ cm。

根据题意可知断面面积的最大值一定存在,并且在 $D = \{(x, y) \mid 0 < x < 12, 0 < \alpha \leqslant 90°\}$ 内取得,通过计算得知 $\alpha = 90°$ 时的函数值比 $\alpha = 60°$, $x = 8$(cm) 时的函数值为小。又函数在 D 内只有一个驻点,因此可以断定,当 $x = 8$ cm, $\alpha = 60°$

时,就能使断面的面积最大。

8.6.2　条件极值　拉格朗日乘数法

对自变量有附加条件的极值称为条件极值。例如,求表面积为 a^2 而体积为最大的长方体的体积问题。设长方体的三棱的长为 x, y, z,则体积 $V = xyz$。又因假定表面积为 a^2,所以自变量 x, y, z 还必须满足附加条件 $2(xy + yz + xz) = a^2$。

这个问题就是求函数 $V = xyz$ 在条件 $2(xy + yz + xz) = a^2$ 下的最大值问题,这是一个条件极值问题。

对于有些实际问题,可以把条件极值问题化为无条件极值问题。

例如上述问题,由条件 $2(xy + yz + xz) = a^2$,解得 $z = \dfrac{a^2 - 2xy}{2(x + y)}$,于是得

$$V = \frac{xy}{2}\left(\frac{a^2 - 2xy}{(x + y)}\right)$$

只需求 V 的无条件极值问题。

在很多情形下,将条件极值化为无条件极值并不容易。需要另一种求条件极值的专用方法,这就是拉格朗日乘数法。

现在我们来寻求函数 $z = f(x, y)$ 在条件 $\varphi(x, y) = 0$ 下取得极值的必要条件。

如果函数 $z = f(x, y)$ 在 (x_0, y_0) 取得所求的极值,那么有

$$f'(x_0, y_0) = 0$$

假定在 (x_0, y_0) 的某一邻域内 $f(x, y)$ 与 $\varphi(x, y)$ 均有连续的一阶偏导数,而 $\varphi_y(x_0, y_0) \neq 0$。由隐函数存在定理,由方程 $\varphi(x, y) = 0$ 确定一个连续且具有连续导数的函数 $y = y(x)$,将其代入目标函数 $z = f(x, y)$,得一元函数

$$z = f[x, y(x)]$$

于是 $x = x_0$ 是一元函数 $z = f[x, y(x)]$ 的极值点,由取得极值的必要条件,有

$$\left.\frac{\mathrm{d}z}{\mathrm{d}x}\right|_{x = x_0} = f_x(x_0, y_0) + f_y(x_0, y_0)\left.\frac{\mathrm{d}y}{\mathrm{d}x}\right|_{x = x_0} = 0$$

即
$$f_x(x_0, y_0) - f_y(x_0, y_0)\frac{\varphi_x(x_0, y_0)}{\varphi_y(x_0, y_0)} = 0$$

从而函数 $z = f(x, y)$ 在条件 $\varphi(x, y) = 0$ 下在 (x_0, y_0) 取得极值的必要条件是

$$f_x(x_0, y_0) - f_y(x_0, y_0)\frac{\varphi_x(x_0, y_0)}{\varphi_y(x_0, y_0)} = 0 \text{ 与 } \varphi(x_0, y_0) = 0 \text{ 同时成立}。$$

设 $\dfrac{f_y(x_0, y_0)}{\varphi_y(x_0, y_0)} = -\lambda$,上述必要条件变为

$$\begin{cases} f_x(x_0, y_0) + \lambda\varphi_x(x_0, y_0) = 0 \\ f_y(x_0, y_0) + \lambda\varphi_y(x_0, y_0) = 0 \\ \varphi(x_0, y_0) = 0 \end{cases}$$

拉格朗日乘数法:要找函数 $z = f(x, y)$ 在条件 $\varphi(x, y) = 0$ 下的可能极值点,可以先构成辅助函数

$$F(x, y) = f(x, y) + \lambda\varphi(x, y)$$

其中 λ 为某一常数。然后解方程组

$$\begin{cases} F_x(x, y) = f_x(x, y) + \lambda\varphi_x(x, y) = 0 \\ F_y(x, y) = f_y(x, y) + \lambda\varphi_y(x, y) = 0 \\ \varphi(x, y) = 0 \end{cases}$$

由这方程组解出 x, y 及 λ,则其中 (x, y) 就是所要求的可能的极值点。

这种方法可以推广到自变量多于两个而条件多于一个的情形。

至于如何确定所求的点是否是极值点,在实际问题中往往可根据问题本身的性质来判定。

【例 8-37】 求表面积为 a^2 而体积为最大的长方体的体积。

解:设长方体的三条棱的长为 x, y, z,则问题就是在条件

$$2(xy + yz + xz) = a^2$$

下求函数 $V = xyz$ 的最大值。

构成辅助函数

$$F(x, y, z) = xyz + \lambda(2xy + 2yz + 2xz - a^2)$$

解方程组

$$\begin{cases} F_x(x, y, z) = yz + 2\lambda(y + z) = 0 \\ F_y(x, y, z) = xz + 2\lambda(x + z) = 0 \\ F_z(x, y, z) = xy + 2\lambda(y + x) = 0 \\ 2xy + 2yz + 2xz = a^2 \end{cases}$$

得 $x = y = z = \dfrac{\sqrt{6}}{6}a$。

这是唯一可能的极值点。因为由问题本身可知最大值一定存在,

所以最大值就在这个可能的极值点处取得。此时 $V = \dfrac{\sqrt{6}}{36}a^3$。

8.7 二重积分的概念和性质

8.7.1 二重积分的概念

1) 曲顶柱体的体积

设有一空间立体 Ω，它的底是 xOy 面上的有界区域 D，它的侧面是以 D 的边界曲线为准线，而母线平行于 z 轴的柱面，它的顶是曲面 $z = f(x, y)$。

当 $(x, y) \in D$ 时，$f(x, y)$ 在 D 上连续且 $f(x, y) \geqslant 0$，以后称这种立体为曲顶柱体。

曲顶柱体的体积 V 可以这样来计算：

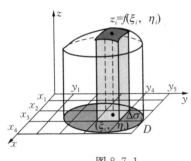

图 8.7.1

（1）用任意一组曲线网将区域 D 分成 n 个小区域 $\Delta\sigma_1, \Delta\sigma_2, \cdots, \Delta\sigma_n$，以这些小区域的边界曲线为准线，作母线平行于 z 轴的柱面，这些柱面将原来的曲顶柱体 Ω 分划成 n 个小曲顶柱体 $\Delta\Omega_1$，$\Delta\Omega_2, \cdots, \Delta\Omega_n$。如图 8.7.1 所示（假设 $\Delta\sigma_i$ 所对应的小曲顶柱体为 $\Delta\Omega_i$，这里 $\Delta\sigma_i$ 既代表第 i 个小区域，又表示它的面积值，$\Delta\Omega_i$ 既代表第 i 个小曲顶柱体，又代表它的体积值）。

从而 $V = \sum\limits_{i=1}^{n} \Delta\Omega_i$

（2）由于 $f(x, y)$ 连续，对于同一个小区域来说，函数值的变化不大。因此，可以将小曲顶柱体近似地看作小平顶柱体，于是

$$\Delta\Omega_i \approx f(\xi_i, \eta_i)\Delta\sigma_i \quad (\forall (\xi_i, \eta_i) \in \Delta\sigma_i)$$

（以不变之高代替变高，求 $\Delta\Omega_i$ 的近似值）

（3）整个曲顶柱体的体积近似值为

$$V \approx \sum_{i=1}^{n} f(\xi_i, \eta_i)\Delta\sigma_i$$

（4）为得到 V 的精确值，只需让这 n 个小区域越来越小，即让每个小区域向某点收缩。为此，我们引入区域直径的概念：

一个闭区域的直径是指区域上任意两点距离的最大者。

所谓让区域向一点收缩性地变小，意指让区域的直径趋向于零。

设 n 个小区域直径中的最大者为 λ，则

$$V = \lim_{\lambda \to 0} \sum_{i=1}^{n} f(\xi_i, \eta_i)\Delta\sigma_i$$

2) 平面薄片的质量

设有一平面薄片占有 xOy 面上的区域 D,它在 (x, y) 处的面密度为 $\rho(x, y)$,这里 $\rho(x, y) \geqslant 0$,而且 $\rho(x, y)$ 在 D 上连续,现计算该平面薄片的质量 M。

将 D 分成 n 个小区域 $\Delta\sigma_1$, $\Delta\sigma_2$, $\cdots$, $\Delta\sigma_n$,用 λ_i 记 $\Delta\sigma_i$ 的直径,$\Delta\sigma_i$ 既代表第 i 个小区域又代表它的面积。

当 $\lambda = \max\limits_{1 \leqslant i \leqslant n}\{\lambda_i\}$ 很小时,由于 $\rho(x, y)$ 连续,每小片区域的质量可近似地看作是均匀的,那么第 i 小块区域的近似质量可取为

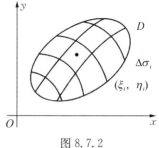

图 8.7.2

$$\rho(\xi_i, \eta_i)\Delta\sigma_i \quad \forall (\xi_i, \eta_i) \in \Delta\sigma_i$$

于是

$$M \approx \sum_{i=1}^{n} \rho(\xi_i, \eta_i)\Delta\sigma_i$$

$$M = \lim_{\lambda \to 0}\sum_{i=1}^{n} \rho(\xi_i, \eta_i)\Delta\sigma_i$$

两种实际意义完全不同的问题,最终都归结同一形式的极限问题。因此,有必要撇开这类极限问题的实际背景,给出一个更广泛、更抽象的数学概念,即二重积分。

3) 二重积分的定义

定义 8.7.1 设 $f(x, y)$ 是闭区域 D 上的有界函数,将区域 D 分成 n 个小区域

$$\Delta\sigma_1, \Delta\sigma_2, \cdots, \Delta\sigma_n$$

其中,$\Delta\sigma_i$ 既表示第 i 个小区域,也表示它的面积,λ_i 表示它的直径。

$$\lambda = \max_{1 \leqslant i \leqslant n}\{\lambda_i\} \quad \forall (\xi_i, \eta_i) \in \Delta\sigma_i$$

作乘积 $f(\xi_i, \eta_i)\Delta\sigma_i \quad (i = 1, 2 \cdots, n)$

作和式 $\sum\limits_{i=1}^{n} f(\xi_i, \eta_i)\Delta\sigma_i$

若极限 $\lim\limits_{\lambda \to 0}\sum\limits_{i=1}^{n} f(\xi_i, \eta_i)\Delta\sigma_i$ 存在,则称此极限值为函数 $f(x, y)$ 在区域 D 上的二重积分,记作 $\iint\limits_{D} f(x, y)\mathrm{d}\sigma$。

即 $\iint\limits_{D} f(x, y)\mathrm{d}\sigma = \lim\limits_{\lambda \to 0}\sum\limits_{i=1}^{n} f(\xi_i, \eta_i)\Delta\sigma_i$

其中:$f(x,y)$ 称之为被积函数,$f(x,y)\mathrm{d}\sigma$ 称之为被积表达式,$\mathrm{d}\sigma$ 称之为面积元素,

x,y 称之为积分变量,D 称之为积分区域,$\sum\limits_{i=1}^{n} f(\xi_i,\eta_i)\Delta\sigma_i$ 称之为积分和式。

4) 几个事实

(1) 二重积分的存在定理。

若 $f(x,y)$ 在闭区域 D 上连续,则 $f(x,y)$ 在 D 上的二重积分存在。

声明:在以后的讨论中,均假定在闭区域上的二重积分存在。

(2) $\iint\limits_{D} f(x,y)\mathrm{d}\sigma$ 中的面积元素 $\mathrm{d}\sigma$ 象征着积分和式中的 $\Delta\sigma_i$。

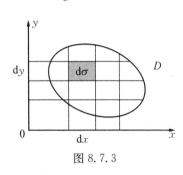

图 8.7.3

由于二重积分的定义中对区域 D 的划分是任意的,若用一组平行于坐标轴的直线来划分区域 D,那么除了靠近边界曲线的一些小区域之外,绝大多数的小区域都是矩形(见图 8.7.3)。因此,可以将 $\mathrm{d}\sigma$ 记作 $\mathrm{d}x\mathrm{d}y$(并称 $\mathrm{d}x\mathrm{d}y$ 为直角坐标系下的面积元素),二重积分也可表示成为 $\iint\limits_{D} f(x,y)\mathrm{d}x\mathrm{d}y$。

(3) 若 $f(x,y)\geqslant 0$,二重积分表示以 $f(x,y)$ 为曲顶,以 D 为底的曲顶柱体的体积。

8.7.2 二重积分的性质

二重积分与定积分有相类似的性质。

(1) 线性性。

$$\iint\limits_{D}[\alpha\cdot f(x,y)+\beta\cdot g(x,y)]\mathrm{d}\sigma = \alpha\cdot\iint\limits_{D} f(x,y)\mathrm{d}\sigma+\beta\cdot\iint\limits_{D} g(x,y)\mathrm{d}\sigma$$

其中:α,β 是常数。

(2) 对区域的可加性。

若区域 D 分为两个部分区域 D_1,D_1,则

$$\iint\limits_{D} f(x,y)\mathrm{d}\sigma = \iint\limits_{D_1} f(x,y)\mathrm{d}\sigma+\iint\limits_{D_2} f(x,y)\mathrm{d}\sigma$$

(3) 若在 D 上,$f(x,y)\equiv 1$,σ 为区域 D 的面积,则

$$\sigma = \iint\limits_{D} 1\mathrm{d}\sigma = \iint\limits_{D}\mathrm{d}\sigma$$

几何意义:高为 1 的平顶柱体的体积在数值上等于柱体的底面积。

(4) 若在 D 上,$f(x,y)\leqslant\varphi(x,y)$,则有不等式

$$\iint\limits_{D} f(x,\ y)\mathrm{d}\sigma \leqslant \iint\limits_{D} \varphi(x,\ y)\mathrm{d}\sigma$$

特别地,由于 $-|f(x,\ y)|\leqslant f(x,\ y)\leqslant|f(x,\ y)|$,有

$$\left|\iint\limits_{D} f(x,\ y)\mathrm{d}\sigma\right| \leqslant \iint\limits_{D} |f(x,\ y)|\mathrm{d}\sigma$$

(5) 估值不等式。

设 M 与 m 分别是 $f(x,\ y)$ 在闭区域 D 上最大值和最小值,σ 是 M 的面积,则

$$m\cdot\sigma \leqslant \iint\limits_{D} f(x,\ y)\mathrm{d}\sigma \leqslant M\cdot\sigma$$

(6) 二重积分的中值定理。

设函数 $f(x,\ y)$ 在闭区域 D 上连续,σ 是 D 的面积,则在 D 上至少存在一点 $(\xi,\ \eta)$,使得

$$\iint\limits_{D} f(x,\ y)\mathrm{d}\sigma = f(\xi,\ \eta)\cdot\sigma$$

【例 8-38】 估计二重积分 $\iint\limits_{D}(x^2+4y^2+9)\mathrm{d}\sigma$ 的值,D 是圆域 $x^2+y^2\leqslant4$。

解: 求被积函数 $f(x,\ y)=x^2+4y^2+9$ 在区域 D 上可能的最值

$$\begin{cases} \dfrac{\partial f}{\partial x}=2x=0 \\[2mm] \dfrac{\partial f}{\partial y}=8y=0 \end{cases}$$

$(0,\ 0)$ 是驻点,且 $f(0,\ 0)=9$;

在边界上,$f(x,\ y)=x^2+4(4-x^2)+9=25-3x^2$ $\qquad(-2\leqslant x\leqslant2)$

$$13\leqslant f(x,\ y)\leqslant25$$
$$f_{\max}=25,\ f_{\min}=9$$

于是有

$$36\pi=9\cdot4\pi\leqslant I\leqslant25\cdot4\pi=100\pi$$

8.7.3　二重积分的几何意义

(1) 若 $f(x,\ y)>0$,$\iint\limits_{D} f(x,\ y)\mathrm{d}\sigma$ 表示曲顶柱体的体积。

(2) 若 $f(x,\ y)<0$,$\iint\limits_{D} f(x,\ y)\mathrm{d}\sigma$ 表示曲顶柱体的体积的负值。

(3) $\iint\limits_{D} f(x, y)\mathrm{d}\sigma$ 表示曲顶柱体的体积的代数和。

8.8　二重积分的计算法

8.8.1　利用直角坐标计算二重积分

X-型区域：D：$\varphi_1(x) \leqslant y \leqslant \varphi_2(x)$，$a \leqslant x \leqslant b$。

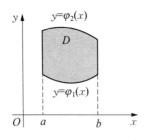 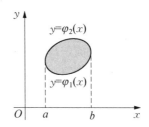

图 8.8.1

X-型区域的特点：穿过区域且平行于 y 轴的直线与区域边界相交不多于两个交点。如图 8.8.1 所示。

Y-型区域：D：$\psi_1(y) \leqslant x \leqslant \psi_2(y)$，$c \leqslant y \leqslant d$。

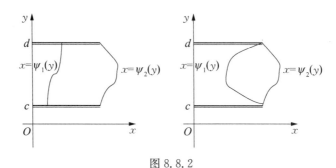

图 8.8.2

Y-型区域的特点：穿过区域且平行于 x 轴的直线与区域边界相交不多于两个交点。如图 8.8.2 所示。

设 $f(x, y) \geqslant 0$，$D = \{(x, y) \mid \varphi_1(x) \leqslant y \leqslant \varphi_2(x)，a \leqslant x \leqslant b\}$。

此时二重积分 $\iint\limits_{D} f(x, y)\mathrm{d}\sigma$ 在几何上表示以曲面 $z = f(x, y)$ 为顶，以区域 D 为底的曲顶柱体的体积。

对于 $x_0 \in [a, b]$，曲顶柱体在 $x = x_0$ 的截面面积为以区间 $[\varphi_1(x_0), \varphi_2(x_0)]$ 为底、以曲线 $z = f(x_0, y)$ 为曲边的曲边梯形，所以这截面的面积为

$$A(x_0) = \int_{\varphi_1(x_0)}^{\varphi_2(x_0)} f(x_0, y) \mathrm{d}y$$

根据平行截面面积为已知的立体体积的方法，得曲顶柱体体积为

$$V = \int_a^b A(x) \mathrm{d}x = \int_a^b \left[\int_{\varphi_1(x)}^{\varphi_2(x)} f(x, y) \mathrm{d}y \right] \mathrm{d}x$$

即

$$V = \iint_D f(x, y) \mathrm{d}\sigma = \int_a^b \left[\int_{\varphi_1(x)}^{\varphi_2(x)} f(x, y) \mathrm{d}y \right] \mathrm{d}x$$

可记为

$$\iint_D f(x, y) \mathrm{d}\sigma = \int_a^b \mathrm{d}x \int_{\varphi_1(x)}^{\varphi_2(x)} f(x, y) \mathrm{d}y$$

类似地，如果区域 D 为 Y-型区域：

$$D: \psi_1(x) \leqslant y \leqslant \psi_2(x), c \leqslant y \leqslant d$$

则有

$$\iint_D f(x, y) \mathrm{d}\sigma = \int_c^d \mathrm{d}y \int_{\psi_1(y)}^{\psi_2(y)} f(x, y) \mathrm{d}x$$

【例 8-39】 计算 $\iint_D xy \mathrm{d}\sigma$，其中 D 是由直线 $y = 1$，$x = 2$ 及 $y = x$ 所围成的闭区域。

解： 画出区域 D，如图 8.8.3 所示。

解法(1) 可把 D 看成是 X-型区域：$1 \leqslant x \leqslant 2$，$1 \leqslant y \leqslant x$。于是

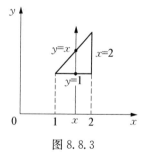

图 8.8.3

$$\iint_D xy \mathrm{d}\sigma = \int_1^2 \left[\int_1^x xy \mathrm{d}y \right] \mathrm{d}x = \int_1^2 \left[x \cdot \frac{y^2}{2} \right]_1^x \mathrm{d}x$$

$$= \frac{1}{2} \int_1^2 (x^3 - x) \mathrm{d}x$$

$$= \frac{1}{2} \left[\frac{x^4}{4} - \frac{x^2}{2} \right]_1^2 = \frac{9}{8}$$

注：积分还可以写成 $\iint_D xy \mathrm{d}\sigma = \int_1^2 \mathrm{d}x \int_1^x xy \mathrm{d}y = \int_1^2 x \mathrm{d}x \int_1^x y \mathrm{d}y$

解法(2) 也可把 D 看成是 Y-型区域：$1 \leqslant y \leqslant 2$，$y \leqslant x \leqslant 2$。于是

$$\iint\limits_{D} xy\,\mathrm{d}\sigma = \int_1^2 \left[\int_y^2 xy\,\mathrm{d}x \right] \mathrm{d}y = \int_1^2 \left[y \cdot \frac{x^2}{2} \right]_y^2 \mathrm{d}y = \int_1^2 \left(2y - \frac{y^3}{2} \right) \mathrm{d}y = \left[y^2 - \frac{y^4}{8} \right]_1^2 = \frac{9}{8}$$

【例 8 - 40】 计算 $\iint\limits_{D} y\sqrt{1+x^2-y^2}\,\mathrm{d}\sigma$，其中 D 是由直线 $y=1$，$x=-1$ 及 $y=x$ 所围成的闭区域。

解： 画出区域 D，可把 D 看成是 X -型区域： $-1 \leqslant x \leqslant 1$，$x \leqslant y \leqslant 1$。于是

$$\iint\limits_{D} y\sqrt{1+x^2-y^2}\,\mathrm{d}\sigma = \int_{-1}^1 \mathrm{d}x \int_x^1 y\sqrt{1+x^2-y^2}\,\mathrm{d}y = -\frac{1}{3}\int_{-1}^1 \left[(1+x^2-y^2)^{\frac{3}{2}} \right]_x^1 \mathrm{d}x$$

$$= -\frac{1}{3}\int_{-1}^1 (|x|^3 - 1)\,\mathrm{d}x = -\frac{2}{3}\int_0^1 (x^3 - 1)\,\mathrm{d}x = \frac{1}{2}$$

也可把 D 看成是 Y -型区域：$-1 \leqslant y \leqslant 1$，$-1 \leqslant x < y$。于是

$$\iint\limits_{D} y\sqrt{1+x^2-y^2}\,\mathrm{d}\sigma = \int_{-1}^1 y\,\mathrm{d}y \int_{-1}^y \sqrt{1+x^2-y^2}\,\mathrm{d}x$$

【例 8 - 41】 计算 $\iint\limits_{D} xy\,\mathrm{d}\sigma$，其中 D 是由直线 $y=x-2$ 及抛物线 $y^2=x$ 所围成的闭区域。

解： 积分区域可以表示为 $D = D_1 + D_2$，

其中 D_1：$0 \leqslant x \leqslant 1$，$-\sqrt{x} \leqslant y \leqslant \sqrt{x}$；$D_2$：$1 \leqslant x \leqslant 4$，$2 \leqslant y \leqslant \sqrt{x}$。于是

$$\iint\limits_{D} xy\,\mathrm{d}\sigma = \int_0^1 \mathrm{d}x \int_{-\sqrt{x}}^{\sqrt{x}} xy\,\mathrm{d}y + \int_1^4 \mathrm{d}x \int_{x-2}^{\sqrt{x}} xy\,\mathrm{d}y$$

积分区域也可以表示为 D：$-1 \leqslant y \leqslant 2$，$y^2 \leqslant x \leqslant y+2$。于是

$$\iint\limits_{D} xy\,\mathrm{d}\sigma = \int_{-1}^2 \mathrm{d}y \int_{y^2}^{y+2} xy\,\mathrm{d}x = \int_{-1}^2 \left[\frac{x^2}{2} y \right]_{y^2}^{y+2} \mathrm{d}y = \frac{1}{2}\int_{-1}^2 \left[y(y+2)^2 - y^5 \right] \mathrm{d}y$$

$$= \frac{1}{2}\left[\frac{y^4}{4} + \frac{4}{3} y^3 + 2y^2 - \frac{y^6}{6} \right]_{-1}^2 = 5\frac{5}{8}$$

讨论积分次序的选择。

＊【例 8 - 42】 求曲面 $z = x^2 + y^2$ 与 $z = 2 - x^2 - y^2$ 所围立体体积 V。

解： 画出曲面的立体图形，两曲面的交线在 xoy 面上的投影曲线所围区域记为 D，从图中可看出所求立体体积可看成以 D 为底分别以 $z = x^2 + y^2$ 和 $z = 2 - x^2 - y^2$ 为顶的两个曲顶柱体的体积之差，即

$$V = \iint\limits_{D} (2 - x^2 - y^2)\,\mathrm{d}\sigma - \iint\limits_{D} (x^2 + y^2)\,\mathrm{d}\sigma = 2\iint\limits_{D} (1 - x^2 - y^2)\,\mathrm{d}\sigma$$

$$= 2\int_{-1}^1 \mathrm{d}x \int_{-\sqrt{1-x^2}}^{\sqrt{1-x^2}} (1 - x^2 - y^2)\,\mathrm{d}y = \pi$$

※【例 8 - 43】 求两个底圆半径都等于 ρ 的直交圆柱面所围成的立体的体积。

解：设这两个圆柱面的方程分别为（见图 8.8.4）

$$x^2 + y^2 = \rho^2 \text{ 及 } x^2 + z^2 = \rho^2 \text{。}$$

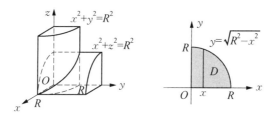

图 8.8.4

利用立体关于坐标平面的对称性，只要算出它在第一卦限部分的体积 V_1，然后再乘以 8 就行了。

第一卦限部分是以 $D = \{(x, y) \mid 0 \leqslant y \leqslant \sqrt{R^2 - x^2}, 0 \leqslant x \leqslant \rho\}$ 为底，以 $z = \sqrt{R^2 - x^2}$ 为顶的曲顶柱体。于是

$$V = 8 \iint\limits_{D} \sqrt{R^2 - x^2} \, \mathrm{d}\sigma = 8 \int_0^R \mathrm{d}x \int_0^{\sqrt{R^2 - x^2}} \sqrt{R^2 - x^2} \, \mathrm{d}y$$

$$= 8 \int_0^R \left[\sqrt{R^2 - x^2} \, y \right]_0^{\sqrt{R^2 - x^2}} \mathrm{d}x = 8 \int_0^R (R^2 - x^2) \mathrm{d}x = \frac{16}{3} R^3$$

8.8.2 利用极坐标计算二重积分

有些二重积分，积分区域 D 的边界曲线用极坐标方程来表示比较方便，且被积函数用极坐标变量 ρ，θ 表达比较简单。这时我们就可以考虑利用极坐标来计算二重积分 $\iint\limits_{D} f(x, y) \mathrm{d}\sigma$。

按二重积分的定义 $\iint\limits_{D} f(x, y) \mathrm{d}\sigma = \lim\limits_{\lambda \to 0} \sum\limits_{i=1}^{n} f(\xi_i, \eta_i) \Delta\sigma_i$

下面我们来研究这个和的极限在极坐标系中的形式。

以从极点 O 出发的一族射线及以极点为中心的一族同心圆构成的网将区域 D 分为 n 个小闭区域（见图 8.8.5），小闭区域的面积为：

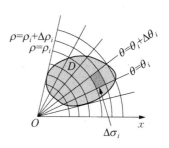

图 8.8.5

$$\Delta\sigma_i = \frac{1}{2}(\rho_i + \Delta\rho_i)^2 \cdot \Delta\theta_i - \frac{1}{2} \cdot \rho_i^2 \cdot \Delta\theta_i = \frac{1}{2}(2\rho_i + \Delta\rho_i)\Delta\rho_i \cdot \Delta\theta_i$$

$$= \frac{\rho_i + (\rho_i + \Delta\rho_i)}{2} \cdot \Delta\rho_i \cdot \Delta\theta_i = \bar{\rho}_i \Delta\rho_i \Delta\theta_i$$

其中 $\bar{\rho}_i$ 表示相邻两圆弧的半径的平均值。

在 $\Delta\sigma_i$ 内取点 $(\bar{\rho}_i, \bar{\theta}_i)$，设其直角坐标为 (ξ_i, η_i)，则有 $\xi_i = \bar{\rho}_i\cos\bar{\theta}_i$，$\eta_i = \bar{\rho}_i\sin\bar{\theta}_i$。

于是
$$\lim_{\lambda \to 0}\sum_{i=1}^{n}f(\xi_i, \eta_i)\Delta\sigma_i = \lim_{\lambda \to 0}\sum_{i=1}^{n}f(\bar{\rho}_i\cos\bar{\theta}_i, \bar{\rho}_i\sin\bar{\theta}_i)\bar{\rho}_i\Delta\rho_i\Delta\theta_i$$

即
$$\iint\limits_{D}f(x, y)\mathrm{d}\sigma = \iint\limits_{D}f(\rho\cos\theta, \rho\sin\theta)\rho\mathrm{d}\rho\mathrm{d}\theta$$

可见在极坐标系中，面积元素 $\mathrm{d}\sigma = \rho\mathrm{d}\rho\mathrm{d}\theta$。

讨论：如何确定积分限？

若积分区域 D 可表示为 $\varphi_1(\theta) \leqslant \rho \leqslant \varphi_2(\theta)$，$\alpha \leqslant \theta \leqslant \beta$，如图 8.8.6 所示，

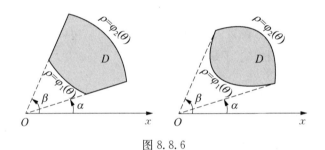

图 8.8.6

则
$$\iint\limits_{D}f(\rho\cos\theta, \rho\sin\theta)\rho\mathrm{d}\rho\mathrm{d}\theta = \int_{\alpha}^{\beta}\mathrm{d}\theta\int_{\varphi_1(\theta)}^{\varphi_2(\theta)}f(\rho\cos\theta, \rho\sin\theta)\rho\mathrm{d}\rho$$

若积分区域 D 可表示为 $0 \leqslant \rho \leqslant \varphi(\theta)$，$\alpha \leqslant \theta \leqslant \beta$，如图 8.8.7 所示，

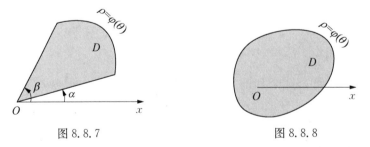

图 8.8.7　　　　　　　　　　　图 8.8.8

则
$$\iint\limits_{D}f(\rho\cos\theta, \rho\sin\theta)\rho\mathrm{d}\rho\mathrm{d}\theta = \int_{\alpha}^{\beta}\mathrm{d}\theta\int_{0}^{\varphi(\theta)}f(\rho\cos\theta, \rho\sin\theta)\rho\mathrm{d}\rho$$

若积分区域 D 可表示为 $0 \leqslant \rho \leqslant \varphi(\theta)$，$0 \leqslant \theta \leqslant 2\pi$，如图 8.8.8 所示，

则
$$\iint\limits_{D} f(\rho\cos\theta,\ \rho\sin\theta)\rho\mathrm{d}\rho\mathrm{d}\theta = \int_0^{2\pi}\mathrm{d}\theta\int_0^{\varphi(\theta)} f(\rho\cos\theta,\ \rho\sin\theta)\rho\mathrm{d}\rho$$

【例8-44】 计算 $\iint\limits_{D} \mathrm{e}^{-x^2-y^2}\mathrm{d}x\mathrm{d}y$，其中 D 是由中心在

原点、半径为 a 的圆周所围成的闭区域，如图8.8.9所示。

解： 在极坐标系中，闭区域 D 可表示为 $0\leqslant\rho\leqslant a$，
$0\leqslant\theta\leqslant 2\pi$。

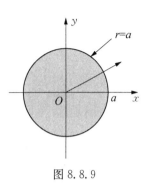

图8.8.9

于是
$$\begin{aligned}
\iint\limits_{D} \mathrm{e}^{-x^2-y^2}\mathrm{d}x\mathrm{d}y &= \iint\limits_{D} \mathrm{e}^{-\rho^2}\rho\mathrm{d}\rho\mathrm{d}\theta\\
&= \int_0^{2\pi}\left[\int_0^a \mathrm{e}^{-\rho^2}\rho\mathrm{d}\rho\right]\mathrm{d}\theta\\
&= \int_0^{2\pi}\left[-\frac{1}{2}\mathrm{e}^{-\rho^2}\right]_0^a\mathrm{d}\theta\\
&= \frac{1}{2}(1-\mathrm{e}^{-a^2})\int_0^{2\pi}\mathrm{d}\theta = \pi(1-\mathrm{e}^{-a^2})
\end{aligned}$$

注：此处积分 $\iint\limits_{D} \mathrm{e}^{-x^2-y^2}\mathrm{d}x\mathrm{d}y$ 也常写成 $\iint\limits_{x^2+y^2\leqslant a^2} \mathrm{e}^{-x^2-y^2}\mathrm{d}x\mathrm{d}y$。

利用 $\iint\limits_{x^2+y^2\leqslant a^2} \mathrm{e}^{-x^2-y^2}\mathrm{d}x\mathrm{d}y = \pi(1-\mathrm{e}^{-a^2})$ 计算广义积分 $\int_0^{+\infty}\mathrm{e}^{-x^2}\mathrm{d}x$：

设 $D_1 = \{(x,\ y)\mid x^2+y^2\leqslant R^2,\ x\geqslant 0,\ y\geqslant 0\}$

　　$D_2 = \{(x,\ y)\mid x^2+y^2\leqslant 2R^2,\ x\geqslant 0,\ y\geqslant 0\}$

　　$S = \{(x,\ y)\mid 0\leqslant x\leqslant R,\ 0\leqslant y\leqslant R\}$

显然 $D_1\subset S\subset D_2$。由于 $\mathrm{e}^{-x^2-y^2}>0$，从而在这些闭区域上的二重积分之间有不等式

$$\iint\limits_{D_1} \mathrm{e}^{-x^2-y^2}\mathrm{d}x\mathrm{d}y < \iint\limits_{S} \mathrm{e}^{-x^2-y^2}\mathrm{d}x\mathrm{d}y < \iint\limits_{D_2} \mathrm{e}^{-x^2-y^2}\mathrm{d}x\mathrm{d}y$$

因为
$$\iint\limits_{S} \mathrm{e}^{-x^2-y^2}\mathrm{d}x\mathrm{d}y = \int_0^R\mathrm{e}^{-x^2}\mathrm{d}x\cdot\int_0^R\mathrm{e}^{-y^2}\mathrm{d}y = \left(\int_0^R\mathrm{e}^{-x^2}\mathrm{d}x\right)^2$$

又应用上面已得的结果有

$$\iint\limits_{D_1} \mathrm{e}^{-x^2-y^2}\mathrm{d}x\mathrm{d}y = \frac{\pi}{4}(1-\mathrm{e}^{-R^2}),\quad \iint\limits_{D_2} \mathrm{e}^{-x^2-y^2}\mathrm{d}x\mathrm{d}y = \frac{\pi}{4}(1-\mathrm{e}^{-2R^2})$$

于是上面的不等式可写成 $\dfrac{\pi}{4}(1-\mathrm{e}^{-R^2}) < \left(\displaystyle\int_0^R\mathrm{e}^{-x^2}\mathrm{d}x\right)^2 < \dfrac{\pi}{4}(1-\mathrm{e}^{-2R^2})$

令 $R\rightarrow +\infty$，上式两端趋于同一极限 $\dfrac{\pi}{4}$，从而 $\displaystyle\int_0^{+\infty}\mathrm{e}^{-x^2}\mathrm{d}x = \dfrac{\sqrt{\pi}}{2}$。

【例 8 - 45】 求球体 $x^2 + y^2 + z^2 \leqslant 4a^2$ 被圆柱面 $x^2 + y^2 = 2ax$ 所截得的（含在圆柱面内的部分）立体的体积，如图 8.8.10 所示。

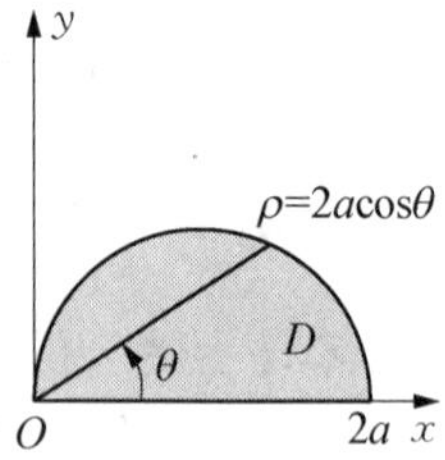

解： 由对称性，立体体积为第一卦限部分的 4 倍。

$$V = 4 \iint\limits_{D} \sqrt{4a^2 - x^2 - y^2}\, \mathrm{d}x\mathrm{d}y$$

图 8.8.10

其中 D 为半圆周 $y = \sqrt{2ax - x^2}$ 及 x 轴所围成的闭区域。

在极坐标系中 D 可表示为 $0 \leqslant \rho \leqslant 2a\cos\theta, 0 \leqslant \theta \leqslant \dfrac{\pi}{2}$。

于是 $V = 4 \iint\limits_{D} \sqrt{4a^2 - \rho^2}\, \rho\, \mathrm{d}\rho\, \mathrm{d}\theta = 4 \int_0^{\frac{\pi}{2}} \mathrm{d}\theta \int_0^{2a\cos\theta} \sqrt{4a^2 - \rho^2}\, \rho\, \mathrm{d}\rho$

$= \dfrac{32}{3} a^3 \int_0^{\frac{\pi}{2}} (1 - \sin^3\theta)\, \mathrm{d}\theta = \dfrac{32}{3} a^3 \left(\dfrac{\pi}{2} - \dfrac{2}{3} \right)$

【例 8 - 46】 计算 $\iint\limits_{D} \sin \sqrt{x^2 + y^2}\, \mathrm{d}\sigma$ 其中 D 为 $\pi^2 \leqslant x^2 + y^2 \leqslant 4\pi^2$

解： 在极坐标系中，闭区域 D 可表示为 $\pi \leqslant \rho \leqslant 2\pi, 0 \leqslant \theta \leqslant 2\pi$。

于是 $\iint\limits_{D} \sin \sqrt{x^2 + y^2}\, \mathrm{d}\sigma = \int_0^{2\pi} \mathrm{d}\theta \int_{\pi}^{2\pi} \sin\rho \cdot \rho\, \mathrm{d}\rho = -6\pi^2$

习 题 7

1. 求下列函数的定义域

(1) $z = \arcsin \dfrac{x}{3} + \sqrt{xy}$
　　　　(2) $z = \sqrt{4 - x^2 - y^2} + \ln(y^2 - 2x + 1)$

(3) $z = \ln(xy)$
　　　　(4) $z = \sqrt{1 - \dfrac{x^2}{a^2} - \dfrac{y^2}{b^2}}$

2. 设 $f(x + y, x - y) = x^2 y + y^2$，求 $f(x, y)$

3. 讨论下列极限是否存在

(1) $\lim\limits_{\substack{x \to \infty \\ y \to a}} \left(1 + \dfrac{1}{xy}\right)^{\frac{x^2}{x+y}}$　$(a \neq 0$ 常数$)$
　　(2) $\lim\limits_{\substack{x \to 0 \\ y \to 0}} \dfrac{x^2 y}{x^4 + y^2}$

(3) $\lim\limits_{\substack{x \to 0 \\ y \to 0}} \dfrac{x^2 |y|^{\frac{3}{2}}}{x^4 + y^2}$
　　　　(4) $\lim\limits_{\substack{x \to +\infty \\ y \to +\infty}} (x^2 + y^2) e^{-(x+y)}$

(5) $\lim\limits_{\substack{x \to \infty \\ y \to \infty}} \dfrac{x^2 + y^2}{x^4 + y^4}$
　　　　(6) $\lim\limits_{\substack{x \to \infty \\ y \to a}} \left(1 + \dfrac{1}{x}\right)^{\frac{x}{x+y}}$

(7) $\lim\limits_{\substack{x \to 0 \\ y \to 0}} (x^2 + y^2)^{x^2 y^2}$
　　　　(8) $\lim\limits_{\substack{x \to \infty \\ y \to \infty}} \dfrac{x^2 + y^2}{x^2 + y^4}$

4. 讨论 $f(x, y) = \begin{cases} \dfrac{xy^2}{x^2 + y^4}, & (x, y) \neq (0, 0), \\ 0, & (x, y) = (0, 0)。\end{cases}$ 在 $(0, 0)$ 的连续性。

5. 讨论 $f(x, y) = \begin{cases} \dfrac{xy}{\sqrt{x^2 + y^2}}, & (x, y) \neq (0, 0), \\ 0, & (x, y) = (0, 0)。\end{cases}$ 在 $(0, 0)$ 的连续性。

6. 设二元函数 $z = f(x, y) = x^2 \sin 2y$，求 $\dfrac{\partial z}{\partial x}, \dfrac{\partial z}{\partial y}, f_x\left(1, \dfrac{\pi}{2}\right)$。

7. 求下列函数的偏导数

(1) $z = xy + \dfrac{x}{y}$ (2) $z = \ln \tan \dfrac{x}{y}$

(3) $u = \arctan(x - y)^z$ (4) $z = \dfrac{x^2 + y^2}{xy}$

(5) $z = x^2 \ln(x^2 + y^2)$ (6) $z = \sqrt{\ln(xy)}$

(7) $z = (1 + xy)^y$ (8) $u = \left(\dfrac{x}{y}\right)^z$

8. 设 $z = xy + x\mathrm{e}^{\frac{y}{x}}$，证明 $x\dfrac{\partial z}{\partial x} + y\dfrac{\partial z}{\partial y} = xy + z$。

9. 求下列函数的二阶偏导函数

(1) 已知 $z = x^3 \sin y + y^3 \sin x$，求 $\dfrac{\partial^2 z}{\partial x \partial y}$

(2) 已知 $z = y^{\ln x}$，求 $\dfrac{\partial^2 z}{\partial x \partial y}$

(3) 已知 $z = \ln(x + \sqrt{x^2 + y^2})$，求 $\dfrac{\partial^2 z}{\partial x^2}$ 和 $\dfrac{\partial^2 z}{\partial x \partial y}$

(4) $z = \arctan \dfrac{y}{x}$，求 $\dfrac{\partial^2 z}{\partial x^2}, \dfrac{\partial^2 z}{\partial y^2}, \dfrac{\partial^2 z}{\partial x \partial y}$ 和 $\dfrac{\partial^2 z}{\partial y \partial x}$

10. 求下列函数的全微分

(1) $u = \dfrac{x^2 + y^2}{x^2 - y^2}$ (2) $u = \ln(x^2 + y^2 + z^2)$

(3) $z = \arcsin \dfrac{x}{y} (y > 0)$ (4) $z = \mathrm{e}^{-\left(\frac{y}{x} + \frac{x}{y}\right)}$

11. 求下列函数
(1) $z = \ln(1 + x^2 + y^2)$ 在 $x = 1, y = 2$ 处的全微分。

(2) $z = \arctan \dfrac{x}{1 + y^2}$ 在 $x = 1, y = 1$ 处的全微分。

(3) $z = x^2 y^3$ 当 $x = 2, y = -1, \Delta x = 0.02, \Delta y = -0.01$ 时的全微分。

12. 计算

(1) $u = \mathrm{e}^{x-2y}, x = \sin t, y = t^3$，求 $\dfrac{\mathrm{d}u}{\mathrm{d}t}$。

(2) 设 $z = \arccos(u - v)$，而 $u = 4x^3, v = 3x$，求 $\dfrac{\mathrm{d}z}{\mathrm{d}x}$。

(3) 设 $z = u^2 v - uw^2$, $u = x\cos y$, $v = x\sin y$, 求 $\dfrac{\partial z}{\partial x}$, $\dfrac{\partial z}{\partial y}$。

(4) 设 $z = u^2 \ln v$, 而 $u = 3x + 2y$, $v = \dfrac{y}{x}$, 求 $\dfrac{\partial z}{\partial x}$, $\dfrac{\partial z}{\partial y}$。

(5) 设 $z = f(u, x, y) = \ln(u^2 + y\sin x)$, $u = e^{x+y}$, 求 $\dfrac{\partial z}{\partial x}$, $\dfrac{\partial z}{\partial y}$。

(6) 设 $z = f(x, y, t) = x^2 - y^2 + t$, $x = \sin t$, $y = \cos t$, 求 $\dfrac{dz}{dt}$。

13. 设 $z = \arctan \dfrac{x}{y}$, $x = u + v$, $y = u - v$, 求 $\dfrac{\partial z}{\partial u}$, $\dfrac{\partial z}{\partial v}$, 并验证:

$$\frac{\partial z}{\partial u} + \frac{\partial z}{\partial v} = \frac{u - v}{u^2 + v^2}$$

14. 求下列隐函数的(偏)导数或全微分

(1) 设 $\cos y + e^x - x^2 y = 0$, 求 $\dfrac{dy}{dx}$。

(2) 设 $xy + \ln y + \ln x = 1$, 求 $\dfrac{dy}{dx}\Big|_{x=1}$。

(3) 设 $\ln \sqrt{x^2 + y^2} = \arctan \dfrac{y}{x}$, 求 $\dfrac{dy}{dx}$。

(4) 设 $\cos^2 x + \cos^2 y + \cos^2 z = 1$, 求 $\dfrac{\partial z}{\partial x}$, $\dfrac{\partial z}{\partial y}$。

(5) 设 $z = z(x, y)$ 是由方程 $e^z - xz - y^2 = 0$ 所确定的隐函数, 求 $\dfrac{\partial^2 z}{\partial x \partial y}\Big|_{(0, 1)}$。

(6) 求由方程 $xyz + \sqrt{x^2 + y^2 + z^2} = \sqrt{2}$ 所确定的函数 $z = z(x, y)$ 在点 $(1, 0, -1)$ 处的全微分 dz。

15. 设 $a > 0$, 求函数 $f(x, y) = 3axy - x^3 - y^3$ 的极值。

16. 求下列极值问题

(1) 函数 $z = x^2 + y^2 + 1$ 在指定条件 $x + y - 3 = 0$ 下的条件极值。

(2) 求三个正数, 使它们的和为 50 而它们的积最大。

(3) 在平面 $x + z = 0$ 上求一点, 使它到点 $A(1, 1, 1)$ 和 $B(2, 3, -1)$ 的距离平方和最小。

(4) 将周长为 $2p$ 的矩形绕它的一边旋转而构成一个圆柱体。问矩形的边长各为多少时, 才可使圆柱体的体积为最大?

17. 设生产某种产品的数量 P 与所用两种原料 A, B 的数量 x, y 间的函数关系是 $P = P(x, y) = 0.005x^2 y$。欲用 150 万元资金购料, 已知 A, B 原料的单价分别为 1 万元/吨和 2 万元/吨, 问购进两种原料各多少时, 可使生产的产品数量最多?

18. 交换积分次序

(1) $\displaystyle\int_0^1 dy \int_{-\sqrt{1-y^2}}^{\sqrt{1-y^2}} f(x, y) dx$ (2) $\displaystyle\int_1^2 dx \int_{2-x}^{\sqrt{2x-x^2}} f(x, y) dy$

(3) $\displaystyle\int_1^e dx \int_0^{\ln x} f(x, y) dy$ (4) $\displaystyle\int_0^\pi dx \int_{-\sin\frac{x}{2}}^{\sin x} f(x, y) dy$

(5) $\displaystyle\int_0^{2a} dx \int_{\sqrt{2ax-x^2}}^{\sqrt{2ax}} f(x, y) dy$

19. 计算下列二重积分：

(1) $\iint\limits_{D}(x^2+y^2)\mathrm{d}\sigma$, 其中 $D=\{(x,\ y)\mid\mid x\mid\leqslant 1,\mid y\mid\leqslant 1\}$。

(2) $\iint\limits_{D}(3x+2y)\mathrm{d}\sigma$, 其中 D 是由两坐标轴及直线 $x+y=2$ 所围成的闭区域。

(3) $\iint\limits_{D}(x^3+3x^2y+y^3)\mathrm{d}\sigma$, 其中 $D=\{(x,\ y)\mid 0\leqslant x\leqslant 1,\ 0\leqslant y\leqslant 1\}$。

(4) $\iint\limits_{D}x\cos(x+y)\mathrm{d}\sigma$ 其中 D 是顶点分别为 $(0,\ 0)$, $(\pi,\ 0)$ 和 $(\pi,\ \pi)$ 的三角形闭区域。

(5) $\iint\limits_{D}\mathrm{e}^{x+y}\mathrm{d}\sigma$, 其中 $D=\{(x,\ y)\mid\mid x\mid+\mid y\mid\leqslant 1\}$。

(6) $\iint\limits_{D}(x^2+y^2-x)\mathrm{d}\sigma$, 其中 D 是由直线 $y=2$, $y=x$ 及 $y=2x$ 所围成的闭区域。

20. 计算由四个平面 $x=0$, $y=0$, $x=1$, $y=1$ 所围成柱体被平面 $z=0$ 及 $2x+3y+z=6$ 截得的立体的体积。

微分方程

9

　　函数是客观事物的内部联系在数量方面的反映,利用函数关系又可以对客观事物的规律性进行研究。因此如何寻找出所需要的函数关系,在实践中具有重要意义。在许多问题中,往往不能直接找出所需要的函数关系,但是根据问题所提供的情况,有时可以列出含有要找的函数及其导数的关系式。这样的关系就是所谓微分方程。微分方程建立以后,对它进行研究,找出未知函数来,这就是解微分方程。

　　【例 9 - 1】　一曲线通过点 $(1,2)$,且在该曲线上任一点 $M(x,y)$ 处的切线的斜率为 $2x$,求这曲线的方程。

　　解:设所求曲线的方程为 $y=y(x)$。根据导数的几何意义,可知未知函数 $y=y(x)$ 应满足关系式(称为微分方程)

$$\frac{\mathrm{d}y}{\mathrm{d}x}=2x \tag{9.1.1}$$

此外,未知函数 $y=y(x)$ 还应满足下列条件:

$$x=1\text{时},y=2,\text{简记为 } y\,|_{x=1}=2 \tag{9.1.2}$$

把(9.1.1)式两端积分,得(称为微分方程的通解)

$$y=\int 2x\mathrm{d}x,\text{即 } y=x^2+C \tag{9.1.3}$$

其中 C 是任意常数。

把条件 $x=1$ 时,$y=2$ 代入(9.1.3) 式,得

$$2=1^2+C,$$

由此得出 $C=1$。把 $C=1$ 代入(9.1.3) 式,得所求曲线方程(称为微分方程满足条件 $y\,|_{x=1}=2$ 的解):

$$y=x^2+1$$

几个概念：

微分方程：表示未知函数、未知函数的导数与自变量之间的关系的方程，叫微分方程。

常微分方程：未知函数是一元函数的微分方程，叫常微分方程。

偏微分方程：未知函数是多元函数的微分方程，叫偏微分方程。

注：本书除非有特殊说明，否则，研究对象均为常微分方程。

微分方程的**阶：**微分方程中所出现的未知函数的最高阶导数的阶数，叫微分方程的阶。

例如

$$x^3 y''' + x^2 y'' - 4xy' = 3x^2, 三阶微分方程$$
$$y^{(4)} - 4y''' + 10y'' - 12y' + 5y = \sin 2x, 四阶微分方程$$
$$y^{(n)} + 1 = 0, n 阶微分方程$$

一般 n 阶微分方程：

$$F(x, y, y', \cdots, y^{(n)}) = 0$$
$$y^{(n)} = f(x, y, y', \cdots, y^{(n-1)})$$

微分方程的解：满足微分方程的函数（把函数代入微分方程能使该方程成为恒等式）叫做该微分方程的解。确切地说，设函数 $y = \varphi(x)$ 在区间 I 上有 n 阶连续导数，如果在区间 I 上，

$$F[x, \varphi(x), \varphi'(x), \cdots, \varphi^{(n)}(x)] = 0$$

那么函数 $y = \varphi(x)$ 就叫做微分方程 $F(x, y, y', \cdots, y^{(n)}) = 0$ 在区间 I 上的**解**。

通解：如果微分方程的解中含有任意常数，且任意常数的个数与微分方程的阶数相同，这样的解叫做微分方程的通解。

初始条件：用于确定通解中任意常数的条件，称为初始条件。如 $x = x_0$ 时，$y = y_0$，$y' = y_0'$。

一般写成

$$y|_{x=x_0} = y_0, \quad y'|_{x=x_0} = y_0'$$

特解：确定了通解中的任意常数以后，就得到微分方程的特解。即不含任意常数的解。

初值问题：求微分方程满足初始条件的解的问题称为初值问题。

如求微分方程 $y' = f(x, y)$ 满足初始条件 $y|_{x=x_0} = y_0$ 的解的问题，记为

$$\begin{cases} y' = f(x, y) \\ y|_{x=x_0} = y_0 \end{cases}$$

积分曲线:微分方程的解的图像是一条曲线,称为微分方程的积分曲线。

【例 9 - 2】 验证:函数 $x = C_1 \cos kt + C_2 \sin kt$

是微分方程

$$\frac{\mathrm{d}^2 x}{\mathrm{d}t^2} + k^2 x = 0$$

的解。

解: 求所给函数的导数:

$$\frac{\mathrm{d}x}{\mathrm{d}t} = -kC_1 \sin kt + kC_2 \cos kt$$

$$\frac{\mathrm{d}^2 x}{\mathrm{d}t^2} = -k^2 C_1 \cos kt - k^2 C_2 \sin kt = -k^2 (C_1 \cos kt + C_2 \sin kt)$$

将 $\dfrac{\mathrm{d}^2 x}{\mathrm{d}t^2}$ 及 x 的表达式代入所给方程,得

$$-k^2 (C_1 \cos kt + C_2 \sin kt) + k^2 (C_1 \cos kt + C_2 \sin kt) \equiv 0$$

这表明函数 $x = C_1 \cos kt + C_2 \sin kt$ 满足方程 $\dfrac{\mathrm{d}^2 x}{\mathrm{d}t^2} + k^2 x = 0$,因此所给函数是所给方程的解。

【例 9 - 3】 已知函数 $x = C_1 \cos kt + C_2 \sin kt \, (k \neq 0)$ 是微分方程 $\dfrac{\mathrm{d}^2 x}{\mathrm{d}t^2} + k^2 x = 0$ 的通解,求满足初始条件 $x \mid_{t=0} = A$,$x' \mid_{t=0} = 0$ 的特解。

解: 由条件 $x \mid_{t=0} = A$ 及 $x = C_1 \cos kt + C_2 \sin kt$,得 $C_1 = A$。
再由条件 $x' \mid_{t=0} = 0$,及 $x'(t) = -kC_1 \sin kt + kC_2 \cos kt$,得 $C_2 = 0$。
把 C_1,C_2 的值代入 $x = C_1 \cos kt + C_2 \sin kt$ 中,得 $x = A\cos kt$。

9.2 可分离变量的微分方程

9.2.1 观察与分析

问题 1. 求微分方程 $y' = 2x$ 的通解。

为此把方程两边积分,得 $y = x^2 + C$。

一般地,方程 $y' = f(x)$ 的通解为 $y = \displaystyle\int f(x)\mathrm{d}x + C$(此处积分后不再加任意常数)。

问题 2. 求微分方程 $y' = 2xy^2$ 的通解。

因为 y 是未知的,所以积分 $\displaystyle\int 2xy^2 \mathrm{d}x$ 无法进行,方程两边直接积分不能求出

通解。

为求通解,可将方程变为 $\dfrac{1}{y^2}\mathrm{d}y = 2x\mathrm{d}x$,两边积分,得

$$-\frac{1}{y} = x^2 + C,\text{或 } y = -\frac{1}{x^2 + C},$$

可以验证函数 $y = -\dfrac{1}{x^2 + C}$ 是原方程的通解。

一般地,如果一阶微分方程 $y' = \varphi(x, y)$ 能写成

$$g(y)\mathrm{d}y = f(x)\mathrm{d}x$$

形式,则两边积分可得一个不含未知函数的导数的方程

$$G(y) = F(x) + C$$

由方程 $G(y) = F(x) + C$ 所确定的隐函数就是原方程的通解。

9.2.2   可分离变量的微分方程

如果微分方程能写成

$$g(y)\mathrm{d}y = f(x)\mathrm{d}x(\text{或写成 } y' = \varphi(x)\psi(y))$$

的形式,也就是说,能把微分方程写成一端只含 y 的函数和 $\mathrm{d}y$,另一端只含 x 的函数和 $\mathrm{d}x$,那么原方程就称为**可分离变量的微分方程**。

讨论:下列方程中哪些是可分离变量的微分方程?

(1) $y' = 2xy$,　　　　　　　　　是。$\Rightarrow y^{-1}\mathrm{d}y = 2x\mathrm{d}x$。

(2) $3x^2 + 5x - y' = 0$,　　　　是。$\Rightarrow \mathrm{d}y = (3x^2 + 5x)\mathrm{d}x$。

(3) $(x^2 + y^2)\mathrm{d}x - xy\mathrm{d}y = 0$,　　不是。

(4) $y' = 1 + x + y^2 + xy^2$,　　是。$\Rightarrow y' = (1 + x)(1 + y^2)$。

(5) $y' = 10^{x+y}$,　　　　　　　是。$\Rightarrow 10^{-y}\mathrm{d}y = 10^x\mathrm{d}x$。

(6) $y' = \dfrac{x}{y} + \dfrac{y}{x}$,　　　　　　不是。

9.2.3   可分离变量的微分方程的解法

第一步　分离变量,将方程写成 $g(y)\mathrm{d}y = f(x)\mathrm{d}x$ 的形式;

第二步　两端积分:$\displaystyle\int g(y)\mathrm{d}y = \int f(x)\mathrm{d}x$,设积分后得 $G(y) = F(x) + C$;

第三步　求出由 $G(y) = F(x) + C$ 所确定的隐函数 $y = \Phi(x, C)$ 或 $x = \Psi(y, C)$

$G(y) = F(x) + C$,$y = \Phi(x, C)$ 或 $x = \Psi(y, C)$ 都是方程的通解,其中 $G(y) = F(x) + C$ 称为隐式(通)解。

【例 9 - 4】 求微分方程 $\dfrac{\mathrm{d}y}{\mathrm{d}x} = 2xy$ 的通解。

解： 此方程为可分离变量方程，分离变量后得

$$\frac{1}{y}\mathrm{d}y = 2x\mathrm{d}x$$

两边积分得

$$\int \frac{1}{y}\mathrm{d}y = \int 2x\mathrm{d}x$$

即

$$\ln |y| = x^2 + C_1$$

从而

$$y = \pm\, \mathrm{e}^{x^2+C_1} = \pm\, \mathrm{e}^{C_1}\, \mathrm{e}^{x^2}$$

因为 $\pm \mathrm{e}^{C_1}$ 仍是任意常数，把它记作 C，便得所给方程的通解

$$y = C\mathrm{e}^{x^2}$$

【例 9 - 5】 铀的衰变速度与当时未衰变的原子的含量 M 成正比。已知 $t = 0$ 时铀的含量为 M_0，求在衰变过程中铀含量 $M(t)$ 随时间 t 变化的规律。

解： 铀的衰变速度就是 $M(t)$ 对时间 t 的导数 $\dfrac{\mathrm{d}M}{\mathrm{d}t}$。

由于铀的衰变速度与其含量成正比，故得微分方程

$$\frac{\mathrm{d}M}{\mathrm{d}t} = -\lambda M$$

其中 $\lambda(\lambda > 0)$ 是常数，λ 前的负号表示当 t 增加时 M 单调减少。即 $\dfrac{\mathrm{d}M}{\mathrm{d}t} < 0$。

由题意，初始条件为 $M\,|_{t=0} = M_0$。将方程分离变量得

$$\frac{\mathrm{d}M}{M} = -\lambda \mathrm{d}t$$

两边积分，得 $\displaystyle\int \frac{\mathrm{d}M}{M} = \int (-\lambda)\mathrm{d}t$

即 $\ln M = -\lambda t + \ln C$，也即 $M = C\mathrm{e}^{-\lambda t}$。

由初始条件，得 $M_0 = C\mathrm{e}^0 = C$，所以铀含量 $M(t)$ 随时间 t 变化的规律 $M = M_0 \mathrm{e}^{-\lambda t}$。

【例 9 - 6】 设降落伞从跳伞塔下落后，所受空气阻力与速度成正比，并设降落伞离开跳伞塔时速度为零。求降落伞下落速度与时间的函数关系。

解： 设降落伞下落速度为 $v(t)$。降落伞所受外力为 $F = mg - kv$（k 为比例系数）。根据牛顿第二运动定律 $F = ma$，得函数 $v(t)$ 应满足的方程为

$$m \frac{\mathrm{d}v}{\mathrm{d}t} = mg - kv$$

初始条件为 $v|_{t=0} = 0$。方程分离变量,得

$$\frac{\mathrm{d}v}{mg - kv} = \frac{\mathrm{d}t}{m}$$

两边积分,得 $\int \frac{\mathrm{d}v}{mg - kv} = \int \frac{\mathrm{d}t}{m}$

$$-\frac{1}{k}\ln(mg - kv) = \frac{t}{m} + C_1$$

即 $\qquad\qquad v = \frac{mg}{k} + Ce^{-\frac{k}{m}t} \qquad (C = -\frac{e^{-kC_1}}{k})$

将初始条件 $v|_{t=0} = 0$ 代入通解得 $C = -\frac{mg}{k}$,

于是降落伞下落速度与时间的函数关系为 $v = \frac{mg}{k}(1 - e^{-\frac{k}{m}t})$。

【例 9 - 7】 求微分方程 $\frac{\mathrm{d}y}{\mathrm{d}x} = 1 + x + y^2 + xy^2$ 的通解。

解: 方程可化为

$$\frac{\mathrm{d}y}{\mathrm{d}x} = (1+x)(1+y^2)$$

分离变量得

$$\frac{1}{1+y^2}\mathrm{d}y = (1+x)\mathrm{d}x$$

两边积分得

$$\int \frac{1}{1+y^2}\mathrm{d}y = \int (1+x)\mathrm{d}x, 即 \arctan y = \frac{1}{2}x^2 + x + C$$

于是原方程的通解为 $y = \tan\left(\frac{1}{2}x^2 + x + C\right)$。

9.3 齐次微分方程

9.3.1 齐次微分方程

如果一阶微分方程 $\frac{\mathrm{d}y}{\mathrm{d}x} = f(x, y)$ 中的函数 $f(x, y)$ 可写成 $\frac{y}{x}$ 的函数,即 $f(x,$

$y) = \varphi\left(\dfrac{y}{x}\right)$,则称这种方程为齐次微分方程。

下列方程哪些是齐次微分方程?

(1) $xy' - y - \sqrt{y^2 - x^2} = 0$ 是齐次方程。$\Rightarrow \dfrac{\mathrm{d}y}{\mathrm{d}x} = \dfrac{y + \sqrt{y^2 - x^2}}{x} \Rightarrow \dfrac{\mathrm{d}y}{\mathrm{d}x} = \dfrac{y}{x} +$

$\sqrt{\left(\dfrac{y}{x}\right)^2 - 1}$

(2) $\sqrt{1 - x^2}\, y' = \sqrt{1 - y^2}$ 不是齐次方程。$\Rightarrow \dfrac{\mathrm{d}y}{\mathrm{d}x} = \sqrt{\dfrac{1 - y^2}{1 - x^2}}$

(3) $(x^2 + y^2)\mathrm{d}x - xy\,\mathrm{d}y = 0$ 是齐次方程。$\Rightarrow \dfrac{\mathrm{d}y}{\mathrm{d}x} = \dfrac{x^2 + y^2}{xy} \Rightarrow \dfrac{\mathrm{d}y}{\mathrm{d}x} = \dfrac{x}{y} + \dfrac{y}{x}$

(4) $(2x + y - 4)\mathrm{d}x + (x + y - 1)\mathrm{d}y = 0$ 不是齐次方程。$\Rightarrow \dfrac{\mathrm{d}y}{\mathrm{d}x} = -\dfrac{2x + y - 4}{x + y - 1}$

9.3.2　齐次微分方程的解法

在齐次微分方程 $\dfrac{\mathrm{d}y}{\mathrm{d}x} = \varphi\left(\dfrac{y}{x}\right)$ 中,令 $u = \dfrac{y}{x}$,即 $y = ux$,有 $u + x\dfrac{\mathrm{d}u}{\mathrm{d}x} = \varphi(u)$。
分离变量,得

$$\frac{\mathrm{d}u}{\varphi(u) - u} = \frac{\mathrm{d}x}{x}$$

两端积分,得

$$\int \frac{\mathrm{d}u}{\varphi(u) - u} = \int \frac{\mathrm{d}x}{x}$$

求出积分后,再用 $\dfrac{y}{x}$ 代替 u,便得所给齐次方程的通解。

【例 9 - 8】　解方程 $y^2 + x^2 \dfrac{\mathrm{d}y}{\mathrm{d}x} = xy \dfrac{\mathrm{d}y}{\mathrm{d}x}$。

解: 原方程可写成

$$\frac{\mathrm{d}y}{\mathrm{d}x} = \frac{y^2}{xy - x^2} = \frac{\left(\dfrac{y}{x}\right)^2}{\dfrac{y}{x} - 1}$$

因此原方程是齐次方程。令 $\dfrac{y}{x} = u$,则 $y = ux$,$\dfrac{\mathrm{d}y}{\mathrm{d}x} = u + x\dfrac{\mathrm{d}u}{\mathrm{d}x}$,于是原方程变为

$$u + x\frac{\mathrm{d}u}{\mathrm{d}x} = \frac{u^2}{u - 1}$$

即

$$x \frac{\mathrm{d}u}{\mathrm{d}x} = \frac{u}{u-1}$$

分离变量,得

$$\left(1 - \frac{1}{u}\right)\mathrm{d}u = \frac{\mathrm{d}x}{x}$$

两边积分,得 $u - \ln|u| + C = \ln|x|$,或写成 $\ln|xu| = u + C$。

以 $\frac{y}{x}$ 代上式中的 u,便得所给方程的通解

$$\ln|y| = \frac{y}{x} + C$$

9.4　线性微分方程

9.4.1　线性微分方程

1) 线性方程

方程 $\frac{\mathrm{d}y}{\mathrm{d}x} + P(x)y = Q(x)$ 叫做一阶线性微分方程。

如果 $Q(x) \equiv 0$,则方程称为齐次线性方程,否则方程称为非齐次线性方程。

方程 $\frac{\mathrm{d}y}{\mathrm{d}x} + P(x)y = 0$ 叫做对应于非齐次线性方程 $\frac{\mathrm{d}y}{\mathrm{d}x} + P(x)y = Q(x)$ 的齐次线性方程。

下列方程各是什么类型方程?

(1) $(x-2)\frac{\mathrm{d}y}{\mathrm{d}x} = y \Rightarrow \frac{\mathrm{d}y}{\mathrm{d}x} - \frac{1}{x-2}y = 0$ 是齐次线性方程。

(2) $3x^2 + 5x - 5y' = 0 \Rightarrow y' = 3x^2 + 5x$,是非齐次线性方程。

(3) $y' + y\cos x = \mathrm{e}^{-\sin x}$,是非齐次线性方程。

(4) $\frac{\mathrm{d}y}{\mathrm{d}x} = 10^{x+y}$,不是线性方程。

(5) $(y+1)^2 \frac{\mathrm{d}y}{\mathrm{d}x} + x^3 = 0 \Rightarrow \frac{\mathrm{d}y}{\mathrm{d}x} + \frac{x^3}{(y+1)^2} = 0$ 或 $\frac{\mathrm{d}x}{\mathrm{d}y} + \frac{(y+1)^2}{x^3} = 0$,不是线性方程。

2) 齐次线性方程的解法

齐次线性方程 $\frac{\mathrm{d}y}{\mathrm{d}x} + P(x)y = 0$ 是变量可分离方程。分离变量后得

$$\frac{\mathrm{d}y}{y} = -P(x)\mathrm{d}x$$

两边积分,得

$$\ln | y | =-\int P(x)\mathrm{d}x + C_1$$

或 $$y = C\mathrm{e}^{-\int P(x)\mathrm{d}x} \qquad (C = \pm \, \mathrm{e}^{C_1})$$

这就是齐次线性方程的通解(积分中不再加任意常数)。

【例9-10】 求方程$(x-2)\dfrac{\mathrm{d}y}{\mathrm{d}x}=y$的通解。

解: 这是齐次线性方程,分离变量得

$$\frac{\mathrm{d}y}{y} = \frac{\mathrm{d}x}{x-2}$$

两边积分得 $\ln | y | = \ln | x - 2 | + \ln C$,方程的通解为

$$y = C(x-2)$$

3) 非齐次线性方程的解法

将齐次线性方程通解中的常数换成 x 的未知函数 $u(x)$,把

$$y = u(x)\mathrm{e}^{-\int P(x)\mathrm{d}x}$$

设想成非齐次线性方程的解。代入非齐次线性方程求得

$$u'(x)\mathrm{e}^{-\int P(x)\mathrm{d}x} - u(x)\mathrm{e}^{-\int P(x)\mathrm{d}x}P(x) + P(x)u(x)\mathrm{e}^{-\int P(x)\mathrm{d}x} = Q(x)$$

化简得$u'(x) = Q(x)\mathrm{e}^{\int P(x)\mathrm{d}x}$

$$u(x) = \int Q(x)\mathrm{e}^{\int P(x)\mathrm{d}x}\mathrm{d}x + C$$

于是非齐次线性方程的通解为

$$y = \mathrm{e}^{-\int P(x)\mathrm{d}x}\left[\int Q(x)\mathrm{e}^{\int P(x)\mathrm{d}x}\mathrm{d}x + C\right]$$

或 $$y = C\mathrm{e}^{-\int P(x)\mathrm{d}x} + \mathrm{e}^{-\int P(x)\mathrm{d}x}\int Q(x)\mathrm{e}^{\int P(x)\mathrm{d}x}\mathrm{d}x$$

故,非齐次线性方程的通解等于对应的齐次线性方程通解与非齐次线性方程的一个特解之和。

上述求非齐次线性方程的通解的方法称为常数变易法。

【例9-11】 求方程$\dfrac{\mathrm{d}y}{\mathrm{d}x} - \dfrac{2y}{x+1} = (x+1)^{\frac{5}{2}}$的通解。

解: 这是一个非齐次线性方程。

先求对应的齐次线性方程$\dfrac{\mathrm{d}y}{\mathrm{d}x} - \dfrac{2y}{x+1} = 0$的通解。分离变量得

$$\frac{\mathrm{d}y}{y} = \frac{2\mathrm{d}x}{x+1}$$

两边积分得 $\ln y = 2\ln(x+1) + \ln C$，齐次线性方程的通解为 $y = C(x+1)^2$。

由常数变易法. 把 C 换成 u，即令 $y = u \cdot (x+1)^2$，代入所给非齐次线性方程，得

$$u' \cdot (x+1)^2 + 2u \cdot (x+1) - \frac{2}{x+1}u \cdot (x+1)^2 = (x+1)^{\frac{5}{2}}$$

$$u' = (x+1)^{\frac{1}{2}}$$

两边积分，得

$$u = \frac{2}{3}(x+1)^{\frac{3}{2}} + C$$

再把上式代入 $y = u(x+1)^2$ 中，即得所求方程的通解为

$$y = (x+1)^2 \left[\frac{2}{3}(x+1)^{\frac{3}{2}} + C \right]$$

另解　这里 $P(x) = -\frac{2}{x+1}$，$Q(x) = (x+1)^{\frac{5}{2}}$

因为

$$\int P(x)\mathrm{d}x = \int \left(-\frac{2}{x+1} \right)\mathrm{d}x = -2\ln(x+1)$$

$$\mathrm{e}^{-\int P(x)\mathrm{d}x} = \mathrm{e}^{2\ln(x+1)} = (x+1)^2$$

$$\int Q(x)\mathrm{e}^{\int P(x)\mathrm{d}x}\mathrm{d}x = \int (x+1)^{\frac{5}{2}}(x+1)^{-2}\mathrm{d}x = \int (x+1)^{\frac{1}{2}}\mathrm{d}x = \frac{2}{3}(x+1)^{\frac{3}{2}}$$

所以通解为

$$y = \mathrm{e}^{-\int P(x)\mathrm{d}x}\left[\int Q(x)\mathrm{e}^{\int P(x)\mathrm{d}x}\mathrm{d}x + C \right] = (x+1)^2 \left[\frac{2}{3}(x+1)^{\frac{3}{2}} + C \right]$$

9.4.2　伯努利方程

形如

$$\frac{\mathrm{d}y}{\mathrm{d}x} + P(x)y = Q(x)y^n \qquad (n \neq 0, 1)$$

的微分方程，我们称为伯努利方程。

下列方程是否是伯努利方程？

(1) $\frac{\mathrm{d}y}{\mathrm{d}x} + \frac{1}{3}y = \frac{1}{3}(1-2x)y^4$ 是伯努利方程。

(2) $\frac{\mathrm{d}y}{\mathrm{d}x} = y + xy^5$，$\Rightarrow \frac{\mathrm{d}y}{\mathrm{d}x} - y = xy^5$ 是伯努利方程。

(3) $y' = \dfrac{x}{y} + \dfrac{y}{x}$，$\Rightarrow y' - \dfrac{1}{x}y = xy^{-1}$ 是伯努利方程。

(4) $\dfrac{\mathrm{d}y}{\mathrm{d}x} - 2xy = 4x$ 是线性方程，不是伯努利方程。

伯努利方程的解法：以 y^n 除方程的两边，得

$$y^{-n}\dfrac{\mathrm{d}y}{\mathrm{d}x} + P(x)y^{1-n} = Q(x)$$

令 $z = y^{1-n}$，得线性方程

$$\dfrac{\mathrm{d}z}{\mathrm{d}x} + (1-n)P(x)z = (1-n)Q(x)$$

【例 9 - 12】 求方程 $\dfrac{\mathrm{d}y}{\mathrm{d}x} + \dfrac{y}{x} = a(\ln x)y^2$ 的通解。

解： 以 y^2 除方程的两端，得

$$y^{-2}\dfrac{\mathrm{d}y}{\mathrm{d}x} + \dfrac{1}{x}y^{-1} = a\ln x$$

即

$$-\dfrac{\mathrm{d}(y^{-1})}{\mathrm{d}x} + \dfrac{1}{x}y^{-1} = a\ln x$$

令 $z = y^{-1}$，则上述方程成为

$$\dfrac{\mathrm{d}z}{\mathrm{d}x} - \dfrac{1}{x}z = -a\ln x$$

这是一个线性方程，它的通解为

$$z = x\left[C - \dfrac{a}{2}(\ln x)^2\right]$$

以 y^{-1} 代 z，得所求方程的通解为

$$yx\left[C - \dfrac{a}{2}(\ln x)^2\right] = 1$$

经过变量代换，某些方程可以化为变量可分离的方程，或化为已知其求解方法的方程。

【例 9 - 13】 解方程 $\dfrac{\mathrm{d}y}{\mathrm{d}x} = \dfrac{1}{x+y}$。

解： 若把所给方程变形为

$$\dfrac{\mathrm{d}x}{\mathrm{d}y} = x + y$$

即为一阶线性方程,则按一阶线性方程的解法可求得通解。但这里用变量代换来解所给方程。

令 $x+y=u$,则原方程化为 $\dfrac{\mathrm{d}u}{\mathrm{d}x}-1=\dfrac{1}{u}$,即 $\dfrac{\mathrm{d}u}{\mathrm{d}x}=\dfrac{u+1}{u}$。

分离变量,得

$$\frac{u}{u+1}\mathrm{d}u=\mathrm{d}x$$

两端积分得

$$u-\ln\mid u+1\mid=x-\ln\mid C\mid$$

以 $u=x+y$ 代入上式,得 $y-\ln\mid x+y+1\mid=-\ln\mid C\mid$,或 $x=C\mathrm{e}^{y}-y-1$。

9.5　全微分方程

9.5.1　全微分方程

一个一阶微分方程写成

$$P(x,\ y)\mathrm{d}x+Q(x,\ y)\mathrm{d}y=0$$

形式后,如果它的左端恰好是某一个函数 $u=u(x,\ y)$ 的全微分:

$$\mathrm{d}u(x,\ y)=P(x,\ y)\mathrm{d}x+Q(x,\ y)\mathrm{d}y$$

那么方程 $P(x,\ y)\mathrm{d}x+Q(x,\ y)\mathrm{d}y=0$ 就叫做全微分方程,这里

$$\frac{\partial u}{\partial x}=P(x,\ y),\ \frac{\partial u}{\partial y}=Q(x,\ y)$$

而方程可写为

$$\mathrm{d}u(x,\ y)=0$$

全微分方程的判定:若 $P(x,\ y)$,$Q(x,\ y)$ 在单连通域 G 内具有一阶连续偏导数,且

$$\frac{\partial P}{\partial y}=\frac{\partial Q}{\partial x}$$

则方程 $P(x,\ y)\mathrm{d}x+Q(x,\ y)\mathrm{d}y=0$ 是全微分方程。

9.5.2　全微分方程的通解

若方程 $P(x,\ y)\mathrm{d}x+Q(x,\ y)\mathrm{d}y=0$ 是全微分方程,且

$$\mathrm{d}u(x, y) = P(x, y)\mathrm{d}x + Q(x, y)\mathrm{d}y$$

则　$u(x, y) = C$

即　$\displaystyle\int_{x_0}^{x} P(x, y)\mathrm{d}x + \int_{y_0}^{y} Q(x_0, y)\mathrm{d}x = C$　　$((x_0, y_0) \in G)$

是方程 $P(x, y)\mathrm{d}x + Q(x, y)\mathrm{d}y = 0$ 的通解。

【例 9 – 14】 求解 $(5x^4 + 3xy^2 - y^3)\mathrm{d}x + (3x^2y - 3xy^2 + y^2)\mathrm{d}y = 0$。

解: 这里

$$\frac{\partial P}{\partial y} = 6xy - 3y^2 = \frac{\partial Q}{\partial x}$$

所以这是全微分方程。取 $(x_0, y_0) = (0, 0)$，有

$$u(x, y) = \int_0^x (5x^4 + 3xy^2 - y^3)\mathrm{d}x + \int_0^y y^2 \mathrm{d}y$$

$$= x^5 + \frac{3}{2}x^2y^2 - xy^3 + \frac{1}{3}y^3$$

于是，方程的通解为

$$x^5 + \frac{3}{2}x^2y^2 - xy^3 + \frac{1}{3}y^3 = C$$

9.5.3　积分因子

若方程 $P(x, y)\mathrm{d}x + Q(x, y)\mathrm{d}y = 0$ 不是全微分方程,但存在一函数

$$\mu = \mu(x, y)(\mu(x, y) \neq 0),使方程$$

$$\mu(x, y)P(x, y)\mathrm{d}x + \mu(x, y)Q(x, y)\mathrm{d}y = 0$$

是全微分方程,则函数 $\mu(x, y)$ 叫做方程 $P(x, y)\mathrm{d}x + Q(x, y)\mathrm{d}y = 0$ 的积分因子。

【例 9 – 15】 通过观察求方程的积分因子并求其通解:

(1) $y\mathrm{d}x - x\mathrm{d}y = 0$

(2) $(1 + xy)y\mathrm{d}x + (1 - xy)x\mathrm{d}y = 0$

解: (1) 方程 $y\mathrm{d}x - x\mathrm{d}y = 0$ 不是全微分方程。

因为

$$\mathrm{d}\left(\frac{x}{y}\right) = \frac{y\mathrm{d}x - x\mathrm{d}y}{y^2}$$

所以 $\dfrac{1}{y^2}$ 是方程 $y\mathrm{d}x - x\mathrm{d}y = 0$ 的积分因子,于是

$\dfrac{y\mathrm{d}x-x\mathrm{d}y}{y^2}=0$ 是全微分方程，所给方程的通解为 $\dfrac{x}{y}=C$。

（2）方程 $(1+xy)y\mathrm{d}x+(1-xy)x\mathrm{d}y=0$ 不是全微分方程。

将方程的各项重新合并，得

$$(y\mathrm{d}x+x\mathrm{d}y)+xy(y\mathrm{d}x-x\mathrm{d}y)=0$$

再把它改写成

$$\mathrm{d}(xy)+x^2y^2\left(\frac{\mathrm{d}x}{x}-\frac{\mathrm{d}y}{y}\right)=0$$

这时容易看出 $\dfrac{1}{(xy)^2}$ 为积分因子，乘以该积分因子后，方程就变为

$$\frac{\mathrm{d}(xy)}{(xy)^2}+\frac{\mathrm{d}x}{x}-\frac{\mathrm{d}y}{y}=0$$

积分得通解

$$-\frac{1}{xy}+\ln\left|\frac{x}{y}\right|=\ln C,\text{即}\frac{x}{y}=C\mathrm{e}^{\frac{1}{xy}}$$

我们也可用积分因子的方法来解一阶线性方程 $y'+P(x)y=Q(x)$。

可以验证 $\mu(x)=\mathrm{e}^{\int P(x)\mathrm{d}x}$ 是一阶线性方程 $y'+P(x)y=Q(x)$ 的一个积分因子。

在一阶线性方程的两边乘以 $\mu(x)=\mathrm{e}^{\int P(x)\mathrm{d}x}$ 得

$$y'\mathrm{e}^{\int P(x)\mathrm{d}x}+yP(x)\mathrm{e}^{\int P(x)\mathrm{d}x}=Q(x)\mathrm{e}^{\int P(x)\mathrm{d}x}$$

即

$$y'\mathrm{e}^{\int P(x)\mathrm{d}x}+y\left[\mathrm{e}^{\int P(x)\mathrm{d}x}\right]'=Q(x)\mathrm{e}^{\int P(x)\mathrm{d}x}$$

亦即

$$\left[y\mathrm{e}^{\int P(x)\mathrm{d}x}\right]'=Q(x)\mathrm{e}^{\int P(x)\mathrm{d}x}$$

两边积分，便得通解

$$y\mathrm{e}^{\int P(x)\mathrm{d}x}=\int Q(x)\mathrm{e}^{\int P(x)\mathrm{d}x}\mathrm{d}x+C$$

或

$$y=\mathrm{e}^{-\int P(x)\mathrm{d}x}\left[\int Q(x)\mathrm{e}^{\int P(x)\mathrm{d}x}\mathrm{d}x+C\right]$$

【例 9-16】 用积分因子求 $\dfrac{\mathrm{d}y}{\mathrm{d}x}+2xy=4x$ 的通解。

解： 方程的积分因子为

$$\mu(x)=\mathrm{e}^{\int 2x\mathrm{d}x}=\mathrm{e}^{x^2}$$

方程两边乘以 e^{x^2} 得

$$y'\mathrm{e}^{x^2} + 2x\mathrm{e}^{x^2}y = 4x\mathrm{e}^{x^2}，即 (\mathrm{e}^{x^2}y)' = 4x\mathrm{e}^{x^2}$$

于是

$$\mathrm{e}^{x^2}y = \int 4x\mathrm{e}^{x^2}\,\mathrm{d}x = 2\mathrm{e}^{x^2} + C$$

因此原方程的通解为 $y = \mathrm{e}^{-x^2}\displaystyle\int 4x\mathrm{e}^{x^2}\,\mathrm{d}x = 2 + C\mathrm{e}^{-x^2}$

9.6 可降阶的高阶微分方程

9.6.1 $y^{(n)} = f(x)$ 型的微分方程

解法：积分 n 次

$$y^{(n-1)} = \int f(x)\,\mathrm{d}x + C_1$$

$$y^{(n-2)} = \int \left[\int f(x)\,\mathrm{d}x + C_1\right]\mathrm{d}x + C_2$$

$$\cdots$$

【例 9-17】 求微分方程 $y''' = \mathrm{e}^{2x} - \cos x$ 的通解。

解：对所给方程接连积分三次，得

$$y'' = \frac{1}{2}\mathrm{e}^{2x} - \sin x + C_1$$

$$y' = \frac{1}{4}\mathrm{e}^{2x} + \cos x + C_1 x + C_2$$

$$y = \frac{1}{8}\mathrm{e}^{2x} + \sin x + \frac{1}{2}C_1 x^2 + C_2 x + C_3$$

这就是所给方程的通解。

或

$$y'' = \frac{1}{2}\mathrm{e}^{2x} - \sin x + 2C_1$$

$$y' = \frac{1}{4}\mathrm{e}^{2x} + \cos x + 2C_1 x + C_2$$

$$y = \frac{1}{8}\mathrm{e}^{2x} + \sin x + C_1 x^2 + C_2 x + C_3$$

这就是所给方程的通解。

9.6.2 $y'' = f(x, y')$ 型的微分方程

解法：设 $y' = p$ 则方程化为 $p' = f(x, p)$。

设 $p' = f(x, p)$ 的通解为 $p = \varphi(x, C_1)$，则

$$\frac{\mathrm{d}y}{\mathrm{d}x} = \varphi(x, C_1)$$

原方程的通解为

$$y = \int \varphi(x, C_1)\mathrm{d}x + C_2$$

【例 9 – 18】　求微分方程 $(1+x^2)y'' = 2xy'$，满足初始条件 $y\,|_{x=0} = 1$，$y'\,|_{x=0} = 3$ 的特解。

解： 所给方程是 $y'' = f(x, y')$ 型的。设 $y' = p$，代入方程并分离变量后，有

$$\frac{\mathrm{d}p}{p} = \frac{2x}{1+x^2}\mathrm{d}x$$

两边积分，得

$$\ln | p | = \ln(1+x^2) + C$$

即　　$p = y' = C_1(1+x^2)$　$(C_1 = \pm \mathrm{e}^C)$

由条件 $y'\,|_{x=0} = 3$，得 $C_1 = 3$，所以 $y' = 3(1+x^2)$。

两边再积分，得 $y = x^3 + 3x + C_2$。

又由条件 $y\,|_{x=0} = 1$，得 $C_2 = 1$，于是所求的特解为

$$y = x^3 + 3x + 1$$

9.6.3　$y'' = f(y, y')$ 型的微分方程

解法： 设 $y' = p$，有

$$y'' = \frac{\mathrm{d}p}{\mathrm{d}x} = \frac{\mathrm{d}p}{\mathrm{d}y} \cdot \frac{\mathrm{d}y}{\mathrm{d}x} = p\frac{\mathrm{d}p}{\mathrm{d}y}$$

原方程化为

$$p\frac{\mathrm{d}p}{\mathrm{d}y} = f(y, p)$$

设方程 $p\dfrac{\mathrm{d}p}{\mathrm{d}y} = f(y, p)$ 的通解为 $y' = p = \varphi(y, C_1)$，则原方程的通解为

$$\int \frac{\mathrm{d}y}{\varphi(y, C_1)} = x + C_2$$

【例 9 – 19】　求微分 $yy'' - y'^2 = 0$ 的通解。

解: 设 $y' = p$,则 $y'' = p\dfrac{\mathrm{d}p}{\mathrm{d}y}$,代入方程,得

$$yp\frac{\mathrm{d}p}{\mathrm{d}y} - p^2 = 0$$

在 $y \neq 0$、$p \neq 0$ 时,约去 p 并分离变量,得

$$\frac{\mathrm{d}p}{p} = \frac{\mathrm{d}y}{y}$$

两边积分得

$$\ln|p| = \ln|y| + \ln c$$

即 $\qquad\qquad\qquad p = Cy$ 或 $y' = Cy \quad (C = \pm c)$

再分离变量并两边积分,便得原方程的通解为

$$\ln|y| = Cx + \ln c_1$$

或 $\qquad\qquad\qquad y = C_1 \mathrm{e}^{Cx} \quad (C_1 = \pm c_1)$

9.7　高阶线性微分方程

9.7.1　二阶线性微分方程举例

【例 9 - 20】 设有一个弹簧,上端固定,下端挂一个质量为 m 的物体。取 x 轴铅直向下,并取物体的平衡位置为坐标原点。

给物体一个初始速度 $v_0 \neq 0$ 后,物体在平衡位置附近作上下振动。在振动过程中,物体的位置 x 是 t 的函数:$x = x(t)$。

设弹簧的弹性系数为 c,则恢复力 $f = -cx$。

又设物体在运动过程中受到的阻力的大小与速度成正比,比例系数为 μ,则

$$R - \mu\frac{\mathrm{d}x}{\mathrm{d}t}$$

由牛顿第二定律得

$$m\frac{\mathrm{d}^2 x}{\mathrm{d}t^2} = -cx - \mu\frac{\mathrm{d}x}{\mathrm{d}t}$$

移项,并记 $2n = \dfrac{\mu}{m}$,$k^2 = \dfrac{c}{m}$,则上式化为

$$\frac{\mathrm{d}^2 x}{\mathrm{d}t^2} + 2n\frac{\mathrm{d}x}{\mathrm{d}t} + k^2 x = 0$$

这就是在有阻尼的情况下,物体自由振动的微分方程。

如果振动物体还受到铅直扰力 $F = H\sin pt$ 的作用,则有

$$\frac{\mathrm{d}^2 x}{\mathrm{d}t^2} + 2n\frac{\mathrm{d}x}{\mathrm{d}t} + k^2 x = h\sin pt$$

其中 $h = \dfrac{H}{m}$。这就是强迫振动的微分方程。

【例 9 - 21】　设有一个由电阻 R、自感 L、电容 C 和电源 E 串联组成的电路,其中 R, L, 及 C 为常数,电源电动势是时间 t 的函数:$E = E_m \sin\omega t$,这里 E_m 及 ω 也是常数。

设电路中的电流为 $i(t)$,电容器极板上的电量为 $q(t)$,两极板间的电压为 u_C,自感电动势为 E_L。由电学知道

$$i = \frac{\mathrm{d}q}{\mathrm{d}t}, \ u_C = \frac{q}{C}, \ E_L = -L\frac{\mathrm{d}i}{\mathrm{d}t}$$

根据回路电压定律,得

$$E - L\frac{\mathrm{d}i}{\mathrm{d}t} - \frac{q}{C} - Ri = 0$$

即

$$LC\frac{\mathrm{d}^2 u_C}{\mathrm{d}t^2} + RC\frac{\mathrm{d}u_C}{\mathrm{d}t} + u_C = E_m \sin\omega t$$

或写成

$$\frac{\mathrm{d}^2 u_C}{\mathrm{d}t^2} + 2\beta\frac{\mathrm{d}u_C}{\mathrm{d}t} + \omega_0^2 u_C = \frac{E_m}{LC}\sin\omega t$$

其中 $\beta = \dfrac{R}{2L}$, $\omega_0 = \dfrac{1}{\sqrt{LC}}$。这就是串联电路的振荡方程。

如果电容器经充电后撤去外电源($E = 0$),则上述成为

$$\frac{\mathrm{d}^2 u_C}{\mathrm{d}t^2} + 2\beta\frac{\mathrm{d}u_C}{\mathrm{d}t} + \omega_0^2 u_C = 0$$

二阶线性微分方程的一般形式为

$$y'' + P(x)y' + Q(x)y = f(x)$$

若方程右端 $f(x) \equiv 0$ 时,方程称为齐次的,否则称为非齐次的。

9.7.2　线性微分方程的解的结构

先讨论二阶齐次线性方程

$$y'' + P(x)y' + Q(x)y = 0, \ \text{即} \frac{\mathrm{d}^2 y}{\mathrm{d}x^2} + P(x)\frac{\mathrm{d}y}{\mathrm{d}x} + Q(x)y = 0$$

定理 9.7.1 如果函数 $y_1(x)$ 与 $y_2(x)$ 是方程 $y'' + P(x)y' + Q(x)y = 0$ 的两个解,那么

$$y = C_1 y_1(x) + C_2 y_2(x)$$

也是方程的解,其中 C_1,C_2 是任意常数。

齐次线性方程的这个性质表明它的解符合叠加原理。

证明:
$$[C_1 y_1 + C_2 y_2]' = C_1 y_1' + C_2 y_2',$$
$$[C_1 y_1 + C_2 y_2]'' = C_1 y_1'' + C_2 y_2''。$$

因为 y_1 与 y_2 是方程 $y'' + P(x)y' + Q(x)y = 0$ 的两个解,所以有

$$y_1'' + P(x)y_1' + Q(x)y_1 = 0 \ \text{及} \ y_2'' + P(x)y_2' + Q(x)y_2 = 0$$

从而 $[C_1 y_1 + C_2 y_2]'' + P(x)[C_1 y_1 + C_2 y_2]' + Q(x)[C_1 y_1 + C_2 y_2]$
$$= C_1 [y_1'' + P(x)y_1' + Q(x)y_1] + C_2 [y_2'' + P(x)y_2' + Q(x)y_2] = 0 + 0 = 0$$

这就证明了 $y = C_1 y_1(x) + C_2 y_2(x)$ 也是方程 $y'' + P(x)y' + Q(x)y = 0$ 的解。

9.7.3 函数的线性相关与线性无关

设 $y_1(x)$,$y_2(x)$,$\cdots$,$y_n(x)$ 为定义在区间 I 上的 n 个函数。如果存在 n 个不全为零的常数 k_1,k_2,$\cdots$,k_n,使得当 $x \in I$ 时有恒等式

$$k_1 y_1(x) + k_2 y_2(x) + \cdots + k_n y_n(x) \equiv 0$$

成立,那么称这 n 个函数在区间 I 上线性相关;否则称为线性无关。

判别两个函数线性相关性的方法:

对于两个函数,它们线性相关与否,只要看它们的比是否为常数,如果比为常数,那么它们就线性相关,否则就线性无关。

例如,1,$\cos^2 x$,$\sin^2 x$ 在整个数轴上是线性相关的。函数 1,x,x^2 在任何区间 (a, b) 内是线性无关的。

定理 9.7.2 如果函数 $y_1(x)$ 与 $y_2(x)$ 是方程

$$y'' + P(x)y' + Q(x)y = 0$$

的两个线性无关的解,那么

$$y = C_1 y_1(x) + C_2 y_2(x) \qquad (C_1、C_2 \text{ 是任意常数})$$

是方程的通解。

【例 9-22】 验证 $y_1 = \cos x$ 与 $y_2 = \sin x$ 是方程 $y'' + y = 0$ 的线性无关解,并写出其通解。

解: 因为

$$y_1'' + y_1 = -\cos x + \cos x = 0$$

$$y''_2 + y_2 = -\sin x + \sin x = 0$$

所以 $y_1 = \cos x$ 与 $y_2 = \sin x$ 都是方程的解。

因为对于任意两个常数 k_1，k_2，要使

$$k_1 \cos x + k_2 \sin x \equiv 0$$

只有 $k_1 = k_2 = 0$，所以 $\cos x$ 与 $\sin x$ 在 $(-\infty, +\infty)$ 内是线性无关的。

因此 $y_1 = \cos x$ 与 $y_2 = \sin x$ 是方程 $y'' + y = 0$ 的线性无关解。

方程的通解为 $y = C_1 \cos x + C_2 \sin x$。

【例 9 - 23】 验证 $y_1 = x$ 与 $y_2 = e^x$ 是方程 $(x-1)y'' - xy' + y = 0$ 的线性无关解，并写出其通解。

解： 因为

$$(x-1)y''_1 - xy'_1 + y_1 = 0 - x + x = 0$$
$$(x-1)y''_2 - xy'_2 + y_2 = (x-1)e^x - xe^x + e^x = 0$$

所以 $y_1 = x$ 与 $y_2 = e^x$ 都是方程的解。

因为比值 e^x/x 不恒为常数，所以 $y_1 = x$ 与 $y_2 = e^x$ 在 $(-\infty, +\infty)$ 内是线性无关的。

因此 $y_1 = x$ 与 $y_2 = e^x$ 是方程 $(x-1)y'' - xy' + y = 0$ 的线性无关解。

方程的通解为 $y = C_1 x + C_2 e^x$。

推论 如果 $y_1(x)$，$y_2(x)$，$\cdots$，$y_n(x)$ 是方程

$$y^{(n)} + a_1(x)y^{(n-1)} + \cdots + a_{n-1}(x)y' + a_n(x)y = 0$$

的 n 个线性无关的解，那么，此方程的通解为

$$y = C_1 y_1(x) + C_2 y_2(x) + \cdots + C_n y_n(x)$$

其中 C_1，C_2，$\cdots$，C_n 为任意常数。

9.7.4　二阶非齐次线性方程解的结构

我们把方程

$$y'' + P(x)y' + Q(x)y = 0$$

叫做与非齐次方程

$$y'' + P(x)y' + Q(x)y = f(x)$$

对应的齐次方程。

定理 9.7.3 设 $y^*(x)$ 是二阶非齐次线性方程

$$y'' + P(x)y' + Q(x)y = f(x)$$

的一个特解，$Y(x)$ 是对应的齐次方程的通解，那么

$$y = Y(x) + y^*(x)$$

是二阶非齐次线性微分方程的通解。

证明提示：$[Y(x) + y^*(x)]'' + P(x)[Y(x) + y^*(x)]' + Q(x)[Y(x) + y^*(x)]$
$$= [Y'' + P(x)Y' + Q(x)Y] + [y^{*''} + P(x)y^{*'} + Q(x)y^*]$$
$$= 0 + f(x) = f(x)$$

例如，$Y = C_1 \cos x + C_2 \sin x$ 是齐次方程 $y'' + y = 0$ 的通解，$y^* = x^2 - 2$ 是 $y'' + y = x^2$ 的一个特解，因此 $y = C_1 \cos x + C_2 \sin x + x^2 - 2$ 是方程 $y'' + y = x^2$ 的通解。

定理 9.7.4 设非齐次线性微分方程 $y'' + P(x)y' + Q(x)y = f(x)$ 的右端 $f(x)$ 几个函数之和，如

$$y'' + P(x)y' + Q(x)y = f_1(x) + f_2(x)$$

而 $y_1^*(x)$ 与 $y_2^*(x)$ 分别是方程

$$y'' + P(x)y' + Q(x)y = f_1(x) \text{ 与 } y'' + P(x)y' + Q(x)y = f_2(x)$$

的特解，那么 $y_1^*(x) + y_2^*(x)$ 就是原方程的特解。

证明提示：

$$[y_1 + y_2^*]'' + P(x)[y_1^* + y_2^*]' + Q(x)[y_1^* + y_2^*]$$
$$= [y_1^{*''} + P(x)y_1^{*'} + Q(x)y_1^*] + [y_2^{*''} + P(x)y_2^{*'} + Q(x)y_2^*]$$
$$= f_1(x) + f_2(x)$$

9.8 二阶常系数齐次线性微分方程

9.8.1 二阶常系数齐次线性微分方程

形如

$$y'' + py' + qy = 0$$

称为二阶常系数齐次线性微分方程，其中 p, q 均为常数。

如果 y_1, y_2 是二阶常系数齐次线性微分方程的两个线性无关解，那么 $y = C_1 y_1 + C_2 y_2$ 就是它的通解。

我们看看，能否适当选取 r，使 $y = e^{rx}$ 满足二阶常系数齐次线性微分方程，为此将 $y = e^{rx}$ 代入方程 $y'' + py' + qy = 0$ 得

$$(r^2 + pr + q)\mathrm{e}^{rx} = 0$$

由此可见,只要 r 满足代数方程 $r^2 + pr + q = 0$,函数 $y = \mathrm{e}^{rx}$ 就是微分方程的解。

特征方程:方程 $r^2 + pr + q = 0$ 叫做微分方程 $y'' + py' + qy = 0$ 的特征方程。特征方程的两个根 r_1,r_2 可用公式

$$r_{1,2} = \frac{-p \pm \sqrt{p^2 - 4q}}{2}$$

求出。

9.8.2 特征方程的根与通解的关系

(1)特征方程有两个不相等的实根 r_1,r_2 时,函数 $y_1 = \mathrm{e}^{r_1 x}$,$y_2 = \mathrm{e}^{r_2 x}$ 是方程的两个线性无关的解。

这是因为函数 $y_1 = \mathrm{e}^{r_1 x}$,$y_2 = \mathrm{e}^{r_2 x}$ 是方程的解,又 $\dfrac{y_1}{y_2} = \dfrac{\mathrm{e}^{r_1 x}}{\mathrm{e}^{r_2 x}} = \mathrm{e}^{(r_1 - r_2)x}$ 不是常数。

因此方程的通解为

$$y = C_1 \mathrm{e}^{r_1 x} + C_2 \mathrm{e}^{r_2 x}$$

(2)特征方程有两个相等的实根 $r_1 = r_2$ 时,函数 $y_1 = \mathrm{e}^{r_1 x}$,$y_2 = x\mathrm{e}^{r_1 x}$ 是二阶常系数齐次线性微分方程的两个线性无关的解。

这是因为,$y_1 = \mathrm{e}^{r_1 x}$ 是方程的解,又

$$\begin{aligned}(x\mathrm{e}^{r_1 x})'' + p(x\mathrm{e}^{r_1 x})' + q(x\mathrm{e}^{r_1 x}) &= (2r_1 + xr_1^2)\mathrm{e}^{r_1 x} + p(1 + xr_1)\mathrm{e}^{r_1 x} + qx\mathrm{e}^{r_1 x}\\ &= \mathrm{e}^{r_1 x}(2r_1 + p) + x\mathrm{e}^{r_1 x}(r_1^2 + pr_1 + q) = 0\end{aligned}$$

所以 $y_2 = x\mathrm{e}^{r_1 x}$ 也是方程的解,且 $\dfrac{y_2}{y_1} = \dfrac{x\mathrm{e}^{r_1 x}}{\mathrm{e}^{r_1 x}} = x$ 不是常数。

因此方程的通解为

$$y = C_1 \mathrm{e}^{r_1 x} + C_2 x\mathrm{e}^{r_1 x}$$

(3)特征方程有一对共轭复根 $r_{1,2} = \alpha \pm \mathrm{i}\beta$ 时,函数 $y = \mathrm{e}^{(\alpha + \mathrm{i}\beta)x}$、$y = \mathrm{e}^{(\alpha - \mathrm{i}\beta)x}$ 是微分方程的两个线性无关的复数形式的解。函数 $y = \mathrm{e}^{\alpha x}\cos\beta x$、$y = \mathrm{e}^{\alpha x}\sin\beta x$ 是微分方程的两个线性无关的实数形式的解。

函数 $y_1 = \mathrm{e}^{(\alpha + \mathrm{i}\beta)x}$ 和 $y_2 = \mathrm{e}^{(\alpha - \mathrm{i}\beta)x}$ 都是方程的解,而由欧拉公式,得

$$y_1 = \mathrm{e}^{(\alpha + \mathrm{i}\beta)x} = \mathrm{e}^{\alpha x}(\cos\beta x + \mathrm{i}\sin\beta x)$$

$$y_2 = \mathrm{e}^{(\alpha - \mathrm{i}\beta)x} = \mathrm{e}^{\alpha x}(\cos\beta x - \mathrm{i}\sin\beta x)$$

$$y_1 + y_2 = 2\mathrm{e}^{\alpha x}\cos\beta x, \quad \mathrm{e}^{\alpha x}\cos\beta x = \frac{1}{2}(y_1 + y_2)$$

$$y_1 - y_2 = 2\mathrm{i}\mathrm{e}^{\alpha x}\sin\beta x, \quad \mathrm{e}^{\alpha x}\sin\beta x = \frac{1}{2\mathrm{i}}(y_1 - y_2)$$

故 $e^{\alpha x}\cos\beta x$、$y_2 = e^{\alpha x}\sin\beta x$ 也是方程解。

可以验证，$y_1 = e^{\alpha x}\cos\beta x$，$y_2 = e^{\alpha x}\sin\beta x$ 是方程的线性无关解。

因此方程的通解为

$$y = e^{\alpha x}(C_1\cos\beta x + C_2\sin\beta x)$$

求二阶常系数齐次线性微分方程 $y'' + py' + qy = 0$ 的通解的步骤为：

第一步　写出微分方程的特征方程

$$r^2 + pr + q = 0$$

第二步　求出特征方程的两个根 r_1，r_2。

第三步　根据特征方程的两个根的不同情况，写出微分方程的通解。

【例 9 - 24】　求微分方程 $y'' - 2y' - 3y = 0$ 的通解。

解：所给微分方程的特征方程为

$$r^2 - 2r - 3 = 0, 即 (r+1)(r-3) = 0。$$

其根 $r_1 = -1$，$r_2 = 3$ 是两个不相等的实根，因此所求通解为

$$y = C_1 e^{-x} + C_2 e^{3x}$$

【例 9 - 25】　求方程 $y'' + 2y' + y = 0$ 满足初始条件 $y\,|_{x=0} = 4$，$y'\,|_{x=0} = -2$ 的特解。

解：所给方程的特征方程为

$$r^2 + 2r + 1 = 0, 即 (r+1)^2 = 0。$$

其根 $r_1 = r_2 = -1$ 是两个相等的实根，因此所给微分方程的通解为

$$y = (C_1 + C_2 x)e^{-x}$$

将条件 $y\,|_{x=0} = 4$ 代入通解，得 $C_1 = 4$，从而

$$y = (4 + C_2 x)e^{-x}$$

将上式对 x 求导，得

$$y' = (C_2 - 4 - C_2 x)e^{-x}$$

再把条件 $y'\,|_{x=0} = -2$ 代入上式，得 $C_2 = 2$。于是所求特解为

$$x = (4 + 2x)e^{-x}$$

【例 9 - 26】　求微分方程 $y'' - 2y' + 5y = 0$ 的通解。

解：所给方程的特征方程为

$$r^2 - 2r + 5 = 0$$

特征方程的根为 $r_1 = 1 + 2i$, $r_2 = 1 - 2i$,是一对共轭复根。因此所求通解为

$$y = e^x(C_1 \cos 2x + C_2 \sin 2x)$$

方程

$$y^{(n)} + p_1 y^{(n-1)} + p_2 y^{(n-2)} + \cdots + p_{n-1} y' + p_n y = 0$$

称为 n 阶常系数齐次线性微分方程,其中 p_1, p_2, $\cdots$, p_{n-1}, p_n 都是常数。

二阶常系数齐次线性微分方程所用的方法以及方程的通解形式,可推广到 n 阶常系数齐次线性微分方程上去。

引入微分算子 D,及微分算子的 n 次多项式:

$$L(D) = D^n + p_1 D^{n-1} + p_2 D^{n-2} + \cdots + p_{n-1} D + p_n$$

则 n 阶常系数齐次线性微分方程可记作

$$(D^n + p_1 D^{n-1} + p_2 D^{n-2} + \cdots + p_{n-1} D + p_n) y = 0 \text{ 或 } L(D) y = 0$$

注:D 叫做微分算子 $D^0 y = y$, $Dy = y'$, $D^2 y = y''$, $D^3 y = y'''$, $\cdots$, $D^n y = y^{(n)}$。

分析:令 $y = e^{rx}$,则

$$L(D) y = L(D) e^{rx} = (r^n + p_1 r^{n-1} + p_2 r^{n-2} + \cdots + p_{n-1} r + p_n) e^{rx} = L(r) e^{rx}$$

因此如果 r 是多项式 $L(r)$ 的根,则 $y = e^{rx}$ 是微分方程 $L(D) y = 0$ 的解。

n 阶常系数齐次线性微分方程的特征方程:

$$L(r) = r^n + p_1 r^{n-1} + p_2 r^{n-2} + \cdots + p_{n-1} r + p_n = 0$$

称为微分方程 $L(D) y = 0$ 的特征方程。

特征方程的根与通解中项的对应:

单实根 r 对应于一项: Ce^{rx} ;

一对单复根 $r_{1,2} = \alpha \pm i\beta$ 对应于两项: $e^{\alpha x}(C_1 \cos \beta x + C_2 \sin \beta x)$;

k 重实根 r 对应于 k 项: $e^{rx}(C_1 + C_2 x + \cdots + C_k x^{k-1})$;

一对 k 重复根 $r_{1,2} = \alpha \pm i\beta$ 对应于 $2k$ 项:

$$e^{\alpha x}[(C_1 + C_2 x + \cdots + C_k x^{k-1}) \cos \beta x + (D_1 + D_2 x + \cdots + D_k x^{k-1}) \sin \beta x]$$

【例 9 - 27】 求方程 $y^{(4)} - 2y''' + 5y'' = 0$ 的通解。

解: 这里的特征方程为

$$r^4 - 2r^3 + 5r^2 = 0, \text{即 } r^2(r^2 - 2r + 5) = 0,$$

它的根是 $r_1 = r_2 = 0$ 和 $r_{3,4} = 1 \pm 2i$。

因此所给微分方程的通解为

$$y = C_1 + C_2 x + e^x(C_3 \cos 2x + C_4 \sin 2x)$$

【例 9 – 28】 求方程 $y^{(4)} + \beta^4 y = 0$ 的通解,其中 $\beta > 0$。

解: 这里的特征方程为

$$r^4 + \beta^4 = 0$$

它的根为 $r_{1,2} = \dfrac{\beta}{\sqrt{2}}(1 \pm i)$,$r_{3,4} = -\dfrac{\beta}{\sqrt{2}}(1 \pm i)$

因此所给微分方程的通解为

$$y = e^{\frac{\beta}{\sqrt{2}}x}\left(C_1 \cos \frac{\beta}{\sqrt{2}}x + C_2 \sin \frac{\beta}{\sqrt{2}}x\right) + e^{-\frac{\beta}{\sqrt{2}}x}\left(C_3 \cos \frac{\beta}{\sqrt{2}}x + C_4 \sin \frac{\beta}{\sqrt{2}}x\right)$$

9.9 二阶常系数非齐次线性微分方程

方程

$$y'' + py' + qy = f(x)$$

称为二阶常系数非齐次线性微分方程,其中 p,q 是常数。

二阶常系数非齐次线性微分方程的通解是对应的齐次方程的通解 $y = Y(x)$ 与非齐次方程本身的一个特解 $y = y^*(x)$ 之和:

$$y = Y(x) + y^*(x)$$

当 $f(x)$ 为两种特殊形式时,方程的特解的求法:

9.9.1 $f(x) = P_m(x)e^{\lambda x}$ 型

当 $f(x) = P_m(x)e^{\lambda x}$ 时,可以猜想,方程的特解也应具有这种形式。因此,设特解形式为 $y^* = Q(x)e^{\lambda x}$,将其代入方程,得等式

$$Q''(x) + (2\lambda + p)Q'(x) + (\lambda^2 + p\lambda + q)Q(x) = P_m(x)$$

(1)如果 λ 不是特征方程 $r^2 + pr + q = 0$ 的根,则 $\lambda^2 + p\lambda + q \neq 0$。要使上式成立,$Q(x)$ 应设为 m 次多项式:

$$Q_m(x) = b_0 x^m + b_1 x^{m-1} + \cdots + b_{m-1}x + b_m$$

通过比较等式两边同次项系数,可确定 b_0,b_1,$\cdots$,b_m,并得所求特解

$$y^* = Q_m(x)e^{\lambda x}$$

（2）如果 λ 是特征方程 $r^2 + pr + q = 0$ 的单根，则 $\lambda^2 + p\lambda + q = 0$，但 $2\lambda + p \neq 0$，要使等式

$$Q''(x) + (2\lambda + p)Q'(x) + (\lambda^2 + p\lambda + q)Q(x) = P_m(x)$$

成立，$Q(x)$ 应设为 $m+1$ 次多项式：

$$Q(x) = xQ_m(x)$$
$$Q_m(x) = b_0 x^m + b_1 x^{m-1} + \cdots + b_{m-1}x + b_m$$

通过比较等式两边同次项系数，可确定 b_0，b_1，$\cdots$，b_m，并得所求特解

$$y^* = xQ_m(x)e^{\lambda x}$$

（3）如果 λ 是特征方程 $r^2 + pr + q = 0$ 的二重根，则 $\lambda^2 + p\lambda + q = 0$，$2\lambda + p = 0$，要使等式

$$Q''(x) + (2\lambda + p)Q'(x) + (\lambda^2 + p\lambda + q)Q(x) = P_m(x)$$

成立，$Q(x)$ 应设为 $m+2$ 次多项式：

$$Q(x) = x^2 Q_m(x)$$
$$Q_m(x) = b_0 x^m + b_1 x^{m-1} + \cdots + b_{m-1}x + b_m$$

通过比较等式两边同次项系数，可确定 b_0，b_1，$\cdots$，b_m，并得所求特解

$$y^* = x^2 Q_m(x)e^{\lambda x}$$

综上所述，我们有如下结论：如果 $f(x) = P_m(x)e^{\lambda x}$，则二阶常系数非齐次线性微分方程 $y'' + py' + qy = f(x)$ 有形如

$$y^* = x^k Q_m(x)e^{\lambda x}$$

的特解，其中 $Q_m(x)$ 是与 $P_m(x)$ 同次的多项式，而 k 按 λ 不是特征方程的根、是特征方程的单根或是特征方程的重根依次取为 0、1 或 2。

【例 9 - 29】 求微分方程 $y'' - 2y' - 3y = 3x + 1$ 的一个特解。

解： 这是二阶常系数非齐次线性微分方程，且函数 $f(x)$ 是 $P_m(x)e^{\lambda x}$ 型（其中 $P_m(x) = 3x + 1$，$\lambda = 0$）。

与所给方程对应的齐次方程为 $y'' - 2y' - 3y = 0$，它的特征方程为

$$r^2 - 2r - 3 = 0$$

由于这里 $\lambda = 0$ 不是特征方程的根，所以应设特解为

$$y^* = b_0 x + b_1$$

把它代入所给方程，得

$$-3b_0 x - 2b_0 - 3b_1 = 3x + 1$$

比较两端 x 同次幂的系数,得

$$\begin{cases} -3b_0 = 3 \\ -2b_0 - 3b_1 = 1 \end{cases}, \quad -3b_0 = 3, \; -2b_0 - 3b_1 = 1。$$

由此求得 $b_0 = -1$,$b_1 = \dfrac{1}{3}$。于是求得所给方程的一个特解为

$$y^* = -x + \dfrac{1}{3}$$

【例 9 - 30】 求微分方程 $y'' - 5y' + 6y = x e^{2x}$ 的通解。

解:所给方程是二阶常系数非齐次线性微分方程,且 $f(x)$ 是 $P_m(x) e^{\lambda x}$ 型(其中 $P_m(x) = x$,$\lambda = 2$)。与所给方程对应的齐次方程为 $y'' - 5y' + 6y = 0$,它的特征方程为

$$r^2 - 5r + 6 = 0$$

特征方程有两个实根 $r_1 = 2$,$r_2 = 3$。于是所给方程对应的齐次方程的通解为

$$Y = C_1 e^{2x} + C_2 e^{3x}$$

由于 $\lambda = 2$ 是特征方程的单根,所以应设方程的特解为

$$y^* = x(b_0 x + b_1) e^{2x}$$

把它代入所给方程,得

$$-2b_0 x + 2b_0 - b_1 = x$$

比较两端 x 同次幂的系数,得

$$\begin{cases} -2b_0 = 1 \\ 2b_0 - b_1 = 0 \end{cases}, \quad -2b_0 = 1, \; 2b_0 - b_1 = 0。$$

由此求得 $b_0 = -\dfrac{1}{2}$,$b_1 = -1$。于是求得所给方程的一个特解为

$$y^* = x \left(-\dfrac{1}{2} x - 1 \right) e^{2x}$$

从而所给方程的通解为

$$y = C_1 e^{2x} + C_2 e^{3x} - \dfrac{1}{2}(x^2 + 2x) e^{2x}$$

提示:

$$y^* = x(b_0 x + b_1)\mathrm{e}^{2x} = (b_0 x^2 + b_1 x)\mathrm{e}^{2x}$$

$$\left[(b_0 x^2 + b_1 x)\mathrm{e}^{2x}\right]' = \left[(2b_0 x + b_1) + (b_0 x^2 + b_1 x) \cdot 2\right]\mathrm{e}^{2x}$$

$$\left[(b_0 x^2 + b_1 x)\mathrm{e}^{2x}\right]'' = \left[2b_0 + 2(2b_0 x + b_1) \cdot 2 + (b_0 x^2 + b_1 x) \cdot 2^2\right]\mathrm{e}^{2x}$$

$$\begin{aligned}
y^{*''} - 5y^{*'} + 6y^* &= \left[(b_0 x^2 + b_1 x)\mathrm{e}^{2x}\right]'' - 5\left[(b_0 x^2 + b_1 x)\mathrm{e}^{2x}\right]' + 6\left[(b_0 x^2 + b_1 x)\mathrm{e}^{2x}\right] \\
&= \left[2b_0 + 2(2b_0 x + b_1) \cdot 2 + (b_0 x^2 + b_1 x) \cdot 2^2\right]\mathrm{e}^{2x} - \\
&\quad 5\left[(2b_0 x + b_1) + (b_0 x^2 + b_1 x) \cdot 2\right]\mathrm{e}^{2x} + 6(b_0 x^2 + b_1 x)\mathrm{e}^{2x} \\
&= \left[2b_0 + 4(2b_0 x + b_1) - 5(2b_0 x + b_1)\right]\mathrm{e}^{2x} \\
&= \left[-2b_0 x + 2b_0 - b_1\right]\mathrm{e}^{2x}
\end{aligned}$$

方程 $y'' + py' + qy = \mathrm{e}^{\lambda x}\left[P_l(x)\cos \omega x + P_n(x)\sin \omega x\right]$ 的特解形式：应用欧拉公式可得

$$\begin{aligned}
&\mathrm{e}^{\lambda x}\left[P_l(x)\cos \omega x + P_n(x)\sin \omega x\right] \\
&= \mathrm{e}^{\lambda x}\left[P_l(x)\frac{\mathrm{e}^{\mathrm{i}\omega x} + \mathrm{e}^{-\mathrm{i}\omega x}}{2} + P_n(x)\frac{\mathrm{e}^{\mathrm{i}\omega x} - \mathrm{e}^{-\mathrm{i}\omega x}}{2\mathrm{i}}\right] \\
&= \frac{1}{2}\left[P_l(x) - \mathrm{i}P_n(x)\right]\mathrm{e}^{(\lambda + \mathrm{i}\omega)x} + \frac{1}{2}\left[P_l(x) + \mathrm{i}P_n(x)\right]\mathrm{e}^{(\lambda - \mathrm{i}\omega)x} \\
&= P(x)\mathrm{e}^{(\lambda + \mathrm{i}\omega)x} + \overline{P}(x)\mathrm{e}^{(\lambda - \mathrm{i}\omega)x}
\end{aligned}$$

其中 $P(x) = \frac{1}{2}(P_l - P_n\mathrm{i})$，$\overline{P}(x) = \frac{1}{2}(p_l + P_n\mathrm{i})$。而 $m = \max\{l, n\}$。

设方程 $y'' + py' + qy = P(x)\mathrm{e}^{(\lambda + \mathrm{i}\omega)x}$ 的特解为 $y_1^* = x^k Q_m(x)\mathrm{e}^{(\lambda + \mathrm{i}\omega)x}$，则 $\overline{y}_1^* = x^k \overline{Q}_m(x)\mathrm{e}^{(\lambda - \mathrm{i}\omega)}$ 必是方程 $y'' + py' + qy = \overline{P}(x)\mathrm{e}^{(\lambda - \mathrm{i}\omega)}$ 的特解，其中 k 按 $\lambda \pm \mathrm{i}\omega$ 不是特征方程的根或是特征方程的根依次取 0 或 1。

于是方程 $y'' + py' + qy = \mathrm{e}^{\lambda x}\left[P_l(x)\cos \omega x + P_n(x)\sin \omega x\right]$ 的特解为

$$\begin{aligned}
y^* &= x^k Q_m(x)\mathrm{e}^{(\lambda + \mathrm{i}\omega)x} + x^k \overline{Q}_m(x)\mathrm{e}^{(\lambda - \mathrm{i}\omega)x} \\
&= x^k \mathrm{e}^{\lambda x}\left[Q_m(x)(\cos \omega x + \mathrm{i}\sin \omega x) + \overline{Q}_m(x)(\cos \omega x - \mathrm{i}\sin \omega x)\right] \\
&= x^k \mathrm{e}^{\lambda x}\left[R_m^{(1)}(x)\cos \omega x + R_m^{(2)}(x)\sin \omega x\right]
\end{aligned}$$

综上所述，有如下结论：

如果 $f(x) = \mathrm{e}^{\lambda x}\left[P_l(x)\cos \omega x + P_n(x)\sin \omega x\right]$，则二阶常系数非齐次线性微分方程

$$y'' + py' + qy = f(x)$$

的特解可设为

$$y^* = x^k \mathrm{e}^{\lambda x}\left[R_m^{(1)}(x)\cos \omega x + R_m^{(2)}(x)\sin \omega x\right]$$

其中 $R_m^{(1)}(x)$，$R_m^{(2)}(x)$ 是 m 次多项式，$m = \max\{l, n\}$，而 k 按 $\lambda + i\omega$（或 $\lambda - i\omega$）不是特征方程的根或是特征方程的单根依次取 0 或 1。

【例 9-31】 求微分方程 $y'' + y = x\cos 2x$ 的一个特解。

解：所给方程是二阶常系数非齐次线性微分方程，且 $f(x)$ 属于 $e^{\lambda x}[P_l(x) \cdot \cos \omega x + P_n(x)\sin \omega x]$ 型（其中 $\lambda = 0$，$\omega = 2$，$P_l(x) = x$，$P_n(x) = 0$）。

与所给方程对应的齐次方程为 $y'' + y = 0$，它的特征方程为 $r^2 + 1 = 0$。

由于这里 $\lambda + i\omega = 2i$ 不是特征方程的根，所以应设特解为

$$y^* = (ax + b)\cos 2x + (cx + d)\sin 2x$$

把它代入所给方程，得

$$(-3ax - 3b + 4c)\cos 2x - (3cx + 3d + 4a)\sin 2x = x\cos 2x$$

比较两端同类项的系数，得 $a = -\dfrac{1}{3}$，$b = 0$，$c = 0$，$d = \dfrac{4}{9}$。

于是求得一个特解为 $y^* = -\dfrac{1}{3}x\cos 2x + \dfrac{4}{9}\sin 2x$

提示：

$$y^* = (ax + b)\cos 2x + (cx + d)\sin 2x$$

$$y^{*\prime} = a\cos 2x - 2(ax + b)\sin 2x + c\sin 2x + 2(cx + d)\cos 2x$$

$$= (2cx + a + 2d)\cos 2x + (-2ax - 2b + c)\sin 2x$$

$$y^{*\prime\prime} = 2c\cos 2x - 2(2cx + a + 2d)\sin 2x - 2a\sin 2x + 2(-2ax - 2b + c)\cos 2x$$

$$= (-4ax - 4b + 4c)\cos 2x + (-4cx - 4a - 4d)\sin 2x$$

$$y^{*\prime\prime} + y^* = (-3ax - 3b + 4c)\cos 2x + (-3cx - 4a - 3d)\sin 2x$$

由 $\begin{cases} -3a = 1 \\ -3b + 4c = 0 \\ -3c = 0 \\ -4a - 3d = 0 \end{cases}$，得 $a = -\dfrac{1}{3}$，$b = 0$，$c = 0$，$d = \dfrac{4}{9}$。

习 题 8

1. 填空题

(1) 微分方程 $y' = 2xy$ 的通解为 $y = \underline{\qquad\qquad}$。

(2) 微分方程 $y' + y\tan x = \cos x$ 的通解为 $y = \underline{\qquad\qquad}$。

(3) 微分方程 $y'' = \dfrac{1}{1 + x^2}$ 的通解为 $y = \underline{\qquad\qquad}$。

(4) 微分方程 $y'' + 2y' + 5y = 0$ 的通解为 $y = \underline{\qquad\qquad}$。

(5) 设 $y = e^x(C_1 \sin x + C_2 \cos x)(C_1, C_2$ 为任意常数) 为某二阶常系数线性齐次微分方程的通解,则该方程为 $\underline{\qquad\qquad}$。

(6) 微分方程 $y'' - 4y' = e^{2x}$ 的通解为 $y = \underline{\qquad\qquad}$。

2. 选择题

(1) 设常数 p 和 q 满足 $p^2 - 4q = 0$,$p \neq 0$,则微分方程 $y'' + py' + qy = 0$ 的通解是( )。

(A) $y = Ce^{-\frac{p}{2}x}$ (B) $y = Cxe^{-\frac{p}{2}x}$

(C) $y = (C_1 + C_2 x)e^{-\frac{p}{2}x}$ (D) $y = C_1 + C_2 x$

(2) 若 y_1 和 y_2 是二阶齐次线性微分方程 $y'' + p(x)y' + q(x)y = 0$ 的两个解,则 $y = C_1 y_1 + C_2 y_2 (C_1, C_2$ 为任意常数)( )。

(A) 是该方程的通解   (B) 是该方程的解

(C) 是该方程的特解   (D) 不一定是该方程的解

(3) 设 y_1 和 y_2 是微分方程 $y'' + py' + qy = f(x)$ 的两个特解,则以下结论正确的是( )。

(A) $y_1 + y_2$ 仍是该方程的解

(B) $y_1 - y_2$ 仍是该方程的解

(C) $y_1 + y_2$ 是方程 $y'' + py' + qy = 0$ 的解

(D) $y_1 - y_2$ 是方程 $y'' + py' + qy = 0$ 的解

(4) 若连续函数 $f(x)$ 满足 $f(x) = \int_0^{2x} f\left(\frac{t}{2}\right) dt + \ln 2$,则 $f(x) = ($)。

(A) $e^x \ln 2$ (B) $e^{2x} \ln 2$ (C) $e^x + \ln 2$ (D) $e^{2x} + \ln 2$

3. 求下列一阶微分方程的通解或给定初始条件下的特解

(1) $(y - 1)dx - xy\,dy = 0$

(2) $y\,dx + \sqrt{1 + x^2}\,dy = 0$

(3) $\left(x - y\cos\dfrac{y}{x}\right)dx + x\cos\dfrac{y}{x}\,dy = 0$

(4) $xy' + y = xyy'$

(5) $x^2 y' + xy = y^2$,$y(1) = 1$

(6) $2xy^3 y' + x^4 - y^4 = 0$

(7) $y + 1 = \displaystyle\int_x^{\frac{1}{2}} \dfrac{y}{y^3 - x}\,dx$

(8) $(y - x + 1)dx - (y - x + 5)dy = 0$

(9) $\cos^2 x \dfrac{dy}{dx} + y = \tan x$

(10) $(x - \sin y)dy + \tan y\,dx = 0$,$y(0) = \dfrac{\pi}{2}$

4. 求下列高阶微分方程的通解或满足所给初始条件下的特解

(1) $y''' = xe^x$

(2) $y'' = y' + x$

(3) $y'' = e^{2y}$,$y(0) = y'(0) = 0$

(4) $x^2 y'' + xy' = 1$, $y(1) = 0$, $y'(1) = 1$

(5) $(1+y)y'' + y'^2 = 0$

(6) $2yy'' = y'^2 + y^2$, $y(0) = 1$, $y'(0) = -1$

(7) $xy'' + 3y' = 1$

(8) $y'' - 12y' + 35y = 0$

(9) $9y'' - 30y' + 25y = 0$

(10) $3y'' - 4y' + 2y = 0$

(11) $y'' - 2y' - 3y = e^{-x}$

(12) $y'' + 4y' + 4y = \cos 2x$

5. 解答题

(1) $f(x)$ 为可微函数, $f(x) = \cos 2x + \int_0^x f(u) \sin u \, \mathrm{d}u$

(2) $\dfrac{y}{x} \dfrac{\mathrm{d}x}{\mathrm{d}y} + 1 = 2x^2$, $y(1) = 1$

(3) 已知 $y_1 = xe^x + e^{2x}$, $y_2 = xe^x + e^{-x}$, $y_3 = xe^x + e^{2x} - e^{-x}$ 是某二阶线性常系数非齐次微分方程的三个解, 求此微分方程。

(4) 设 $f(x) = \sin x - \int_0^x (x-u) f(u) \mathrm{d}u$, 其中 $f(x)$ 为连续函数, 求 $f(x)$。

6. 应用题

(1) 设 $y = f(x)$ 是第一象限内连接点 $A(1, 0)$, $B(0, 1)$ 的一段连续曲线, $M(x, y)$ 为该曲线上任意一点, 点 C 为 M 在 x 轴上的投影, O 为坐标原点。若梯形 $OCMA$ 的面积与曲边三角形 BCM 的面积之和为 $\dfrac{x^3}{6} + \dfrac{1}{3}$, 求 $f(x)$ 的表达式。

(2) 某湖泊的水量为 V, 每年排入湖泊内污染物 A 的污水量为 $\dfrac{V}{6}$, 流入湖泊内不含 A 的水量为 $\dfrac{V}{6}$, 流出湖泊的水量为 $\dfrac{V}{3}$。已知 2010 年底湖中的 A 的含量为 $5m_0$, 超过国家规定指标。为了治理污染, 从 2011 年初起, 限定排入湖泊中含 A 的污水的浓度不超过 $\dfrac{m_0}{V}$。问至多需要经过多少年, 湖泊中的污染物的含量降至 m_0 以内(注: 设湖水中 A 的浓度是均匀的)。

无穷级数　　　　10

无穷级数是数与函数的一种重要表达形式,也是微积分理论研究与实际应用中的一种强有力的工具。无穷级数在函数表示、近似计算及微分方程求解等方面,都有不可替代的作用。研究级数及其和,可以说是研究数列及其极限的另一种形式,但无论在研究极限的存在性还是在计算这种极限的时候,这种形式都显示出很大的优越性。本章主要讲述数项级数和幂级数的基本概念与基础知识。直观地说,数项级数就是有限个数的和的推广,是无穷个数相加;幂级数是多项式函数的推广,是无穷次的多项式。

10.1 常数项级数的概念和性质

10.1.1 常数项级数的概念

一般地,设 $\{u_n\}$: u_1, u_2, u_3, $\cdots u_n$, $\cdots$ 是一个给定的数列,按照数列 $\{u_n\}$ 下标的大小依次相加得到的表达式

$$u_1 + u_2 + u_3 + \cdots + u_n + \cdots$$

称为**无穷级数**,简称**级数**,记为 $\sum\limits_{n=1}^{\infty} u_n$,即

$$\sum_{n=1}^{\infty} u_n = u_1 + u_2 + u_3 + \cdots + u_n + \cdots$$

其中 u_n 叫做级数的**通项**或**一般项**。

我们可以通过考察无穷级数的前 n 项的和随着 n 的变化趋势来认识这个级数。

无穷级数 $\sum\limits_{n=1}^{\infty} u_n$ 的前 n 项的和

$$s_n = \sum_{i=1}^{n} u_i = u_1 + u_2 + u_3 + \cdots + u_n$$

称为级数 $\sum\limits_{n=1}^{\infty} u_n$ 的前 n 项**部分和**。当 n 依次取 1, 2, 3, $\cdots$ 时,它们构成一个新的序列 $\{s_n\}$:

$$s_1 = u_1, \ s_2 = u_1 + u_2, \ s_3 = u_1 + u_2 + u_3, \ \cdots, \ s_n = u_1 + u_2 + u_3 + \cdots + u_n$$

称数列 $\{s_n\}$ 为**部分和数列**。

定义 10.1.1 如果级数 $\displaystyle\sum_{n=1}^{\infty} u_n$ 的部分和数列 $\{s_n\}$ 有极限 s，即

$$\lim_{n \to \infty} s_n = s$$

则称无穷级数 $\displaystyle\sum_{n=1}^{\infty} u_n$ **收敛**，极限 s 称为级数 $\displaystyle\sum_{n=1}^{\infty} u_n$ 的**和**，并写成

$$s = \sum_{n=1}^{\infty} u_n = u_1 + u_2 + u_3 + \cdots + u_n + \cdots$$

如果 $\{s_n\}$ 没有极限，则称无穷级数 $\displaystyle\sum_{n=1}^{\infty} u_n$ **发散**。

当级数 $\displaystyle\sum_{n=1}^{\infty} u_n$ 收敛时，其部分和 s_n 是级数 $\displaystyle\sum_{n=1}^{\infty} u_n$ 的和 s 的近似值，它们之间的差值

$$r_n = s - s_n = u_{n+1} + u_{n+2} + \cdots$$

称为级数 $\displaystyle\sum_{n=1}^{\infty} u_n$ 的**余项**。

根据上述定义，级数 $\displaystyle\sum_{n=1}^{\infty} u_n$ 与数列 $\{s_n\}$ 同时收敛或同时发散，且在收敛时，有

$$\sum_{n=1}^{\infty} u_n = \lim_{n \to \infty} s_n$$

而发散的级数没有"和"可言。

【**例 10 - 1**】 讨论等比级数（又称为**几何级数**）

$$\sum_{n=0}^{\infty} aq^n = a + aq + aq^2 + \cdots + aq^n + \cdots$$

的敛散性，其中 $a \neq 0$，q 叫做级数的公比。

解：当 $q \neq 1$ 时，则部分和

$$s_n = a + aq + aq^2 + \cdots + aq^{n-1} = \frac{a - aq^n}{1-q} = \frac{a}{1-q} - \frac{aq^n}{1-q}$$

当 $|q| < 1$ 时，因为 $\displaystyle\lim_{n \to \infty} s_n = \frac{a}{1-q}$，所以此时级数 $\displaystyle\sum_{n=0}^{\infty} aq^n$ 收敛，其和为 $\dfrac{a}{1-q}$；

当 $|q|>1$ 时，因为 $\lim\limits_{n\to\infty}s_n=\infty$，所以此时级数 $\sum\limits_{n=0}^{\infty}aq^n$ 发散；

如果 $|q|=1$，则当 $q=1$ 时，$s_n=na\to\infty$，因此级数 $\sum\limits_{n=0}^{\infty}aq^n$ 发散；

当 $q=-1$ 时，级数 $\sum\limits_{n=0}^{\infty}aq^n$ 成为

$$a-a+a-a+\cdots$$

此时 s_n 随着 n 为奇数或偶数而等于 a 或零，所以 s_n 的极限不存在，从而这时级数 $\sum\limits_{n=0}^{\infty}aq^n$ 也发散。

综上所述，如果 $|q|<1$，则级数 $\sum\limits_{n=0}^{\infty}aq^n$ 收敛，其和为 $\dfrac{a}{1-q}$；如果 $|q|\geqslant1$，则级数 $\sum\limits_{n=0}^{\infty}aq^n$ 发散。

【例 10 - 2】 证明级数 $1+2+3+\cdots+n+\cdots$ 是发散的。

证明： 此级数的部分和为

$$s_n=1+2+3+\cdots+n=\frac{n(n+1)}{2}$$

显然，$\lim\limits_{n\to\infty}s_n=\infty$，因此所给级数是发散的。

【例 10 - 3】 判别无穷级数

$$\frac{1}{1\cdot2}+\frac{1}{2\cdot3}+\frac{1}{3\cdot4}+\cdots+\frac{1}{n(n+1)}+\cdots$$

的敛散性。

解： 由于

$$u_n=\frac{1}{n(n+1)}=\frac{1}{n}-\frac{1}{n+1}$$

因此

$$s_n=\frac{1}{1\cdot2}+\frac{1}{2\cdot3}+\frac{1}{3\cdot4}+\cdots+\frac{1}{n(n+1)}$$

$$=\left(1-\frac{1}{2}\right)+\left(\frac{1}{2}-\frac{1}{3}\right)+\cdots+\left(\frac{1}{n}-\frac{1}{n+1}\right)=1-\frac{1}{n+1}$$

从而

$$\lim_{n \to \infty} s_n = \lim_{n \to \infty} \left(1 - \frac{1}{n+1}\right) = 1$$

所以此级数收敛,其和是 1。

10.1.2 收敛级数的基本性质

性质 1 如果级数 $\sum\limits_{n=1}^{\infty} u_n$ 收敛于和 s,则它的各项同乘以一个常数 k 所得的级数 $\sum\limits_{n=1}^{\infty} k u_n$ 也收敛,且其和为 ks。

证明:设 $\sum\limits_{n=1}^{\infty} u_n$ 与 $\sum\limits_{n=1}^{\infty} k u_n$ 的部分和分别为 s_n 与 σ_n,则

$$\lim_{n \to \infty} \sigma_n = \lim_{n \to \infty}(k u_1 + k u_2 + \cdots + k u_n) = k \lim_{n \to \infty}(u_1 + u_2 + \cdots + u_n) = k \lim_{n \to \infty} s_n = ks$$

这表明级数 $\sum\limits_{n=1}^{\infty} k u_n$ 收敛,且和为 ks。

性质 2 如果级数 $\sum\limits_{n=1}^{\infty} u_n$, $\sum\limits_{n=1}^{\infty} v_n$ 分别收敛于和 s, σ,则级数 $\sum\limits_{n=1}^{\infty}(u_n \pm v_n)$ 也收敛,且其和为 $s \pm \sigma$。

证明:如果 $\sum\limits_{n=1}^{\infty} u_n$, $\sum\limits_{n=1}^{\infty} v_n$, $\sum\limits_{n=1}^{\infty}(u_n \pm v_n)$ 的部分和分别为 s_n, σ_n, τ_n,则

$$\begin{aligned}
\lim_{n \to \infty} \tau_n &= \lim_{n \to \infty}[(u_1 \pm v_1) + (u_2 \pm v_2) + \cdots + (u_n \pm v_n)] \\
&= \lim_{n \to \infty}[(u_1 + u_2 + \cdots + u_n) \pm (v_1 + v_2 + \cdots + v_n)] \\
&= \lim_{n \to \infty}(s_n \pm \sigma_n) = s \pm \sigma
\end{aligned}$$

得证。

性质 3 在级数中去掉、加上或改变有限项,不会改变级数的收敛性。

例如,级数

$$\frac{1}{1 \cdot 2} + \frac{1}{2 \cdot 3} + \frac{1}{3 \cdot 4} + \cdots + \frac{1}{n(n+1)} + \cdots$$

是收敛的,级数

$$10\,000 + \frac{1}{1 \cdot 2} + \frac{1}{2 \cdot 3} + \frac{1}{3 \cdot 4} + \cdots + \frac{1}{n(n+1)} + \cdots$$

也是收敛的,级数

$$\frac{1}{3 \cdot 4} + \frac{1}{4 \cdot 5} + \cdots + \frac{1}{n(n+1)} + \cdots$$

也是收敛的。

性质 4 如果级数 $\sum\limits_{n=1}^{\infty} u_n$ 收敛,则对此级数的项任意加括号后所成的级数仍收敛,且其和不变。

应注意的问题:如果加括号后所成的级数收敛,则不能断定去括号后原来的级数也收敛。例如,级数 $\sum\limits_{n=1}^{\infty}(1-1)$ 是收敛的,但级数 $1-1+1-1+1-1+\cdots$ 却是发散的。

推论:如果加括号后所成的级数发散,则原来的级数也发散。

性质 5(级数收敛的必要条件) 如果 $\sum\limits_{n=1}^{\infty} u_n$ 收敛,则它的一般项 u_n 趋于零,即 $\lim\limits_{n\to 0} u_n = 0$。

证明:设级数 $\sum\limits_{n=1}^{\infty} u_n$ 的部分和为 s_n,且 $\lim\limits_{n\to\infty} s_n = s$,则

$$\lim_{n\to 0} u_n = \lim_{n\to\infty}(s_n - s_{n-1}) = \lim_{n\to\infty} s_n - \lim_{n\to\infty} s_{n-1} = s - s = 0$$

应注意的问题是级数的一般项趋于零并不是级数收敛的充分条件。

【例 10-4】 证明**调和级数**

$$\sum_{n=1}^{\infty} \frac{1}{n} = 1 + \frac{1}{2} + \frac{1}{3} + \cdots + \frac{1}{n} + \cdots$$

是发散的。

证明:假若级数 $\sum\limits_{n=1}^{\infty} \frac{1}{n}$ 收敛且其和为 s,s_n 是它的部分和,显然有 $\lim\limits_{n\to\infty} s_n = s$ 及 $\lim\limits_{n\to\infty} s_{2n} = s$。于是 $\lim\limits_{n\to\infty}(s_{2n} - s_n) = 0$。

但另一方面,

$$s_{2n} - s_n = \frac{1}{n+1} + \frac{1}{n+2} + \cdots + \frac{1}{2n} > \frac{1}{2n} + \frac{1}{2n} + \cdots + \frac{1}{2n} = \frac{1}{2}$$

故 $\lim\limits_{n\to\infty}(s_{2n} - s_n) \neq 0$,矛盾。

故级数 $\sum\limits_{n=1}^{\infty} \frac{1}{n}$ 必定发散。

10.2 正项级数的判别法

一般情况下,利用定义和准则来判断级数的收敛性是很困难的,能否找到更简

单有效的判别方法呢？我们先从最简单的一类级数——正项级数讨论,介绍正项级数判别收敛的方法。

各项都是正数或零的无穷级数称为**正项级数**。设级数 $u_1 + u_2 + u_3 + \cdots + u_n + \cdots$ 是一个正项级数($u_n \geqslant 0$),易知,它的部分和数列 $\{s_n\}$ 是一个单调增加数列,即

$$s_1 \leqslant s_2 \leqslant s_3 \leqslant \cdots \leqslant s_n \leqslant \cdots$$

从而得到下述定理:

定理 10.2.1 正项级数 $\sum\limits_{n=1}^{\infty} u_n$ 收敛的充分必要条件是它的部分和数列 $\{s_n\}$ 有界。

上述定理的重要性并不在于利用它来直接判别正项级数的敛散性,而在于它是证明下面一系列判别法的基础。

定理 10.2.2(比较判别法) 设 $\sum\limits_{n=1}^{\infty} u_n$ 和 $\sum\limits_{n=1}^{\infty} v_n$ 都是正项级数,且 $u_n \leqslant v_n$($n=1$, 2, $\cdots$)。若级数 $\sum\limits_{n=1}^{\infty} v_n$ 收敛,则级数 $\sum\limits_{n=1}^{\infty} u_n$ 收敛;反之,若级数 $\sum\limits_{n=1}^{\infty} u_n$ 发散,则级数 $\sum\limits_{n=1}^{\infty} v_n$ 发散。

证明 设级数 $\sum\limits_{n=1}^{\infty} v_n$ 收敛于和 σ,则级数 $\sum\limits_{n=1}^{\infty} u_n$ 的部分和

$$s_n = u_1 + u_2 + \cdots + u_n \leqslant v_1 + v_2 + \cdots + v_n \leqslant \sigma (n = 1, 2, \cdots)$$

即部分和数列 $\{s_n\}$ 有界,由定理 1 知级数 $\sum\limits_{n=1}^{\infty} u_n$ 收敛。

反之,设级数 $\sum\limits_{n=1}^{\infty} u_n$ 发散,则级数 $\sum\limits_{n=1}^{\infty} v_n$ 必发散。因为若级数 $\sum\limits_{n=1}^{\infty} v_n$ 收敛,由上已证明的结论,将有级数 $\sum\limits_{n=1}^{\infty} u_n$ 也收敛,与假设矛盾。

【例 10-5】 讨论 p-级数

$$\sum_{n=1}^{\infty} \frac{1}{n^p} = 1 + \frac{1}{2^p} + \frac{1}{3^p} + \frac{1}{4^p} + \cdots + \frac{1}{n^p} + \cdots$$

的敛散性,其中常数 $p > 0$。

解: 若 $p \leqslant 1$,则 $\dfrac{1}{n^p} \geqslant \dfrac{1}{n}$,而调和级数 $\sum\limits_{n=1}^{\infty} \dfrac{1}{n}$ 发散,故由比较判别法知,此时级数 $\sum\limits_{n=1}^{\infty} \dfrac{1}{n^p}$ 发散。

若 $p>1$，由 $n-1\leqslant x\leqslant n$，有 $\dfrac{1}{n^p}\leqslant\dfrac{1}{x^p}$，所以

$$\frac{1}{n^p}=\int_{n-1}^n\frac{1}{n^p}\mathrm{d}x\leqslant\int_{n-1}^n\frac{1}{x^p}\mathrm{d}x=\frac{1}{p-1}\Big[\frac{1}{(n-1)^{p-1}}-\frac{1}{n^{p-1}}\Big](n=2,3,\cdots)$$

对于级数 $\displaystyle\sum_{n=2}^\infty\Big[\dfrac{1}{(n-1)^{p-1}}-\dfrac{1}{n^{p-1}}\Big]$，其部分和

$$s_n=\Big[1-\frac{1}{2^{p-1}}\Big]+\Big[\frac{1}{2^{p-1}}-\frac{1}{3^{p-1}}\Big]+\cdots+\Big[\frac{1}{n^{p-1}}-\frac{1}{(n+1)^{p-1}}\Big]=1-\frac{1}{(n+1)^{p-1}}$$

因为 $\displaystyle\lim_{n\to\infty}s_n=\lim_{n\to\infty}\Big[1-\dfrac{1}{(n+1)^{p-1}}\Big]=1$，所以级数 $\displaystyle\sum_{n=2}^\infty\Big[\dfrac{1}{(n-1)^{p-1}}-\dfrac{1}{n^{p-1}}\Big]$ 收敛。从而

根据比较判别法可知，级数 $\displaystyle\sum\dfrac{1}{n^p}$ 当 $p>1$ 时收敛。

综上所述，p-级数 $\displaystyle\sum_{n=1}^\infty\dfrac{1}{n^p}$ 当 $p>1$ 时收敛，当 $p\leqslant 1$ 时发散。

【例 10-6】 证明级数 $\displaystyle\sum_{n=1}^\infty\dfrac{1}{\sqrt{n(n+1)}}$ 是发散的。

证明： 因为 $\dfrac{1}{\sqrt{n(n+1)}}>\dfrac{1}{\sqrt{(n+1)^2}}=\dfrac{1}{n+1}$，而级数 $\displaystyle\sum_{n=1}^\infty\dfrac{1}{n+1}=\dfrac{1}{2}+\dfrac{1}{3}+\cdots+$

$\dfrac{1}{n+1}+\cdots$ 是发散的，根据比较判别法可知，所给级数是发散的。

应用比较判别法判别级数的敛散性，必须给定级数的一般项与某已知级数的一般项之间的不等式关系。但有时建立这样的不等式关系相当困难，为应用方便，下面给出比较判别法的极限形式。

定理 10.2.2′(比较判别法的极限形式) 设 $\displaystyle\sum_{n=1}^\infty u_n$ 和 $\displaystyle\sum_{n=1}^\infty v_n$ 都是正项级数，如果

$$\lim_{n\to\infty}\frac{u_n}{v_n}=l$$

(1) 若 $0<l<+\infty$，则级数 $\displaystyle\sum_{n=1}^\infty v_n$ 与级数 $\displaystyle\sum_{n=1}^\infty u_n$ 有相同的敛散性；

(2) 若 $l=0$，且级数 $\displaystyle\sum_{n=1}^\infty v_n$ 收敛，则级数 $\displaystyle\sum_{n=1}^\infty u_n$ 收敛；

(3) 若 $l=+\infty$，且级数 $\displaystyle\sum_{n=1}^\infty v_n$ 发散，则级数 $\displaystyle\sum_{n=1}^\infty u_n$ 发散。

证明：(1) 若 $0<l<+\infty$，由极限的定义可知，对 $\varepsilon=\dfrac{1}{2}l$，存在自然数 N，当 $n>$

N 时,有不等式

$$l - \frac{1}{2}l < \frac{u_n}{v_n} < l + \frac{1}{2}l, \text{即} \frac{1}{2}lv_n < u_n < \frac{3}{2}lv_n$$

再根据比较判别法知,级数 $\sum\limits_{n=1}^{\infty} v_n$ 与级数 $\sum\limits_{n=1}^{\infty} u_n$ 有相同的敛散性。

(2) 若 $l = 0$,对于 $\varepsilon = 1$,存在自然数 N,当 $n > N$ 时,有 $\frac{u_n}{v_n} < 1$,即 $u_n < v_n$,再

由比较判别法可得级数 $\sum\limits_{n=1}^{\infty} v_n$ 收敛,则级数 $\sum\limits_{n=1}^{\infty} u_n$ 收敛。

(3) 若 $l = +\infty$,对于 $M = 1$,存在自然数 N,当 $n > N$ 时,有 $\frac{u_n}{v_n} > 1$,即 $u_n > v_n$,

由比较判别法可得级数 $\sum\limits_{n=1}^{\infty} v_n$ 发散,则级数 $\sum\limits_{n=1}^{\infty} u_n$ 发散。

【例 10 - 7】 判别级数 $\sum\limits_{n=1}^{\infty} \sin \frac{1}{n}$ 的敛散性。

解: 由于 $\lim\limits_{n \to \infty} \dfrac{\sin \frac{1}{n}}{\frac{1}{n}} = 1$,而 $\sum\limits_{n=1}^{\infty} \frac{1}{n}$ 发散,由比较判别法的极限形式知,级数

$\sum\limits_{n=1}^{\infty} \sin \frac{1}{n}$ 发散。

【例 10 - 8】 判别级数 $\sum\limits_{n=1}^{\infty} \ln\left(1 + \frac{1}{n^2}\right)$ 的敛散性。

解: 因为 $\lim\limits_{n \to \infty} \dfrac{\ln\left(1 + \frac{1}{n^2}\right)}{\frac{1}{n^2}} = 1$,而级数 $\sum\limits_{n=1}^{\infty} \frac{1}{n^2}$ 收敛,由比较判别法的极限形式知,

级数 $\sum\limits_{n=1}^{\infty} \ln\left(1 + \frac{1}{n^2}\right)$ 收敛。

【例 10 - 9】 判定级数 $\sum\limits_{n=1}^{\infty} \sqrt{n+1}\left(1 - \cos \frac{\pi}{n}\right)$ 的敛散性。

解: 因为

$$\lim_{n \to \infty} n^{\frac{3}{2}} u_n = \lim_{n \to \infty} n^{\frac{3}{2}} \sqrt{n+1}\left(1 - \cos \frac{\pi}{n}\right) = \lim_{n \to \infty} n^2 \sqrt{\frac{n+1}{n}} \cdot \frac{1}{2}\left(\frac{\pi}{n}\right)^2 = \frac{1}{2}\pi^2$$

根据比较判别法的极限形式,知所给级数收敛。

用比较判别法或比较判别法的极限形式,需要找到一个已知级数作比较,多少有些困难。下面的判别法,可以利用级数自身的特点来判别级数的敛散性。

定理 10.2.3(比值判别法) 设 $\sum\limits_{n=1}^{\infty} u_n$ 是正项级数,且 $\lim\limits_{n\to\infty}\dfrac{u_{n+1}}{u_n}=\rho$(或 $+\infty$),则

(1) 当 $\rho < 1$ 时,级数 $\sum\limits_{n=1}^{\infty} u_n$ 收敛。

(2) 当 $\rho > 1$(或 $+\infty$)时,级数 $\sum\limits_{n=1}^{\infty} u_n$ 发散。

(3) 当 $\rho = 1$ 时,级数可能收敛也可能发散,判别法失效。

证明:(1) 当 $\rho < 1$,取一个适当正数 ε,使 $\rho+\varepsilon=\gamma<1$,依极限定义,存在自然数 m,当 $n \geq m$ 时,有 $\dfrac{u_{n+1}}{u_n}<\rho+\varepsilon=\gamma$,因此,

$$u_{m+1} < \gamma u_m,\quad u_{m+2} < \gamma u_{m+1} < \gamma^2 u_m,\quad u_{m+3} < \gamma u_{m+2} < \gamma^3 u_m,\quad\cdots$$

这样,级数 $u_{m+1}+u_{m+2}+u_{m+3}+\cdots$ 各项小于收敛的等比级数

$$\gamma u_m + \gamma^2 u_m + \gamma^3 u_m + \cdots \quad (\gamma < 1)$$

的各对应项,所以它也收敛。由于 $\sum\limits_{n=1}^{\infty} u_n$ 只多了前 m 项,因此 $\sum\limits_{n=1}^{\infty} u_n$ 也收敛。

(2) 当 $\rho > 1$,取一个适当正数 ε,使 $\rho-\varepsilon>1$,依极限定义,当 $n \geq m$ 时,有 $\dfrac{u_{n+1}}{u_n}>\rho-\varepsilon>1$ 即 $u_{n+1}>u_n$,从而 $\lim\limits_{n\to\infty} u_n \neq 0$,可知级数 $\sum\limits_{n=1}^{\infty} u_n$ 发散。类似可证,当 $\lim\limits_{n\to\infty}\dfrac{u_{n+1}}{u_n}=+\infty$ 时,级数 $\sum\limits_{n=1}^{\infty} u_n$ 发散。

(3) 当 $\rho = 1$ 时,由 p -级数可知判别法失效。

例如,对于 p -级数 $\sum\limits_{n=1}^{\infty}\dfrac{1}{n^p}$,总有 $\lim\limits_{n\to\infty}\dfrac{u_{n+1}}{u_n}=\lim\limits_{n\to\infty}\dfrac{u^p}{(n+1)^p}=1$,但当 $p>1$ 时,p -级数收敛,而当 $p\leq 1$ 时 p -级数发散。

【例 10-10】 证明级数

$$1+\frac{1}{1}+\frac{1}{1\cdot 2}+\frac{1}{1\cdot 2\cdot 3}+\cdots+\frac{1}{1\cdot 2\cdot 3\cdots(n-1)}+\cdots$$

是收敛的。

证明:因为

$$\lim_{n\to\infty}\frac{u_{n+1}}{u_n}=\lim_{n\to\infty}\frac{1\cdot 2\cdot 3\cdots(n-1)}{1\cdot 2\cdot 3\cdots n}=\lim_{n\to\infty}\frac{1}{n}=0<1$$

根据比值判别法可知所给级数收敛。

【例 10-11】 判别级数 $\dfrac{1}{10}+\dfrac{1\cdot 2}{10^2}+\dfrac{1\cdot 2\cdot 3}{10^3}+\cdots+\dfrac{n!}{10^n}+\cdots$ 的敛散性。

解： 因为

$$\lim_{n \to \infty} \frac{u_{n+1}}{u_n} = \lim_{n \to \infty} \frac{(n+1)!}{10^{n+1}} \cdot \frac{10^n}{n!} = \lim_{n \to \infty} \frac{n+1}{10} = +\infty$$

根据比值判别法可知所给级数发散。

【例 10 - 12】 判别级数 $\sum\limits_{n \to \infty}^{\infty} \dfrac{1}{(2n-1) \cdot 2n}$ 的敛散性。

解： 因为

$$\lim_{n \to \infty} \frac{u_{n+1}}{u_n} = \lim_{n \to \infty} \frac{(2n-1) \cdot 2n}{(2n+1) \cdot (2n+2)} = 1$$

这时 $\rho = 1$，比值判别法失效，必须用其他方法来判别级数的敛散性。

因为 $\dfrac{1}{(2n-1) \cdot 2n} < \dfrac{1}{n^2}$，而级数 $\sum\limits_{n=1}^{\infty} \dfrac{1}{n^2}$ 收敛，故由比较判别法可知所给级数收敛。

定理 10.2.4(根值判别法) 设 $\sum\limits_{n=1}^{\infty} u_n$ 是正项级数，且 $\lim\limits_{n \to \infty} \sqrt[n]{u_n} = \rho$(或 $+\infty$)，则

(1) 当 $\rho < 1$ 时，级数收敛。

(2) 当 $\rho > 1$(包括 $\rho = +\infty$) 时，级数发散。

(3) 当 $\rho = 1$ 时，级数可能收敛也可能发散。

证明与定理 10.2.3 相仿，这里从略。

根值判别法适合 u_n 中含有表达式的 n 次幂，且 $\lim\limits_{n \to \infty} \sqrt[n]{u_n}$ 存在或等于 $+\infty$ 的情形。

【例 10 - 13】 判别下列级数的敛散性：

$$(1) \sum_{n=1}^{\infty} \frac{1}{n^n} \qquad\qquad (2) \sum_{n=1}^{\infty} \frac{2 + (-1)^n}{2^n}$$

解：(1) 因为

$$\lim_{n \to \infty} \sqrt[n]{u_n} = \lim_{n \to \infty} \sqrt[n]{\frac{1}{n^n}} = \lim_{n \to \infty} \frac{1}{n} = 0$$

故根据根值判别法可知，所给级数收敛。

(2) 因为

$$\lim_{n \to \infty} \sqrt[n]{u_n} = \lim_{n \to \infty} \frac{1}{2} \sqrt[n]{2 + (-1)^n} = \frac{1}{2}$$

所以，根据根值判别法知所给级数收敛。

$\boxed{10.3}$　一般常数项级数

上节我们讨论了关于正项级数收敛性的判别法,本节我们要进一步讨论关于一般常数项级数收敛性的判别法,这里所谓"一般常数项级数"是指级数的各项可以是正数、负数或零。先来讨论一种特殊的级数——交错级数,然后再讨论一般常数项级数。

10.3.1　交错级数

形如

$$\sum_{n=1}^{\infty}(-1)^{n-1}u_n \quad (u_n>0)$$

一类的级数,它的各项是正负相间排列的,这类级数称为**交错级数**。

例如,$\sum_{n=1}^{\infty}(-1)^{n-1}\dfrac{1}{n}$ 是交错级数,但 $\sum_{n=1}^{\infty}(-1)^{n-1}\dfrac{1-\cos n\pi}{n}$ 不是交错级数。

定理 10.3.1(莱布尼茨定理)　如果交错级数 $\sum_{n=1}^{\infty}(-1)^{n-1}u_n$ 满足条件:

(1) $u_n \geqslant u_{n+1}(n=1,\,2,\,\cdots)$　　　(2) $\lim_{n\to\infty}u_n=0$

则级数 $\sum_{n=1}^{\infty}(-1)^{n-1}u_n$ 收敛,且其和 $s\leqslant u_1$,其余项 r_n 的绝对值 $|r_n|\leqslant u_{n+1}$。

证明:先证前 $2n$ 项的和 s_{2n} 的极限存在,由

$$0\leqslant s_{2n}=(u_1-u_2)+(u_3-u_4)+\cdots+(u_{2n-1}-u_{2n})$$

易知数列 $\{s_{2n}\}$ 是单调增加的;又由 $u_n\geqslant u_{n+1}(n=1,\,2,\,\cdots)$,得

$$s_{2n}=u_1-(u_2-u_3)-(u_4-u_5)-\cdots-(u_{2n-2}-u_{2n-1})-u_{2n}\leqslant u_1$$

即数列 $\{s_{2n}\}$ 有界,故 $\{s_{2n}\}$ 的极限存在。

设 $\lim\limits_{n\to\infty}s_{2n}=s$,由条件 $\lim\limits_{n\to\infty}u_n=0$ 得

$$\lim_{n\to\infty}s_{2n+1}=\lim_{n\to\infty}(s_{2n}+u_{2n+1})=s$$

故 $\lim\limits_{n\to\infty}s_n=s$,从而级数 $\sum_{n=1}^{\infty}(-1)^{n-1}u_n$ 收敛于 s,且 $s\leqslant u_1$。

因为 $|r_n|=u_{n+1}-u_{n+2}+\cdots$ 也是收敛的交错级数,所以 $|r_n|\leqslant u_{n+1}$。

【例 10-14】　证明级数 $\sum_{n=1}^{\infty}(-1)^{n-1}\dfrac{1}{n}$ 收敛,并估计和及余项。

证明:这是一个交错级数,此级数满足:

(1) $u_n = \dfrac{1}{n} > \dfrac{1}{n+1} = u_{n+1}(n=1, 2, \cdots)$, (2) $\lim\limits_{n\to\infty} u_n = \lim\limits_{n\to\infty} \dfrac{1}{n} = 0$,

由莱布尼茨定理知,级数是收敛的,且其和 $s \leqslant u_1 = 1$,余项 $|r_n| \leqslant u_{n+1} = \dfrac{1}{n+1}$。

【例 10 - 15】 判断级数 $\sum\limits_{n=1}^{\infty} (-1)^n \dfrac{\arctan n}{\sqrt{n}}$ 的收敛性。

解: $u_n = \dfrac{\arctan n}{\sqrt{n}}$,先证明函数 $f(x) = \dfrac{\arctan x}{\sqrt{x}}$ 当 $x > 2$ 时为单调递减函数。

由于 $f'(x) = \dfrac{\dfrac{2x}{1+x^2} - \arctan x}{2x\sqrt{x}}$,而 $\dfrac{2x}{1+x^2} \leqslant 1$,$\arctan\sqrt{3} = \dfrac{\pi}{3} > 1$,$\arctan x$

为单调增函数,故 $\arctan 2 > 1$。因此,当 $x \geqslant 2$ 时,$f'(x) < 0$,即当 $x \geqslant 2$ 时,$f(x) = \dfrac{\arctan x}{\sqrt{x}}$ 为单调减函数。

从而 $u_n > u_{n+1}(n \geqslant 2)$,又 $\lim\limits_{n\to\infty} \dfrac{\text{acrtan } n}{\sqrt{n}} = \lim\limits_{n\to\infty} \text{acrtan } n \cdot \lim\limits_{n\to\infty} \dfrac{1}{\sqrt{n}} = \dfrac{\pi}{2} \cdot 0 = 0$,由

莱布尼茨判别法知,$\sum\limits_{n=1}^{\infty} (-1)^n \dfrac{\arctan n}{\sqrt{n}}$ 收敛。

10.3.2　绝对收敛与条件收敛

每一个任意项级数的各项都换为它的绝对值,那就对应地有一个正项级数,该正项级数与任意项级数的收敛性有一定的联系。

定理 10.3.2 若级数 $\sum\limits_{n=1}^{\infty} |u_n|$ 收敛,则 $\sum\limits_{n=1}^{\infty} u_n$ 也收敛。

证明: 令 $v_n = \dfrac{1}{2}(|u_n| + u_n)$,则 $v_n \geqslant 0$,即 $\sum\limits_{n=1}^{\infty} v_n$ 是正项级数,

由于 $v_n \leqslant |u_n|$ 而 $\sum\limits_{n=1}^{\infty} |u_n|$ 收敛,从而 $\sum\limits_{n=1}^{\infty} 2v_n$ 收敛,又 $2v_n - |u_n| = u_n$,由基本

性质知 $\sum\limits_{n=1}^{\infty} u_n$ 收敛。

根据本定理,我们可以将许多一般常数项级数的收敛性判别问题转化为正项级数的收敛性判别问题,即当一般常数项级数所对应的绝对值级数收敛时,此一般常数项级数必收敛。对级数的这种关系,给出如下定义。

定义 10.3.1 若级数 $\sum\limits_{n=1}^{\infty} |u_n|$ 收敛,则称级数 $\sum\limits_{n=1}^{\infty} u_n$ **绝对收敛**;若级数 $\sum\limits_{n=1}^{\infty} u_n$ 收

敛,而级数 $\sum\limits_{n=1}^{\infty} |u_n|$ 发散,则称级 $\sum\limits_{n=1}^{\infty} u_n$ **条件收敛**。

例如,级数 $\sum\limits_{n=1}^{\infty}(-1)^{n-1}\dfrac{1}{n^2}$ 是绝对收敛的,而级数 $\sum\limits_{n=1}^{\infty}(-1)^{n-1}\dfrac{1}{n}$ 是条件收敛的。

根据上述定义,对于一般常数项级数,我们应判别它是绝对收敛,条件收敛,还是发散。当判断一般常数项级数的绝对收敛性时,可借助正项级数的判别法讨论。值得注意的问题是:

如果级数 $\sum\limits_{n=1}^{\infty}|u_n|$ 发散,我们不能断定级数 $\sum\limits_{n=1}^{\infty}u_n$ 也发散。但是,如果我们用比值法或根值法判定级数 $\sum\limits_{n=1}^{\infty}|u_n|$ 发散,则可以断定级数 $\sum\limits_{n=1}^{\infty}u_n$ 必定发散。这是因为,此时 $|u_n|$ 不趋向于零,从而 u_n 也不趋向于零,因此级数 $\sum\limits_{n=1}^{\infty}u_n$ 也是发散的。

【例 10-16】 判别级数 $\sum\limits_{n=1}^{\infty}\dfrac{\sin na}{n^2}$ 的收敛性。

解: 因为

$$\left|\frac{\sin na}{n^2}\right|\leqslant\frac{1}{n^2}$$

而级数 $\sum\limits_{n=1}^{\infty}\dfrac{1}{n^2}$ 是收敛的,所以级数 $\sum\limits_{n=1}^{\infty}\left|\dfrac{\sin na}{n^2}\right|$ 也收敛,从而级数 $\sum\limits_{n=1}^{\infty}\dfrac{\sin na}{n^2}$ 绝对收敛。

【例 10-17】 判定级数 $\dfrac{1}{2}-\dfrac{1}{2}\cdot\dfrac{1}{2^2}+\dfrac{1}{3}\cdot\dfrac{1}{2^3}+\cdots+(-1)^{n+1}\dfrac{1}{n}\cdot\dfrac{1}{2^n}+\cdots$ 是绝对收敛还是条件收敛,还是发散?

解: 由于

$$\lim_{n\to\infty}\left|\frac{u_{n+1}}{u_n}\right|=\lim_{n\to\infty}\frac{\dfrac{1}{n+1}\cdot\dfrac{1}{2^{n+1}}}{\dfrac{1}{n}\cdot\dfrac{1}{2^n}}=\lim_{n\to\infty}\left(\frac{n}{n+1}\cdot\frac{1}{2}\right)=\frac{1}{2}<1$$

故原级数绝对收敛。

【例 10-18】 判别级数 $\sum\limits_{n=1}^{\infty}(-1)^n\dfrac{1}{2^n}\left(1+\dfrac{1}{n}\right)^{n^2}$ 的收敛性。

解: $|u_n|=\dfrac{1}{2^n}\left(1+\dfrac{1}{n}\right)^{n^2}$,由 $\lim\limits_{n\to\infty}\sqrt[n]{|u_n|}=\dfrac{1}{2}\lim\limits_{n\to\infty}\left(1+\dfrac{1}{n}\right)^n=\dfrac{1}{2}\mathrm{e}>1$,可知 $\lim\limits_{n\to\infty}u_n\neq0$,因此级数 $\sum\limits_{n=1}^{\infty}(-1)^n\dfrac{1}{2^n}\left(1+\dfrac{1}{n}\right)^{n^2}$ 发散。

$$\boxed{10.4} \quad \textbf{幂 级 数}$$

10.4.1 函数项级数的一般概念

设 $\{u_n(x)\}$ 是定义在区间 I 上的函数列，表达式

$$u_1(x) + u_2(x) + u_3(x) + \cdots + u_n(x) + \cdots = \sum_{n=1}^{\infty} u_n(x)$$

称为定义在 I 上的**函数项级数**。

对 $x_0 \in I$，级数变成一个数项级数 $\sum\limits_{n=1}^{\infty} u_n(x_0)$，如果这个数项级数收敛，称 x_0 为函数项级数 $\sum\limits_{n=1}^{\infty} u_n(x)$ 的**收敛点**；如果 $\sum\limits_{n=1}^{\infty} u_n(x_0)$ 发散，称 x_0 为**发散点**，一个函数项级数的收敛点的全体构成的集合称为该函数项级数的**收敛域**，而全体发散点构成的集合称为**发散域**。

在收敛域上，函数项级数 $\sum\limits_{n=1}^{\infty} u_n(x)$ 的和是 x 的函数 $s(x)$，称 $s(x)$ 为函数项级数 $\sum\limits_{n=1}^{\infty} u_n(x)$ 的**和函数**，并写成 $s(x) = \sum\limits_{n=1}^{\infty} u_n(x)$。

由上述定义可知，函数项级数在某区域的收敛性问题，是指函数项级数在该区域内任意一点的收敛性问题，而函数项级数在某点 x 的收敛性问题，实质上是常数项级数的收敛性问题。这样，仍可利用常数项级数的收敛性判别法来判断函数项级数的收敛性。

【**例 10 - 19**】 几何级数

$$\sum_{n=0}^{\infty} x^n = 1 + x + x^2 + \cdots + x^n + \cdots$$

就是一个函数项级数，由几何级数的收敛性知，当 $|x| < 1$ 时，级数收敛；当 $|x| \geqslant 1$ 时，级数发散。因此，这个级数的收敛域是区间 $(-1, 1)$，发散域是 $(-\infty, -1] \bigcup [1, +\infty)$。

在收敛域 $(-1, 1)$ 内，有

$$1 + x + x^2 + x^3 + \cdots + x^n + \cdots = \frac{1}{1-x}$$

即级数 $\sum\limits_{n=0}^{\infty} x^n$ 的和函数为 $\dfrac{1}{1-x}$，这个结果是幂级数求和中的一个基本的结果，所讨论的许多级数求和的问题都可以利用幂级数的运算性质转化为几何级数的求和问

题来解决。

正如对于数项级数而言,关注其敛散性和它的和;对于函数项级数来说,同样关注其收敛域与和函数。下面将重点讲述最简单且最常见的函数项级数之一——幂级数,它在数学理论研究和实际应用中都有非常重要的作用。

10.4.2 幂级数及其收敛半径和收敛域

形如

$$\sum_{n=0}^{\infty} a_n(x-x_0)^n = a_0 + a_1(x-x_0) + a_2(x-x_0)^2 + \cdots + a_n(x-x_0)^n + \cdots$$

的级数,称为$(x-x_0)$的**幂级数**,其中常数a_0,a_1,a_2,$\cdots$,a_n,$\cdots$称为幂级数的**系数**。

当$x_0 = 0$时,幂级数$\sum_{n=0}^{\infty} a_n(x-x_0)^n$变为

$$\sum_{n=0}^{\infty} a_n x^n = a_0 + a_1 x + a_2 x^2 + \cdots + a_n x^n + \cdots$$

称为x的幂级数。显然,只要把x的幂级数的收敛域讨论清楚了,通过变量替换$x = x - x_0$很容易就可以求得$(x-x_0)$的幂级数的收敛域。因此,下面主要讨论形如$\sum_{n=0}^{\infty} a_n x^n$的幂级数。

显然,当$x = 0$时,幂级数$\sum_{n=0}^{\infty} a_n x^n$收敛于$a_0$,这说明幂级数的收敛域总是非空的。几何级数$\sum_{n=0}^{\infty} x^n$的收敛域为$(-1,1)$,这个例子表明,几何级数的收敛域是一个区间。事实上,这个结论对一般的幂级数仍成立。

定理 10.4.1(阿贝尔定理) 若有$x_0 \neq 0$使级数$\sum_{n=0}^{\infty} a_n x_0^n$收敛,则对于满足不等式$|x| < |x_0|$的一切$x$,级数$\sum_{n=0}^{\infty} a_n x^n$绝对收敛;反之,如果级数$\sum_{n=0}^{\infty} a_n x_0^n$发散,则对于满足不等式$|x| > |x_0|$的一切$x$,级数$\sum_{n=0}^{\infty} a_n x^n$发散。

证明:先设x_0是幂级数$\sum_{n=0}^{\infty} a_n x^n$的收敛点,即$\sum_{n=0}^{\infty} a_n x_0^n$收敛,根据级数收敛的必要条件,有$\lim_{n \to \infty} a_n x_0^n = 0$,于是,存在一个常数$M$,使得

$$|a_n x_0^n| \leqslant M \quad (n = 0, 1, 2, \cdots)$$

这样级数 $\sum_{n=0}^{\infty} a_n x^n$ 的一般项的绝对值

$$\left| a_n x^n \right| = \left| a_n x_0^n \cdot \frac{x^n}{x_0^n} \right| = \left| a_n x_0^n \right| \cdot \left| \frac{x}{x_0} \right|^n \leqslant M \left| \frac{x}{x_0} \right|^n$$

因为当 $|x| < |x_0|$ 时,等比级数 $\sum_{n=0}^{\infty} M \left| \frac{x}{x_0} \right|^n$ 收敛 $\left(\text{公比} \left| \frac{x}{x_0} \right| < 1\right)$,所以级数 $\sum_{n=0}^{\infty} |a_n x^n|$ 收敛,也就是级数 $\sum_{n=0}^{\infty} a_n x^n$ 绝对收敛。

定理第二部分可用反证法证明,若幂级数当 $x = x_0$ 时发散,而有一点 x_1 满足 $|x| > |x_0|$,并使级数收敛,则根据本定理第一部分的结论,级数当 $x = x_0$ 时应收敛,这与假设矛盾。从而定理得证。

推论 如果幂级数 $\sum_{n=0}^{\infty} a_n x^n$ 不是仅在 $x = 0$ 一点收敛,也不是在整个数轴上都收敛,则必存在一个确定的正数 R,使得

(1) 当 $|x| < R$ 时,幂级数 $\sum_{n=0}^{\infty} a_n x^n$ 绝对收敛。

(2) 当 $|x| > R$ 时,幂级数 $\sum_{n=0}^{\infty} a_n x^n$ 发散。

(3) 当 $x = R$ 与 $x = -R$ 时,幂级数可能收敛也可能发散。

上述推论中的正数 R 称为幂级数 $\sum_{n=0}^{\infty} a_n x^n$ 的**收敛半径**。开区间 $(-R, R)$ 称为幂级数 $\sum_{n=0}^{\infty} a_n x^n$ 的**收敛区间**。再由幂级数在 $x = \pm R$ 处的收敛性就可以确定它的收敛域,所以幂级数 $\sum_{n=0}^{\infty} a_n x^n$ 的收敛域是 $(-R, R)$ 与收敛端点的并集。

特别地,若幂级数 $\sum_{n=0}^{\infty} a_n x^n$ 只在 $x = 0$ 收敛,则规定收敛半径 $R = 0$;若幂级数 $\sum_{n=0}^{\infty} a_n x^n$ 对一切 x 都收敛,则规定收敛半径 $R = +\infty$,这时收敛域为 $(-\infty, +\infty)$。

关于收敛半径的求法,有如下定理:

定理 10.4.2 如果幂级数 $\sum_{n=0}^{\infty} a_n x^n$ 满足

$$\lim_{n \to \infty} \left| \frac{a_{n+1}}{a_n} \right| = \rho$$

则:(1) 当 $0 < \rho < +\infty$ 时,收敛半径 $R = \frac{1}{\rho}$。

（2）当 $\rho = 0$ 时，收敛半径 $R = +\infty$。

（3）当 $\rho = +\infty$ 时，收敛半径 $R = 0$。

证明：考察幂级数 $\sum\limits_{n=0}^{\infty} a_n x^n$ 的各项取绝对值所成的级数

$$|a_0| + |a_1 x| + |a_2 x^2| + \cdots + |a_n x^n| + \cdots$$

由于

$$\lim_{n \to \infty} \frac{|a_{n+1} x^{n+1}|}{|a_n x^n|} = \lim_{n \to \infty} \left| \frac{a_{n+1}}{a_n} \right| |x| = \rho |x|$$

所以，根据比值判别法，当 $\rho |x| < 1$ 时，级数 $\sum\limits_{n=0}^{\infty} a_n x^n$ 绝对收敛；当 $\rho |x| > 1$ 时，级数 $\sum\limits_{n=0}^{\infty} a_n x^n$ 发散。于是

（1）当 $0 < \rho < +\infty$ 时，若 $\rho |x| < 1$ 即 $|x| < \dfrac{1}{\rho}$，则级数 $\sum\limits_{n=0}^{\infty} a_n x^n$ 绝对收敛；

当 $\rho |x| > 1$ 即 $|x| > \dfrac{1}{\rho}$ 时，级数 $\sum\limits_{n=0}^{\infty} a_n x^n$ 发散，于是收敛半径 $R = \dfrac{1}{\rho}$。

（2）当 $\rho = 0$ 时，则任何 $x \in (-\infty, +\infty)$，级数 $\sum\limits_{n=0}^{\infty} a_n x^n$ 绝对收敛，因而收敛半径 $R = +\infty$。

（3）当 $\rho = +\infty$ 时，则对任何 $x \neq 0$，级数的一般项 $a_n x^n$ 不能趋于零，从而级数 $\sum\limits_{n=0}^{\infty} a_n x^n$ 发散，于是收敛半径 $R = 0$。

求幂级数 $\sum\limits_{n=0}^{\infty} a_n x^n$ 收敛域的基本步骤：

（1）求出收敛半径 R。

（2）判别常数项级数 $\sum\limits_{n=0}^{\infty} a_n R^n$，$\sum\limits_{n=0}^{\infty} a_n (-R)^n$ 的收敛性。

（3）写出幂级数的收敛域。

对标准型幂级数 $\sum\limits_{n=0}^{\infty} a_n x^n$（其中每一个 $a_n \neq 0$），由 $R = \lim\limits_{n \to \infty} \left| \dfrac{a_n}{a_{n+1}} \right|$ 求出收敛半径 R，再判别当 $x = \pm R$ 时，级数 $\sum\limits_{n=0}^{\infty} a_n (\pm R)^n$ 的敛散性，从而确定级数的收敛区间；对非标准型幂级数（幂级数 $\sum\limits_{n=0}^{\infty} a_n x^n$ 是缺项级数或为 $\sum\limits_{n=0}^{\infty} a_n (x - x_0)^n$ 型等）时，可直接通过 $\lim\limits_{n \to \infty} \left| \dfrac{u_{n+1}(x)}{u_n(x)} \right|$ 用比值判别法来求收敛半径。

【例 10-20】 求幂级数 $\displaystyle\sum_{n=1}^{\infty}(-1)^{n-1}\frac{x^n}{n}$ 的收敛半径与收敛域。

解： 因为 $\rho=\lim\limits_{n\to\infty}\left|\dfrac{a_{n+1}}{a_n}\right|=\lim\limits_{n\to\infty}\dfrac{\frac{1}{n+1}}{\frac{1}{n}}=1$，所以收敛半径为 $R=\dfrac{1}{\rho}=1$。

当 $x=1$ 时，幂级数成为 $\displaystyle\sum_{n=1}^{\infty}(-1)^{n-1}\frac{1}{n}$，是收敛的；

当 $x=-1$ 时，幂级数成为 $\displaystyle\sum_{n=1}^{\infty}\left(-\frac{1}{n}\right)$，是发散的。

故所求的收敛域为 $(-1,1)$。

【例 10-21】 求幂级数 $\displaystyle\sum_{n=0}^{\infty}\frac{1}{n!}x^n$ 的收敛域。

解： 因为 $\rho=\lim\limits_{n\to\infty}\left|\dfrac{a_{n+1}}{a_n}\right|=\lim\limits_{n\to\infty}\dfrac{\frac{1}{(n+1)!}}{\frac{1}{n!}}=\lim\limits_{n\to\infty}\dfrac{1}{n+1}=0$

所以收敛半径为 $R=+\infty$，从而收敛域为 $(-\infty,+\infty)$。

【例 10-22】 求幂级数 $\displaystyle\sum_{n=0}^{\infty}n!x^n$ 的收敛半径。

解： 因为 $\rho=\lim\limits_{n\to\infty}\left|\dfrac{a_{n+1}}{a_n}\right|=\lim\limits_{n\to\infty}\dfrac{(n+1)!}{n!}=+\infty$

所以收敛半径为 $R=0$，即级数仅在 $x=0$ 处收敛。

【例 10-23】 求幂级数 $\displaystyle\sum_{n=0}^{\infty}\frac{(2n)!}{(n!)^2}x^{2n}$ 的收敛半径。

解： 级数缺少奇次幂的项，用比值判别法求收敛半径。

设 $u_n(x)=\dfrac{(2n)!}{(n!)^2}x^{2n}$，因为

$$\lim_{n\to\infty}\left|\frac{u_{n+1}(x)}{u_n(x)}\right|=\lim_{n\to\infty}\left|\frac{\frac{[2(n+1)]!}{[(n+1)!]^2}x^{2(n+1)}}{\frac{(2n)!}{(n!)^2}x^{2n}}\right|=|x|^2\lim_{n\to\infty}\frac{(2n+2)(2n+1)}{(n+1)^2}=4|x|^2$$

当 $4|x|^2<1$ 即 $|x|<\dfrac{1}{2}$ 时，级数绝对收敛；当 $4|x|^2>1$ 即 $|x|>\dfrac{1}{2}$ 时，级数

发散，所以收敛半径为 $R=\dfrac{1}{2}$。

【例 10-24】 求幂级数 $\displaystyle\sum_{n=1}^{\infty}\frac{(x-1)^n}{2^n n}$ 的收敛域。

解：用比值判别法。

设 $u_n(x) = \dfrac{(x-1)^n}{2^n n}$，因为

$$\lim_{n \to \infty} \left| \frac{u_{n+1}(x)}{u_n(x)} \right| = \lim_{n \to \infty} \left| \frac{\dfrac{(x-1)^{n+1}}{2^{n+1}(n+1)}}{\dfrac{(x-1)^n}{2^n n}} \right| = |x-1| \lim_{n \to \infty} \frac{n}{2(n+1)} = \frac{1}{2}|x-1|$$

则当 $\dfrac{1}{2}|x-1| < 1$ 即 $x \in (-1, 3)$ 时，原级数绝对收敛。

当 $x = -1$ 时，级数成为 $\sum\limits_{n=1}^{\infty} \dfrac{(-1)}{n}$，此级数收敛；当 $x = 3$ 时，级数成为 $\sum\limits_{n=1}^{\infty} \dfrac{1}{n}$，此级数发散。所以原级数的收敛域为 $[-1, 3)$，收敛半径 $R = 2$。

10.4.3　幂级数的和函数

幂级数在其收敛域内表示一个函数，即其和函数 $s(x)$。下面不加证明地给出和函数的连续性、可积性及可导性结论，并给出逐项积分和逐项微分公式，这是幂级数的重要性质，是讨论幂级数问题的主要工具。下面给出幂级数运算的几个性质。

性质 1　设幂级数 $\sum\limits_{n=0}^{\infty} a_n x^n$ 和 $\sum\limits_{n=0}^{\infty} b_n x^n$ 的收敛半径分别为 $R_1(>0)$ 和 $R_2(>0)$，令 $R = \min\{R_1, R_2\}$，则在区间 $(-R, R)$ 内，有

$$\sum_{n=0}^{\infty} a_n x^n \pm \sum_{n=0}^{\infty} b_n x^n = \sum_{n=0}^{\infty} (a_n \pm b_n) x^n$$

性质 2　如果幂级数 $\sum\limits_{n=0}^{\infty} a_n x^n$ 的收敛半径 $R > 0$，则在收敛区间 $(-R, R)$ 内，它的和函数 $s(x)$ 是连续函数。

性质 3　在幂级数 $\sum\limits_{n=0}^{\infty} a_n x^n$ 的收敛区间 $(-R, R)$ 内任意一点 x，有

$$\int_0^x \left(\sum_{n=0}^{\infty} a_n t^n \right) \mathrm{d}t = \sum_{n=0}^{\infty} \int_0^x a_n t^n \mathrm{d}t = \sum_{n=0}^{\infty} \frac{a_n}{n+1} x^{n+1}$$

即幂级数在其收敛区间内可以逐项积分，且积分后级数的收敛半径仍为 R。

性质 4　在幂级数 $\sum\limits_{n=0}^{\infty} a_n x^n$ 的收敛区间 $(-R, R)$ 内任意一点 x，有

$$\left(\sum_{n=0}^{\infty} a_n x^n \right)' = \sum_{n=0}^{\infty} (a_n x^n)' = \sum_{n=1}^{\infty} n a_n x^{n-1}$$

即幂级数在其收敛区间内可以逐项微分，且微分后级数的收敛半径仍为 R。

在求幂级数 $\sum\limits_{n=0}^{\infty} a_n x^n$ 的和函数 $s(x)$ 的过程中常用逐项积分公式或逐项微分公式:

$$\int_0^x s(t)\,\mathrm{d}t = \int_0^x \left(\sum_{n=0}^{\infty} a_n t^n\right)\mathrm{d}t = \sum_{n=0}^{\infty}\int_0^x a_n t^n\,\mathrm{d}t = \sum_{n=0}^{\infty}\frac{a_n}{n+1}x^{n+1}$$

$$s'(x) = \left(\sum_{n=0}^{\infty} a_n x^n\right)' = \sum_{n=0}^{\infty}(a_n x^n)' = \sum_{n=0}^{\infty}n a_n x^{n-1}$$

此外,许多级数求和问题都可以利用幂级数的运算性质转化为几何级数的求和问题,常用如下的一个基本结果:

$$\sum_{n=0}^{\infty} x^n = 1 + x + x^2 + x^3 + \cdots + x^n + \cdots = \frac{1}{1-x} \quad (-1 < x < 1)$$

【例 10 - 25】 求幂级数 $\sum\limits_{n=1}^{\infty} n x^n$ 的收敛区间,并求其和函数。

解: 由 $\rho = \lim\limits_{n\to\infty}\left|\dfrac{a_{n+1}}{a_n}\right| = \lim\limits_{n\to\infty}\dfrac{n+1}{n} = 1$,所以收敛半径 $R = \dfrac{1}{\rho} = 1$,

当 $x \in (-1, 1)$ 时,原级数绝对收敛。当 $x = 1$ 时,$\sum\limits_{n=1}^{\infty} n$ 发散;当 $x = -1$ 时,$\sum\limits_{n=1}^{\infty}(-1)^n n$ 发散。所以,收敛区间为 $(-1, 1)$。

令

$$s(x) = \sum_{n=1}^{\infty} n x^n = x\sum_{n=1}^{\infty} n x^{n-1} = x \cdot g(x),\ x \in (-1, 1)$$

下求 $g(x) = \sum\limits_{n=1}^{\infty} n x^{n-1}$。由

$$\int_0^x g(t)\,\mathrm{d}t = \int_0^x \left(\sum_{n=1}^{\infty} n t^{n-1}\right)\mathrm{d}t = \sum_{n=1}^{\infty}\int_0^x n t^{n-1}\,\mathrm{d}t = \sum_{n=1}^{\infty} x^n = \frac{x}{1-x},\ x \in (-1, 1)$$

上式两边对 x 求导,得

$$g(x) = \left(\int_0^x g(t)\,\mathrm{d}t\right)' = \left(\frac{x}{1-x}\right)' = \frac{1}{(1-x)^2},\ x \in (-1, 1)$$

故

$$s(x) = x \cdot g(x) = \frac{x}{(1-x)^2},\ x \in (-1, 1)$$

另外,求和函数还可用逐项积分或逐项微分的**反向运算**。例如,上例可以进行

如下计算：

$$s(x) = \sum_{n=1}^{\infty} nx^n = x \sum_{n=1}^{\infty} nx^{n-1}$$

$$= x \sum_{n=1}^{\infty} (x^n)' = x \left(\sum_{n=1}^{\infty} x^n \right)'$$

$$= x \left(\frac{x}{1-x} \right)' = \frac{x}{(1-x)^2}, \ x \in (-1, 1)$$

【例 10 - 26】 求幂级数 $\sum_{n=0}^{\infty} \dfrac{x^n}{n+1}$ 的和函数，并求级数 $\sum_{n=0}^{\infty} \dfrac{(-1)^n}{n+1}$ 的和。

解：先求收敛域。

由 $\lim\limits_{n \to \infty} \left| \dfrac{a_{n+1}}{a_n} \right| = \lim\limits_{n \to \infty} \dfrac{n+1}{n+2} = 1$，得收敛半径 $R = 1$。

在端点 $x = -1$ 处，幂级数成为 $\sum_{n=0}^{\infty} \dfrac{(-1)^n}{n+1}$，是收敛的；

在端点 $x = 1$ 处，幂级数成为 $\sum_{n=0}^{\infty} \dfrac{1}{n+1}$，是发散的。

故收敛域为 $[-1, 1)$.

设和函数为 $s(x)$，即

$$s(x) = \sum_{n=0}^{\infty} \frac{x^n}{n+1}, \ x \in [-1, 1)$$

于是

$$xs(x) = \sum_{n=0}^{\infty} \frac{x^{n+1}}{n+1}$$

且

$$[xs(x)]' = \sum_{n=0}^{\infty} \left(\frac{x^{n+1}}{n+1} \right)' = \sum_{n=0}^{\infty} x^n = \frac{1}{1-x} \quad (|x| < 1)$$

对上式从 0 到 x 积分，得

$$\int_0^x [ts(t)]' \mathrm{d}t = xs(x) = \int_0^x \frac{1}{1-t} \mathrm{d}t = -\ln(1-x), (-1 < x < 1)$$

于是，当 $x \neq 0$ 时，有

$$s(x) = -\frac{1}{x} \ln(1-x)$$

而当 $x=0$ 时，$s(0)=1$；又级数在 $x=-1$ 时收敛，由和函数在收敛域上的连续性，

$$s(-1)=\lim_{x\to-1^+}s(x)=-\ln 2$$

故

$$s(x)=\begin{cases}-\dfrac{1}{x}\ln(1-x), & x\in[-1,0)\bigcup(0,1)\\[2mm] 1, & x=0\end{cases}$$

求级数 $\sum\limits_{n=0}^{\infty}\dfrac{(-1)^n}{n+1}$，考虑幂级数 $\sum\limits_{n=0}^{\infty}\dfrac{x^n}{n+1}$，而 $\sum\limits_{n=0}^{\infty}\dfrac{x^n}{n+1}$ 在 $[-1,1)$ 上收敛，设其和函数为 $s(x)$，则 $s(-1)=\sum\limits_{n=0}^{\infty}\dfrac{(-1)^n}{n+1}$。由已求得的和函数 $s(x)$ 的结论，知 $s(-1)=-\ln 2$，即

$$\sum_{n=0}^{\infty}\frac{(-1)^n}{n+1}=-\ln 2$$

10.5　函数的幂级数展开

通过前面的讨论，我们知道幂级数在它的收敛域内表示一个函数。下面我们讨论它的反问题，即对给定的函数 $f(x)$，要确定它能否在某一区间上表示成幂级数，或者说，能否找到这样的幂级数，它在某一区间内收敛，且其和恰好等于给定的函数 $f(x)$。如果能找到这样的幂级数，我们就称**函数 $f(x)$ 在该区间内能展开成幂级数**，而这个幂级数在该区间内就表达了函数 $f(x)$。

10.5.1　泰勒公式

在实际工作中，测量或计算数据时，常常要求用比较简单的计算方法得到一定精度的计算结果，这就提出了近似计算的问题。近似计算或理论分析中，希望能用一个简单的函数来近似地表示一个复杂的函数，这将带来很大的方便。那么，什么函数最为简单呢？一般地，最简单的函数是多项式——它只是关于变量进行加、减、乘、乘方的运算，但是怎样得到可以近似表示函数的多项式呢？前面我们曾经讨论过一个函数值的近似计算方法——微分近似计算公式

$$f(x)\approx f(x_0)+f'(x_0)(x-x_0)$$

本来要求的是 $f(x)$ 在点 x 的函数值，但实际情况往往是直接计算 $f(x)$ 比较困难，而在 x 点附近的一点 x_0 的函数值 $f(x_0)$ 和导数 $f'(x_0)$ 却都比较容易计算。于是可以利用 $f(x_0)+f'(x_0)(x-x_0)$ 作为 $f(x)$ 的近似值，只要 x 与 x_0 充分接近，就可以达

到一定精度的要求。一次多项式 $P_1(x) = f(x_0) + f'(x_0)(x - x_0)$ 与函数 $f(x)$ 在点 $x = x_0$ 不仅函数值相等,而且一阶导数值也相等,我们称其为 $f(x)$ 在点 $x = x_0$ 的一阶近似。为了提高近似程度,可以考虑用二次多项式 $P_2(x) = a_0 + a_1(x - x_0) + a_2(x - x_0)^2$ 来近似替代 $f(x)$,且满足在点 $x = x_0$ 处的函数值相等,一阶导数值相等,二阶导数值也相等。相应地,称 $P_2(x)$ 为 $f(x)$ 在点 $x = x_0$ 的二阶近似。为了确定系数 a_0, a_1, a_2,对

$$P_2(x) = a_0 + a_1(x - x_0) + a_2(x - x_0)^2$$

分别求一阶、二阶导数,有 $a_0 = f(x_0)$,$a_1 = \dfrac{f'(x_0)}{1!}$,$a_2 = \dfrac{f''(x_0)}{2!}$,从而得到二阶近似式

$$f(x) \approx f(x_0) + f'(x_0)(x - x_0) + \frac{f''(x_0)}{2!}(x - x_0)^2$$

它比一阶近似式的近似程度显然更高。依此类推,可以得到 n 阶近似式

$$f(x) \approx f(x_0) + f'(x_0)(x - x_0) + \frac{f''(x_0)}{2!}(x - x_0)^2 + \cdots + \frac{f^{(n)}(x_0)}{n!}(x - x_0)^n$$

现在,我们导出了用多项式表示函数的近似公式,而且指出了近似式的阶数越高,近似程度也越好。用 n 阶近似式表示函数 $f(x)$,其误差,即

$$f(x) - \left[f(x_0) + f'(x_0)(x - x_0) + \frac{f''(x_0)}{2!}(x - x_0)^2 + \cdots + \frac{f^{(n)}(x_0)}{n!}(x - x_0)^n \right]$$

是多少呢? 一般地,有下面的结论。

定理 10.5.1(泰勒中值定理) 如果函数 $f(x)$ 在 $x = x_0$ 点有一阶到 $n+1$ 阶连续导数,则

$$f(x) = f(x_0) + f'(x_0)(x - x_0) + \frac{f''(x_0)}{2!}(x - x_0)^2 + \cdots + \frac{f^{(n)}(x_0)}{n!}(x - x_0)^n + R_n(x)$$

上式称为函数 $f(x)$ 关于 x_0 点的**泰勒公式**,其中

$$R_n(x) = \frac{f^{(n+1)}(\xi)}{(n+1)!}(x - x_0)^{n+1} \quad (\xi \text{ 在 } x_0 \text{ 与 } x \text{ 之间})$$

称为**拉格朗日余项。**

证明:作辅助函数

$$\varphi(t) = f(x) - f(t) - f'(t)(x - t) - \frac{f''(t)}{2!}(x - t)^2 - \cdots - \frac{f^{(n)}(t)}{n!}(x - t)^n$$

易知,$\varphi(t)$ 在区间 $[x_0, x]$ 或 $[x, x_0]$ 上连续,且 $\varphi(x_0) = R_n(x)$,$\varphi(x) = 0$。

$$\varphi'(t) = -f'(t) - \left[f''(t)(x-t) - f'(t) \right] - \left[\frac{f'''(t)}{2!}(x-t)^2 - f''(t)(x-t) \right] - \cdots$$
$$- \left[\frac{f^{(n+1)}(t)}{n!}(x-t)^n - \frac{f^{(n)}(t)}{(n-1)!}(x-t)^{n-1} \right]$$

化简后有
$$\varphi'(t) = -\frac{f^{(n+1)}(t)}{n!}(x-t)^n$$

再引进一个辅助函数 $\psi(t) = (x-t)^{n+1}$，显然 $\varphi(t)$ 与 $\psi(t)$ 在区间 $[x_0, x]$ 或 $[x, x_0]$ 上满足柯西中值定理，因此

$$\frac{\varphi(x) - \varphi(x_0)}{\psi(x) - \psi(x_0)} = \frac{\varphi'(\xi)}{\psi'(\xi)} \text{（其中 } \xi \text{ 在 } x_0 \text{ 与 } x \text{ 之间）} \qquad (*)$$

由于

$$\varphi(x_0) = R_n(x), \ \varphi(x) = 0, \ \varphi'(\xi) = -\frac{f^{(n+1)}(\xi)}{n!}(x-\xi)^n$$

$$\psi(x_0) = (x-x_0)^{n+1}, \ \psi(x) = 0, \ \psi'(\xi) = -(n+1)(x-\xi)^n$$

一起代入（*）式，即得

$$R_n(x) = \frac{f^{(n+1)}(\xi)}{(n+1)!}(x-x_0)^{n+1} \quad (\xi \text{ 在 } x_0 \text{ 与 } x \text{ 之间})$$

证毕。

拉格朗日余项也可以表示为

$$R_n(x) = \frac{f^{(n+1)}(x_0 + \theta(x-x_0))}{(n+1)!}(x-x_0)^{n+1} \qquad (0 < \theta < 1)$$

当 $n = 0$ 时，由泰勒公式得

$$f(x) = f(x_0) + f'(\xi)(x-x_0)$$

这是拉格朗日中值定理的结论，所以泰勒中值定理是它的推广。

特别地，当 $x_0 = 0$ 时，由泰勒公式得

$$f(x) = f(0) + f'(0)x + \frac{f''(0)}{2!}x^2 + \cdots + \frac{f^{(n)}(0)}{n!}x^n + R_n(x)$$

称为**麦克劳林公式**，其中

$$R_n(x) = \frac{f^{(n+1)}(\xi)}{(n+1)!}x^{n+1}$$

10.5.2　泰勒级数

由泰勒公式知，如果函数 $f(x)$ 在点 $x = x_0$ 处存在 $n+1$ 阶导数，则对于该邻域

内的任意一点,有

$$f(x) = f(x_0) + f'(x_0)(x - x_0) + \frac{f''(x_0)}{2!}(x - x_0)^2 + \cdots + \frac{f^{(n)}(x_0)}{n!}(x - x_0)^n + R_n(x)$$

其中 $R_n(x) = \dfrac{f^{(n+1)}(\xi)}{(n+1)!}(x - x_0)^{n+1}$ （ξ 在 x_0 与 x 之间）

如果 $f(x)$ 存在任意阶导数,且 $\sum\limits_{n=0}^{\infty} \dfrac{f^{(n)}(x_0)}{n!}(x - x_0)^n$ 的收敛半径为 R,则

$$f(x) = \lim_{n \to \infty}\Big[f(x_0) + f'(x_0)(x - x_0) + \frac{f''(x_0)}{2!}(x - x_0)^2 + \cdots +$$

$$\frac{f^{(n)}(x_0)}{n!}(x - x_0)^n + R_n(x)\Big]$$

于是,有下面的定理。

定理 10.5.2　设 $f(x)$ 在区间 $(x_0 - R, \ x_0 + R)$ 内存在任意阶导数,幂级数

$$\sum_{n=0}^{\infty} \frac{f^{(n)}(x_0)}{n!}(x - x_0)^n$$

的收敛区间为 $(x_0 - R, \ x_0 + R)$,则在区间 $(x_0 - R, \ x_0 + R)$ 内,

$$f(x) = \sum_{n=0}^{\infty} \frac{f^{(n)}(x_0)}{n!}(x - x_0)^n$$

成立的充分必要条件是

$$\lim_{n \to \infty} R_n(x) = \lim_{n \to \infty} \frac{f^{(n+1)}(\xi)}{(n+1)!}(x - x_0)^{n+1} = 0$$

称

$$f(x) = \sum_{n=0}^{\infty} \frac{f^{(n)}(x_0)}{n!}(x - x_0)^n$$

$$= f(x_0) + f'(x_0)(x - x_0) + \frac{f''(x_0)}{2!}(x - x_0)^2 +$$

$$\frac{f'''(x_0)}{3!}(x - x_0)^3 + \cdots + \frac{f^{(n)}(x_0)}{n!}(x - x_0)^n + \cdots$$

为函数 $f(x)$ 在点 $x = x_0$ 处的**泰勒级数**。

当 $x_0 = 0$ 时,泰勒级数为

$$f(0) + f'(0)x + \frac{f''(0)}{2!}x^2 + \cdots + \frac{f^{(n)}(0)}{n!}x^n + \cdots$$

此级数称为 $f(x)$ 的**麦克劳林级数**。

函数的麦克劳林级数是 x 的幂级数，可以证明，如果 $f(x)$ 能展开成 x 的幂级数，那么这种展式是唯一的，它一定等于 $f(x)$ 的麦克劳林级数。下面我们具体讨论将函数 $f(x)$ 展开成 x 的幂级数的方法。

10.5.3 函数展开成幂级数

1) 直接展开法

利用泰勒公式或麦克劳林公式，将函数 $f(x)$ 展开为幂级数，可按下列步骤进行：

(1) 求出 $f(x)$ 在 $x=0$ 的各阶导数 $f^{(n)}(0)$。

(2) 按公式写出级数 $f(x) = \sum_{n=0}^{\infty} \dfrac{f^{(n)}(0)}{n!}x^n$，并求其收敛域。

(3) 证明在此收敛区间内有 $\lim_{n \to \infty} R_n(x) = \lim_{n \to \infty} \dfrac{f^{(n+1)}(\xi)}{(n+1)!}x^{n+1} = 0$。此步骤决不可少，否则幂级数虽收敛但和函数不为 $f(x)$。如果 $R_n(x) \to 0 (n \to \infty)$，则 $f(x)$ 在收敛域内有展开式

$$f(x) = f(0) + f'(0)x + \frac{f''(0)}{2!}x^2 + \cdots + \frac{f^{(n)}(0)}{n!}x^n + \cdots$$

【例 10 - 27】 将 $f(x) = e^x$ 展开为 x 的幂级数。

解：因为 $f^{(n)}(x) = e^x (n=1, 2, \cdots)$，所以 $f^{(n)}(0) = 1(n=1, 2, \cdots)$，于是得级数

$$1 + x + \frac{1}{2!}x^2 + \cdots + \frac{1}{n!}x^n + \cdots$$

它的收敛半径 $R = +\infty$，又

$$| R_n(x) | = \left| \frac{e^{\xi}}{(n+1)!}x^{n+1} \right| < e^{|x|} \cdot \frac{| x |^{n+1}}{(n+1)!}$$

而 $e^{|x|}$ 是有限数，$\lim_{n \to \infty} \dfrac{| x |^{n+1}}{(n+1)!} = 0$，所以 $\lim_{n \to \infty} | R_n(x) | = 0$，从而有展开式

$$e^x = 1 + x + \frac{1}{2!}x^2 + \cdots \frac{1}{n!}x^n + \cdots \quad (-\infty < x < +\infty)$$

【例 10 - 28】 将 $f(x) = \sin x$ 展开为 x 的幂级数。

解：因为

$$f^{(n)}(x) = \sin\left(x + n \cdot \frac{\pi}{2}\right) \quad (n=1, 2, \cdots)$$

所以 $f^{(n)}(0)$ 顺序循环地取 $0,1,0,-1,\cdots(n=0,1,2,3,\cdots)$，于是得级数

$$x-\frac{x^3}{3!}+\frac{x^5}{5!}-\cdots+(-1)^n\frac{x^{2n+1}}{(2n+1)!}+\cdots$$

它的收敛半径为 $R=+\infty$。

对于任何有限的数 $x,\xi(\xi$ 介于 0 与 x 之间)，有

$$|R_n(x)|=\left|\frac{\sin\left[\xi+\frac{(n+1)\pi}{2}\right]}{(n+1)!}x^{n+1}\right|\leqslant\frac{|x|^{n+1}}{(n+1)!}\rightarrow0\quad(n\rightarrow\infty)$$

因此得展开式

$$\sin x=x-\frac{x^3}{3!}+\frac{x^5}{5!}-\cdots+(-1)^n\frac{x^{2n+1}}{(2n+1)!}+\cdots\quad(-\infty<x<+\infty)$$

【例 10-29】 函数 $f(x)=(1+x)^\alpha(\alpha\in\mathbf{R})$ 的幂级数展开式是一个重要的关系式，可以证明

$$(1+x)^\alpha=1+\alpha x+\frac{\alpha(\alpha-1)}{2!}x^2+\cdots+\frac{\alpha(\alpha-1)\cdots(\alpha-n+1)}{n!}x^n+\cdots\quad(-1<x<1)$$

当 $x=\pm1$ 时，级数是否能表示为 $(1+x)^\alpha$ 取决于 α 的值。例如，
当 $\alpha=-1$ 时，

$$(1+x)^{-1}=\frac{1}{1+x}=1-x+x^2-x^3+\cdots+(-1)^nx^n+\cdots\quad(-1<x<1)$$

当 $\alpha=\frac{1}{2}$ 时，

$$\sqrt{1+x}=1+\frac{1}{2}x+\frac{1}{2\cdot4}x^2+\frac{1\cdot3}{2\cdot4\cdot6}x^3+\cdots\quad(-1\leqslant x\leqslant1)$$

2) 间接展开法

间接展开法是利用一些常用函数的幂级数展开式，结合线性运算法则、变量代换、恒等变形、逐项求导或逐项积分等方法间接地求得幂级数的展开式。

【例 10-30】 将函数 $f(x)=\ln(1+x)$ 展开成 x 的幂级数。

解：因为 $f'(x)=\frac{1}{1+x}$，

而 $\frac{1}{1+x}$ 是收敛的等比级数 $\sum_{n=0}^{\infty}(-1)^nx^n$，$(-1<x<1)$ 的和函数，即

$$\frac{1}{1+x}=1-x+x^2-x^3+\cdots+(-1)^nx^n+\cdots\quad(-1<x<1)$$

所以将上式两边从 0 到 x 逐项积分,得

$$\ln(1+x) = x - \frac{x^2}{2} + \frac{x^3}{3} - \cdots + (-1)^n \frac{x^{n+1}}{n+1} + \cdots$$

上述展开式对 $x = 1$ 也成立,这是因为上式右端的幂级数当 $x = 1$ 时收敛,而 $\ln(1+x)$ 在 $x = 1$ 处有定义且连续。故

$$\ln(1+x) = x - \frac{x^2}{2} + \frac{x^3}{3} - \cdots + (-1)^n \frac{x^{n+1}}{n+1} + \cdots \qquad (-1 < x \leqslant 1)$$

【例 10-31】 将函数 $f(x) = \cos x$ 展开为 x 的幂级数。

解: 已知

$$\sin x = x - \frac{x^3}{3!} + \frac{x^5}{5!} - \cdots + (-1)^n \frac{x^{2n+1}}{(2n+1)!} + \cdots \qquad (-\infty < x < +\infty)$$

对上式两边求导得

$$\cos x = 1 - \frac{x^2}{2!} + \frac{x^4}{4!} - \cdots + (-1)^n \frac{x^{2n}}{(2n)!} + \cdots \qquad (-\infty < x < +\infty)$$

为了讨论一般函数展开为幂级数的问题,常利用下面几个函数的幂级数展开式:

(1) $\dfrac{1}{1-x} = 1 + x + x^2 + \cdots + x^n + \cdots \qquad (-1 < x < 1)$

(2) $\mathrm{e}^x = 1 + x + \dfrac{1}{2!}x^2 + \cdots \dfrac{1}{n!}x^n + \cdots \qquad (-\infty < x < +\infty)$

(3) $\sin x = x - \dfrac{x^3}{3!} + \dfrac{x^5}{5!} - \cdots + (-1)^n \dfrac{x^{2n+1}}{(2n+1)!} + \cdots \qquad (-\infty < x < +\infty)$

(4) $\cos x = 1 - \dfrac{x^2}{2!} + \dfrac{x^4}{4!} - \cdots + (-1)^n \dfrac{x^{2n}}{(2n)!} + \cdots \qquad (-\infty < x < +\infty)$

(5) $\ln(1+x) = x - \dfrac{x^2}{2} + \dfrac{x^3}{3} - \cdots + (-1)^n \dfrac{x^{n+1}}{n+1} + \cdots \qquad (-1 < x \leqslant 1)$

【例 10-32】 将函数 $f(x) = \mathrm{e}^{-\frac{x}{3}}$ 展成 x 的幂级数。

解: 因为

$$\mathrm{e}^x = 1 + x + \frac{1}{2!}x^2 + \cdots \frac{1}{n!}x^n + \cdots, \quad (-\infty < x < +\infty),\ 则$$

$$\mathrm{e}^{-\frac{x}{3}} = 1 - \frac{x}{3} + \frac{1}{2!}\left(\frac{x}{3}\right)^2 - \cdots + (-1)^n \frac{1}{n!}\left(\frac{x}{3}\right)^n + \cdots \qquad (-\infty < x < +\infty)$$

【例 10-33】 将函数 $f(x) = \dfrac{1}{1+x^2}$ 展开成 x 的幂级数。

解： 因为

$$\frac{1}{1-x} = 1 + x + x^2 + \cdots + x^n + \cdots \quad (-1 < x < 1)$$

把 x 换成 $-x^2$，得

$$\frac{1}{1+x^2} = 1 - x^2 + x^4 - \cdots + (-1)^n x^{2n} + \cdots \quad (-1 < -x^2 < 1, 即 -1 < x < 1)$$

【例 10 - 34】 将函数 $f(x) = \dfrac{1}{4-x}$ 展开为 $x-2$ 的幂级数。

解： 因为 $f(x) = \dfrac{1}{2-(x-2)} = \dfrac{1}{2} \cdot \dfrac{1}{1 - \dfrac{x-2}{2}}$，且

$$\frac{1}{1-x} = \sum_{n=0}^{\infty} x^n, \; (-1 < x < 1)$$

所以

$$f(x) = \frac{1}{2} \sum_{n=0}^{\infty} \left(\frac{x-2}{2} \right)^n, \; \left(-1 < \frac{x-2}{2} < 1 \right)$$

即

$$f(x) = \sum_{n=0}^{\infty} \frac{(x-2)^n}{2^{n+1}}, \; (0 < x < 4)$$

【例 10 - 35】 将函数 $f(x) = \dfrac{1}{x^2 + 4x + 3}$ 展开成 $x-1$ 的幂级数。

解： $f(x) = \dfrac{1}{x^2 + 4x + 3} = \dfrac{1}{(x+1)(x+3)} = \dfrac{1}{2(1+x)} - \dfrac{1}{2(3+x)}$

$$= \frac{1}{4\left(1 + \dfrac{x-1}{2}\right)} - \frac{1}{8\left(1 + \dfrac{x-1}{4}\right)}$$

由 $\dfrac{1}{1+x} = \sum\limits_{n=0}^{\infty} (-1)^n x^n, \; (-1 < x < 1)$ 知

$$\frac{1}{1 + \dfrac{x-1}{2}} = \sum_{n=0}^{\infty} (-1)^n \frac{(x-1)^n}{2^n} \quad \left(-1 < \frac{x-1}{2} < 1 \right)$$

$$\frac{1}{1 + \dfrac{x-1}{4}} = \sum_{n=0}^{\infty} (-1)^n \frac{(x-1)^n}{4^n} \quad \left(-1 < \frac{x-1}{4} < 1 \right)$$

于是
$$f(x) = \frac{1}{4} \sum_{n=0}^{\infty} (-1)^n \frac{(x-1)^n}{2^n} - \frac{1}{8} \sum_{n=0}^{\infty} (-1)^n \frac{(x-1)^n}{4^n}$$

$$= \sum_{n=0}^{\infty} (-1)^n \left(\frac{1}{2^{n+2}} - \frac{1}{2^{2n+3}} \right)(x-1)^n \qquad (-1 < x < 3)$$

【例 10-36】 将函数 $f(x) = \ln x$ 展开为 $x - 4$ 的幂级数,并求其收敛域。

解:
$$f(x) = \ln[4 + (x-4)] = \ln 4 + \ln\left(1 + \frac{x-4}{4}\right)$$

而
$$\ln(1+x) = \sum_{n=0}^{\infty} (-1)^n \frac{x^{n+1}}{n+1}, \quad (-1 < x \leqslant 1)$$

所以
$$f(x) = \ln 4 + \sum_{n=0}^{\infty} (-1)^n \frac{\left(\dfrac{x-4}{4}\right)^{n+1}}{n+1}, \quad \left(-1 < \frac{x-4}{4} \leqslant 1\right)$$

即
$$f(x) = \ln 4 + \sum_{n=0}^{\infty} (-1)^n \frac{(x-4)^{n+1}}{(n+1)4^{n+1}}, \text{收敛域为}(0, 8]$$

习 题 9

1. 写出下列级数的前五项

(1) $\sum_{n=1}^{\infty} (-1)^{n-1} \frac{1}{2^{n-1}}$

(2) $\sum_{n=1}^{\infty} \frac{n}{n^2+1}$

(3) $\sum_{n=1}^{\infty} \frac{x^{n-1}}{(3n-2)(3n+1)}$

(4) $\sum_{n=1}^{\infty} \frac{(-1)^{n-1} a^{n+1}}{2n+1}$

2. 写出下列级数的通项

(1) $1 + \frac{1}{3} + \frac{1}{5} + \frac{1}{7} + \cdots$

(2) $\frac{2}{1} - \frac{3}{2} + \frac{4}{3} + \frac{5}{4} + \frac{6}{5} - \cdots$

(3) $\frac{2}{2} x + \frac{2^2}{5} x^2 + \frac{2^3}{10} x^3 + \frac{2^4}{17} x^4 + \cdots$

(4) $2 - \frac{2^2}{2!} + \frac{2^3}{3!} - \frac{2^4}{4!} + \frac{2^5}{5!} - \cdots$

3. 根据级数收敛与发散的定义判定下列级数的收敛性

(1) $\sum_{n=1}^{\infty} (\sqrt{n+1} - \sqrt{n})$

(2) $\displaystyle\sum_{n=1}^{\infty}(\sqrt{n+2}-2\sqrt{n+1}+\sqrt{n})$

(3) $\displaystyle\sum_{n=1}^{\infty}\dfrac{1}{(2n-1)(2n+1)}$

4. 讨论下列级数的敛散性

(1) $\left(\dfrac{1}{2}+\dfrac{8}{9}\right)+\left(\dfrac{1}{4}+\dfrac{8^2}{9^2}\right)+\left(\dfrac{1}{8}+\dfrac{8^3}{9^3}\right)+\cdots$

(2) $\dfrac{1}{3}+\dfrac{2}{5}+\dfrac{3}{7}+\cdots$

(3) $\left(\dfrac{1}{2}+\dfrac{1}{3}\right)+\left(\dfrac{1}{2^2}+\dfrac{1}{3^2}\right)+\left(\dfrac{1}{2^3}+\dfrac{1}{3^3}\right)+\cdots+\left(\dfrac{1}{2^n}+\dfrac{1}{3^n}\right)+\cdots$

(4) $\dfrac{1}{3}+\dfrac{1}{\sqrt{3}}+\dfrac{1}{\sqrt[3]{3}}+\cdots+\dfrac{1}{\sqrt[n]{3}}+\cdots$

5. 用比较判别法或比较判别法的极限形式判定下列级数的敛散性

(1) $\displaystyle\sum_{n=1}^{\infty}\dfrac{1}{(n+1)^2}$

(2) $\displaystyle\sum_{n=1}^{\infty}\dfrac{2^n}{(2n-1)\cdot 3^n}$

(3) $\displaystyle\sum_{n=1}^{\infty}\dfrac{1}{\sqrt{n^2+n}}$

(4) $\displaystyle\sum_{n=1}^{\infty}\dfrac{\sqrt[3]{n}}{(n+1)\sqrt{n}}$

(5) $\displaystyle\sum_{n=1}^{\infty}\dfrac{\ln n}{\sqrt{n}}$

(6) $\displaystyle\sum_{n=1}^{\infty}\left(1-\cos\dfrac{\pi}{n}\right)$

(7) $\displaystyle\sum_{n=1}^{\infty}3\ln\dfrac{n+1}{n}$

(8) $\displaystyle\sum_{n=1}^{\infty}\sin\dfrac{\pi}{2^n}$

6. 用比值判别法判定下列级数的敛散性

(1) $\displaystyle\sum_{n=1}^{\infty}\dfrac{2n-1}{2^n}$

(2) $\displaystyle\sum_{n=1}^{\infty}\dfrac{3^n}{n\cdot 2^n}$

(3) $\displaystyle\sum_{n=1}^{\infty}\dfrac{1}{n!}$

(4) $\displaystyle\sum_{n=1}^{\infty}\dfrac{2^n\cdot n!}{n^n}$

(5) $\displaystyle\sum_{n=1}^{\infty}\dfrac{2^n}{n(n+1)}$

(6) $\displaystyle\sum_{n=1}^{\infty}\dfrac{5^{n-1}}{n!}$

7. 用根值判别法判定下列级数的敛散性

(1) $\displaystyle\sum_{n=1}^{\infty}\dfrac{1}{n^n}$

(2) $\displaystyle\sum_{n=1}^{\infty}\left(\dfrac{n}{2n+1}\right)^n$

(3) $\displaystyle\sum_{n=1}^{\infty}\dfrac{3^n}{1+e^n}$

(4) $\displaystyle\sum_{n=1}^{\infty}\left(\dfrac{3n^2}{n^2+1}\right)^n$

8. 判定下列交错级数的敛散性

(1) $\displaystyle\sum_{n=1}^{\infty}(-1)^n\ln\dfrac{n+1}{n}$

(2) $\displaystyle\sum_{n=1}^{\infty}\dfrac{(-1)^n}{\sqrt{n(n+1)}}$

(3) $\displaystyle\sum_{n=1}^{\infty}(-1)^{n-1}\dfrac{\ln n}{n}$

(4) $\displaystyle\sum_{n=2}^{\infty}\dfrac{(-1)^n}{\sqrt{n}+(-1)^n}$

9. 判定下列级数是否收敛？如果是收敛的,是绝对收敛还是条件收敛

(1) $\displaystyle\sum_{n=1}^{\infty} \frac{(-1)^{n+1}}{\ln(n+1)}$

(2) $\displaystyle\sum_{n=1}^{\infty} (-1)^{n-1} \frac{n}{3^{n-1}}$

(3) $\displaystyle\sum_{n=1}^{\infty} (-1)^{n-1} \frac{1}{3 \cdot 2^n}$

(4) $\displaystyle\sum_{n=1}^{\infty} \frac{(-1)^n}{n \sqrt[n]{n}}$

(5) $\displaystyle\sum_{n=1}^{\infty} (-1)^n \frac{n^{n+1}}{(n+1)!}$

(6) $\displaystyle\sum_{n=1}^{\infty} (-1)^{n-1} \frac{n}{2n-1}$

10. 求下列幂级数的收敛域

(1) $\displaystyle\sum_{n=0}^{\infty} (2n+1)x^n$

(2) $\displaystyle\sum_{n=0}^{\infty} \frac{x^n}{\sqrt{n+1}}$

(3) $\displaystyle\sum_{n=1}^{\infty} \frac{(x-2)^{2n}}{n \cdot 4^n}$

(4) $\displaystyle\sum_{n=0}^{\infty} \frac{x^n}{n}$

(5) $\displaystyle\sum_{n=1}^{\infty} \frac{2n-1}{2^n} x^{2n-2}$

(6) $\displaystyle\sum_{n=1}^{\infty} (-1)^{n-1} \frac{(2x-3)^n}{2n-1}$

11. 求下列幂级数的和函数

(1) $\displaystyle\sum_{n=1}^{\infty} (-1)^{n-1} \frac{x^n}{n}$

(2) $\displaystyle\sum_{n=0}^{\infty} \frac{x^{2n+1}}{2n+1}$

(3) $\displaystyle\sum_{n=1}^{\infty} \frac{x^{n+1}}{n(n+1)}$

(4) $\displaystyle\sum_{n=0}^{\infty} (n+1)(n+2)x^n$

12. 将下列函数展开成 x 的幂级数，并求展开式成立的区间

(1) $\dfrac{e^x - e^{-x}}{2}$

(2) a^x　$(a>0,\ a\neq 1)$

(3) $\ln(a+x)$　$(a>0)$

(4) $\sin^2 x$

(5) $\dfrac{1}{3-x}$

(6) $\dfrac{x}{x^2 - 2x - 3}$

13. 将函数 $f(x) = \dfrac{1}{x}$ 展开为 $x-3$ 的幂级数，并确定其收敛域。

14. 将函数 $f(x) = \ln(3x - x^2)$ 展开为 $x-1$ 的幂级数，并求其收敛域。

15. 将函数 $f(x) = \dfrac{1}{x^2 + 3x + 2}$ 展开为 $x+4$ 的幂级数，并确定其收敛域。

习题参考答案

习 题 1

1. (1) 否　(2) 是　(3) 否

2. (1) $x \in (-\infty, -1)$　$(-1, 1)$　$(1, 2]$　(2) $x \in (2, 3)$　$(3, +\infty)$　(3) $x \in [-4, 2]$
(4) $x \in [-2, -1)$　$(1, 3]$

3. $f(1) = 0$, $f\left(\dfrac{1}{x}\right) = \dfrac{x-1}{x+1}$, $f[f(x)] = x$

4. $f(x+1) = \begin{cases} 1, & x \neq -1 \\ 0, & x = -1 \end{cases}$, $f(x^2 - 1) = \begin{cases} 1, & x \neq \pm 1 \\ 0, & x = \pm 1 \end{cases}$

5. $f(x) = x^2 + x + 3$

6. (1) $y = \dfrac{1-x}{1+x}$　(2) $y = e^{x-2} - 1$

7. (1) 奇函数　(2) 偶函数　(3) 非奇非偶函数

8. 略

9. $x \in (1, 2)$

10. (1) $y = \ln u$, $u = \cos v$, $v = e^x$　(2) $y = \sin u$, $u = \sqrt{v}$, $v = 2x+1$　(3) $y = e^u$, $u = \dfrac{1}{x}$

(4) $y = \sqrt{u}$, $u = \sin v$, $v = \dfrac{x}{2}$

习 题 2

1. 略

2. 略

3. (1) 无穷大　(2) 无穷大　(3) 无穷小　(4) 无穷大　(5) 无穷小　(6) 无穷大

4. (1) 2　(2) 3　(3) 3　(4) ∞　(5) $\dfrac{1}{10}$　(6) 3　(7) 3　(8) n　(9) $\dfrac{1}{4}$　(10) 9　(11) 1

(12) 2　(13) $\dfrac{5}{3}$　(14) ∞　(15) ∞　(16) 3　(17) $\left(\dfrac{3}{2}\right)^{30}$　(18) 1　(19) $\dfrac{1}{4}$　(20) 0

(21) 2　(22) 0　(23) 0

5. $\lim\limits_{x\to 0}f(x)=-1$，$\lim\limits_{x\to +\infty}f(x)=0$，$\lim\limits_{x\to -\infty}f(x)=-\infty$

6. $\lim\limits_{x\to 0}f(x)$ 不存在，$\lim\limits_{x\to 1}f(x)$ 存在且为 2

7. $a=-7,b=6$

8. $a=1,b=-2$

9. $\dfrac{1}{2}$

10. (1) $\dfrac{3}{5}$　(2) 2　(3) -1　(4) 1　(5) $\dfrac{2}{3}$　(6) -2　(7) 4　(8) $-\sin a$

11. (1) e^2　(2) e^{-2}　(3) e^{-2}　(4) e^{-1}　(5) 1　(6) $\mathrm{e}^{-\frac{1}{2}}$

12. (1) 低阶　(2) 同阶非等价　(3) 高阶　(4) 等价

13. (1) $\dfrac{1}{2}$　(2) $\dfrac{3}{2}$　(3) 1　(4) $\dfrac{4}{3}$

14. (1) 不连续　(2) 连续

15. (1) $x=-2$，第二类间断点(无穷间断点) $x=2$，第一类间断点(可去间断点)

(2) $x=0$，第一类间断点(可去间断点)

(3) $x=0$，第一类间断点(跳跃间断点)

16. 有间断点 $x=-1$ 和 $x=1$，均为第一类间断点(跳跃间断点)

17. $k=2$

18. 补充定义 $f(0)=1$

19. 略

20. 略

习　题　3

1. 略

2. (1) $f'(x_0)$　(2) $-2f'(x_0)$　(3) $2f'(x_0)$

3. 连续但不可导

4. 连续但不可导

5. $f'(0)=1$

6. $a=-2,b=4$

7. $y=6x-9$ 求在抛物线 $y=x^2$ 上横坐标为 3 的点的切线方程。

8. (1) $y'=3x^2-4x-\dfrac{1}{x^2}$　(2) $y'=ax^{a-1}+a^x\ln a$　(3) $y'=-\dfrac{1+4x}{4x\sqrt{x}}$　(4) $y'=$

$-\dfrac{2}{(1+x)^2}$　(5) $y'=\dfrac{1}{x\ln 2}-\cos x$　(6) $y'=2x\arctan x+1$　(7) $y'=\sqrt[3]{x}\cdot 3^x\left(\dfrac{\tan x}{3x}+\tan x\cdot\right.$

$\left.\ln 3+\sec^2 x\right)$　(8) $y'=\dfrac{x^2}{(\cos x+x\sin x)^2}$　(9) $y'=-\dfrac{1}{\sqrt{x^4-x^2}}$　(10) $y'=\dfrac{6\left(\arctan\dfrac{x}{2}\right)^2}{4+x^2}$

(11) $y' = \dfrac{\sec(\sqrt{x})\tan(\sqrt{x})}{2\sqrt{x}}$ (12) $y' = -2\mathrm{e}^{\csc 2x}\csc x\cot x$ (13) $y' = -\dfrac{1}{3}\tan\dfrac{x}{3}\csc^2\dfrac{x}{3}$

9. (1) $y' = 40x(x^2+1)^{19}$ (2) $y' = -12x+1$ (3) $y' = \dfrac{x}{\sqrt{x^2-a^2}}$ (4) $y' = -\dfrac{2x}{a^2-x^2}$

(5) $y' = \dfrac{1}{2}\tan^2\dfrac{x}{2}$ (6) $y' = 2x\cos\dfrac{1}{x}+\sin\dfrac{1}{x}$ (7) $y' = n\sin^{n-1}x\cos(n+1)x$ (8) $y' = 2\sqrt{1-x^2}$ (9) $y' = \mathrm{e}^{-3x}(2\cos 2x - 3\sin 2x)$ (10) $y' = \dfrac{\mathrm{e}^x}{\sqrt{1+\mathrm{e}^{2x}}}$ (11) $y' = \begin{cases} 1, & x>0 \\ -1, & x<0 \end{cases}$

10. (1) $y' = f'(\sin x)\cos x\sin f(x) + f(\sin x)f'(x)\cos f(x)$ (2) $y' = \dfrac{f'(x)[f(x)-1]}{f^2(x)}$

11. (1) $y' = \dfrac{\mathrm{e}^y}{1-x\mathrm{e}^y}$ (2) $y' = \dfrac{y-x^2}{y^2-x}$ (3) $y' = \dfrac{\sqrt{1-y^2}\,\mathrm{e}^{x+y}}{1-\sqrt{1-y^2}\,\mathrm{e}^{x+y}}$

(4) $y' = -\dfrac{y}{x+2\pi y\sin(\pi y^2)}$

12. (1) $\dfrac{\mathrm{d}y}{\mathrm{d}x} = t^2-2$ (2) $\dfrac{\mathrm{d}y}{\mathrm{d}x} = 2\ln t + t$

13. (1) $y' = \dfrac{\mathrm{e}^x(2-x^2)}{(1-x)\sqrt{1-x^2}}$ (2) $y' = \dfrac{1}{3}\sqrt[3]{\dfrac{x-3}{\sqrt[3]{x^2+1}}}\left(\dfrac{1}{x-3}-\dfrac{2x}{3(1+x^2)}\right)$ (3) $y' = \sin x^{\tan x}(\sec^2 x\ln\sin x + 1)$ (4) $y' = x^{x^2+1}(2\ln x + 1) + 2x\mathrm{e}^{x^2} + x^{\mathrm{e}^x}\mathrm{e}^x\left(\ln x + \dfrac{1}{x}\right) + \mathrm{e}^{x+x}$

14. 切线方程: $y=x$, 法线方程: $y=-x$

15. 切线方程: $y=-\dfrac{3}{4}x+\dfrac{25}{4}$, 法线方程: $y=\dfrac{4}{3}x$

16. 切线方程: $y=\dfrac{1}{2}(x-1)$, 法线方程: $y=-2(x-1)$

17. -2.8 km/h

18. 略

19. (1) $y'' = 40(x^2+1)^{18}(39x^2+1)$ (2) $y'' = 2-\dfrac{1}{x^2}$ (3) $y'' = 2\cos x - x\sin x$

(4) $y'' = \dfrac{-2x}{\sqrt{1-x^2}}$ (5) $y'' = -\dfrac{a^2}{y^3}$ (6) $y'' = \dfrac{\mathrm{e}^{2y}(2-x\mathrm{e}^y)}{(1-x\mathrm{e}^y)^3}$ (7) $y'' = \dfrac{f''(\ln x)-f'(\ln x)}{x^2}$

(8) $y'' = 2[f'(x)]^2 + 2f(x)f''(x)$

20. (1) $y^{(n)} = a^x\ln^n a$ (2) $y^{(n)} = \mathrm{e}^x(x+n)$ (3) $y^{(n)} = m(m-1)\cdots(m-n+1)(1+x)^{m-n}$

(4) $y^{(n)} = n\sin\left(\dfrac{n}{2}\pi+x\right) + x\cos\left(\dfrac{n}{2}\pi+x\right)$

21. (1) $\mathrm{d}y = \dfrac{1}{3}x^{-\frac{2}{3}}\mathrm{d}x$ (2) $\mathrm{d}y = -\dfrac{1}{2\sqrt{x-x^2}}\mathrm{d}x$ (3) $\mathrm{d}y = \mathrm{e}^{-2x}(\cos x - 2\sin x)\mathrm{d}x$

(4) $\mathrm{d}y = \dfrac{x}{x^2-a}\mathrm{d}x$ (5) $\mathrm{d}y = \dfrac{2x}{1+(1+x^2)^2}\mathrm{d}x$ (6) $\mathrm{d}y = 9\tan^2 3x\sec^2 3x\,\mathrm{d}x$ (7) $\mathrm{d}y = -\dfrac{1}{2}\mathrm{d}x$

22. $\Delta S = -2.01\pi$，$dS = -2\pi$

23. (1) 10.05 (2) 0.999 (3) -1.3132 (4) 1.02

习 题 4

1. (1) 0 (2) 0

2. $\dfrac{3}{2}$

3. $\dfrac{14}{9}$

4. 略

5. 略

6. (1) $\cos a$ (2) 2 (3) $-\dfrac{1}{2}$ (4) $-\dfrac{1}{3}$ (5) 1 (6) 0 (7) 0 (8) ∞ (9) 0 (10) 1

(11) 1 (12) 1 (13) $\sqrt[3]{24}$ (14) $\dfrac{5}{6}$

7. (1) 当 $x \in (-1, +\infty)$ 时函数单调递增，当 $x \in (-\infty, -1]$ 时函数单调递减

(2) 当 $x \in (-\infty, +\infty)$ 时函数单调递增

(3) 当 $x \in (-1, 0) \bigcup (1, +\infty)$ 时函数单调递增，当 $x \in (-\infty, -1] \bigcup [0, 1]$ 时函数单调递减

(4) 当 $x \in \left(0, \dfrac{1}{2}\right)$ 时函数单调递减，当 $x \in \left[\dfrac{1}{2}, +\infty\right)$ 时函数单调递减

8. 略

9. 略

10. (1) 当 $x = 0$ 时函数取极大值 7，当 $x = 2$ 时函数取极小值 3

(2) 当 $x = -1$ 时函数取极小值 -1，当 $x = 1$ 时函数取极大值 1

(3) 当 $x = -1$ 时函数取极小值 0，当 $x = \dfrac{1}{2}$ 时函数取极大值 $\sqrt[3]{\dfrac{9}{4}} \cdot \dfrac{81}{4}$，当 $x = 5$ 时函数取极小值 0

(4) 当 $x = 0$ 时函数取极大值 0，当 $x = \dfrac{2}{5}$ 时函数取极小值 $-\dfrac{3}{5} \cdot \sqrt[3]{\dfrac{4}{25}}$

11. (1) 当 $x = -1$ 时函数取极大值 0，当 $x = 3$ 时函数取极小值 -32

(2) 当 $x = \ln\left(\dfrac{\sqrt{2}}{2}\right)$ 时函数取极小值 $2\sqrt{2}$

12. $a = 2$，极大值为 $f\left(\dfrac{\pi}{3}\right) = \sqrt{3}$

13. $a = -\dfrac{3}{2}$，$b = \dfrac{9}{2}$

14. (1) 当 $x = \pm 2$ 时函数取最大值 13，当 $x = \pm 1$ 时函数取最小值 4

(2) 当 $x=-\dfrac{1}{2}$ 或 $x=1$ 时函数取最大值 $\dfrac{1}{2}$，当 $x=0$ 时函数取最小值 0

15. 长 18 m，宽 12 m

16. 1800 元

17. 250

18. (1) 当 $x \in \left(\dfrac{1}{3}, +\infty\right)$ 时函数是下凹的，当 $x \in \left(-\infty, \dfrac{1}{3}\right)$ 时函数是上凹的，$\left(\dfrac{1}{3}, \dfrac{2}{27}\right)$ 是拐点。

(2) 当 $x \in (-\infty, -1) \bigcup (1, +\infty)$ 时函数是下凹的，当 $x \in (-1, 1)$ 时函数是上凹的，$(-1, \ln 2)$，$(1, \ln 2)$ 是拐点。

(3) 当 $x \in (-\sqrt{3}, 0) \bigcup (\sqrt{3}, +\infty)$ 时函数是上凹的，当 $x \in (-\infty, -\sqrt{3}) \bigcup (0, \sqrt{3})$ 时函数是下凹的，$\left(-\sqrt{3}, -\dfrac{\sqrt{3}}{2}\right)$，$(0, 0)$，$\left(\sqrt{3}, \dfrac{\sqrt{3}}{2}\right)$ 是拐点。

(4) 当 $x \in (-\infty, -2)$ 时函数是下凹的，当 $x \in (-2, +\infty)$ 时函数是上凹的，$\left(-2, -\dfrac{2}{e^2}\right)$ 是拐点。

19. (1) $y=0$ 为水平渐近线　(2) $x=0$ 为铅垂渐近线　(3) $x=\pm 1$ 为铅垂渐近线，$y=-x$ 为斜渐近线

20. 略

习　题　5

1. (1) $-2\cos x - \ln|x| + \arcsin x + C$　(2) $\dfrac{4}{3}x^3 + 2x^2 + x + C$

(3) $\dfrac{4}{7}x^{\frac{7}{4}} + 4x^{-\frac{1}{4}} + C$　(4) $\dfrac{4}{5}x^{\frac{5}{4}} - \dfrac{24}{17}x^{\frac{17}{12}} + \dfrac{4}{3}x^{\frac{3}{4}} + C$

(5) $e^t + t + C$　(6) $3^x e^x/(\ln 3 + 1) + C$

(7) $\tan x - x + C$　(8) $\dfrac{1}{2}(\sin x + x) + C$

(9) $-\dfrac{1}{2}\cot x + C$　(10) $\dfrac{1}{2}(\tan x - x) + C$

(11) $\dfrac{1}{3}x^3 - x + \arctan x + C$　(12) $-\dfrac{1}{x} - \arctan x + C$

2. (1) $-\dfrac{1}{2}\cos 2x + C$　(2) $\dfrac{1}{2}\ln|2x+3| + C$　(3) $\dfrac{1}{153}(3x-1)^{51} + C$

(4) $-2\sqrt{2-x} + C$　(5) $\dfrac{\sqrt{3}}{3}\arctan\left(\dfrac{x}{\sqrt{3}}\right) + C$　(6) $\dfrac{1}{3}\arcsin(3x) + C$

(7) $\dfrac{1}{2}e^{x^2} + C$　(8) $\dfrac{1}{3}\sin(1+x^3) + C$　(9) $\dfrac{1}{2}\cos\dfrac{1}{x^2} + C$

(10) $2\arctan\sqrt{x}+C$　　(11) $\arctan e^x+C$　　(12) $\arcsin e^x+C$

(13) $\ln(e^x+1)+C$　　(14) $\dfrac{2}{\sqrt{7}}\arctan\dfrac{2x-1}{\sqrt{7}}+C$　　(15) $\dfrac{1}{3}\ln^3x+\ln^2x+3\ln x+C$

(16) $\dfrac{2}{3}(1+\ln x)^{\frac{3}{2}}+C$　　(17) $\dfrac{1}{11}\tan^{11}x+C$　　(18) $\tan x+\dfrac{1}{3}\tan^3x+C$

(19) $\ln\mid\arctan x\mid+C$　　(20) $\dfrac{1}{2}(\arcsin x)^2+C$　　(21) $\ln(x^2-x+6)+C$

(22) $\ln\mid x^2-3x-10\mid+\dfrac{4}{7}\ln\left|\dfrac{x-5}{x+2}\right|+C$　　(23) $\dfrac{1}{2}x-\dfrac{1}{4}\sin 2x+C$

(24) $\sin x-\dfrac{1}{3}\sin^3x+C$　　(25) $\dfrac{3}{8}x+\dfrac{1}{4}\sin 2x+\dfrac{1}{32}\sin 4x+C$

(26) $\dfrac{3}{8}x-\dfrac{1}{4}\sin 2x+\dfrac{1}{32}\sin 4x+C$　　(27) $-\dfrac{1}{16}\cos 8x+\dfrac{1}{4}\cos 2x+C$

(28) $\dfrac{1}{3}\sin^3x-\dfrac{1}{5}\sin^5x+C$　　(29) $-\dfrac{1}{2}(x\ln x)^{-2}+C$

(30) $-\cos\sqrt{1+x^2}+C$

3. (1) $\dfrac{3}{2}\left(\dfrac{\sqrt[3]{4x^2}}{2}-\sqrt[3]{2x}+\ln\mid 1+\sqrt[3]{2x}\mid\right)+C$　　(2) $-2\sqrt{x+2}-4\ln\mid 2-\sqrt{x+2}\mid+C$

(3) $6\left[\dfrac{1}{7}\sqrt[6]{x^7}-\dfrac{1}{5}\sqrt[6]{x^5}+\dfrac{1}{3}\sqrt{x}-\sqrt[6]{x}+\arctan\sqrt[6]{x}\right]+C$

(4) $1+x-2\sqrt{1+x}+2\ln(1+\sqrt{1+x})+C$　　(5) $2\arctan\sqrt{e^x-1}+C$

(6) $2\arctan\sqrt{\dfrac{1+x}{1-x}}-\sqrt{1-x^2}+C$　　(7) $2\arcsin\dfrac{x}{2}-\dfrac{x\sqrt{4-x^2}}{2}+C$

(8) $\sqrt{9x^2-1}-\arccos\dfrac{1}{3x}+C$　　(9) $\dfrac{x}{2\sqrt{x^2+2}}+C$

(10) $\dfrac{1}{2}\left(\dfrac{x}{1-x^2}+\ln\left|\dfrac{1+x}{\sqrt{1-x^2}}\right|\right)+C$

4. (1) $e^x(x^2-2x+2)+C$　　(2) $-e^{-x}(x+1)+C$

(3) $x\sin x+\cos x+C$　　(4) $x\tan x-\ln\mid\sec x\mid+C$

(5) $x\arcsin x+\sqrt{1-x^2}+C$　　(6) $-\dfrac{\arctan x}{x}+\ln\mid x\mid-\dfrac{1}{2}\ln(1+x^2)+C$

(7) $\dfrac{e^x}{2}(\sin x+\cos x)+C$　　(8) $\dfrac{e^x}{5}(\sin 2x-2\cos 2x)+C$

(9) $\dfrac{x^2}{2}\left(\ln^2x-\ln x+\dfrac{1}{2}\right)+C$　　(10) $2\sqrt{x}\ln x-4\sqrt{x}+C$

5. (1) $2e^{\sqrt{x}}(\sqrt{x}-1)+C$　　(2) $\dfrac{1}{2}\left[\sin(x^2)-x^2\cos(x^2)\right]+C$

(3) $\ln x\cdot(\ln\ln x-1)+C$　　(4) $\dfrac{x}{2}\left[\sin(\ln x)-\cos(\ln x)\right]+C$

(5) $2\sqrt{e^x-1}(x-2)+4\arctan\sqrt{e^x-1}+C$　　(6) $-\dfrac{1}{2}(x\csc^2x+\cot x)+C$

6. 略

7. $\int xf'(x)\mathrm{d}x = \dfrac{x\cos x - 2\sin x}{x} + C$

8. $\int \dfrac{f'(\ln x)}{x}\mathrm{d}x = \dfrac{1}{x} + C$

9. $f(x) = x^3 - x + 1$

10. $M(t) = 200t - 2t^2 + M_0$

11. $Q(P) = \dfrac{1000}{3^P}$

习　题　6

1. 略

2. (1) $\displaystyle\int_0^1 x^2\mathrm{d}x > \int_0^1 x^3\mathrm{d}x$　(2) $\displaystyle\int_3^4 \ln^2 x\mathrm{d}x < \int_3^4 \ln^3 x\mathrm{d}x$　(3) $\displaystyle\int_0^1 x\mathrm{d}x > \int_0^1 \ln(1+x)\mathrm{d}x$

3. (1) $1 \leqslant \displaystyle\int_1^2 x^{\frac{4}{3}}\mathrm{d}x \leqslant 2\sqrt[3]{2}$　(2) $-\dfrac{2}{e} \leqslant \displaystyle\int_{-2}^0 xe^x\mathrm{d}x \leqslant 0$

4. (1) $F'(x) = \dfrac{\sin x}{x}$　(2) $F'(x) = -e^{-x^2}$　(3) $F'(x) = \sqrt{1+\sin^2 x} \cdot \cos x$

(4) $F'(x) = 3x^2\arctan(x^3) - 2x\arctan(x^2)$

5. $\dfrac{\mathrm{d}y}{\mathrm{d}x} = -e^{-y}\cos x$

6. (1) 1　(2) $\dfrac{\pi^2}{4}$　(3) 2

7. $x = 0$ 为极小值点

8. (1) $\dfrac{11}{2}$　(2) $32\dfrac{1}{15}$　(3) $\sqrt{3} - \dfrac{1}{\sqrt{3}} - \dfrac{\pi}{6}$　(4) $1 - \dfrac{\pi}{4}$　(5) $\dfrac{\pi}{6}$　(6) $\ln 2$　(7) $2(e^{\sqrt{2}} - e)$

(8) $2(\sqrt{2} - 1)$　(9) 4　(10) $\dfrac{4}{3}$

9. $\displaystyle\int_0^2 f(x)\mathrm{d}x = \dfrac{3}{2} + \dfrac{6}{\ln 3}$

10. (1) $2(1 - \ln 3 + \ln 2)$　(2) $\dfrac{1}{6}$　(3) $\dfrac{\pi}{6}$　(4) $\dfrac{\pi}{4} - \dfrac{1}{2}$　(5) $\sqrt{3} - \dfrac{\pi}{3}$　(6) $\sqrt{2} - \dfrac{2}{\sqrt{3}}$

(7) $2 - \dfrac{\pi}{2}$　(8) $\dfrac{1}{101} - \dfrac{1}{102}$

11. (1) 0　(2) $\dfrac{\pi^3}{324}$　(3) 8　(4) $\dfrac{\pi}{2}a^3$

12. $\displaystyle\int_0^2 f(x-1)\mathrm{d}x = \ln\dfrac{3(e+1)}{4}$

13. 略

14. 略

15. 略

16. (1) $\dfrac{1}{4}-\dfrac{3}{4\mathrm{e}^2}$　(2) $\dfrac{\sqrt{3}}{16}-\dfrac{\pi}{48}$　(3) $6-2\mathrm{e}$　(4) $\dfrac{\pi}{2}$　(5) $\dfrac{1}{5}(\mathrm{e}^\pi-2)$　(6) $2\ln(2+\sqrt{5})$ $-\sqrt{5}+1$

17. 略

18. $\displaystyle\int_0^1 xf(x)\mathrm{d}x=\dfrac{1}{4\mathrm{e}}-\dfrac{1}{4}$

19. $\displaystyle\int_0^2 xf''(x)\mathrm{d}x=8$

20. $\displaystyle\int_0^1 f(x)\mathrm{d}x=\dfrac{\pi}{4-\pi}$

21. (1) $\dfrac{1}{2\mathrm{e}}$　(2) 发散　(3) π　(4) $\dfrac{8}{3}$　(5) $\dfrac{\pi}{2}$　(6) 发散

22. $p\leqslant 1$ 发散，$p>1$ 收敛

23. (1) $\dfrac{3}{2}-\ln 2$　(2) $2\pi+\dfrac{4}{3}$　(3) $\dfrac{7}{6}$　(4) $\dfrac{64}{3}$

24. (1) $\dfrac{\pi^2}{4}$　(2) $\dfrac{\pi}{2}$　(3) $\dfrac{256\pi}{3}$，$160\pi^2$

25. 总成本函数 $C(Q)=Q^3-59Q^2+1315Q+2000$

26. (1) $Q(t)=100t+5t^2-0.15t^3$　(2) 总产量增加 572.8

27. 33.245 万元。

28. 租用更合算。

习　题　7

1. (1) $\begin{cases}-3\leqslant x\leqslant 0\\ y\leqslant 0\end{cases}$ 或 $\begin{cases}0\leqslant x\leqslant 3\\ y\geqslant 0\end{cases}$　(2) $\begin{cases}x^2+y^2\leqslant 4\\ y^2>2x-1\end{cases}$　(3) $\begin{cases}x>0\\ y>0\end{cases}$ 或 $\begin{cases}x<0\\ y<0\end{cases}$

(4) $\dfrac{x^2}{a^2}+\dfrac{y^2}{b^2}\leqslant 1$

2. $f(x,\,y)=\dfrac{x}{4}(x^2-y^2)$

3. (1) $\mathrm{e}^{\frac{1}{y}}$　(2) 不存在　(3) 不存在　(4) 0　(5) 0　(6) 1　(7) 1　(8) 不存在

4. 略

5. 略

6. $\dfrac{\partial z}{\partial x}=2x\sin 2y$，$\dfrac{\partial z}{\partial y}=2x^2\cos 2y$，$f_x\left(1,\dfrac{\pi}{2}\right)=0$

7. (1) $\dfrac{\partial z}{\partial x}=y+\dfrac{1}{y}$，$\dfrac{\partial z}{\partial y}=x-\dfrac{x}{y^2}$

(2) $\dfrac{\partial z}{\partial x}=\dfrac{2}{y\sin\dfrac{2x}{y}}$，$\dfrac{\partial z}{\partial y}=\dfrac{-2x}{y^2\sin\dfrac{2x}{y}}$

(3) $\dfrac{\partial u}{\partial x} = \dfrac{z(x-y)^{z-1}}{1+(x-y)^{2z}}$, $\dfrac{\partial u}{\partial y} = \dfrac{-z(x-y)^{z-1}}{1+(x-y)^{2z}}$, $\dfrac{\partial u}{\partial z} = \dfrac{(x-y)^z\ln(x-y)}{1+(x-y)^{2z}}$

(4) $\dfrac{\partial z}{\partial x} = \dfrac{x^2-y^2}{x^2 y}$, $\dfrac{\partial z}{\partial y} = \dfrac{y^2-x^2}{xy^2}$

(5) $\dfrac{\partial z}{\partial x} = 2x\ln(x^2+y^2) + \dfrac{2x^3}{x^2+y^2}$, $\dfrac{\partial z}{\partial y} = \dfrac{2x^2 y}{x^2+y^2}$

(6) $\dfrac{\partial z}{\partial x} = \dfrac{1}{2x\sqrt{\ln(xy)}}$, $\dfrac{\partial z}{\partial y} = \dfrac{1}{2y\sqrt{\ln(xy)}}$

(7) $\dfrac{\partial z}{\partial x} = (1+xy)^y\dfrac{y^2}{1+xy}$, $\dfrac{\partial z}{\partial y} = (1+xy)^y\left(\ln(1+xy) + \dfrac{xy}{1+xy}\right)$

(8) $\dfrac{\partial u}{\partial x} = z\left(\dfrac{x}{y}\right)^{z-1}\dfrac{1}{y}$, $\dfrac{\partial u}{\partial y} = -z\left(\dfrac{x}{y}\right)^{z-1}\dfrac{x}{y^2}$, $\dfrac{\partial u}{\partial z} = \ln\left(\dfrac{x}{y}\right)\cdot\left(\dfrac{x}{y}\right)^z$

8. 略

9. (1) $\dfrac{\partial^2 z}{\partial x\partial y} = 3x^2\cos y + 3y^2\cos x$

(2) $\dfrac{\partial^2 z}{\partial x\partial y} = \dfrac{\ln x\ln y+1}{xy}y^{\ln x}$

(3) $\dfrac{\partial^2 z}{\partial x^2} = \dfrac{x}{(x^2+y^2)^{\frac{3}{2}}}$, $\dfrac{\partial^2 z}{\partial x\partial y} = \dfrac{y}{(x^2+y^2)^{\frac{3}{2}}}$

(4) $\dfrac{\partial^2 z}{\partial y^2} = \dfrac{-2yx}{(x^2+y^2)^2}$, $\dfrac{\partial^2 z}{\partial x\partial y} = \dfrac{\partial^2 z}{\partial y\partial x} = \dfrac{y^2-x^2}{(x^2+y^2)^2}$

10. (1) $du = \dfrac{-4xy^2}{(x^2-y^2)^2}dx + \dfrac{4x^2 y}{(x^2-y^2)^2}dy$

(2) $du = \dfrac{2x}{x^2+y^2+z^2}dx + \dfrac{2y}{x^2+y^2+z^2}dy + \dfrac{2z}{x^2+y^2+z^2}dz$

(3) $dz = \dfrac{1}{\sqrt{y^2-x^2}}dx + \dfrac{x}{y\sqrt{y^2-x^2}}dy$ $(y>0)$

(4) $dz = e^{-\left(\frac{y}{x}+\frac{x}{y}\right)}\left(\dfrac{y}{x^2} - \dfrac{1}{y}\right)dx + e^{-\left(\frac{y}{x}+\frac{x}{y}\right)}\left(\dfrac{x}{y^2} - \dfrac{1}{x}\right)dy$

11. (1) $dz = \dfrac{dx+2dy}{3}$ (2) $dz = \dfrac{2}{5}dx - \dfrac{2}{5}dy$ (3) $dz = -0.2$

12. (1) $\dfrac{du}{dt} = e^{\sin t-2t^3}(\cos t - 6t^2)$ (2) $\dfrac{dz}{dx} = \dfrac{3-12x^2}{\sqrt{1-(4x^3-3x)^2}}$

(3) $\dfrac{\partial z}{\partial x} = 2x^2\sin y\cos y(\sin y+\cos y)$, $\dfrac{\partial z}{\partial y} = x^3(\cos y-\sin y)(1+3\sin y\cos y)$

(4) $\dfrac{\partial z}{\partial x} = \dfrac{2x\ln(3x-2y)}{y^2} + \dfrac{3x^2}{y^2(3x-2y)}$, $\dfrac{\partial z}{\partial y} = \dfrac{2x^2\ln(3x-2y)}{y^3} - \dfrac{2x^2}{y^2(3x-2y)}$

(5) $\dfrac{\partial z}{\partial x} = \dfrac{2e^{2x+2y}+y\cos x}{e^{2x+2y}+y\sin x}$, $\dfrac{\partial z}{\partial y} = \dfrac{2e^{2x+2y}+\sin x}{e^{2x+2y}+y\sin x}$

(6) $\dfrac{dz}{dt} = 2\sin 2t + 1$

13. $\dfrac{\partial z}{\partial u} = \dfrac{y-x}{x^2+y^2}$, $\dfrac{\partial z}{\partial v} = \dfrac{y+x}{x^2+y^2}$, 验证略

14. (1) $\dfrac{\mathrm{d}y}{\mathrm{d}x}=\dfrac{\mathrm{e}^x-2xy}{x^2+\sin y}$　(2) $\dfrac{\mathrm{d}y}{\mathrm{d}x}\Big|_{x=1}=-1$　(3) $\dfrac{\mathrm{d}y}{\mathrm{d}x}=\dfrac{x+y}{x-y}$　(4) $\dfrac{\partial z}{\partial x}=-\dfrac{\sin 2x}{\sin 2z}$, $\dfrac{\partial z}{\partial y}=$

$-\dfrac{\sin 2y}{\sin 2z}$　(5) $\dfrac{\partial^2 z}{\partial x \partial y}\Big|_{(0,1)}=2$　(6) $\mathrm{d}z=\mathrm{d}x-\sqrt{2}\,\mathrm{d}y$

15. 极值点 $(x,y)=(a,a)$，极值 a^3

16. (1) 极值点 $(x,y)=\left(\dfrac{3}{2},\dfrac{3}{2}\right)$，极小值 $\dfrac{11}{2}$　(2) $(x,y,z)=\left(\dfrac{50}{3},\dfrac{50}{3},\dfrac{50}{3}\right)$

(3) $(x,y,z)=\left(\dfrac{3}{4},2,-\dfrac{3}{4}\right)$　(4) $a=\dfrac{1}{3}p$, $b=\dfrac{2}{3}p$

17. $x=100$, $y=25$, $P=P(x,y)=1250$

18. (1) $\displaystyle\int_{-1}^1 \mathrm{d}x \int_0^{\sqrt{1-x^2}} f(x,y)\mathrm{d}y$　(2) $\displaystyle\int_0^1 \mathrm{d}y \int_{2-y}^{1+\sqrt{1-y^2}} f(x,y)\mathrm{d}x$

(3) $\displaystyle\int_0^1 \mathrm{d}y \int_{\mathrm{e}^y}^{\mathrm{e}} f(x,y)\mathrm{d}x$　(4) $\displaystyle\int_{-1}^0 \mathrm{d}y \int_{-2\arcsin y}^{\pi} f(x,y)\mathrm{d}x + \int_0^1 \mathrm{d}y \int_{\arcsin y}^{\pi-\arcsin y} f(x,y)\mathrm{d}x$

(5) $\displaystyle\int_0^a \mathrm{d}y \int_{\frac{y^2}{2a}}^{a-\sqrt{a^2-y^2}} f(x,y)\mathrm{d}x + \int_a^{2a} \mathrm{d}y \int_{\frac{y^2}{2a}}^{2a} f(x,y)\mathrm{d}x + \int_0^a \mathrm{d}y \int_{a+\sqrt{a^2-y^2}}^{2a} f(x,y)\mathrm{d}x$

19. (1) $\dfrac{8}{3}$　(2) $\dfrac{20}{3}$　(3) 1　(4) $-\dfrac{3}{2}\pi$　(5) $\mathrm{e}-\mathrm{e}^{-1}$　(6) $\dfrac{13}{6}$

20. $\dfrac{7}{2}$

习　题　8

1. (1) 微分方程 $y'=2xy$ 的通解为 $y=C\mathrm{e}^{x^2}$

(2) 微分方程 $y'+y\tan x=\cos x$ 的通解为 $y=(x+C)\cos x$

(3) 微分方程 $y''=\dfrac{1}{1+x^2}$ 的通解为 $y=x\arctan x-\dfrac{1}{2}\ln(1+x^2)+C_1 x+C_2$

(4) 微分方程 $y''+2y'+5y=0$ 的通解为 $y=\mathrm{e}^{-x}(C_1\cos 2x+C_2\sin 2x)$

(5) 设 $y=\mathrm{e}^x(C_1\sin x+C_2\cos x)(C_1,C_2$ 为任意常数) 为某二阶常系数线性齐次微分方程的通解，则该方程为 $y''+2y'+5y=0$

(6) 微分方程 $y''-4y'=\mathrm{e}^{2x}$ 的通解为 $y=(C_1+C_1 x)\mathrm{e}^{2x}+\dfrac{1}{2}x^2\mathrm{e}^{2x}$

2. (1) C　(2) B　(3) D　(4) B

3. (1) $x=C(y-1)\mathrm{e}^y$　(2) $y=C(x+\sqrt{x^2+1})$

(3) $y=x\arcsin(-\ln|x|+c)$　(4) $y=Cx\mathrm{e}^y$

(5) $y=\dfrac{2x}{1+x_1^2}$, $y(1)=1$　(6) $x^4+y^4=Cx^2$

(7) $y=\dfrac{1}{2}\ln\left|\dfrac{1+x}{1-x}\right|-\dfrac{1}{2}\ln 3\mathrm{e}^2$　(8) $y=x-5\pm\sqrt{C_1-8x}$

(9) $y=\sin x+\ln|\cos x|+C$　(10) $x=\sin y/2-\sqrt{2}/2\sin y$

4. (1) $y = x\mathrm{e}^x - 3\mathrm{e}^x + C_1 x^2 + C_2 x + C_3$　(2) $y = \dfrac{x^2}{2} + x + C_1 \mathrm{e}^x + C_2$

(3) $y = \dfrac{1}{2}\ln(\tan^2 x + 1)$　(4) $y = \dfrac{\ln^2 |x|}{2} + \ln |x|$

(5) $(C_1 x + C_2)(1 - y) = 1$　(6) $y + C_1 + \sqrt{y^2 + 2C_1 y} = C_2 \mathrm{e}^{\pm x}$

(7) $y = -\dfrac{C_1}{2x^2} + C_2$　(8) $C_1 \mathrm{e}^{4x} + C_2 \mathrm{e}^{8x}$

(9) $y = C_1 \mathrm{e}^{\frac{5}{3}x} + C_2 x \mathrm{e}^{\frac{5}{3}x}$　(10) $y = \left(C_1 \cos\dfrac{\sqrt 2}{3}x + C_2 \sin\dfrac{\sqrt 2}{3}x\right)\mathrm{e}^{\frac{2}{3}x}$

(11) $y = C_1 \mathrm{e}^{3x} + C_2 \mathrm{e}^{-x} - \dfrac{1}{4}\mathrm{e}^x$　(12) $y = C_1 \mathrm{e}^x + C_2 \mathrm{e}^{-2x} + \dfrac{\sin 2x}{8}$

5. (1) $y = 2 + C\mathrm{e}^{-\cos x}$　(2) $y = \dfrac{1}{2}\ln\left|\dfrac{4x^2 - 2}{2x^2}\right|$　(3) $y'' - y' - 2y = \mathrm{e}^x - 2x\mathrm{e}^x$

(4) $f(x) = \dfrac{1}{2}x\cos x + C_1 \cos x + C_2 \sin x$

6. (1) $f(x) = (x-1)^2$　(2) $t = 6\ln 3$

习　题　9

1. (1) $1 - \dfrac{1}{2} + \dfrac{1}{4} - \dfrac{1}{8} + \dfrac{1}{16} - \cdots$　(2) $\dfrac{1}{2} + \dfrac{2}{5} + \dfrac{3}{10} + \dfrac{4}{17} + \dfrac{5}{26} + \cdots$

(3) $\dfrac{1}{4} + \dfrac{x}{28} + \dfrac{x^2}{70} + \dfrac{x^3}{130} + \dfrac{x^4}{208} + \cdots$　(4) $\dfrac{a^2}{3} - \dfrac{a^3}{5} + \dfrac{a^4}{7} - \dfrac{a^5}{9} + \cdots$

2. (1) $u_n = \dfrac{1}{2n-1}$　(2) $u_n = (-1)^{n-1}\dfrac{n+1}{n}$　(3) $u_n = \dfrac{(2x)^n}{n^2 + 1}$　(4) $u_n = \dfrac{(-1)^{n-1}2^n}{n!}$

3. (1) 发散　(2) 收敛　(3) 收敛

4. (1) 收敛　(2) 发散　(3) 收敛　(4) 发散

5. (1) 收敛　(2) 收敛　(3) 发散　(4) 收敛　(5) 发散　(6) 收敛　(7) 发散　(8) 收敛

6. (1) 收敛　(2) 发散　(3) 收敛　(4) 收敛　(5) 发散　(6) 收敛

7. (1) 收敛　(2) 收敛　(3) 发散　(4) 发散

8. (1) 收敛　(2) 收敛　(3) 收敛　(4) 发散

9. (1) 条件收敛　(2) 绝对收敛　(3) 绝对收敛　(4) 条件收敛　(5) 发散　(6) 发散

10. (1) $(-1, 1)$　(2) $[-1, 1)$　(3) $(0, 4)$　(4) $[-1, 1)$　(5) $(-\sqrt 2, \sqrt 2)$　(6) $(1, 2]$

11. (1) $\ln(1+x), x \in (-1, 1]$　(2) $\dfrac{1}{2}\ln\dfrac{1+x}{1-x}, x \in (-1, 1)$　(3) $(1-x)\ln(1-x) +$

$x, x \in [-1, 1]$　(4) $\dfrac{2}{(1-x)^3}, x \in (-1, 1)$

12. (1) $\displaystyle\sum_{n=0}^{\infty} \dfrac{x^{2n-1}}{(2n-1)!}, x \in (-\infty, +\infty)$　(2) $\displaystyle\sum_{n=0}^{\infty} \dfrac{(\ln a)^n}{n!}x^n, x \in (-\infty, +\infty)$

(3) $\ln a + \displaystyle\sum_{n=0}^{\infty} (-1)^n \dfrac{x^{n+1}}{(n+1)a^{n+1}}, x \in (-a, a]$　(4) $\displaystyle\sum_{n=1}^{\infty} (-1)^n \dfrac{2^{2n-1}\cdot x^{2n}}{(2n)!}, x \in (-\infty,$

$+\infty)$

(5) $\sum\limits_{n=0}^{\infty} \dfrac{x^n}{3^{n+1}}$, $x \in (-3, 3)$ (6) $\dfrac{1}{4} \sum\limits_{n=1}^{\infty} \left[(-1)^n - \dfrac{1}{3^n} \right] x^n$, $x \in (-1, 1)$

13. $\sum\limits_{n=0}^{\infty} (-1)^n \dfrac{(x-3)^n}{3^{n+1}}$, $x \in (0, 6)$

14. $f(x) = \ln 2 + \sum\limits_{n=1}^{\infty} \left[(-1)^{n-1} - \dfrac{1}{2^n} \right] \dfrac{(x-1)^n}{n}$, $x \in (0, 2]$

15. $\sum\limits_{n=0}^{\infty} \left(\dfrac{1}{2^{n+1}} - \dfrac{1}{3^{n+1}} \right) (x+4)^n$, $x \in (-6, -2)$